IBE-Reihe

Reihenherausgeberin
Dr. Jutta Rump, Institut für Beschäftigung und Employability (IBE)
Ludwigshafen am Rhein
Deutschland

Der demografische Wandel, technologische wie ökonomische Entwicklungen, knapper werdende Ressourcen und Rohstoffe, der gesellschaftliche Wertewandel, der Trend zu Individualisierung, sowie der Zuwachs an Vielfalt beeinflussen in erheblichem Maße die Arbeitswelt. Unter diesen Bedingungen werden Mitarbeitergewinnung, Mitarbeiterbindung und Mitarbeiterentwicklung zu investitionspolitischen Grundsatzentscheidungen. Die IBE-Reihe beleuchtet – basierend auf den Trends und Entwicklungen – aktuelle und zukunftsrelevante Themen zu Führung, Personalmanagement und Organisationsentwicklung. Dabei wird die jeweilige Thematik umfassend und ganzheitlich dargestellt, es werden Handlungsempfehlungen gegeben und Best-Practice-Beispiele präsentiert. Anspruch der IBE-Reihe ist es, neueste Erkenntnisse in Führung, Personalmanagement und Organisationsentwicklung mit Umsetzungsmöglichkeiten zu kombinieren, die eine hohe Praxisrelevanz und Praktikabilität haben.

Weitere Bände in dieser Reihe http://www.springer.com/series/11964

Jutta Rump · Silke Eilers
(Hrsg.)

Auf dem Weg zur Arbeit 4.0

Innovationen in HR

ibe

Springer Gabler

Herausgeber
Jutta Rump
Hochschule Ludwigshafen
Institut für Beschäftigung
und Employability (IBE)
Ludwigshafen, Rheinland-Pfalz
Deutschland

Silke Eilers
Hochschule Ludwigshafen
Institut für Beschäftigung
und Employability (IBE)
Ludwigshafen, Rheinland-Pfalz
Deutschland

ISSN 2199-269X ISSN 2199-3009 (electronic)
IBE-Reihe
ISBN 978-3-662-49745-6 ISBN 978-3-662-49746-3 (eBook)
DOI 10.1007/978-3-662-49746-3

Die Deutsche Nationalbibliothek verzeichnet diese Publikation in der Deutschen Nationalbibliografie; detaillierte bibliografische Daten sind im Internet über http://dnb.d-nb.de abrufbar.

Springer Gabler

Gedruckt auf säurefreiem und chlorfrei gebleichtem Papier

Springer Gabler ist Teil von Springer Nature
Die eingetragene Gesellschaft ist Springer-Verlag GmbH Deutschland
Die Anschrift der Gesellschaft ist: Heidelberger Platz 3, 14197 Berlin, Germany

Inhaltsverzeichnis

Teil I

Arbeit 4.0

Arbeit 4.0 – Leben und Arbeiten unter neuen Vorzeichen

Jutta Rump und Silke Eilers

Zusammenfassung

Hinter dem Schlagwort Arbeit 4.0 verbergen sich mehrere zentrale Trends und Entwicklungen, die unsere Arbeitswelt nachhaltig prägen. Neben der derzeit stark fokussierten digitalen Transformation sind dies zum einen die Alterung der Gesellschaft und der Belegschaften sowie Entwicklungen im Hinblick auf das Erwerbspersonenpotenzial. Zum anderen sind die zunehmende Volatilität und Entwicklung zur Wissens- und Innovationsökonomie als entscheidende Treiber der Veränderung zu identifizieren. Nicht zuletzt nehmen Individualisierung und Wertewandel Einfluss auf die „Arbeit 4.0". Die Konsequenzen, die diese Trends für jedes Individuum und die Unternehmen mit sich bringen, sind vielfältig und eng miteinander verwoben. Dabei geht es insbesondere um einen tiefgreifenden Wandel der Arbeitsformen und -beziehungen sowie der Kompetenzanforderungen und Berufsbilder. Die Grenzen zwischen Leben und Arbeiten verschwimmen zusehends, und es gilt darüber hinaus, der immer größer werdenden Vielfalt in den Belegschaften gerecht zu werden, um alle Potenziale gleichermaßen wertzuschätzen und zu nutzen. Die Herausforderungen sind beträchtlich, doch durchaus gestaltbar.

J. Rump (✉) · S. Eilers
Institut für Beschäftigung und Employability IBE,
Ludwigshafen, Deutschland
E-Mail: jutta.rump@ibe-ludwigshafen.de

S. Eilers
E-Mail: silke.eilers@ibe-ludwigshafen.de

J. Rump und S. Eilers (Hrsg.), *Auf dem Weg zur Arbeit 4.0,* IBE-Reihe,
DOI 10.1007/978-3-662-49746-3_1

1 Grundsätzliches

Arbeit 4.0 ist derzeit eines der meist verwendeten Schlagworte, wenn es um die Zukunft der Arbeitswelt geht. Eine Google-Suche ergibt mehr als 8 Mio. Treffer. Der Begriff „Arbeit 4.0" leitet sich insbesondere aus dem seit einiger Zeit intensiv geführten Diskurs um „Industrie 4.0"[1] ab, indem er einen weiteren Blick einnimmt, der über die primär im industriellen Bereich zu beobachtenden Trends und Entwicklungen hinaus das gesamte System Arbeit mit seinen vielfältigen Facetten berücksichtigt. Ein wichtiges Grundlagenwerk ist hierbei das „Grünbuch Arbeiten 4.0" des Bundesministeriums für Arbeit und Soziales (BMAS 2015a).

Die Frage danach, wie wir in Zukunft leben und arbeiten werden, treibt Trendforschende, Unternehmens- und Personalverantwortliche, aber auch jedes Individuum bereits seit vielen Jahren um. Im Kontext der voranschreitenden Digitalisierung erhält diese Diskussion jedoch noch einmal eine neue Dynamik. Nicht selten fallen Begriffe wie die „vierte industrielle Revolution", die verdeutlichen, dass hier ein Umbruch von lange nicht dagewesenem Ausmaß bevorsteht bzw. bereits im Gange ist. Dabei kann die Digitalisierung allerdings nicht losgelöst von weiteren zentralen Trends und Entwicklungen betrachtet werden, die vielfach miteinander in Wechselwirkung stehen. Abb. 1 gibt einen Überblick.

Da dieses Buch seinen Fokus auf den Umgang mit den Trends und Entwicklungen in der betrieblichen Praxis legt, werden im Folgenden einige zentrale Aspekte herausgegriffen, die einer näheren Betrachtung in Bezug auf ihre Kernelemente und die daraus resultierenden Herausforderungen unterzogen werden:

- die digitale Transformation,
- Alterung und Erwerbspersonenpotenzial,
- Volatilität, Innovations- und Wissensökonomie sowie
- Individualisierung und Wertewandel.

Nicht alle Entwicklungen sind bereits heute vorhersehbar und vorhersagbar. Gerade in Bezug auf die Digitalisierung befinden wir uns in vielerlei Hinsicht noch „im Blindflug". Dennoch ist es unerlässlich, bereits heute Handlungsansätze zu identifizieren, mit denen proaktiv den Herausforderungen, die sich bereits abzeichnen, begegnet werden kann.

---

[1]Das Bundesministerium für Arbeit und Soziales (BMAS) definiert „Industrie 4.0" wie folgt: „Das Schlagwort Industrie 4.0 beschreibt einen Umbruch im produzierenden Sektor. Leitbild der Industrie 4.0 ist eine hochautomatisierte und vernetzte industrielle Produktions- und Logistikkette. Dabei verschmelzen virtuelle und reale Prozesse auf der Basis sog. cyberphysischer Systeme. Dies ermöglicht eine hocheffiziente und hochflexible Produktion, die Kundenwünsche in Echtzeit integriert und eine Vielzahl von Produktvarianten ermöglicht" (BMAS 2015a, S. 15).

Technisch-ökonomische Entwicklungen	Demografische Entwicklung	Gesellschaftliche Entwicklungen
• Unternehmen im Spannungsfeld zwischen Kostendruck und Innovationsdruck • **Digitale Transformation** • Beschleunigung und gleichzeitiger Komplexitätszuwachs • **Volatilität, Innovation und Wissensökonomie** • Verknappung der Rohstoffsituation und Energieversorgung	• **Alterung der Gesellschaft und der Belegschaften** • Schrumpfung der Gesellschaft • Verknappung der Nachwuchskräfte • **Verringerung des Erwerbspersonenpotenzials** • Verlängerung der Lebensarbeitszeit	• Sensibilisierung für Nachhaltigkeit • **Diversität** • Feminisierung • **Individualisierung** • **Wertewandel** • Polarisierung der Gesellschaft

Abb. 1 Trends und Entwicklungen in der Arbeitswelt

2 Die digitale Transformation

Der technologische Fortschritt hat schon immer eine entscheidende Rolle dabei gespielt, wie sich unsere Arbeitsumgebung und unser Arbeitsleben gestalten, und in diesem Sinne kann auch die Digitalisierung als wesentlicher Treiber von Veränderungsprozessen in der Arbeitswelt angesehen werden. Die elektronischen und digitalen Medien beherrschen inzwischen nicht nur das Privatleben, sondern auch die Arbeitswelt in einem nicht zu unterschätzenden Ausmaß. Der Einfluss des Internets und der neuen Technologien auf Ökonomie und Gesellschaft ist enorm, und die rasant voranschreitende Ausbreitung der Informations- und Kommunikationstechnologie nimmt eine Schlüsselfunktion im Hinblick auf die Wettbewerbs- und Innovationsfähigkeit von Unternehmen ein. In einer repräsentativen Umfrage des Beratungs- und Forschungsinstituts ibi research an der Universität Regensburg im Auftrag der Internet World – Die E-Commerce-Messe – geben die meisten Befragten an, die Digitalisierung habe sehr starke Auswirkungen auf die Arbeitswelt (ibi research 2013), und im aktuellen IHK-Unternehmensbarometer sind es sogar 94 % der Unternehmen, die – unabhängig vom Wirtschaftszweig – konstatieren, dass die Digitalisierung ihre Geschäfts- und Arbeitsprozesse beeinflusst (DIHK 2014). Allerdings ist festzuhalten, dass der tatsächliche Grad der digitalen Durchdringung sich je nach Branche, Berufsfeld und Arbeitsbereich deutlich unterscheidet.

In der Arbeitswelt führt die digitale und mobile Kommunikation zu neuen Möglichkeiten der Zusammenarbeit und Koordination trotz räumlicher und zeitlicher Verteilung der Beteiligten und zu einer enormen Erleichterung des Zugangs zu global verteiltem Wissen, Kompetenzen, Ressourcen etc. (Münchner Kreis 2013a). Auch die Aufgabenbewältigung kann mehr und mehr unabhängig von Zeit und Raum erfolgen, neue Formen des ortsungebundenen Arbeitens werden möglich, was zu weitreichenden Veränderungen im Arbeits- und Unternehmensalltag und zu einer Vielfalt an neuen Arbeitsmodellen führt (Rump und Eilers 2013; Münchner Kreis 2013a; BMAS 2015a). Immer häufiger arbeiten Expertenteams aus aller Welt gemeinsam an Projekten, denn es wird immer einfacher, auch über Landesgrenzen hinweg Menschen und deren unterschiedliche Kenntnisse, Erfahrungen und Kompetenzen zu vernetzen und so optimal miteinander zu kombinieren. Dies wirkt sich sowohl auf die internationale Arbeitsteilung als auch auf den globalen Wettbewerb aus (BMAS 2015a). Immer mehr wird die Nutzung von IK-Technologien auch in solchen Bereichen einfacher und selbstverständlicher, die bislang noch kaum erschlossen waren (Fraunhofer IAO 2013b). Kernbereiche digitaler Technologien sind laut einer Prognos-Untersuchung im Auftrag der Vereinigung der Bayerischen Wirtschaft e. V. (vbw) die Computertechnologie, die digitale Kommunikation, Halbleiter, IT für Managementaufgaben sowie audiovisuelle Technologien. Treiber der technologischen Entwicklung sind insbesondere Mobilität und Kabelungebundenheit digitaler Geräte, 3D, Cloud Computing, Big Data, Sicherheit und Energieeffizienz, aber auch neue Produktionsprozesse und unternehmensübergreifende Zusammenarbeit (vbw und Prognos 2015). Eine Untersuchung der Unternehmensberatung Accenture definiert als zentrale Konsequenzen der Digitalisierung u. a. das Verschwimmen digitaler und physischer Grenzen und das Auflösen der Grenzen zwischen Kundenkreis und Belegschaft (Accenture 2014). Eine Literaturstudie im Auftrag des Bundesministeriums für Wirtschaft und Energie spricht ebenfalls von einer Aufweichung der klassischen Grenzen des Unternehmens (BMWi 2015). Und so wandeln sich traditionelle Kunden- und Geschäftsbeziehungen, aber auch Wertschöpfungsketten und Geschäftsmodelle. Im „Internet der Dinge“ verschmelzen reale und virtuelle Welt immer mehr miteinander, was Entlastungen durch intelligente Umgebungen und interagierende Objekte ebenso mit sich bringt wie Geschäftspotenziale, vor allem in den Bereichen Automatisierung, Logistik, Automobil, Gesundheit, alternde Gesellschaft, Umwelt, Energie, Geschäftsprozesse und Sicherheitstechnik. Im betrieblichen Kontext ergeben sich neue Möglichkeiten insbesondere zur Optimierung inner- und zwischenbetrieblicher Abläufe und zur Steigerung der Effizienz und Effektivität existierender Arbeitsprozesse. So beispielsweise durch Werkstücke mit RFID-Chips, die Informationen über das zu fertigende Produkt enthalten, oder Transportgut, das selbst Daten übermittelt, um die Logistikabläufe zu steuern und zu optimieren. Der komplette Geschäftsprozess wird durch wissensbasierte Systeme unterstützt, mit deren Hilfe Mitarbeitende jederzeit und von jedem Ort aus auf Daten und Informationen zugreifen können und so auch neues kontextbezogenes Wissen erzeugen. „Cloud computing“ ermöglicht beispielsweise eine neue Form des Outsourcing und erzielt Kostenvorteile bei gleichzeitiger Steigerung des Leistungsumfangs, während Web-2.0-Anwendungen es möglich machen, in direkten Kontakt mit den Zielgruppen zu treten und die interne Kommunikation und Zusammenarbeit zu verbessern (Abele und Reinhart 2011; BDI und Z_punkt GmbH 2011; Hofmann et al. 2007; Dapp 2011; Scheer 2009; Fischer et al. 2008; Rump und Eilers 2013; Münchner Kreis 2013a). Kundinnen und Kunden erwarten in zunehmendem Maße einen Mehrwert durch digital erweiterte Angebote. Dies impliziert zum einen, die eigenen Produkte mithilfe digitaler Technologien intelligenter, effizienter und produktiver zu machen. Zum anderen können Produkte und Dienstleistungen der Industriekunden für deren Endabnehmer digital angereichert werden. Nicht zuletzt bietet die Digitalisierung Möglichkeiten, um die Interaktion zwischen Unternehmen und ihrem Kundenkreis in der Industrie (auch als B2B bezeichnet) effizienter zu gestalten, beispielsweise im Hinblick auf den schnelleren Zugriff von Generalisten auf Spezialwissen oder die Vereinfachung von Bestellprozessen (Stöckle 2014). Die angesprochene BMWi-Studie thematisiert in diesem Kontext offene Fragen wie danach, wie die Kosten der Digitalisierung zwischen den einzelnen Partnern entlang der Wertschöpfungskette verteilt werden, ob stärkere Abhängigkeiten durch das „Aufweichen" klassischer Wertschöpfungsketten und den Verlust an unternehmerischer Selbstständigkeit entstehen und schließlich, ob es in bestimmten Branchen das klassische Unternehmen in seiner heutigen Form künftig noch geben wird bzw. muss (BMWi 2015).

Derzeit wird die Digitalisierung insbesondere vor dem Hintergrund von „Industrie 4.0" – einem Begriff, der auf der Hannover Messe vor etwas mehr als 4 Jahren geprägt wurde – erforscht und analysiert, und zwar mit dem Fokus auf Wertschöpfung, Produktivität und Beschäftigung. Dabei werden Herausforderungen, aber auch große Chancen im Hinblick auf Wachstum und Wertschöpfung identifiziert. So gehen mehrere Studien (McKinsey 2013; Roland Berger 2014; BITKOM 2014b; PwC 2014) von einem erheblichen volkswirtschaftlichen Potenzial durch Industrie 4.0 aus, wobei die dabei errechneten Zahlen je nach Studie und Randbedingungen variieren (BMWI 2015). Die derzeit bereits am stärksten digitalisierten Branchen sind Telekommunikation und Verlagswesen, Medien und Rundfunk. Auch IT-, Informations-, Finanz- sowie Versicherungsdienstleister und die Hersteller von Datenverarbeitungsgeräten, elektrischen und optischen Produkten sowie Fahrzeugen weisen einen hohen Digitalisierungsgrad auf (BMAS 2015a; BMWi 2014). In einer vom Bundesverband der Deutschen Industrie in Auftrag gegebenen Studie wird die Digitalisierung als Basisinnovation erachtet, die über die Zukunftsfähigkeit der europäischen Industrie entscheidet (BDI und Roland Berger Strategy Consultants 2015). Ähnlich formuliert es die Untersuchung von Prognos im Auftrag der vbw: „In einer reifen Volkswirtschaft wie der deutschen mit einem hohen Kapitelstock und zudem mit einem massiven Fachkräfteproblem werden in Zukunft weder von zusätzlichem Kapitalaufbau noch von zusätzlicher Beschäftigung starke Wachstumsimpulse ausgehen können. Als einziger langfristiger Wachstumstreiber verbleibt der technische Fortschritt" (vbw und Prognos 2015, S. 41).

Ein Viertel der Produktion läuft hierzulande bereits heute voll oder hoch automatisiert ab (BMAS 2015a; Fraunhofer IAO 2013a), und grundsätzlich sind sich die Fachleute einig, dass Deutschland international in fast allen entscheidenden technologischen Zukunftsfeldern gut aufgestellt ist, um auch Spitzenpositionen zu verteidigen und auszubauen (BMWI 2015). Laut einer Studie des MIT Centers for Digital Business aus dem Jahr 2012 erzielen „digitale Vorreiter" unter den Unternehmen mehr Umsatz und sind profitabler als Vergleichsunternehmen (MIT Center for Digital Business 2012).

Zwar haben die großen Konzerne in Deutschland durchaus die Bedeutung der Digitalisierung für ihre künftige Wettbewerbsfähigkeit erkannt, jedoch entsprechende Strategien noch nicht komplett umgesetzt (Accenture 2014). Laut „Digital Readiness Index 2014" bewegen sich die deutschen Unternehmen hier auf internationaler Ebene mehrheitlich im unteren Mittelfeld (Neuland 2014). Dies bestätigt auch die bereits angesprochene Prognos-Untersuchung, die zwar anhand des Anteils digitaler Patente an allen Patenten ein spürbares Wachstum im Verlauf der vergangenen Jahre feststellt, den Digitalisierungsgrad für die meisten Industriebranchen jedoch im mittleren bis unterdurchschnittlichen Bereich ansiedelt. Auf der Prozessebene allerdings wird er höher eingestuft (vbw und Prognos AG 2015). In einer Umfrage von PriceWaterhouseCoopers aus dem Jahr 2014 weisen lediglich 22 % der befragten Unternehmen einen hohen Digitalisierungsgrad ihrer vertikalen und horizontalen Wertschöpfungsketten auf. Dieser soll in den kommenden fünf Jahren allerdings auf 83 % ansteigen (PwC 2014). Laut einer Eigeneinschätzung im Rahmen des IHK-Unternehmensbarometers sehen sich 34 % der Unternehmen mit 1000 oder mehr Mitarbeitenden beim Stand der Digitalisierung gut aufgestellt, bei den großen Mittelständlern mit 500–1000 Mitarbeitenden sind es 37 %, bei den Betrieben mit bis zu 500 Mitarbeitenden allerdings nur noch 26 % (DIHK 2014). Als Ursache für die bislang noch eher zögerliche Umsetzung im Kontext von Industrie 4.0 arbeitet eine umfassende Literaturstudie im Auftrag des Bundesministeriums für Wirtschaft und Energie insbesondere Netzwerkeffekte heraus, die bislang noch nicht in ausreichendem Maße zum Tragen kommen, sodass es Unternehmen schwerfällt, die Potenziale in Gänze zu überblicken (BMWI 2015).

Unabhängig von der Unternehmensgröße sind die zentralen Motivationen für die Umsetzung von Industrie 4.0 in Unternehmen die Steigerung der Produktivität, des Umsatzes und der Produktionsflexibilität bei gleichzeitiger Kostensenkung. Besonders wichtig für KMU sind darüber hinaus die Entwicklung neuer Geschäftsmodelle und/oder Services sowie die Erhöhung von Kundenbindung und -zufriedenheit (BMWi 2015). Für den Mittelstand ist laut einer TNS-Infratest-Umfrage im Auftrag der Commerzbank AG die enorme Komplexität, die es erforderlich macht, Entscheidungen unter hoher Unsicherheit zu treffen, die zentrale Herausforderung im Kontext der Digitalisierung. Ebenfalls erschwerend wirken sich nach Ansicht der Umfrageteilnehmenden der hohe Investitionsbedarf und Sicherheits- bzw. Datenschutzrisiken aus (Commerzbank AG 2015). Was den Informationsstand der mittelständischen Fertigungsunternehmen zur Digitalisierung anbelangt, so zeigt eine Studie der Pierre Audoin Consultants (PAC) im Auftrag der Freudenberg IT, dass hier 2015 immerhin nur noch 19 % der befragten Betriebe Defizite erkennen, verglichen mit noch 27 % im Vorjahr. Auch in dieser Studie wird deutlich, dass hohe Investitionskosten, aber auch fehlende Technologiestandards, sich hinderlich auf „Industrie 4.0“ auswirken (FIT 2015). Ein ähnliches Bild zeichnet das IHK-Unternehmensbarometer, in dem 59 % der befragten Betriebe über alle Branchen hinweg die IT-Sicherheit als größtes Hemmnis für die Digitalisierung ansehen und 82 % mit einem höheren Investitionsbedarf rechnen (DIHK 2014) sowie die Untersuchung des BMWi, in der wiederum die Investitionskosten, die hohe Komplexität des Themas und Sicherheitsbedenken unternehmensgrößenunabhängig als Hinderungsgründe für den Einsatz von Industrie-4.0-Anwendungen genannt werden. Für kleine und mittelständische Unternehmen ergeben sich darüber hinaus im Vergleich zu Großunternehmen stärkere Herausforderungen in Bezug auf die Verfügbarkeit von Ressourcen sowie ausgebildeten Fachkräften, einer klaren Nutzentransparenz und dem Umgang mit veralteten Anlagen (BMWi 2015). In der „Zukunftsallianz Maschinenbau“ haben sich 2015 namhafte mittelständische Maschinenbauunternehmen „nördlich des Mains“ zusammengeschlossen, um Synergieeffekte zwischen kleinen und mittelständischen Unternehmen zu erzielen (Schaal 2015; Zukunftsallianz Maschinenbau 2015).

Die modernen Technologien sind auch Teil gesellschaftlicher Inklusionsprozesse geworden, d. h., in Bereichen, in denen sie immer stärker zur Selbstverständlichkeit werden, kann sich der oder die Einzelne ihrer Nutzung kaum noch verwehren, wenn er oder sie nicht „außen vor“ bleiben möchte. Die Generation der „digital natives“, ein Begriff, der von dem US-amerikanischen Pädagogen und Berater Marc Prensky geprägt wurde (Prensky 2001), trägt ihre Technologieaffinität auch in das Arbeitsleben hinein. Gerade ihr immanentes Bedürfnis nach Austausch – auch von Wissen, Ideen und Fähigkeiten – birgt ein erhebliches Potenzial. Fragen nach den Auswirkungen der technologischen Entwicklungen auf Unternehmenskultur, Betriebsklima, Führung, Organisation, Arbeitsabläufe, Geschäftsprozesse, Personalentwicklung, Gesundheit und Mitbestimmung finden u. a. im Rahmen des Forschungsfeldes Electronic Mobility Management schon seit einiger Zeit Berücksichtigung. Dabei geht es im Allgemeinen darum, inwiefern sich Technikfolgen auf unternehmerische Handlungsfelder auswirken. Aktuell werden in der Forschung mit den Themen Digital Business Transformation und E-Business Möglichkeiten und Potenziale von digitalen Medien, aber auch die Herausforderungen und Risiken, die mit ihnen einhergehen, diskutiert (u. a. Westerman et al. 2014). So kann die Interaktion zwischen Mensch und Maschine zwar einerseits zu einer flexiblen, psychisch wie ergonomisch vorteilhafteren Arbeitsgestaltung führen, stellt jedoch auch andererseits hohe Anforderungen an die Informationsverarbeitung und das Verständnis komplexer Zusammenhänge (Schütte 2014).

Entscheidend ist, bei der digitalen Transformation die Beschäftigten angemessen „mitzunehmen“. Dr. Natalie Lotzmann, Vice President HR und Chief Medical Officer des Global Health Management bei SAP formuliert es im Rahmen einer Podiumsdiskussion wie folgt: „Alle Betriebe werden irgenwann über die gleichen Technologien verfügen. Was sie am Markt unterscheidet, sind Einstellung, Verhalten und Engagement der Mitarbeiter“ (Lotzmann 2015).

3 Alterung und Erwerbspersonenpotenzial

Die drohende Überalterung und Schrumpfung der deutschen Gesellschaft wird seit geraumer Zeit immer wieder aufs Neue thematisiert. Um eine Bevölkerung stabil zu halten („Bestanderhaltungsniveau“) ist eine durchschnittliche Fertilitätsrate von 2,1 Kindern pro Frau erforderlich. Seit 4 Jahrzehnten schwankt die zusammengefasste Geburtenziffer in Deutschland jedoch zwischen 1,3 und 1,5 Kindern je Frau, d. h., jeder Jahrgang wird kleiner. Jüngere Frauen (bis etwa 30 Jahre) bekommen immer seltener Kinder und holen diese Geburten im höheren gebärfähigen Alter auch nicht nach. „Für einen Anstieg der endgültigen Kinderzahl wäre es dagegen erforderlich, dass nicht nur die Geburtenhäufigkeit der Frauen im höheren gebärfähigen Alter noch stärker als bisher steigt, sondern auch dass die Fertilität im Alter unter 30 Jahren nicht weiter sinkt. Dies könnte in der Zukunft nur durch ein verändertes Geburtenverhalten der jungen Frauengenerationen erreicht werden“ (Statistisches Bundesamt 2015b, S. 28).

Durch die medizinische Versorgung, die verbesserten Lebensbedingungen und die sinkende körperliche Beanspruchung am Arbeitsplatz steigt die Lebenserwartung – die zweite Determinante der demografischen Entwicklung – beständig an. Die Lebenserwartung eines im Jahr 2011 in Deutschland geborenen Kindes liegt bei 77,7 Jahren (männlich) bzw. 82,8 Jahren (weiblich; Statistisches Bundesamt 2015a). Diese stetig ansteigende Lebenserwartung führt gemeinsam mit dem niedrigen Geburtenniveau dazu, dass die deutsche Bevölkerung als Ganzes altert.

Einen weiteren wichtigen Faktor in Bezug auf die demografische Entwicklung in Deutschland stellt die Zuwanderung dar, wobei die Differenz aus Zu- und Abwanderung innerhalb eines bestimmten Zeitraums als Wanderungssaldo bezeichnet wird. Der Zuwanderung hat es Deutschland in den vergangenen Jahrzehnten zu verdanken, dass trotz beinahe stagnierender Fertilitätsraten ein Bevölkerungswachstum zu verzeichnen war. Im Gegensatz zur Geburtenhäufigkeit und Lebenserwartung kann allerdings aus den bisherigen Wanderungssalden kein Trend abgeleitet werden. Die 13. koordinierte Bevölkerungsvorausberechnung geht für das Jahr 2015 von einem Wanderungssaldo von 500.000 Personen aus, danach wird mit einer (stufenweisen) Abnahme bis zum Jahr 2021 gerechnet (Statistisches Bundesamt 2015a). Diese Prognosen wurden vor der stark angestiegenen Zahl an Schutzsuchenden, die 2015 nach Deutschland kamen und noch immer kommen, erstellt. Im sog. EASY-System wurden 2015 bundesweit etwa 1,1 Mio. Zugänge von Asylsuchenden registriert.[2] Hierzu ist allerdings anzumerken, dass bei diesen Zahlen Fehl- und Doppelerfassungen aufgrund der zu diesem Zeitpunkt noch fehlenden erkennungsdienstlichen Behandlung und Erfassung persönlicher Daten nicht auszuschließen sind. Insgesamt 476.649 formelle Asylanträge wurden im Jahr 2015 beim Bundesamt für Migration und Flüchtlinge gestellt, das sind 273.815 mehr als im Vorjahr (BMI 2016). Nicht zu vernachlässigen ist der Umstand, dass die Bevölkerung mit Migrationshintergrund[3] deutlich jünger ist als die deutsche Bevölkerung ohne Migrationshintergrund. So beträgt das durchschnittliche Alter der deutschen Bevölkerung ohne Migrationshintergrund 46,8 Jahre, das durchschnittliche Alter der Bevölkerung mit Migrationshintergrund 35,4 Jahre. Insbesondere die Asylsuchenden aus Afghanistan, Irak und Syrien entstammen Ländern mit einer sehr jungen Bevölkerung. So ist jeweils etwa die Hälfte der dortigen Bevölkerung jünger als 19 Jahre, etwa ein Drittel ist zwischen 20 und 39 Jahre, ca. 15 % zwischen 40 und 59 Jahre alt und lediglich knapp 5 % 60 Jahre und älter (Statistisches Bundesamt 2015c).

Die höhere Lebenserwartung der Deutschen sowie die zunehmende Erwerbstätigkeit von Frauen führen zu einer steigenden Lebensarbeitszeit. In Deutschland nehmen die Menschen durchschnittlich 36,8 Jahre am Erwerbsleben teil und liegen damit 2,3 Jahre

[2]Das EASY-System ist eine IT-Anwendung zur Erstverteilung der Asylbegehrenden auf die Bundesländer (BMI 2016).

[3]Nach der Definition des Statistischen Bundesamtes besteht die Bevölkerung mit Migrationshintergrund aus den seit 1950 nach Deutschland Zugewanderten und deren Nachkommen sowie der ausländischen Bevölkerung (Statistisches Bundesamt 2015g).

über dem Durchschnitt der Europäischen Union. Zwischen den Jahren 2000 und 2010 erhöhte sich die Lebensarbeitszeit in Deutschland um 2,5 Jahre, im EU-Durchschnitt waren es innerhalb dieser 10 Jahre lediglich 1,6 Jahre mehr (Statistisches Bundesamt 2012). Der Deutschen Rentenversicherung zufolge zahlen deutsche Beschäftigte heute durchschnittlich 35 Jahre bis zum Renteneintritt in die Rentenversicherung ein, dies ist trotz der stetig steigenden Lebenserwartung eine deutliche Abnahme im Vergleich zu den Beschäftigten der 1950er Jahre (durchschnittlich 45 Jahre bis zum Renteneintritt; Deutsche Rentenversicherung 2015). Das bedeutet, dass die Deutschen dem Arbeitsmarkt immer später zur Verfügung stehen. Die Verlängerung der Lebensarbeitszeit und eine zunehmende Alterung der Gesellschaft führen unweigerlich zu einer Alterung der Belegschaft in den Unternehmen. So waren beispielsweise in Baden-Württemberg im Jahr 2010 bereits die meisten Beschäftigten zwischen 45 und 50 Jahren alt (Pristl und Käpplinger 2013). Wenn diese in etwa 15 Jahren in Rente gehen wird dies weitreichende Konsequenzen für die Unternehmen haben, auch wenn gewisse Potenziale vorhanden sind, das massive Ausscheiden der geburtenstarken Jahrgänge teilweise durch Rationalisierung und Automatisierung aufzufangen (Bauer 2015).

In der 13. koordinierten Bevölkerungsvorausberechnung wird prognostiziert, dass der Anteil der 20- bis 64-Jährigen, also der Bevölkerung im erwerbsfähigen Alter, an der Gesamtbevölkerung von 61 % im Jahr 2013 auf ungefähr 51 % im Jahr 2060 schrumpft (Statistisches Bundesamt 2015a). Wie schon weiter oben festgestellt, findet in dieser Prognose die unerwartet starke aktuelle Zuwanderung keine Berücksichtigung. Sie wird die Basis für die Berechnung der künftigen Erwerbspersonenzahl verändern. Dies zum einen im Hinblick darauf, dass – wie beschrieben – die Zuwanderer im Durchschnitt sehr jung sind und zum anderen, dass die Werte- und Rollenmuster in den Herkunftsländern zu einer höheren Geburtenrate unter den Migrantinnen und Migranten führen. Allerdings weisen Fachleute auch darauf hin, dass sich über Jahrzehnte zeigen lässt, dass das generative Verhalten von Migrantinnen und Migranten sich allmählich dem in den Zuzugsgebieten annähert. Eine verlässliche Prognose lässt sich hier also nicht treffen. Grundsätzlich ist allerdings Vorsicht dabei geboten, durch den massiven Zuzug vorschnell eine Lösung des demografischen Problems in Deutschland zu erwarten.

Denn die rein quantitative Betrachtung der demografischen Entwicklung muss auch um eine qualitative Betrachtung ergänzt werden. Bleibt man zunächst bei dem Aspekt der Zuwanderung, so fehlen derzeit noch verlässliche und repräsentative Informationen zur Qualifikation der Flüchtlinge, dennoch lassen sich bereits Tendenzen erkennen bzw. ableiten (vgl. hierzu Abschn. 6.4 „Kulturelle Vielfalt"). In jedem Fall ist absehbar, dass die Integration der Flüchtlinge in den Arbeitsmarkt aufgrund sprachlicher, qualifikatorischer und kultureller Barrieren erst mit einer gewissen Zeitverzögerung bzw. voraussichtlich nicht vollständig erfolgen wird. Somit ist kurz- bis mittelfristig also durch die massive Zuwanderung keineswegs von einer tiefgreifenden Veränderung im Hinblick auf die seit Jahren in zahlreichen Studien und Untersuchungen thematisierten Knappheiten im Zusammenhang mit dem Fachkräftebedarf auszugehen.

Initiativen wie die bundesweite „Fachkräftewoche" der Partnerschaft für Fachkräfte in Deutschland (www.fachkraeftewoche.de),[4] während der an 7 Tagen mehr als 250 Veranstaltungen unter dem Motto „In Deutschland steckt mehr" stattfinden, die „Fachkräfte-Offensive" der Bundesministerien für Arbeit und Soziales sowie für Wirtschaft und Energie und der Bundesagentur für Arbeit (www.fachkraefte-offensive.de) zeigen ebenso wie regionale Fachkräftestrategien die Signifikanz der Thematik in Politik und Wirtschaft auf. Knappheiten im Zusammenhang mit dem Fachkräftebedarf äußern sich zum einen darin, dass Unternehmen vakante Positionen nicht besetzen können. Es finden sich keine Bewerberinnen und Bewerber oder diese verfügen nicht über die erforderlichen Qualifikationen und Kompetenzen, sodass von einer Einstellung Abstand genommen werden muss. Man spricht hier von einer unfreiwilligen permanenten Vakanz. Zum anderen äußern sich Knappheiten darin, dass offene Stellen erst mit Zeitverzögerung besetzt werden können. Dies wird als unfreiwillige temporäre Vakanz bezeichnet (IW Köln 2007; Rump und Eilers 2014a). Die Diskussion um den Fachkräftebedarf muss um die sog. Mismatch-Problematik ergänzt werden. Arbeitslosigkeit bei gleichzeitigem Fachkräftebedarf deutet auf ein Mismatch hin. Mismatch ist definiert als Ungleichgewicht zwischen Arbeitsangebot und Arbeitsnachfrage. Dabei ist zu unterscheiden zwischen einem qualifikatorischen Mismatching – d. h., die Qualifikation der potenziellen Bewerberinnen und Bewerber passt nicht zu den Anforderungen der offenen Stellen – sowie einem regionalen Mismatching, wenn die räumliche Distanz zwischen den zu besetzenden Stellen und den Arbeitssuchenden nicht überwunden werden kann (Bauer und Gartner 2014; Prognos 2015). Hinzu kommt der zeitliche Aspekt: Nicht selten entsteht ein Mismatch auch dadurch, dass die zeitliche Verfügbarkeit der potenziellen Kandidatinnen und Kandidaten und die betrieblichen Erfordernisse des Unternehmens nicht zusammenpassen.

Wann und in welchem Umfang einzelne Betriebe von Engpässen in Bezug auf das verfügbare Nachwuchs- und Arbeitskräftepotenzial betroffen sein werden, hängt von mehreren Faktoren ab. Hier ist zum einen die räumliche Lage zu nennen. Immer deutlicher zeigen sich Unterschiede in den Wirtschafts- und Bevölkerungsstrukturen der Regionen. So nimmt im ländlichen Bereich die Abwanderung gerade jüngerer Arbeitskräfte weiter zu, während sich rund um größere Wirtschaftsstandorte regelrechte Ballungszentren entwickeln. In der Folge fällt es Betrieben in ländlichen Gegenden zunehmend schwer, qualifizierte Nachwuchs- und Arbeitskräfte für sich zu gewinnen. Hinzu kommt, dass in einer sich selbst verstärkenden Spirale die Abwanderung von Arbeitskräften zu einer weiteren Einschränkung der Infrastruktur, wie dem öffentlichen Nahverkehr, Sport- und Freizeitstätten sowie Kinderbetreuung führt, wodurch wiederum die Region an

[4]Der Partnerschaft für Fachkräfte gehören an: Bundesministerium für Arbeit und Soziales, Bundesministerium für Wirtschaft und Energie, Bundesministerium für Bildung und Forschung, Bundesvereinigung der Deutschen Arbeitgeberverbände, Deutscher Gewerkschaftsbund, IG Metall, IG Bergbau, Chemie, Energie, Deutscher Industrie- und Handelskammertag, Zentralverband des Deutschen Handwerks und Bundesagentur für Arbeit.

Attraktivität als Lebensraum verliert. Mit Blick auf die Nachwuchskräfte besteht die Herausforderung immer weniger darin, in ausreichendem Maße Ausbildungs- oder Hochschulplätze für junge Menschen bereitzustellen. Vielmehr sinkt die Nachfrage nach Ausbildungsplätzen stetig, und auch die Zahl der Studienanfänger wird mit einer Ver_ zögerung von wenigen Jahren rückläufig sein. Diese Entwicklung wird es für Unternehmen schwieriger machen, qualifizierte jüngere Arbeitskräfte zu finden (Rump und Eilers 2013). Bereits schon heute stellen viele Betriebe fest, dass die Anstrengungen, die sie unternehmen müssen, um ihre Ausbildungsplätze besetzen zu können, steigen (ifB! 2012). Von einem generellen Fachkräfteengpass zu sprechen, entspricht also nicht den Tatsachen. Allerdings steuert Deutschland Knappheiten an Fachkräften in Bezug auf bestimmte Qualifikationsstufen, Berufsgruppen und Branchen entgegen, die bereits heute zutage treten. So klagen in einer Studie des Instituts für Beschäftigung und Employability IBE im Auftrag der Hays AG immerhin 56 % der Befragten über große bis sehr große Schwierigkeiten bei der Rekrutierung von Führungskräften, 74 % finden nicht die passenden Fachkräfte und Experten oder Expertinnen (Rump et al. 2015). Im Fokus stehen dabei zum einen die sog. MINT-Berufe,[5] in denen im Mai 2015 die Arbeitskräftelücke auf rund 140.000 Personen beziffert wurde, darunter 40 % mit akademischem und 60 % mit beruflichem Abschluss. Bis zum Jahr 2020 wird bedingt durch den dann anstehenden massiven Eintritt der Babyboomer in den Ruhestand mit dem Fehlen von 670.000 beruflich qualifizierten MINT-Fachkräften gerechnet, bei steigender Nachfrage sogar von bis zu 1,3 Mio. (BDA 2015; IW Köln 2015). Zum anderen wird immer stärker der strukturelle Fachkräftemangel in vielen Gesundheits- und Pflegeberufen thematisiert, der sich im Zuge der demografischen Entwicklung in den kommenden Jahren und Jahrzehnten massiv verschärfen wird. So fehlen bereits heute examinierte Altenpflegekräfte, und dies bei einem prognostizierten Anstieg der Zahl der Pflegebedürftigen von heute bereits etwa 2,4 Mio. Menschen um 1 Mio. bis zum Jahr 2030 (BDA 2015; Prognos 2012). Nicht zuletzt ist davon auszugehen, dass im Bereich „Erziehung und Unterricht“ bis zum Jahr 2035 ein Mangel an Akademikerinnen und Akademikern besteht und auch in der Fertigung sowie in Forschung und Entwicklung mit Engpässen zu rechnen ist (BDA 2015; BIBB 2014; Prognos 2015). Die Prognos AG stellt in ihrer aktuellen Studie zur „Arbeitslandschaft 2040“ fest, dass sich die Fachkräftelücke aufgrund des spürbar gestiegenen Anteils an Personen mit einem Hochschulabschluss „zwar vom Niveau her kaum verändert, wohl aber in ihrer Zusammensetzung. So ist der Mangel an beruflich qualifizierten Fachkräften deutlicher ausgeprägt als in der Vorgängerstudie“ (Prognos 2015, S. 1–2).

Was die Hebel zur Fachkräftesicherung durch Mobilisierung des in Deutschland vorhandenen, jedoch brachliegenden Potenzials anbelangt, so ergibt eine Studie der Robert Bosch Stiftung drei Anpassungspfade (Klös et al. 2013):

---

[5]Die Abkürzung MINT steht für die Begriffe Mathematik, Informatik, Naturwissenschaften und Technik.

- die Anpassung der Zahl der Erwerbspersonen bzw. Erwerbstätigen,
- die Erhöhung des geleisteten Arbeitsvolumens sowie
- die Erhöhung der Arbeitsproduktivität.

Modellrechnungen im Rahmen der Studie zeigen, dass sich durch die Erhöhung der Erwerbsbeteiligung von Älteren, Frauen und Personen mit Migrationshintergrund bereits erhebliche Potenziale mobilisieren lassen. Deutlich verstärkt wird der Effekt noch durch eine Verringerung der Erwerbslosenquote, eine Erhöhung der Arbeitszeit Teilzeitbeschäftigter sowie eine Absenkung der Teilzeitbeschäftigtenquote. Zudem gilt: „Je rascher und umfassender an den Handlungsfeldern ‚Erwerbsbeteiligung' und ‚Zeit' angesetzt wird, desto geringer fällt auch der Druck zur Steigerung der ‚Produktivität' aus" (Klös et al. 2013, S. 55). Auch die Prognos AG weist in ihrer Studie zur „Arbeitslandschaft 2040" darauf hin, dass die Erhöhung der Erwerbsbeteiligung und die vollzeitnähere Beschäftigung von Teilzeitbeschäftigten – insbesondere Frauen – enorme Potenziale bieten, um die Fachkräftebasis zu sichern. Ergänzend wird auf die hohe Bedeutung einer Verbesserung der Beschäftigungschancen, einer breiten Bildungsoffensive sowie einer gezielten Gestaltung der Zuwanderung hingewiesen (Prognos 2015). Um diese Zielsetzungen erreichen zu können, bedarf es allerdings nicht unerheblicher Reformbestrebungen seitens der Politik und des Gesetzgebers, des Arbeitsmarktes, der Sozialpartner sowie in den Bereichen Bildung, Arbeitsrecht und Soziale Sicherung und auch auf betrieblicher Ebene. Im Rahmen der Fachkräfte-Offensive wird wie folgt formuliert:

> Der demografische Wandel und die damit einhergehenden Fachkräfteengpässe sind kein reines Zukunftsszenario mehr. In einigen Regionen Deutschlands sind die sinkende Zahl junger Menschen und der Rückgang an Arbeitskräften schon heute spürbar. Die entscheidende Frage ist: Wer kann die Arbeit von morgen leisten? Politik und Wirtschaft müssen gemeinsam dafür Sorge tragen, alle vorhandenen Potenziale bestmöglich auszuschöpfen. Denn es gibt sie: Schon durch die Erhöhung der Erwerbsbeteiligung von Frauen sowie durch die Steigerung der Arbeitszeit von Teilzeitbeschäftigten könnten viele neue Fachkräfte gewonnen werden. Auch die Gruppe der über 55-Jährigen bietet ein erhebliches Potenzial an Fachkräften, wenn es gelingt, erfahrene Arbeitskräfte länger im Berufsleben zu halten. Neben den inländischen Zielgruppen stellen auch Fachkräfte aus dem Ausland ein wichtiges Potenzial dar (BMAS et al. 2015).

Doch auch im Hinblick auf die Produktivität lassen aktuelle Hochrechnungen aufhorchen: So kommt das Statistische Bundesamt zu der Erkenntnis, dass „durch Fortschritt und Entwicklung sowie damit einhergehende verbesserte Organisationsstrukturen und effizientere Arbeitsstrukturen zukünftig in der deutschen Industrie durchschnittliche Produktivitätssteigerungsraten von jährlich rund 3 % erwartet werden" (Voelpel 2015). Die Digitalisierung ist also hier Treiber von Produktivitätsgewinnen bzw. deren Erwartungen. Hinzu kommt, dass der mit der Digitalisierung einher gehende wirtschaftliche Umbruch zum Wegfall von Arbeitsplätzen in bestimmten Segmenten führen wird. Mit Blick in die Zukunft würde dies eher einen Überschuss als einen demografisch bedingten Mangel an

Erwerbspersonen bedeuten und damit eine Chance im Umgang mit dem demografischen Wandel und drohenden Fachkräfteengpässen (vgl. hierzu auch Abschn. 6.3 „Berufsbilder und Beschäftigungseffekte"; Voelpel 2015).

4 Volatilität, Innovations- und Wissensökonomie

Ein Kennzeichen der Arbeitswelt der Zukunft ist die zunehmende Volatilität – also Unbeständigkeit oder Flüchtigkeit – von Produkten und Dienstleistungen, gekennzeichnet durch kürzere Produktlebenszyklen und schnellere Innovationszyklen. Es wird zu einem Wettbewerbsfaktor, Unsicherheiten und Instabilitäten und damit letztlich eine neue Dimension der Komplexität zu steuern (BDI und Z_Punkt GmbH 2011). Bestehende Geschäftsmodelle müssen transformiert, neue zukunftsträchtige Geschäftsfelder besetzt und gleichzeitig auch das noch profitable Kerngeschäft so effizient wie möglich verfolgt werden (Shareground und Universität St. Gallen 2015). Kurz gesagt: „Während die Geschäftschancen heute genutzt werden, müssen die Innovationspotenziale von morgen bereits entdeckt und erschlossen werden" (Fraunhofer IAO 2013b, S. 6). In einer „24/7"-Welt, in der zumindest theoretisch jederzeit und von jedem Ort gearbeitet und kommuniziert werden kann, erhöht sich der Druck, sehr schnell qualitativ hochwertige Ergebnisse zu liefern. Dies führt nicht zuletzt zu der Gefahr, dass Aufgaben nicht mehr vollständig „beherrscht" werden. In der englischsprachigen Literatur wird auch von der „mastery" gesprochen, die nach Ansicht von Fachleuten erst dann erreicht werden kann, wenn man sich 10.000 Stunden lang mit der Erlangung einer bestimmten Fähigkeit beschäftigt hat (Gratton 2011; Lavitin 2007).

Unternehmen bewegen sich somit in einem Spannungsfeld zwischen Kostendruck und Innovationsdruck. Es zeigt sich jedoch, dass die Unternehmen, die sich dem beständigen Wandel stellen, indem sich stetig weiterentwickeln und neu erfinden, dreimal so schnell wachsen wie andere und höhere Gewinne erzielen (Grabmeier 2014). Strategische Allianzen im Sinne von Wertschöpfungspartnerschaften erlangen dabei eine zunehmende Bedeutung, da es immer schwieriger wird, alleine Innovationen zu erarbeiten und am Markt durchzusetzen. Solche Allianzen können branchenübergreifend und/oder auf internationaler Ebene erfolgen, in bestimmten Segmenten, wie beispielsweise bei der Komponenten- oder Produktentwicklung in der Automobilindustrie durchaus auch mit Wettbewerbern im Sinne einer „coopetition" (BDI und Z_Punkt GmbH 2011; BMWI 2015). In diesem Zusammenhang gilt es auch, sich auf neue Kundenbeziehungen einzustellen. Denn Kundinnen und Kunden werden „mündiger", sind besser informiert und erwarten, dass ihre Bedürfnisse in hohem Maße durch kompetente Ansprechpartner bzw. Ansprechpartnerinnen und individualisierte „Rundum-Lösungen" umgesetzt werden. Dadurch kommt es zu Entwicklungen wie „open innovation", die sich auf Kooperationen mit F&E-Partnern, Universitäten, Lieferanten, Behörden, Wettbewerbern oder Kundinnen und Kunden bezieht (BDI und Z_Punkt GmbH 2011), auf die in Abschn. 6.1 „Organisation" noch einmal eingegangen wird. Gerade durch die Digitalisierung bestehen hier immense

Potenziale, den Kundenkreis bereits in den Produktentwicklungsprozess einzubeziehen, beispielsweise indem Maschinenfunktionen bereits vorab simuliert werden. „Unternehmen müssen in der Lage sein, sich und ihre Belegschaften entlang neuartiger Kundenbedürfnisse immer wieder neu zu organisieren, damit neue Bedarfe möglichst schnell auf exzellente Fachkompetenz treffen, damit Fähigkeiten die richtigen Ressourcen finden" (Fraunhofer IAO 2013b, S. 6). Die Prognos AG geht in ihrer Studie zur „Arbeitslandschaft 2040" davon aus, dass der Bedarf an Beratungs- und Ausbildungsleistungen stark zunimmt, ebenso wie an Kommunikationsleistungen sowie transport- und logistikorientierten Tätigkeiten (v. a. in den Bereichen Planung, Ausbildung und Organisation). Durch die Weiterentwicklung der Produktionstechniken entsteht zusätzlicher Forschungs- und Entwicklungsaufwand und es kommt bedingt zu einer relativen Stärkung der eigentlichen Leistungserstellung vor- und nachgelagerter Dienstleistungen. Das Tätigkeitsspektrum verlagert sich den Prognosen zufolge bis zum Jahr 2040 immer mehr von outputnahen Tätigkeiten hin zu stärker wissensbasierten Tätigkeiten (Prognos 2015; vgl. hierzu auch Abschn. 6.3 „Berufsbilder und Beschäftigungseffekte"). Hinzu kommt die sinkende Halbwertzeit von Wissen. Je nach Fachdisziplin verkürzen sich die Zyklen der Wissensverdopplung. Zudem ist Wissen in zunehmendem Maße fragmentiert und spezialisiert.

Innovation und wissenschaftlicher Fortschritt finden allerdings nicht mehr nur in den hoch entwickelten Wirtschaftsnationen, sondern – nicht zuletzt bedingt durch die rasante Ausbreitung digitaler Technologien – in zunehmendem Maße auch in Schwellenländern statt (BDI und Z_Punkt GmbH 2011; Brühl 2010; Hofmann et al. 2007). Und so wird in zunehmendem Maße auch Wissensarbeit weltweit verteilt. Dadurch gehen gerade im mittleren Qualifikationssegment in den hoch entwickelten Wirtschaftsnationen Arbeitsplätze verloren – eine Entwicklung, die für Deutschland ebenfalls seit einigen Jahren zu beobachten ist (IZA 2015; Bauer 2015; vgl. hierzu auch Abschn. 6.3 „Berufsbilder und Beschäftigungseffekte"). Zu dieser Entwicklung trägt auch bei, dass sich die Profile der Menschen global immer mehr angleichen. So können zwei Vertreterinnen oder Vertreter der Generation Y in Deutschland, die unterschiedliche soziale Hintergründe aufweisen, sich stärker voneinander unterscheiden als zwei Vertreterinnen oder Vertreter der Generation Y aus Deutschland und Indien, die jedoch in ähnlichen sozialen Strukturen bzw. Verhältnissen aufgewachsen sind (Gratton 2011).

Für Arbeitgeber ist dies mit der Konsequenz verbunden, dass sich der Wettbewerb um die besten Fachkräfte in Zukunft auch häufiger global abspielen wird und dass es gilt, das verfügbare Wissen bestmöglich miteinander zu kombinieren und die Zusammenarbeit auch über große Distanzen bzw. in zunehmend heterogenen Teams zu optimieren (Gratton 2011). Dies macht es immer mehr erforderlich, strategisch Personal zu planen (BCG 2015). Beschäftigte sehen sich der Situation gegenüber, dass gerade für diejenigen mit niedrigem Qualifikationsniveau die Arbeitsbedingungen und -verhältnisse unsicherer und schwerer vorhersehbar werden.

Letztlich lässt sich infolge dieser Entwicklung die Arbeitswelt als mehrdimensionales Gebilde begreifen. In der einen Arbeitswelt sind Arbeitsplätze und Arbeitsbedingungen durch fortschreitende Rationalisierung und Standardisierung gekennzeichnet, Routinearbeiten und

Arbeitsverdichtung gehören zum Alltag. Durch Prozessoptimierung wird dem Druck, immer noch schneller und billiger zu sein, Rechnung getragen. In der anderen Arbeitswelt spielen Wissen und Kompetenzen in Kombination mit hoher Flexibilität, Schnelligkeit und Wendigkeit eine entscheidende Rolle. Arbeitsplätze und Arbeitsbedingungen weisen hier eine hohe Wissensintensität auf und sind sehr komplex. Diese beiden unterschiedlichen Dimensionen der Arbeitswelt erfordern auch differenzierte Ansätze, um die betroffenen Mitarbeitenden angemessen zu fordern und zu fördern und somit ihre Beschäftigungsfähigkeit aufrechtzuerhalten. So gilt es in einer Welt der Routine und Standardisierung, Mitarbeitende dennoch „in Bewegung zu halten", damit sie mit den Entwicklungen Schritt halten können, während in einer von hoher Veränderungsgeschwindigkeit geprägten Welt insbesondere darauf zu achten ist, dass die Mitarbeitenden auch „in Balance bleiben" und nicht ausbrennen. Doch ganz gleich in welcher der beiden Arbeitswelten jemand beschäftigt ist, eines ist klar: Ein hohes Maß an Kompetenz und Wissen ist das Basiswerkzeug für die tägliche Arbeit – ein Indikator für die Existenz einer Wissensgesellschaft in Deutschland.

5 Individualisierung und Wertewandel

Bereits seit mehreren Jahren befindet sich die Gesellschaft in einer Umbruchphase hinsichtlich der Hierarchie der Werte. Zum einen zeigt sich eine zunehmende Individualisierung, die nicht nur in Deutschland, sondern auch in anderen entwickelten Wohlstandsgesellschaften anzutreffen ist (Zukunftsinstitut 2012b; HayGroup 2011). Menschen sehen sich einer immer größeren Anzahl an Optionen in allen möglichen Bereichen ihres Lebens gegenüber. Der Schweizer Soziologe Peter Gross prägte in diesem Zusammenhang bereits in den 1990er Jahren den Begriff der „Multioptionsgesellschaft" (Gross 1994). Diese verschiedenen Wahlmöglichkeiten führen dazu, dass Selbstfindung und Selbstverwirklichung einfacher zu realisieren sind und einen hohen Stellenwert im Leben einnehmen. Mit anderen Worten: „Individualität bedeutet die Freiheit zur Wahl" (Gross 1994). Während in der Vergangenheit berufliche und private Erwerbs- und Lebensverläufe vergleichsweise klar vorgezeichnet waren und für die meisten Menschen in ähnlichen Phasen verliefen, ist heute eine große Pluralität an sich abwechselnden biografischen Elementen zu erkennen (Haaf und Bauer 2012). So zeigen sich in den Erwerbsbiografien zunehmend Brüche, in denen sich Phasen der Selbstständigkeit und des Angestelltendaseins, der Vollzeit- und der Teilzeitbeschäftigung, der Führungs-, Projekt- oder Fachlaufbahnen oder auch von Auszeiten für außerberufliche Aufgaben und Interessen abwechseln. Im privaten Bereich steigt die Komplexität der Familienformen stetig an. Zwar ist die klassische Form des Ehepaars mit einem oder mehr Kindern in Deutschland derzeit noch vorherrschend, doch hat sich die Zahl der unverheirateten sowie der gleichgeschlechtlichen Elternpaare, der Alleinerziehenden sowie der Stief- und Patchworkfamilien deutlich erhöht (BMFSFJ 2015). Aus der Normalbiografie der Vergangenheit, die sich in die drei Phasen Kindheit und Jugend, Berufstätigkeit und Familienzeit sowie Ruhestand differenzierte, wird die variantenreiche

„Multigrafie", ein Begriff, den das Zukunftsinstitut in Kelkheim geprägt hat und in dem die Normalbiografie durch die Postadoleszenz als Phase des Ausprobierens und der Selbstfindung nach der Kindheit und Jugend, durch die „Rushhour des Lebens" zwischen Ende 20 und Anfang 50 sowie durch den „Zweiten Aufbruch" von Menschen um die 50 ergänzt wird. Wie ein Mosaik setzt sich die Berufsbiografie aus unterschiedliche Phasen zusammen, zu denen auch Sabbaticals, Elternzeit oder Ehrenamt gehören (Schuldt und Ehret 2015). Zusammenfassend formuliert es die Trendstudie „Youth Economy" wie folgt: „Individualisierung ist schon lange ein mächtiger Treiber des gesellschaftlichen Wandels, der starre Lebensfahrpläne auflöst, Biografien in Multigrafien verwandelt, Lebensstile und Szenen vervielfältigt" (Schuldt und Ehret 2015, S. 14).

Die „Freiheit der Wahl" im Zuge der Individualisierung geht allerdings auch einher mit dem Anspruch, sich den eigenen Lebensweg selbst zu suchen und aus der Vielfalt der gebotenen Möglichkeiten das Beste zu machen. Und so steht der bereits angesprochenen Chance der Selbstverwirklichung in einem nie da gewesenen Umfang das Risiko des Scheiterns oder der Fehlentscheidungen gegenüber, dem sich durchaus viele Menschen bewusst sind. Dies trifft in besonderem Maße auf die jüngere Generation zu (vgl. dazu auch Abschn. 6.4 „Generationsvielfalt"). Allerdings gilt es auch festzuhalten, dass die besten Möglichkeiten, dem Streben nach Individualisierung auch Ausdruck im Leben und Arbeiten zu verleihen, für diejenigen bestehen, die über ein gewisses Bildungs- und Wohlstandsniveau verfügen. Wie bereits skizziert, ist der Megatrend der Individualisierung in entwickelten Wohlstandsgesellschaften anzutreffen. Doch auch innerhalb dieser Gesellschaften bestehen erhebliche Unterschiede in Bezug auf die Wahlmöglichkeiten zur Gestaltung des Lebens und Arbeitens, sodass Menschen mit geringem Bildungsniveau und niedrigem sozialem Status nur sehr eingeschränkte Optionen zur Verfügung stehen (Zukunftsinstitut 2012b). Zudem ist über alle historischen Zusammenhänge hinweg festzustellen, dass zu einer autonomen Persönlichkeitsentwicklung bestimmte gesellschaftliche Voraussetzungen erforderlich sind (z. B. Kommunikationsmöglichkeiten bzw. Medienvielfalt, Mobilität, Pluralismus, Wertevielfalt etc.), die nicht in allen sozialen Milieus gleichermaßen gegeben sind (Ferchhoff 2007; Albert et al. 2010a).

Individualisierung bedeutet nicht – und darüber herrscht weitgehend Einigkeit –, dass sich Menschen in Nischen zurückziehen oder vereinsamen. Individualisierung sollte keinesfalls gedanklich mit Negativem, wie Werteverfall, verknüpft werden, auch wenn das Wort zu solchen Assoziationen führen könnte. Sie ist zudem mit einer Kultur der Revidierbarkeit, mit einer gewissen Selbstbestimmung von Lebensgeschwindigkeiten sowie der Ergänzung von gesetzten Bindungen (z. B. Familie) durch eigenbestimmte Netzwerke (z. B. Freunde) verbunden (Opaschowski 2002; Horx 2005; Rump und Biegel 2011). Darüber hinaus lässt sich nicht bestätigen, dass Individualisierung mit einem höheren Egoismus und/oder mit der Reduzierung von Gemeinschaftswerten einhergeht. So zeigen beispielsweise die Shell Jugendstudien seit Jahren beständig den hohen Wert von Freundschaft und Familie unter der jüngeren Generation auf (Gensicke 2015). Vielmehr kann davon ausgegangen werden, dass der Wunsch nach Individualität zugleich auch den Gemeinsinn stärkt – das Zukunftsinstitut spricht in diesem Kontext vom

Konzept des „integrierten Individualismus“, wonach das Bedürfnis nach Unterstützung durch andere Menschen mit dem Maß des Individualismus des eigenen Lebensentwurfs ansteigt. Dies steht nicht zuletzt auch im Zusammenhang damit, dass viele Bereiche, die in der Vergangenheit staatlich geregelt wurden, heute stärker in der Verantwortung des Individuums liegen und nicht alleine bewältigt werden können (Zukunftsinstitut 2012b).

Eine Folge der Individualisierung besteht in einer Veränderung der Erwartungen an die Arbeitswelt. Aspekte wie Selbstverwirklichung, Handlungsspielräume, eine gelungene Vereinbarkeit von Beruf und Privatleben, aber auch Arbeitszeiten und Arbeitsorte, die dem persönlichen Lebensentwurf entsprechen, nehmen eine steigende Bedeutung ein und verdrängen traditionelle Anreize wie Status und hohes Einkommen (HayGroup 2011; Schuldt und Ehret 2015; vgl. hierzu auch Abschn. 6.4 „Generationsvielfalt“). „Es geht nicht mehr um die Frage ‚Was stelle ich dar?‘, sondern: ‚Wie geht es mir, wie fühle ich mich, was bringt mich weiter?‘“ (Schuldt und Ehret 2015, S. 27).

Befördert wird die Individualisierung von der Digitalisierung, die neue Möglichkeiten der Vernetzung, aber auch der „Selbsterfassung“ bietet. So beschäftigen sich zahlreiche Apps und technische Errungenschaften damit, Körperfunktionen zu überwachen, und es bestehen immense Möglichkeiten, eigene Erfahrungen in unterschiedlichsten Lebens- und Arbeitsbereichen mit Menschen aus aller Welt zu teilen und dabei auch über sich selbst zu reflektieren (Zukunftsinstitut 2012b).

Mit der Individualisierung einher geht auch ein Anstieg der Vielfalt an Normen und Werten in der Gesellschaft und infolgedessen ein Wertewandel. Dabei lässt sich eine Wertesynthese feststellen, ein Streben nach einem ausbalancierten Lebenskonzept, in dem Werte gleichberechtigt nebeneinander stehen und die Gesellschaft traditionelle und moderne Werte gleichermaßen schätzt und verkörpert. Da der (neue) Sinn des Lebens in moralischen Bereichen gesucht wird, zeichnet sich ein Weg zur „moralischen Erneuerung“ ab. Zu dieser Wiederbelebung von Werten – oder auch Rückbesinnung auf Kernwerte – zählen beispielsweise die gesellschaftliche Aufwertung von Ehe, Familie und Kindern, die soziale Anerkennung ehrenamtlicher und freiwilliger Tätigkeiten, die grundlegende Neubewertung von Arbeit und Leistung sowie die vorrangige Förderung von Bildung und Kultur. Damit rücken vor allem prosoziale Werte wie Hilfsbereitschaft, menschliche Wärme, Ehrlichkeit, Toleranz, Freundlichkeit und Freundschaft sowie Gerechtigkeit und Verantwortung wieder in den Vordergrund (Opaschowski 2008; Rump und Biegel 2011; Zukunftsinstitut 2012b). Die 17. Shell Jugendstudie stellt zudem einen Anstieg der Bedeutung des Respekts vor Gesetz und Ordnung fest (Gensicke 2015; vgl. dazu auch Abschn. 6.4 „Generationsvielfalt“). Galt früher die primäre Orientierung häufig der Erwerbsarbeit, so lässt sich durch den Wertewandel eine Verschiebung hin zu einer zunehmenden Sinnsuche in außerberuflichen Bereichen, wie Familie, Freizeit oder Gesundheit beobachten. Arbeit und Freizeit bzw. Familie stehen nicht mehr im drastischen Gegensatz zueinander, sondern Arbeits- und Familienleben werden zunehmend als verbundene Bereiche wahrgenommen. Dies lässt sich insbesondere im Generationenvergleich als Entwicklung von den sog. Babyboomern hin zur Generation Y beobachten (Rump und Eilers 2015; BMAS 2015a). Nicht zuletzt rührt diese Entwicklung davon her, dass Menschen in unruhigen Zeiten mit vielen Veränderungen und Brüchen in der Regel eher nach beständigen Werten und Geborgenheit streben (Trendbüro et al. 2003; Opaschowski 2008). Hinzu kommt, dass aufgrund der zunehmenden Polarisierung der Gesellschaft das Streben nach „immer mehr" sich hin zum immateriellen „immer besser" verschiebt. Lebensqualität erhält Priorität vor Lebensstandardsteigerung (Opaschowski 2009).

Ebenso wie sich die Sinnsuche der Menschen von dem einseitigen Blick auf die Erwerbsarbeit löst und sich dem gesamten Leben zuwendet, wird auch Leistung nicht mehr nur auf die Produktivität im Beruf bezogen. Leistung stellt für viele Beschäftigte generell einen wichtigen Wert dar. Insbesondere Fleiß, Pflichtbewusstsein und Disziplin sowie die Orientierung an selbst gesteckten Zielen sind dabei anerkannte Eigenschaften, die man sich selbst nicht nur gerne zuschreibt, sondern die auch privat wie beruflich gelebt werden (Opaschowski 2008; Meier und Schröder 2007; Gensicke 2015).

6 Konsequenzen für Individuum und Unternehmen

Von den vielfältigen Phänomenen, die sich im Zuge der beschriebenen Trends neu entwickeln oder verstärken, sollen im Folgenden vier einer näheren Betrachtung unterzogen werden:

- Wandel der Arbeitsformen und Arbeitsbeziehungen,
- neue Grenzziehungen zwischen Leben und Arbeiten,
- Wandel von Kompetenzanforderungen und Berufsbildern sowie
- Vielfalt von Belegschaften.

Dabei wirken die digitale Transformation, der demografische Wandel, Volatilität, Innovations- und Wissensgesellschaft sowie Individualisierung und Wertewandel unterschiedlich stark auf diese Entwicklungen ein. Vielfach zeigt sich auch eine Wechselwirkung, sodass eine völlig trennscharfe Betrachtung nicht möglich ist. So werden beispielsweise bereits seit Längerem bestehende Tendenzen zur Entgrenzung und Verdichtung von Arbeit sowie zur grundsätzlichen Veränderung von Arbeitsformen und Kompetenzanforderungen durch den aktuell sehr leidenschaftlich geführten Diskurs um die Digitalisierung unter neuen Gesichtspunkten diskutiert und rücken verstärkt ins öffentliche Bewusstsein.

> Für Thomas Sattelberger liegen die zentralen arbeitskulturellen Fragestellungen der Zukunft in folgenden Feldern: „Die Neuorganisation und -definition von Führung in der digitalen Welt. Die Förderung der Souveränität des Unternehmensbürgers mit Blick auf Arbeitszeit und Arbeitsort und neue, transparente Kommunikations- und Kollaborationsprozesse. Die Sicherstellung nicht nur seiner Schutz-, sondern auch seiner Freiheitsrechte. Konzepte für eine gesunde Organisation auch mit Blick auf Meinungsfreiheit und direkte Demokratie" (Sattelberger 2015, S. 6).

Allerdings ist seiner Ansicht nach die Arbeitswelt in Deutschland davon derzeit noch „ein gutes Stück entfernt" (Sattelberger 2015, S. 6).

6.1 Wandel der Arbeitsformen und Arbeitsbeziehungen

Die Anforderungen, die infolge der genannten Trends auf Unternehmen zukommen, führen – gekoppelt mit den technischen Möglichkeiten – zu immer neuen Formen von Arbeits- und Geschäftsmodellen. Auf die Details der mit „Industrie 4.0" verbundenen innovativen Produktionsmethoden und -prozesse soll an dieser Stelle nicht eingegangen, sondern vielmehr der Fokus auf Arbeitsformen und -beziehungen gelegt werden. Einen ersten Überblick gibt Abb. 2 von Prof. Dr. Bauer vom Fraunhofer IAO.

6.1.1 Arbeits- und Beschäftigungsformen

Tatsächlich kann gerade durch die Möglichkeiten, die die Digitalisierung bietet, Arbeit zunehmend flexibel stattfinden, während in der Vergangenheit die Notwendigkeit bestand, sich gemeinsam mit Kolleginnen und Kollegen sowie Vorgesetzten mehr oder weniger täglich zur gleichen Zeit am gleichen Ort einzufinden. Zudem eröffnen sich neue Beschäftigungsoptionen für projektbezogene Arbeitsverhältnisse, die im virtuellen Raum auch über Landesgrenzen hinweg für Fachkräfte zur Verfügung stehen. Gerade für die jüngere Generation stellt es nahezu eine Selbstverständlichkeit und auch einen hohen Attraktivitätsfaktor dar, Freiheitsgrade in der Wahl von Arbeitsort und Arbeitszeit zu genießen (Schuldt und Ehret 2015). Auf die vielfältigen Möglichkeiten flexibler Arbeitszeitmodelle wird an dieser Stelle nicht explizit eingegangen, da diese eingehend in Kap. 13 behandelt werden.

Das Normalarbeitsverhältnis ist zwar noch immer die vorherrschende Beschäftigungsform, doch lässt sich ein relativer Rückgang beobachten. Es bleibt gewissermaßen

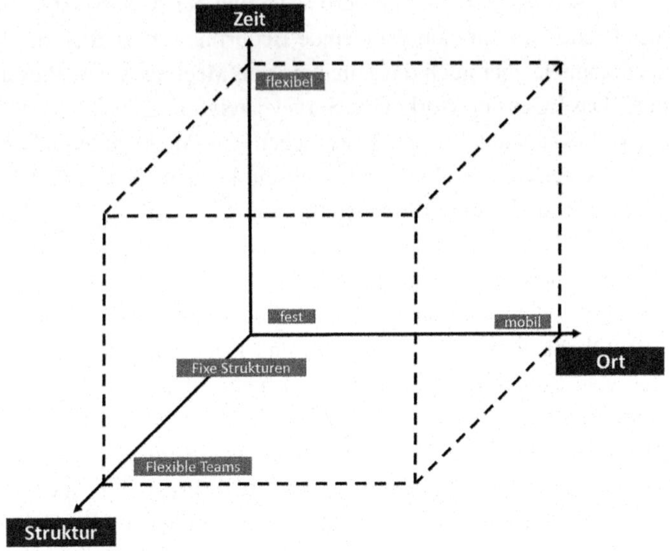

Abb. 2 Zunahme der Flexibilitätsangebote

„normativer Bezugspunkt", während gleichzeitig alternative Formen an Bedeutung gewinnen (Hofmann und Steffen 2013). Der Wunsch nach einem solchen „Normalarbeitsverhältnis" ist durchaus noch bei einer großen Zahl von Beschäftigten vorhanden, doch unterliegt diese Idealvorstellung auch einem Wandel im Verlauf eines Erwerbslebens in unterschiedlichen Lebensphasen (BMAS 2015a).

Es gilt allerdings zu bedenken, dass im Miteinander von Kolleginnen und Kollegen, Führungskräften und Mitarbeitenden die gemeinsame Zeit durch flexible Arbeitszeiten und Arbeitsorte immer weiter verringert wird – mit entsprechenden Konsequenzen für Teamzusammenhalt, Vertrauensbildung und gemeinsame Bewältigung von Herausforderungen. Denn das persönliche Gespräch lässt sich nur bedingt durch virtuelle Kommunikationsformen ersetzen, Menschen wünschen sich nach wie vor „Face-to-face"-Kommunikation, und zudem besteht die Gefahr, dass ob des größeren Aufwandes „nur noch kommuniziert wird, wenn es sich wirklich lohnt, ein konkreter Anlass gegeben ist" (Fraunhofer IAO 2013b, S. 12). Zielführend ist in diesem Zusammenhang ein auf die individuelle Situation der handelnden Personen zugeschnittener „Medienmix" mit einem ausgewogenen Verhältnis zwischen Präsenz im Sinne einer „quality time" und Virtualität, begleitet von einer entsprechenden offenen Kommunikationskultur (Fraunhofer IAO 2013b). In dem Maße, in dem flexibles Arbeiten zunimmt, wird der Arbeitsplatz mehr als nur ein „Ort zum Arbeiten" – vielmehr erhält er in Organisationen mit einem hohen Grad an Flexibilität bezüglich ihrer Arbeitsmodelle die Funktion eines Treffpunkts, an dem sich Mitarbeitende austauschen können und wandelt sich „from workplace to meeting place" (Maitland und Thompson 2011, S. 81). „Im mobilen, dezentralen Büro ist die Macht unsichtbar. Kontrolle kaum spürbar. Wo früher soziale Bindungen den Alltag bestimmten, werden die Arbeit und ihre Erfordernisse zum alleinigen Taktgeber" (Fromm 2012, S. 137). Dies schlägt sich auch in der Gestaltung der Arbeitsplätze nieder. Flexibilität ist hier das Credo, um auf sich wandelnde Bedürfnisse bezüglich der Raumnutzung etc. reagieren zu können, aber auch die Zunahme von Meeting Areas, Presentation Areas, Team Zones etc. Das „Gensler Workplace Survey" zeigt, dass Wissensarbeiterinnen und -arbeiter am produktivsten sind, wenn sie zwischen den Polen „individueller Fokus" und „Zusammenarbeit/Kreativität" wählen und wechseln können (Gensler 2013; Schuldt und Ehret 2015). Denkbar sind darüber hinaus „third spaces", also Arbeitsplätze die zusätzlich zu Büro und Home Office genutzt werden. Das können beispielsweise Treffpunkte an öffentlichen Orten sein, die für mehrere Kolleginnen und Kollegen oder Projektpartnerinnen und -partner, die räumlich verteilt arbeiten, einfacher und schneller erreichbar sind, als die Räumlichkeiten des Arbeitgebers und keine zusätzlichen Kosten, z. B. für die Anmietung von Konferenzräumen, verursachen. Auch dezentrale „Co-Working"-Zentren, in denen Beschäftigte aus unterschiedlichen Unternehmen, jedoch mit ähnlichen Tätigkeiten, Vorlieben oder Bedürfnissen in öffentlichen Büroräumlichkeiten zusammenarbeiten, finden gerade in Großstädten regen Zuspruch (Fraunhofer IAO 2013b; Millard 2012; Maitland und Thomson 2011; Shareground und Universität St. Gallen 2015). Voraussetzung ist allerdings eine entsprechende Kommunikationskultur, die Netzwerken eine hohe Bedeutung einräumt. Auch muss bei derart flexiblen Lösungen mit Bezug zum

Arbeitsplatz bedacht werden, dass diese nicht jedem entgegenkommen und dass Veränderungen Zeit brauchen. Immerhin verbringen laut „Global-Evolving-Workforce"-Studie 65 % der Befragten derzeit noch mindestens drei Viertel ihrer Arbeitszeit im Büro, und 77 % glauben, dass das klassische Büro noch mindestens für die Dauer ihrer Berufstätigkeit bestehen bleibt. 75 % empfinden es allerdings als Privileg, auch im Home Office arbeiten zu dürfen (Dell und Intel 2014). In einer BITKOM-Umfrage sprachen sich bereits im Jahr 2010 lediglich 30 % der Beschäftigten dafür aus, am liebsten jeden Tag ins Büro gehen zu wollen (BITKOM 2014c; Münchner Kreis 2013a).

In diesem Kontext gilt auch festzuhalten, dass nicht alle Beschäftigtengruppen gleichermaßen auf flexible Modelle zurückgreifen können. Denn die Nutzung digitaler Medien und Prozesse verbreitet sich zwar zunehmend, doch nicht jeder Arbeitsplatz bringt das Potenzial für die flexible Gestaltung von Arbeitszeit, Arbeitsort oder Arbeitsprozess mit (Münchner Kreis 2013a). Vielmehr ist es insbesondere Büro- und Wissensarbeit, die nach Ansicht von Fachleuten vor einem fundamentalen Wandel in Bezug auf die Nutzung von Infrastrukturen und Orten steht. Dieser wird nicht nur getrieben von den Möglichkeiten durch Informations- und Kommunikationstechnologien, sondern ebenso durch die zunehmende Forderung der Beschäftigten nach zeitlichen Freiräumen für private Belange (Fraunhofer IAO 2013b; Gratton 2011; Millard 2012). Jedoch ist durchaus davon auszugehen, dass auch für traditionell eher weniger mobile Beschäftigungsfelder, wie beispielsweise in der Produktion oder in der Krankenpflege, Optionen bestehen, zumindest Teile des Aufgabenspektrums auch von zu Hause erledigen zu können. Zu denken ist an das Schreiben von Berichten oder das Erstellen von Produktionsplänen. „Hier schlummert noch ein erhebliches Potenzial für eine synergetische Integration von Arbeits- und Privatleben zum Wohle des Individuums, seiner Familie, seiner Organisation und seiner Stadt" (Fraunhofer IAO 2013b, S. 10). Innerhalb ein und desselben Unternehmens können durchaus auch viele unterschiedliche Arbeitsformen parallel existieren (Maitland und Thomson 2011).

6.1.2 Arbeitsbeziehungen

Der Wandel der Arbeitswelt verändert allerdings nicht nur Arbeitsformen – auf die Thematik der Entgrenzung wird im folgenden Abschnitt Bezug genommen –, sondern auch die Art und Weise, in der sich das betriebliche Miteinander gestaltet. Wenn Arbeit zunehmend räumlich und zeitlich flexibel stattfindet, dann nimmt dies unweigerlich Einfluss auf die Beziehungen zwischen Kolleginnen und Kollegen sowie zwischen Vorgesetzten und Mitarbeitenden. So wird die Art und Weise der Kommunikation beeinflusst. Die Kommunikationsgeschwindigkeit erhöht sich nicht zuletzt dadurch, dass die neuen Medien durch die sog. Chatting-Kultur suggerieren, dass eine Antwort innerhalb kürzester Zeit möglich ist – und ggf. auch erwartet wird. Durch neue Tools wie Blogs, Wikis, Foren etc. werden neue Formen der Zusammenarbeit möglich. Es entsteht eine „One2many"-Kommunikation anstatt einer „One2one"-Kommunikation – dadurch kommt es zu mehr Interaktion und mehr Feedback. Eine Studie des Münchner Kreises kommt zu dem Schluss, dass sich gerade Wissens- und Projektarbeiterinnen und -arbeiter zunehmend Arbeitsbeziehungen mit einem hohen Kollaborationsgrad wünschen. Mit 22 % der Nennungen steht ein personalisierter Zugang – immer und überall – zu den Arbeitsmitteln auf dem ersten Rang der Nennungen, gefolgt von dem Bedürfnis nach Erfahrungsaustausch und Mitgestaltung mit 21 %. Auch ein effektives Informationsmanagement ist den Befragten sehr wichtig (17 %). Gleichauf liegen der Wunsch nach beständigem Networking und nach einer gesunden Life-Balance mit je 15 %. Schließlich äußern die Wissens- und Projektarbeiterinnen und -arbeiter auch das Bedürfnis nach intuitiven und intelligenten Arbeitsmitteln (11 %; Münchner Kreis 2013b). Die Jugendstudie „Youth Economy" des Zukunftsinstituts in Kelkheim benennt „Konnektivität" als einen der Megatrends der Zukunft und sieht in einer hochwertigen Vernetzung einen „zentralen Aspekt für berufliche wie private Erfolge" (Schuldt und Ehret 2015, S. 24).

Neben der Neugestaltung von Kooperation und Kollegialität ist der Wandel der Führungskultur als eine der wichtigsten Voraussetzungen dafür zu sehen, in der Arbeitswelt 4.0 „die Nase vorn" zu haben, wenn es um die besten Produkte und Dienstleistungen, aber auch um die besten Mitarbeitenden geht (Grabmeier 2014). „Die althergebrachten Muster eine autoritativen, profitorientierten Führungskultur sind zu träge und schwerfällig, um mit den neuen Entwicklungen Schritt zu halten. Daher setzt eine moderne Führungskultur auf offene und flexible (Netzwerk-)Strukturen, Vertrauen in die Mitarbeiter, Eigenverantwortung der Mitarbeiter und deren Vernetzung untereinander sowie mit den Kunden" (Grabmeier 2014). Dabei spielen virtuelles Führen, Führen auf Distanz sowie flachere Hierarchien eine besondere Rolle (Rump und Schiedhelm 2015). Hierarchiedenken verschiebt sich hin zu einem stärkeren Fokus auf Netzwerken und Zusammenarbeit. Dadurch muss auch ein Wandel von der Kontroll- zur Ergebnisorientierung erfolgen. „Führungskräfte müssen lernen, dass sie mehr motivieren als kontrollieren werden" (Shareground und Universität St. Gallen 2015). In einem Netzwerk sind Führungskräfte eher gleichberechtigte Expertinnen und Experten als diejenigen, die „Befehle" erteilen. Damit befinden sie sich vielfach in einer Sandwichposition – die Ziele und Vorgaben „von oben" müssen erfüllt werden, gleichzeitig stellen die Teams „von unten" immer neue Anforderungen im Zusammenhang mit der Rolle als Coach und Dienstleister (Boes et al. 2015). Neuere Literatur findet sich hierzu auch unter den Schlagworten „New Leadership" oder „Digital Leadership" (Grabmeier 2014; Sauldie 2014). Dabei ist es nicht zuletzt Aufgabe der Führungskräfte, ihre Mitarbeitenden auf dem Weg in die neue Arbeitswelt zu unterstützen und auch bei Reduzierung des persönlichen Kontakts eine hohe Sensibilität für mögliche Überlastungssituationen zu bewahren (Eichhorst et al. 2013). „In einer variantenreicheren Arbeitswelt müssen Führungskräfte in der Lage sein, auch in labilen Strukturen Bindung herzustellen, Barrieren der Leistungserbringung zu beseitigen, Motivation und Produktivität der Beschäftigten zu sichern, fluides Organisationswissen zu erschließen, zu verwalten und weiterzuentwickeln" (Fraunhofer IAO 2013b, S. 7). Zudem muss es ihnen gelingen, Bindung auch über technische Kanäle hinweg aufzubauen und aufrechtzuerhalten (Shareground und Universität St. Gallen 2015).[6]

[6]Zu den Anforderungen an eine neue Führungskultur s. auch Kap. 3.

Lockerere Arbeitsbeziehungen sind allerdings nicht nur eine Herausforderung für Beschäftigte, sondern auch für Arbeitgeber. Wenn gut qualifizierte Arbeitnehmerinnen und Arbeitnehmer „Job-Hopping“ und „Cherry-Picking“ betreiben, dann steigt der Anspruch daran, systematische Personalentwicklung zu betreiben und den Ansprüchen der Mitarbeitenden an unmittelbar nutzbare Qualifizierungen gerecht zu werden (Shareground und Universität St. Gallen 2015).

6.1.3 Organisation

Eine Kurzexpertise des Instituts für die Zukunft der Arbeit (IZA) spricht von einer „organisatorischen Revolution“ in der modernen Arbeitswelt, die nicht von den modernen Kommunikationsmedien verursacht, sondern vielmehr durch sie katalysiert wird (Eichhorst et al. 2013). Vor allem in wissensintensiven Bereichen werden Trends wie variable Arbeitsbeziehungen, die zunehmende Verbreitung von Projektwirtschaft oder Open Innovation künftig eine neue Gestaltung der Arbeitsorganisation erforderlich machen. Variable Arbeitsbeziehungen werden nicht zuletzt im Kontext des Trends zur Differenzierung in Kern- und Satellitenbelegschaften diskutiert. So nimmt in Anbetracht einer immer höheren Volatilität betrieblicher Geschehnisse die Tendenz zu, die Stammbelegschaft immer weiter zu reduzieren und durch sog. Satelliten, also variable Arbeitsbeziehungen, zu ergänzen, die temporäre Spitzen abfedern bzw. im Sinne eines Gebens und Nehmens spezifisches Know-how einbringen, sodass die Fixkosten überschaubar und kontrollierbar bleiben. Fachleute sprechen in diesem Zusammenhang von „atmenden Organisationen“ oder auch „Liquid Organizations“ (Brühl 2010; Schabel 2009). Im Zusammenhang mit dieser Entwicklung wird auch eine Risikoverlagerung thematisiert, da finanzielle Risiken durch die Fixkosten auf das Individuum übergehen, das sich in variablen Beschäftigungsformen wiederfindet (Eichhorst et al. 2013). Für Deutschland ist diese Beobachtung allerdings zu relativieren: Die Notwendigkeit der Fachkräftesicherung kann zu einer gegenläufigen Entwicklung führen. Ökonomische Trends stehen Arbeitsmarktentwicklungen entgegen. Variable Arbeitsbeziehungen zeigen sich auch in dem Ansatz, in Bereichen, in denen dies möglich ist, Projekte bzw. einzelne Arbeitsschritte in der „Cloud“, dem weltweiten Computernetz, auszuschreiben und sich so das optimale Know-how in temporären Kooperationen zu sichern. Die nächste Stufe in dieser Entwicklung kann darin bestehen, neue Projekte über eine Plattform auszuschreiben, auf der sich Mitarbeitende selbst organisieren und sich für die Projekte im eigenen Unternehmen selbst bewerben müssen – unabhängig von ihrem Arbeitsort.[7] Der Zugang zur Arbeit wird völlig neu reguliert, Abhängigkeiten neu definiert. Ziel ist es, Wissen, Ressourcen und Akteure optimal miteinander zu vernetzen. Auch die 25 Thesen zur „Arbeit 4.0“ von Shareground und der Universität St. Gallen sehen die Entwicklung in diese Richtung, indem hoch qualifizierte Spezialisten unabhängig von ihrer räumlichen Verortung Arbeitsleistungen rund um die Welt bei global transparenten und vergleichbaren Qualifikationen erbringen (Shareground und Universität St. Gallen 2015). Dies entspricht in

[7]Dieser Weg wird schon heute von IBM im Projekt „Liquid“ beschritten (Bienzeisler 2012).

hohem Maße dem Grundprinzip der Employability, die eigenen Fähigkeiten und Fertigkeiten als „Sicherungsanker" in der Arbeitswelt zu begreifen und nach dem bestmöglichen „Match" zwischen Beschäftigten und Arbeitgebern zu suchen. Dabei stellen sich allerdings Fragen wie: Wie flach kann eine Atmung sein? Wie weit kann man eine Verlagerung treiben? Wo sind die Grenzen der neuen Organisationsformen? Wann wird die Marke beschädigt? Es geht nicht zuletzt darum, für Mitarbeitende eine akzeptable Balance zwischen Variabilität und Stabilität herzustellen, die sich auch mit ihrem Lebenshintergrund vereinbaren lässt. Ebenso wichtig ist es, mögliche Spannungsfelder zwischen der Kernmannschaft und den freien/fluiden Kräften zu beherrschen. Im Zusammenhang von „atmenden Organisationen" wird es auch Gegenbewegungen geben (Fischer et al. 2013). Das Fraunhofer IAO sieht ein Spannungsfeld in der Arbeitswelt der Zukunft dahingehend, dass es als Gegenpol zu den fluiden und atmenden Organisationen auch „Care Companies" geben wird, die ihre Mitarbeitenden und deren Familien an sich binden, indem sie ihnen attraktive Angebote rund um Wohnen, Ausbildung, Gesundheit, Vorsorge und Freizeit bieten (Fraunhofer IAO 2014).

In zunehmendem Maße entsteht in den kommenden Jahren und Jahrzehnten zudem eine kurzfristig angelegte Projektkultur innerhalb und außerhalb klassischer Unternehmen mit je nach Bedarf wechselnden Teilnehmerkreisen in zumeist organisatorisch und rechtlich eigenständigen, temporären Projekten. Eine Studie der Pierre Audoin Consultants im Auftrag der Hays AG zeigt, dass es unter den befragten Unternehmen in den vergangenen 2–3 Jahren einen Anstieg der Projektarbeit um 62 % gab (Hays und PAC 2015). Denn es sind insbesondere flexible Kooperationsformen, die den steigenden Anforderungen an Innovations- und Anpassungsgeschwindigkeit sowie der immer größer werdenden Kompetenz- und Wissensbreite, die erforderlich ist, gerecht werden können. Hinzu kommen die Ersparnis von Fixkosten sowie die Teilung der Kapitalkosten durch Reduzierung der Markteintrittsbarrieren, die dem zunehmenden Kostendruck Rechnung tragen. Insbesondere Spitzentechnologien und innovative Dienstleistungen, die auf komplexes Wissen angewiesen sind, werden durch projektwirtschaftliche Strukturen vorangebracht. Auch projektwirtschaftliche Vernetzungen von Wettbewerbern dürften zunehmend an Bedeutung gewinnen, um gemeinsam Produkte zu entwickeln oder Wertschöpfungsketten anhand unterschiedlicher Kernkompetenzen neu zu gestalten. Dies kann in lokalen ebenso wie in internationalen Netzwerken geschehen (Brühl 2010; Hofmann et al. 2007; Rollwagen 2009; Schabel 2009; Fischer et al. 2013).

Aufgrund der komplexer gewordenen Voraussetzungen für Innovationsprozesse, insbesondere im Hinblick auf den dargestellten digitalen Strukturwandel, können diese nur noch bedingt im eingeschränkten Rahmen eines Unternehmens stattfinden. Unter dem bereits angesprochenen Schlagwort der Open Innovation bilden sich bereits heute entsprechende Kooperationen mit F&E-Partnern, Universitäten, Lieferanten, Behörden, Wettbewerbern oder Kundinnen und Kunden. Allerdings bedarf es zur Umsetzung von Open Innovation im Unternehmen des Aufbrechens traditioneller Denkstrukturen, um in Innovationsprozessen Offenheit sowohl für den Input interner (nicht unmittelbar entwicklungsnaher) Mitarbeitender als auch externer Fachleute zuzulassen. So muss zum einen ein Bewusstseinswandel in den entwicklungsnahen Bereiche dahingehend erfolgen, Kundinnen und Kunden auf interner und externer Ebene als potenzielle und gleichrangige Entwicklungspartner bzw. -partnerinnen und damit als Teil des Wertschöpfungsprozesses anzuerkennen. Zum anderen gilt es, sich vor Augen zu führen, dass alle Beschäftigten potenzielle Expertinnen und Experten sowie Ideengeberinnen und -geber im Innovations- und Entwicklungsprozess sind. Die Aufgabe der entwicklungsnahen Bereiche besteht nicht mehr in erster Linie darin, selbst Wissen zu generieren, sondern in gleichem Maße auch externe Wissensquellen zu akquirieren, deren Wissen zu beurteilen und zu integrieren. Eine weitere Herausforderung besteht in der steigenden Vernetzungsdichte mit Externen, die die Komplexität und auch den Aufwand für Kommunikation, Interaktion, Ideenbewertung etc. erheblich erhöht (Grabmeier und Wangler 2011; Dapp 2011; Buhse et al. 2009; Fischer et al. 2013). Unerlässlich ist daher die Vorbereitung der betroffenen Mitarbeitenden, die die entscheidende Rolle in der Moderation des Austauschprozesses und im Kundenkontakt spielen.

In derart variablen und innovativen Arbeitsverhältnissen – auch als „agile Organisation“ (Boes et al. 2015) bezeichnet – zu arbeiten, bringt für Mitarbeitende generell nicht nur positive Aspekte mit sich. Flexible Arbeitsformen, Arbeitszeiten und Arbeitsorte führen unweigerlich auch zu einer höheren Komplexität durch Koordination und Abstimmung (Grabmeier 2014). Hier ist zum einen der häufige Wechsel von Einsatzorten und/oder Kolleginnen und Kollegen zu nennen, der das Arbeiten bestimmt. Zum anderen fällt auch im privaten Bereich das Eingehen konstanter Verpflichtungen bzw. Bindungen schwer, da das soziale Umfeld in der Regel nicht im gleichen Maße mobil ist wie der Beschäftigte selbst und die Lebens- und Familienplanung durch unsichere Arbeitsverhältnisse deutlich beeinflusst wird. Andererseits brauchen gerade Menschen, die in einem sehr flexiblen Kontext arbeiten, verstärkt Familie und Freundschaften als Rückzugsmöglichkeit und „stabilen Hafen“. Soziale und kommunikative Kompetenzen werden in diesem variablen Umfeld immer wichtiger. Hinzu kommt die Notwendigkeit, fachlich stets auf dem aktuellen Stand zu sein und sich in neuartige spezifische Fragestellungen, auch im Hinblick auf neue Technologien, einzuarbeiten, allerdings keinesfalls im Sinne von „Fachidioten“, sondern vielmehr auch fachdisziplinenübergreifend. Ebenfalls nicht unerheblich ist die Bereitschaft, sich im Rahmen der Wertschöpfungspartnerschaften branchenübergreifend und auch weltweit zu vernetzen und sich im Sinne einer ausgeprägten Feedbackkultur mit anderen Fachleuten auszutauschen und Wissen zu teilen (Hofmann et al. 2007; Rollwagen 2009; Schabel 2009; Abele und Reinhart 2011; Fischer et al. 2013). In der bereits genannten Studie der Pierre Audoin Consultants im Auftrag der Hays AG geben mehr als 80 % der Befragten an, der Druck, den steigenden Bedarf an Mitarbeitenden zu decken, die sich schnell an neue Anforderungen anpassen, habe zugenommen. Ebenfalls knapp 80 % sehen eine große Herausforderung darin, Prozesse und Abläufe schneller an veränderte Bedingungen anzupassen (Hays und PAC 2015). Hinzu kommt, dass mit neuen Arbeitsformen auch ein Wandel der Unternehmens- und Führungskultur einhergehen muss. Neue Kommunikations- und Kollaborationsplattformen beispielsweise sind nur dann sinnvoll, wenn eine entsprechende Kommunikations- und

Abb. 3 Der Haufe-Quadrant. (Mod. nach Haufe 2015)

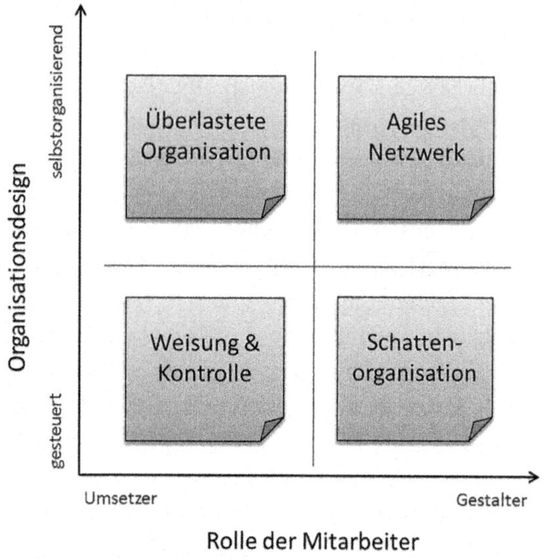

Fehlerkultur sie unterstützt, offene Bürokonzepte müssen auch mit einer neuen Führungskultur einhergehen, um angenommen zu werden (Boes et al. 2015).

Die Haufe-Gruppe hat mit dem „Haufe-Quadranten“ ein Modell entwickelt, das die unterschiedlichen Formen der Interaktion zwischen den Mitarbeitenden und der Organisationsstruktur abbildet. Es werden vier verschiedene Situationen unterschieden: Weisung und Kontrolle, Schattenorganisation, agile Netzwerke und überforderte Organisation. Diese existieren in nahezu allen Unternehmen in den verschiedenen Bereichen mit entsprechend unterschiedlichen Anforderungen parallel und tragen dadurch zur Erhöhung von Produktivität und Leistungsfähigkeit bei (Abb. 3, Haufe 2015).

Entscheidend ist die Passung zwischen dem Organisationsdesign und dem Selbstverständnis des Mitarbeitenden. Wie noch zu sehen sein wird, kann beispielsweise die Entgrenzung von Verantwortung, also die zunehmende Übertragung von Unternehmensverantwortung auf Beschäftigte in einem agilen System zur Überforderung von Menschen führen, die das Bedürfnis nach Vorgaben und festen Strukturen mitbringen. Umgekehrt entsteht Unzufriedenheit, wenn Mitarbeitende, die eigenverantwortlich arbeiten möchten, sich ständiger Kontrolle gegenüber sehen. Im Feld „Weisung und Kontrolle“ des Haufe-Quadranten findet eine starke Steuerung statt, in der sich Beschäftigte in der Rolle des Umsetzers, der Anweisungen anhand klar vorgegebener Abläufe in definierten Prozessen effizient ausführt, wiederfinden. In vielen Unternehmen herrscht diese Organisationsform noch vor. Die „Schattenorganisation“ beschreibt das Spannungsfeld zwischen Mitarbeitenden, die sich aktiv an Entscheidungen und dem Erfolg des Unternehmens beteiligen möchten und auf autoritäre, starre Strukturen treffen. Der Quadrant der „überlasteten Organisation“ ist dadurch gekennzeichnet, dass das

Organisationsdesign agil ist, Führungskräfte nicht auf Hierarchie setzen und erhebliche Freiräume bestehen, mit denen Mitarbeitende jedoch nicht entsprechend umgehen können. „Agile Netzwerke" schließlich beschreiben die Passung zwischen einem flexiblen Organisationsdesign mit hohem Vertrauen in die Fähigkeiten von Teams und Mitarbeitenden und eigenverantwortlichen, unternehmerisch denkenden Beschäftigten, die etwas bewegen und gestalten möchten (Haufe 2015).

Laut Prof. Dr. Wilhelm Bauer vom Fraunhofer IAO wird künftig die Arbeit zum Menschen kommen und nicht mehr der Mensch zur Arbeit. Dabei geht es insbesondere um die bestehende Möglichkeit, unabhängig von Zeit und Ort zu arbeiten, die jedoch nicht das Bedürfnis nach menschlicher Nähe und Gemeinschaft verdrängen wird. Zudem sind bestimmte Aufgaben und Tätigkeiten besser oder ausschließlich im Team zu bewältigen, wie beispielsweise Kreativworkshops oder Strategiemeetings. In Zukunft wird es zu einer weiteren Ausdifferenzierung flexibler Arbeitsmodelle kommen, was sowohl den Unternehmen als auch den Beschäftigten entgegenkommt. Diese müssen dann auch mit flexibleren Rahmenbedingungen, z. B. in Bezug auf Arbeitszeitregelungen, einhergehen, flankiert durch individuelle Absprachen zwischen Führungskräften und Mitarbeitenden (Bauer 2015).

In ihren 25 Thesen zur „Arbeit 4.0" sprechen Shareground und die Universität St. Gallen gar von der „Auflösung der Organisation". Sie beziehen sich in ihrem Zukunftsszenario dabei zum einen auf die Entwicklung von starren hin zu liquiden Organisationen, die von Netzwerkstrukturen gekennzeichnet sind und keine klare organisationale Zugehörigkeit von Arbeitsplätzen mehr zulassen. Zum anderen sehen sie eine „Peer-to-peer"-Kommunikation voraus, die Menschen anhand ihrer fachlicher Expertise zusammenbringt anstatt auf Basis von Hierarchien und Organisationsstrukturen und in der sich Bindungen immer weiter auflösen. Hinzu kommt das „hiring on demand", worüber Fachkräfte im Sinne von Arbeitseinsätzen, nicht mehr im Rahmen auf Dauer angelegter Arbeitsverhältnisse für Unternehmen tätig werden und somit spezifische Leistungen immer weniger von der fest verbundenen Workforce ausgeführt werden. Dazu ist eine globale Transparenz über Fähigkeiten und Kompetenzen sowie Verfügbarkeiten notwendig. Ebenso werden nach Ansicht der Forschenden komplexe IT-Systeme standardisierte Abläufe und Organisationsformen angeben, d. h, die Organisation passt sich der Software an. Generell öffnen sich Unternehmensstrukturen, die Grenzen zwischen „innen" und „außen" verschwimmen, wodurch auch der Wert von „Herrschaftswissen" wie Patenten sinkt und die Wertschöpfungskette sich erweitert. Kundinnen und Kunden werden immer mehr zu „Prosumenten", sie gestalten digitalisierbare Leistungen unentgeltlich mit und ersetzen dabei an manchen Stellen die professionelle Beschäftigung (Shareground und Universität St. Gallen 2015).

6.2 Neue Grenzziehungen zwischen Beruf und Privatleben

Während der soziale Alltag in der Vergangenheit vergleichsweise klar und für viele Menschen ähnlich strukturiert war, ergeben sich insbesondere durch die modernen Kommunikationsmöglichkeiten heute unzählige Gestaltungsmöglichkeiten (Belwe 2007). Dies einerseits durch die Option, Ort und Zeit der Aufgabenerledigung weitgehend individuell zu gestalten, andererseits durch deutlich eingeschränkte Commuting-Zeiten zu Meetings oder Teamsitzungen, die vielfach auch in Form von Online-Konferenzen erfolgen können. Hinzu kommt, dass in dem Maße, in dem Mensch und Maschine vernetzt arbeiten, auch Tätigkeiten wie Fernwartungen oder Datenauswertungen zunehmend „vom Ort der Wahl" erfolgen können. Zum anderen eröffnen sich Freiräume für ein selbstbestimmtes Arbeiten (BMAS 2015a) – dies schätzt insbesondere die jüngere Generation, die bereits im Rahmen ihrer Sozialisation mehr Handlungsspielräume und Entscheidungskompetenzen erfahren durfte als die Kohorten vor ihr und der Vereinbarkeit von Beruf und Privatleben eine sehr hohe Bedeutung einräumt (Rump und Eilers 2015). Die Studie „Youth Economy" spricht von einem „hybriden 2-in-1-Arbeitverständnis" der Jugend, in dem beim Arbeiten gelebt und beim Leben gearbeitet wird (Schuldt und Ehret 2015, S. 27). Generell zeigt sich, dass Menschen, denen Eigenverantwortung in Bezug auf das Wann, Wie und Wo ihrer Aufgabenerledigung zugestanden und zugetraut wird, produktiver und motivierter arbeiten und gesünder bleiben (Maitland und Thomson 2011; Joyce et al. 2010).

Der hohe Flexibilisierungsgrad der Arbeit bringt jedoch gleichzeitig eine sehr viel höhere Komplexität sowie Beschleunigung des Lebens und Arbeitens mit sich. Zudem verschwimmen die Grenzen zwischen beruflicher und privater Sphäre zusehends. Die Herausforderung besteht im Vergleich zu den klaren Strukturen der Vergangenheit nun darin, selbst für Abgrenzung – räumlich wie zeitlich – Sorge zu tragen (Belwe 2007; Jürgens und Voß 2007). Die Beschäftigten treten damit in einen Aushandlungsprozess – mit sich selbst, mit ihrem sozialen Umfeld und mit ihrem Arbeitgeber. Dieser Aushandlungsprozess ist für Menschen mit unterschiedlicher Disposition unterschiedlich gut zu bewältigen. Es bedarf entsprechender Kompetenzen wie der Fähigkeit zum Selbstmanagement, des „Boundary Management" (Lebensführungskompetenz der Grenzziehung; Sachverständigenkommission zur Erstellung des Ersten Gleichstellungsberichtes der Bundesregierung/Fraunhofer-Gesellschaft zur Förderung der angewandten Forschung e. V.) und des Selbstbewusstseins, auch einmal „Nein" zu sagen. Hinzu kommt Organisationstalent, um beispielsweise mit wechselnden Arbeitsorten umgehen zu können. Die beherrschenden Themen sind in diesem Zusammenhang Entgrenzung, Erreichbarkeit und Verfügbarkeit sowie die Balance zwischen Beruf und Privatleben, aber auch der Aspekt der psychischen Gesundheit.

6.2.1 Entgrenzung, Erreichbarkeit und Verfügbarkeit

Der Begriff der „Entgrenzung", der seit einigen Jahren im Zusammenhang mit der Veränderung der Grenzziehungen und in jüngster Zeit im Kontext der digitalen Transformation immer häufiger fällt – im Englischen auch als „blurring" bezeichnet – stammt ursprünglich aus den Sozialwissenschaften. Vereinzelt werden Analogien gezogen zwischen der Agrargesellschaft von einst und der Arbeitswelt von morgen. Im Gegensatz zur klassischen Industrie- und Büroarbeitergesellschaft ist in beiden Welten ein hohes Maß an Autonomie und ein Verschwimmen der Grenzen zwischen beruflicher und privater Sphäre zu beobachten. Es zählen weniger die geleisteten Arbeitsstunden, sondern vielmehr die Ergebnisse (Borchardt 2012). Dabei ist der Diskurs um die Entgrenzung von beruflicher und privater Sphäre nicht selten geprägt von der Vorstellung, dass dieses Phänomen sich insbesondere auf nicht planbare zeitliche Überschneidungen außerhalb der geregelten Arbeitszeit mit einem gewissen Element der Freiwilligkeit bezieht. So beispielsweise darauf, auch am Abend und an Wochenenden E-Mails zu beantworten oder im Urlaub telefonisch für Kolleginnen und Kollegen erreichbar zu sein. Es stellt sich jedoch die Frage, wie Entgrenzung zu definieren ist. Denn viele Menschen arbeiten regelmäßig in der Form entgrenzt, dass sie an vermeintlich „freien" Tagen wie Samstagen, Sonn- und Feiertagen ihrer Tätigkeit nachgehen oder erleben durch Wechselschichten eine ständige Verschiebung zwischen Freizeit und Arbeitszeit.

Die Entgrenzung wird nicht nur getrieben von der digitalen Transformation, die Grenzen zwischen Raum und Zeit schwinden lässt und zumindest in der Theorie Arbeiten zu jeder Zeit und von jedem Ort für jedermann möglich macht. Vielmehr spielen auch gesellschaftliche Entwicklungen eine Rolle. Zu nennen ist hier zum einen der bereits angesprochene Wunsch nach Individualisierung – auch der Arbeitszeiten und Arbeitsorte – der zu immer vielfältigeren Lebensentwürfen und Gestaltungsformen der beruflichen und privaten Sphäre führt. Zum anderen bedingt die zunehmend gleichberechtigte Aufteilung von Erwerbs- und Familienarbeit zwischen den Geschlechtern, dass es zu einem verstärkten Nebeneinander von Beruf und Familie für alle Beteiligten kommt. Im technisch-ökonomischen Bereich sind es die generellen betrieblichen Gegebenheiten im Hinblick auf eine immer höhere Flexibilität in den Arbeitsprozessen, aber auch eine wachsende Selbstbestimmtheit in der Gestaltung der Arbeitsabläufe, die Treiber der Veränderung sind. Heute ist es etwa jeder bzw. jede zweite Beschäftigte, der oder die gelegentlich Berufliches auch außerhalb der regulären Arbeitszeit erledigt (SUGA 2012).

Entgrenzung geht einher mit Chancen und Gestaltungsoptionen einerseits sowie Risiken und Belastungen andererseits. Dies wird auch in den 25 Thesen zur „Arbeit 4.0" von Shareground und der Universität St. Gallen betont (Shareground und Universität St. Gallen 2015). Eine Chance ist darin zu sehen, dass der Mensch sich als Persönlichkeit stärker in den Arbeitsprozess einbringen kann (Belwe 2007), eine andere, dass eine höhere Flexibilität in der Vereinbarkeit von Beruf und Privatleben gegeben ist. Ein Risiko stellt es hingegen dar, dass Arbeit immer stärker in die private Sphäre eindringt – und dies sowohl zeitlich durch flexible Arbeitszeiten und mobile Arbeitsarrangements als auch räumlich durch Verlagerung von Tätigkeiten an den heimischen Schreibtisch, geschäftliche Telefonate während des Urlaubs etc. (Belwe 2007). Dies kann negative Auswirkungen auf soziale Beziehungen jeglicher Art haben, aber auch auf die Gelegenheit „abzuschalten", die eine große Rolle bei der Erhaltung von Gesundheit und Wohlbefinden spielt (Fraunhofer IAO 2013b). Gerade in der Phase der Elternschaft in Bezug auf minderjährige Kinder ist die Entgrenzung insofern als schwierig zu betrachten als sowohl die Verfügbarkeit der Kinderbetreuung als auch die natürlichen Lebensrhythmen der Kinder nicht die Flexibilität aufweisen wie sie rein theoretisch in der Arbeitswelt bzw. in vielen Tätigkeitsfeldern möglich wären (Klenner 2007). Fachleute weisen zudem darauf hin, dass das Risiko besteht, dass Familien wichtige soziale Aufgaben, die sie bislang erfüllt haben, nicht mehr erfüllen können, wenn den Familienmitgliedern zu wenig gemeinsame Zeit zur Verfügung steht (Eichhorst et al. 2013; Sachverständigenkommission zum Achten Familienbericht 2011; vgl. dazu auch Kap. 13).

Eine Form der Entgrenzung, die weniger im Fokus steht als die oben genannte zeitliche Entgrenzung, sind die verschwimmenden Grenzen zwischen den Rollen als Arbeitnehmerin bzw. Arbeitnehmer sowie Unternehmerin bzw. Unternehmer. Dies bezieht sich insbesondere auf die Entgrenzung von Verantwortung bedingt durch die Dezentralisierung von Entscheidungsbefugnissen und flachere Hierarchien mit dem Ziel, die Flexibilität und die Anpassungsfähigkeit des Unternehmens an Märkte sowie die Innovationsgeschwindigkeit zu erhöhen. So führen die in Abschn. 6.1 „Arbeitsbeziehungen" beschriebenen neuen Formen von Kooperation und Führungsbeziehungen nicht zuletzt dazu, dass Verantwortung zunehmend von der Führungskraft auf Mitarbeitende delegiert wird. Dies bedingt ein höheres Maß an Entscheidungsspielraum und Selbstverwirklichung und entspricht damit in hohem Maße auch den Wünschen gerade der jüngeren Generation. Es kann jedoch gleichzeitig auch zu „Verantwortungsstress" mit entsprechenden negativen psychischen Folgen führen, da sich nicht jeder Beschäftigte dieser neuen Rolle gewachsen sieht bzw. ausreichend darauf vorbereitet ist. Ebenso wie in Bezug auf die zeitliche Entgrenzung geht es insbesondere um die Kompetenz, sich selbst und anderen Grenzen zu setzen (Eichhorst et al. 2013), aber auch von Unternehmensseite Gestaltungsspielraum bei der Erreichung der definierten Ziele zu gewähren (Hofmann und Steffens 2013). „Nur derjenige, der Prioritäten zu setzen weiß und der seine eigenen Grenzen kennt, wird auf lange Sicht Erfüllung darin finden, etwas zu gestalten – statt nur auszuführen. Für alle anderen bedeutet mehr Verantwortung auch mehr Stress" (Bernau 2012, S. 245).

Es wird deutlich, dass in sehr engem Zusammenhang zur Thematik der Entgrenzung die Frage nach der Erreichbarkeit bzw. Verfügbarkeit von Beschäftigten zu betrachten ist. Nicht selten werden die Begrifflichkeiten der Erreichbarkeit und Verfügbarkeit synonym oder nicht trennscharf verwendet. Bei genauerer Betrachtung ist allerdings erkennbar, dass es entscheidende Unterschiede gibt. Erreichbarkeit bedeutet, grundsätzlich per Telefon, E-Mail etc. erreichbar zu sein – das ist man eigentlich immer. Allerdings besteht auch eine Wechselwirkung: Ist die Erreichbarkeit gegeben, erhöht dies die Erwartungshaltung – sowohl seitens des Unternehmens als auch des Individuums an sich selbst – auch verfügbar zu sein (Stock-Homburg und Bauer 2007). Verfügbarkeit bedeutet, tatsächlich ansprechbar bzw. vor Ort zu sein. Eine wichtige Fragestellung im betrieblichen Kontext, die derzeit in zahlreichen Unternehmen diskutiert und teilweise auch auf unterschiedliche Weise gelöst wird, richtet sich darauf, wer über die Verfügbarkeit von Beschäftigten entscheidet – der oder die Beschäftigte selbst, die Führungskraft oder die Organisation als Ganzes (beispielsweise durch Abschalten des E-Mail-Servers)? Klar ist:

„Aus der Möglichkeit des ‚Anytime – Anyplace' darf für Beschäftigte nicht das Diktat des ‚Always and Everywhere' werden" (BMAS 2015a, S. 65). Die Darmstädter Work-Life-Balance-Studie identifizierte bereits im Jahr 2007 als meist genannten Stressfaktor im Leben von 42 befragten Topmanagern die Notwendigkeit einer ständigen elektronischen Erreichbarkeit, die den Erholungswert von Wochenenden und Urlauben deutlich reduziert (Stock-Homburg und Bauer 2007). Ein weiteres Problem, das es in diesem Kontext zu thematisieren gilt, ist das weit verbreitete Phänomen, dass im Zuge flexibler Arbeitszeit- und Arbeitsortsgestaltung viele Beschäftigte nicht alternativ, sondern zusätzlich zur regulären Arbeitszeit im Büro noch mobil erreichbar sind bzw. Arbeitsaufträge erledigen (Maitland und Thomson 2011).

Dabei sind regulierte Formen der Erreichbarkeit vorzufinden, beispielsweise im Sinne einer Rufbereitschaft, die arbeitsvertraglich festgelegt ist, ebenso wie unregulierte Formen in Abgrenzung hiervon. Darüber hinaus lässt sich eine Unterscheidung im Hinblick auf die erforderliche Reaktionszeit treffen, d. h., es finden sich Modelle, in denen unmittelbar auf Arbeitsbelange reagiert werden muss sowie andere, bei denen ein gewisser Spielraum im Hinblick auf die Reaktionszeit besteht. Ebenfalls Berücksichtigung finden sollte der Umstand, dass nicht nur die Beschäftigten für arbeitsbezogene Belange verfügbar sind, sondern auch umgekehrt diese Belange für die Beschäftigten, sodass sich beispielsweise die Möglichkeit bietet, die Tätigkeit zu unterbrechen, um private Angelegenheiten zu erledigen, und nach Feierabend wieder aufzunehmen (Pangert und Schüpbach 2013).

Es zeigt sich, dass die Mehrheit der Beschäftigten zumindest in Ausnahmefällen im Privatleben für Arbeitsbelange erreichbar ist. Die Hälfte der Arbeitnehmerinnen und Arbeitnehmer erledigt zumindest ab und zu im Privatleben Tätigkeiten mit Bezug zu ihrem Erwerbsleben. Laut einer repräsentativen Umfrage der BITKOM waren 7 von 10 Beschäftigten auch im Sommerurlaub 2015 erreichbar. 66 % beantworten dienstliche Anrufe, 58 % lesen Kurznachrichten, 48 % auch E-Mails. Dabei sind Männer häufiger erreichbar als Frauen, die über 30-Jährigen häufiger als die bis 29-Jährigen, von denen etwa jede bzw. jeder Zweite erreichbar ist (BITKOM 2015).

Fachleute gehen in diesem Zusammenhang sowohl von negativen als auch von positiven Effekten aus, und auch Beschäftigtenbefragungen zeigen, dass durchaus sowohl Vor- als auch Nachteile wahrgenommen werden (BITKOM 2011; DAK Gesundheit 2013). Grundsätzlich gilt es bei den Fragestellungen der Entgrenzung, Erreichbarkeit und Verfügbarkeit, das Bedürfnis nach Individualität zu beachten. Denn jeder Mensch empfindet die Grenzziehung unterschiedlich. Während es für manche Beschäftigte eine Belastung darstellt, jederzeit in der Freizeit oder im Urlaub mit arbeitsbezogenen Fragestellungen konfrontiert werden zu können, weil ein „Abschalten" dadurch nicht mehr möglich ist, bevorzugen es andere, auch im Urlaub auf dem neuesten Stand zu bleiben, um nach der Rückkehr nicht von den Ereignissen „überrollt" zu werden oder auch im Notfall sofort intervenieren zu können (Stock-Homburg und Bauer 2007). Hinzu kommt, dass sich das persönliche Empfinden einer gelungenen Grenzziehung im Lebensverlauf verändern kann, beispielsweise in unterschiedlichen Lebensphasen, aber auch infolge bestimmter

Erfahrungen. So kann für Menschen mit Schwierigkeiten in Bezug auf soziale Beziehungen oder nach einer Trennungssituation die Arbeit auch außerhalb üblicher Zeiten einen wichtigen „Anker" darstellen (Bordt 2012). Es lässt sich also festhalten, dass allgemein gültige Regelungen für diese Fragestellung zu kurz greifen. Eichhorst et al. (2013) konstatieren zum E-Mail-Stopp des Volkswagenkonzerns außerhalb der Arbeitszeiten: „Letztendlich handelt es sich hierbei um die Behandlung eines Symptomes, dessen Ursache durch einen Mangel an Verantwortungsbewusstsein des Führungspersonals hervorgerufen wird. Führungspersonen sollten sich überlegen, welchen Erwartungsdruck sie durch die ständige Erreichbarkeit ihrer Mitarbeiter aufbauen" (Eichhorst et al. 2013, S. 17).

Ein weiterer Aspekt, der in diesem Zusammenhang zu thematisieren ist, ist die in Deutschland und vielen anderen Industrienationen noch immer vorherrschende „Überstundenkultur" (Eichhorst et al. 2013). In Deutschland ist die Differenz zwischen vereinbarter und tatsächlicher Wochenarbeitszeit von allen Ländern der Euro-Zone am größten. Während durchschnittlich 40,3 h geleistet werden, sind laut einer aktuellen Untersuchung der EU-Agentur Eurofound nur 37,7 h vereinbart (Cabrita 2015). In Form von Geld oder Freizeit vergütet werden davon allerdings nicht alle Stunden. 27,8 unbezahlte Überstunden pro Kopf und Jahr ermittelte ein IAB-Report. Er zeigt auch, dass unbezahlte Überstunden besonders häufig von hoch qualifizierten und gut qualifizierten Mitarbeitenden geleistet werden (IAB 2014). In diesem Zusammenhang wird auch von einer neuen Form des „Präsentismus" gesprochen: Man fühlt sich verpflichtet, möglichst lange im Büro zu sein, um wahrgenommen zu werden, ganz gleich, ob man etwas Produktives zu tun hat oder nicht (Maitland und Thomson 2011).

Es ist festzustellen, dass es sich nicht zuletzt um eine Frage der Werte im Unternehmen handelt. Fachleute gehen davon aus, dass arbeitsfreie Zeiträume im Zuge steigender Flexibilitätsanforderungen und eines erhöhten Leistungs- und Veränderungsdrucks an Bedeutung gewinnen, um die Gesundheit auch über ein verlängertes Erwerbsleben hinweg aufrechtzuerhalten. Eine Kultur im Unternehmen, die Werte wie verlässliche freie Zeiten ebenso anerkennt wie „Zeit für Familie", die bereits der Achte Familienbericht der Bundesregierung vehement einforderte, kann hier einen Beitrag zur Bewusstseinsbildung leisten (IfB 2012). Seit einigen Jahren ist es allerdings eher „en vogue", gerade unter Beschäftigten in leitenden Positionen, die eigene hohe zeitliche Verfügbarkeit zu betonen und bewusst darauf hinzuweisen, dass sowohl die Wochenenden als auch die Urlaubszeit wie selbstverständlich als Arbeitszeit angesehen werden. Dies setzt Mitarbeitende unter einen immensen Druck, ebenfalls nahezu uneingeschränkte Verfügbarkeit zu demonstrieren und führt gleichzeitig zu einer Art „Wettbewerb" auch in Fach- und Führungspositionen, wer die höhere Belastung aufzuweisen hat. Stress ist zu einer Art modernem Statussymbol geworden, gestützt durch eine entsprechende Kultur in vielen Unternehmen (Hein 2012; Kutter 2010; Murray 2013). Dies gilt es zu beachten, wenn man Umfragen wie den aktuellen Stressreport zurate zieht, denn auch hier sind die Teilnehmenden sicherlich nicht frei von Gedanken wie z. B.: „Was denkt man von mir, wenn ich hier angebe, ein entspanntes und stressfreies Arbeitsleben zu haben?" (Hein 2012; Kissler 2013).

6.2.2 Balance von Beruf und Privatleben

Bis zu den 90er Jahren tauchte der Begriff der „Work-Life-Balance" nicht oder kaum im Unternehmenskontext auf. Wie die Beschäftigten ihre Zeit außerhalb der Arbeit verbrachten, war in der Regel nicht bekannt bzw. wurde nicht zum Gegenstand der Diskussion im Arbeitsumfeld gemacht. Vielmehr arrangierten die Beschäftigten ihr Privatleben so, dass es den beruflichen Belangen gerecht wurde (Maitland und Thomson 2011). Die Notwendigkeit einer ausgewogenen Work-Life-Balance steigt angesichts der zunehmenden Veränderungsgeschwindigkeit und Komplexität, aber auch der Verlängerung der Lebensarbeitszeit. Vor allem die jüngere Generation ist sich bewusst, dass sie nur „durchhalten" wird, wenn sie von Anfang an auf diese Balance achtet. Dies spiegeln alle einschlägigen Befragungen unter jungen Menschen wider, sodass zur Sicherung der Arbeitgeberattraktivität die Unterstützung dieser Balance gewissermaßen ein Muss auf der Agenda zukunftsgerichteter Personalpolitik ist. Das zunehmende Streben nach Work-Life-Balance steht auch im Zusammenhang zum steigenden Lebensstandard in den hoch entwickelten Wirtschaftsnationen. Da die Grundbedürfnisse in der Regel befriedigt sind, wendet man sich höheren Bedürfnissen zu. Im Monitor „Gewünschte und erlebte Arbeitsqualität" der INQA (Initiative Neue Qualität der Arbeit) sagen 87 % der Befragten, die Vereinbarkeit von Beruf und Familie bzw. Privatleben sei wichtig für ein gutes Arbeitsverhältnis (BMAS 2015b). Zudem gilt nicht zuletzt angesichts sinkender Erwerbspersonenzahlen und steigender Nachfrage nach qualifizierten Arbeitskräften auch: „Work-life balance has always been a consideration in a career but never before have employees had the leverage to demand it" (McCrindle und Wolfinger 2009, S. 141). Gerade von den besser Qualifizierten der jüngeren Generation aus den höheren sozialen Schichten wird ein einseitiges Karrierestreben zunehmend abgelehnt, wie u. a. die Shell Jugendstudien, aber auch zahlreiche Absolventenbefragungen verdeutlichen. Sie sind es auch, die nicht selten bei Bewerbungsgesprächen offensiv ihre Ansprüche an die Vereinbarkeit der künftigen Tätigkeit mit privaten Belangen wie Hobbys oder der Familie bekunden.

Bedingt durch den Trend zur Individualisierung mit immer vielfältigeren Lebensentwürfen lässt sich nicht mehr pauschal beantworten, wo bei jedem einzelnen Menschen die Grenze zwischen Beruf und Privatleben verläuft und inwieweit „Work" oder „Life" ihn be- oder entlasten. Abb. 4 gibt einen Überblick über die beispielhafte Be- und Entlastungsmomente in den Bereichen „Work" und „Life".

Pangert und Schüpbach (2013) nehmen Abstand vom Begriff der „Work-Life-Balance" zugunsten der „Life-Domain-Balance" nach Ulich (2005) oder des „Life-Domain-Fit" (Pangert und Schüpbach 2012) mit der Begründung, dass auch die Erwerbsarbeit einen Lebensbereich darstellt. Im Folgenden soll trotz der bekannten Schwächen dennoch auf den Begriff der Work-Life-Balance zurückgegriffen werden, da dieser gut eingeführt ist und auch in zahlreichen Studien Verwendung findet.

Es zeigt sich: „Je mehr Facetten der WLB wir betrachten, umso schwerer wird dieser schillernde Begriff fassbar und umso weniger taugen die herkömmlichen klischeehaften

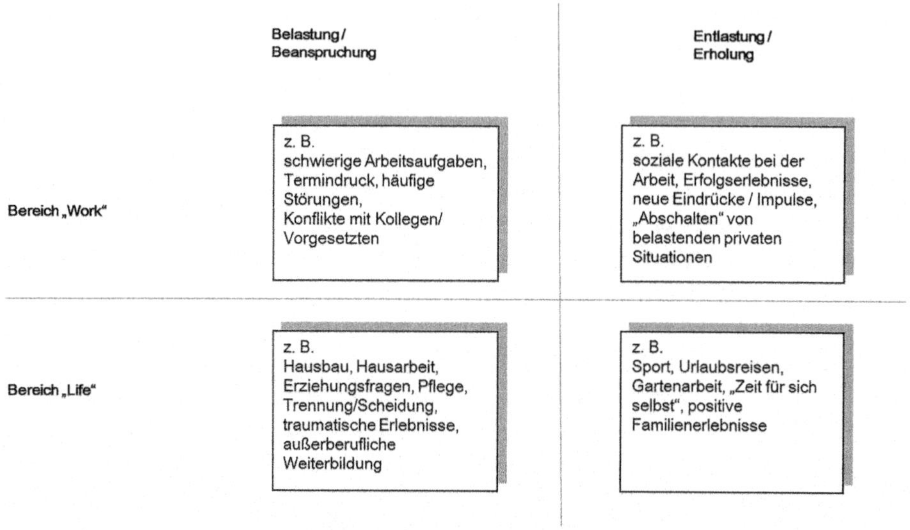

Abb. 4 Be- und Entlastungsmomente im Work-Life-Bereich. (Mod. nach Kastner 2004)

Vorstellungen zu diesem Thema" (Kastner 2004, S. 5).[8] Denn sowohl in der Literatur als auch in der betrieblichen Praxis wird der Begriff der Work-Life-Balance nicht selten mit der Vereinbarkeit von Beruf und Familie gleichgesetzt. Dies greift allerdings eindeutig zu kurz. Denn alle Beschäftigten – ganz gleich, welchen persönlichen Hintergrund sie mitbringen – sind auf ein ausgewogenes Verhältnis zwischen be- und entlastenden Aspekten angewiesen, um physisch und psychisch gesund und damit auch arbeitsfähig zu bleiben. Es ist daher gerade im betrieblichen Kontext ein „Life"-Begriff zu bevorzugen, der ganz bewusst Singles, kinderlose Paare, Eltern sowie pflegende Angehörige gleichermaßen in den Fokus rückt und neben familiären Verpflichtungen im privaten Bereich auch ehrenamtliches Engagement, die Pflege sozialer Kontakte, Weiterbildung oder sportliche bzw. gesundheitsförderliche Aktivitäten berücksichtigt. „Work" ist ebenfalls weiter zu fassen als bezogen auf die traditionelle Vollzeit-Erwerbstätigkeit. Vielmehr schließt ein erweitertes Verständnis von „Work" beispielsweise auch den Nebenerwerb ein, der für viele Menschen inzwischen zur Existenzgrundlage geworden ist, ebenso wie ehrenamtliche Tätigkeiten. Die „Balance" zwischen beiden Sphären impliziert im Sinne einer subjektiv empfundenen „Lebensqualität" neben einem entsprechend ausgewogenen Zeitmanagement auch die Übereinstimmung der persönlichen Situation (Einkommen, Wohnverhältnisse, Arbeitsbedingungen, Familienbeziehungen, soziale Kontakte etc.) mit den individuellen Bedürfnissen und Zielen (Haufe-Akademie und Hochschule Deggendorf 2009; Kastner 2004). Wo, wann und in welchem Maße Personen Belastung empfinden und im Gegenzug „auftanken" und wie positiv oder negativ sie „Grenzüberschreitungen"

[8]Die Abkürzung WLB im Zitat steht für Work-Life-Balance.

zwischen diesen beiden Sphären empfinden, hängt also in hohem Maße von der persönlichen Situation in Beruf und Privatleben, von Lebens- und Berufsphasen, von Neigungen und individuellen Einschätzungen ab. In der Folge sieht auch für jeden Menschen seine Work-Life-Balance anders aus. Hinzu kommt, dass das Empfinden bezüglich dieser Balance einem beständigen Wandel im Laufe eines Erwerbslebens unterliegt, das von unterschiedlichen Berufs- und Lebensphasen gekennzeichnet ist.

In gleichem Maße wie die Notwendigkeit einer ausgewogenen Work-Life-Balance steigt, wird es auch immer schwieriger, diese Balance zu erreichen, da die Anforderungen an Flexibilität und Mobilität – nicht zuletzt im Sinne einer „Flexibilisierung von privaten Routinen", die Beschäftigten vielfach abverlangt wird – ebenfalls stetig steigen und moderne Kommunikationsmittel die Entgrenzung fördern. Zudem fallen beruflich bedingten Ortswechseln oder unregelmäßigen Arbeitszeiten nicht selten klassische „Anker" im privaten Bereich, wie soziale Kontakte oder Vereinsaktivitäten, zum Opfer (HayGroup 2011; Auer 2000; Opaschowski 2006; Schobert 2007; managermagazin 2005; Kuhnert 2004).

Work-Life-Balance wird durch den Wertewandel und die zunehmende Erwerbstätigkeit von Frauen immer mehr auch zu einem Thema für Männer (Maitland und Thomson 2011; Rump und Eilers 2014b). Dazu trägt im familiären Kontext der Umstand bei, dass durch die zunehmende Erwerbstätigkeit von Frauen ein traditioneller „Zeitpuffer" in Familien immer stärker wegfällt. Das heißt, die disponible Zeit, die Frauen für die Organisation des Familienlebens, die Hausarbeit, die Betreuung von Kindern oder pflegebedürftigen Angehörigen aufwenden können, reduziert sich zusehends und muss somit neu zwischen den Partnern aufgeteilt und „ausgehandelt" werden. Erschwerend kommt hinzu, dass gesellschaftliche Strukturen auf diese Veränderung noch nicht in ausreichendem Maße reagiert haben und vielfach die Verfügbarkeit eines Elternteils – beispielsweise für Unterstützung im schulischen Bereich oder die Organisation von außerschulischen sportlichen oder musikalischen Aktivitäten – vorausgesetzt wird (Sachverständigenkommission zum Achten Familienbericht 2011). In der Literatur wird sogar darauf hingewiesen, dass die Wahrscheinlichkeit für Väter, einen „Work-Life-Konflikt" zu erleben, höher ist als für Mütter. Dies ist nicht zuletzt in einem Spannungsfeld begründet: Einerseits ist noch immer in vielen Köpfen (auch von Männern selbst) die Vorstellung vorherrschend, ein Mann müsse beruflich erfolgreich sein und „eine Familie ernähren". Gleichzeitig wächst die Erwartungshaltung seitens der Gesellschaft bezüglich der Übernahme familiärer Verpflichtungen durch Männer (Maitland und Thomson 2011; Rump und Eilers 2014b. Siehe hierzu auch Abschn. 6.4 „Gender").

Insbesondere in der sog. Rushhour des Lebens zwischen 20 und 45 Jahren, wenn berufliche Weichenstellungen nicht selten mit privaten Plänen vereinbart werden müssen, werden Verdichtung und Zeitknappheit zu ständigen Begleitern (BMAS 2015a). Vieles spricht dafür, dass sich auch jenseits der Rushhour, die in der Regel die Phase der Elternschaft mit vergleichsweise jungen Kindern umfasst, immer mehr Herausforderungen entwickeln. Schon heute sind drei Viertel der 40- bis 59-jährigen Frauen, die Angehörige pflegen, berufstätig, 30 % von ihnen in Vollzeit (Institut für Demoskopie Allensbach 2015b). In einer Umfrage rechnen 7 von 10 befragten Beschäftigten damit, dass sie in

Zukunft einen Angehörigen pflegen werden (BMFSFJ 2015; berufundfamilie gGmbH und GFK 2014). Zwei Drittel der Deutschen vertreten die Ansicht, dass die Vereinbarkeit von Beruf und Familie alles in allem eher „nicht so gut" funktioniert, 41 % der abhängig Beschäftigten haben tatsächlich Vereinbarkeitsprobleme (BMAS 2015a; Institut für Demoskopie Allensbach 2013; BauA 2012). Es sind vor allem Führungskräfte, die ihre Work-Life-Balance häufig als unzureichend beschreiben. Es ist jedoch auch festzuhalten, dass sie in der Regel am wenigsten Gebrauch von bestehenden Angeboten ihres Arbeitgebers zur Verbesserung dieser Balance machen, weil sie fürchten, dadurch einen Statusverlust zu erleiden (Haufe Akademie und Hochschule Deggendorf 2009). Gleichzeitig zeigt sich, dass das Streben nach Work-Life-Balance gerade für Manager auch einen zusätzlichen Druckfaktor darstellen bzw. Versagensgefühle hervorrufen kann (Ford und Collinson 2011).

Einen wesentlichen Hebel zur Vereinbarkeit von Lebens- und Berufsphasen und zur Schaffung einer Work-Life-Balance stellt die Zeitpolitik dar (vgl. Kap. 13). Ebenso ist die Eigenverantwortung des einzelnen Menschen zu betonen, der durchaus aktiv – auch ohne direktes Zutun des Arbeitgebers – an seiner Work-Life-Balance arbeiten und diese ggf. auch einfordern muss (Rump et al. 2011; Fischer et al. 2013).

6.2.3 Psychische Gesundheit

Die zunehmende Entgrenzung, die vermeintlich ständige Erreichbarkeit sowie eine unzureichende Balance zwischen Beruf und Privatleben werden nicht selten als Ursachen für den sprunghaften Anstieg von psychisch bedingten Ausfallzeiten diskutiert (z. B. Pangert und Schüpbach 2013). Allerdings ist dies differenziert zu betrachten. Während es zu unterschiedlichen Arbeitszeitformen und auch zur psychischen Gesundheit bereits seit Jahren zahlreiche Untersuchungen gibt, handelt es sich bei der Wirkungsanalyse der Arbeitszeitgestaltung bezogen auf psychische Belastungen um einen eher neuen Forschungsgegenstand. Gleiches gilt für die Thematik der Erreichbarkeit und atypischer Arbeitszeiten (Schütte 2014) sowie die Frage, inwieweit Konflikte, die aus widersprüchlichen Anforderungen von Arbeits- und Privatleben resultieren, zu kurz- oder langfristigen Konsequenzen für die psychische Gesundheit führen (Hüffmeier 2014).

Tatsächlich haben sich psychische Erkrankungen als Ursache für Arbeitsunfähigkeit nach Angaben des BKK-Dachverbandes im Zeitraum zwischen 1976 und 2013 mehr als verfünffacht. Diese starke Zunahme ist zum einen darauf zurückzuführen, dass die Fallzahlen ansteigen. Hierzu besteht ein wissenschaftlicher Diskurs dahingehend, inwieweit der Anstieg auf eine tatsächliche drastische Zunahme dieser Erkrankungsform oder auch auf eine Verbesserung der Diagnostik und Reduzierung der Stigmatisierung psychischer Leiden zurückzuführen ist (Meier und Hauth 2015; Jacobi et al. 2015). Zum anderen spielt die Dauer der Krankheitsfälle eine entscheidende Rolle. Die durchschnittlichen Ausfallzeiten bei dieser Art von Erkrankung sind vergleichsweise lang. Als „Spitzenreiter" bei der Falldauer liegen sie bei ca. 40 Tagen pro Fall (verglichen mit 12,3 Tagen über alle Erkrankungsarten hinweg; Kliner et al. 2015). Die Kostenbelastung, die Unternehmen infolge psychischer Belastungen, Burn-out oder Depressionen heute bereits spüren, wird Prognosen zufolge noch weiter zunehmen. Zahlen der Allianz und des Wirtschaftsforschungsinstituts RWI weisen für das Jahr 2011 bereits direkte und indirekte Kosten durch Depressionen in Höhe von 15,5 bis 21,9 Mrd. € aus. Alleine zwischen 2002 und 2008 stiegen die Krankheitskosten, die direkt durch Depressionen verursacht wurden, um ein Drittel auf 5,2 Mrd. € an. Die indirekten Kosten liegen noch höher, da die Fehlzeiten infolge der Erkrankung sprunghaft ansteigen und ein nicht unerheblicher Schaden durch Beschäftigte entsteht, die infolge einer unbehandelten Depression am Arbeitsplatz mit verminderter Produktivität tätig sind. Es liegt auf der Hand, dass es erklärtes Ziel sein sollte, diese Erkrankungen möglichst zu reduzieren und dafür präventive Maßnahmen zu ergreifen (Allianz Deutschland und RWI 2011).

Die Literaturstudie von Pangert und Schüpbach (2013) zeigt, dass die Beeinträchtigungen des Privatlebens durch die Arbeit umso größer sind, je mehr Arbeitsangelegenheiten ins Privatleben Einzug halten. Ebenso lässt sich zeigen, dass arbeitsbedingte Befindensbeeinträchtigungen wie Burn-out, Stress, Nicht-abschalten-Können und Schuldgefühle ansteigen, und dies insbesondere bei Frauen. Das Ausmaß dieser Effekte lässt sich anhand der derzeitigen Studienlage nach Aussagen des Forscherteams noch nicht abschließend beantworten, da weitere Faktoren untersucht werden müssten (Pangert und Schüpbach 2013). Im Monitor „Gewünschte und erlebte Arbeitsqualität" wird allerdings konstatiert: „Befragte, die in ihrer Freizeit häufig durch die Arbeit gestört werden, berichten öfter von Konflikten zwischen Beruf und Privatleben, empfinden die Anforderungen ihrer Arbeit als besonders hoch und zeigen häufiger Burnout-Symptome" (BMAS 2015b, S. 27).

Eine große Rolle dabei, wie Arbeit sich auf die Gesundheit auswirkt, spielen auch die Gestaltungsmöglichkeiten des Individuums in Bezug auf seine Arbeitszeit sowie Aspekte wie die Einhaltung von Pausen oder Vermeidung sog. Gratifikationskrisen (Siegrist 1996), die entstehen können, wenn dem erbrachten Aufwand keine subjektiv adäquate „Belohnung" gegenübersteht. Das Effort-Recovery-Modell nach Meijman und Mulder (1998) geht davon aus, dass jede Form von Arbeit eine physiologische oder psychische Anstrengung und damit eine Beanspruchung auslöst. Diese Beanspruchung wird in der Regel dadurch aufgehoben, dass die Funktionssysteme, die durch die Arbeit in Anspruch genommen werden, ab einem gewissen Punkt nicht mehr weiter gefordert werden. Es kommt zur Erholung. Besteht jedoch eine arbeitsbezogene erweiterte Erreichbarkeit, werden die Funktionssysteme dauerhaft beansprucht, sodass negative gesundheitliche Folgen durch die nicht mehr vorhandene Erholung eintreten können. Allerdings kann arbeitsbezogene erweiterte Erreichbarkeit ebenso auch eine Ressource für den einzelnen Menschen darstellen, wenn er dadurch seine Arbeitsziele leichter erreichen kann oder an einem für ihn vorteilhafteren Ort als im Büro seinen Aufgaben nachgehen kann (Pangert und Schüpbach 2013).

Bei der Entstehung von arbeitsbedingtem Stress spielen Aspekte wie Multitasking und Informationsüberfluss, aber auch die häufige Störung bzw. Unterbrechung von Tätigkeiten, beispielsweise durch das Lesen eingegangener E-Mails, eine Rolle (BMAS 2015a; Schütte 2014; Lohmann-Haislah 2012). Eine Studie der University of British Columbia (UBC) zeigt für etwa 130 Probanden, dass sich deren arbeitsinduziertes Stressempfinden deutlich reduzieren ließ, wenn sie nur noch dreimal täglich ihre E-Mails checkten. Zuvor hatten sie es bis zu 13-mal täglich getan und waren so im Schnitt alle 5 Minuten aus ihrem Arbeitsfluss gerissen worden (UBC 2014). Eine Untersuchung des Instituts der deutschen Wirtschaft Köln auf Basis der jüngsten BIBB/BauA-Erwerbstätigenbefragung 2012 mit mehr als 20.000 Erwerbstätigen ab 15 Jahren und mit einer wöchentlichen Arbeitszeit von mindestens 10 Stunden zeigt, dass jede bzw. jeder zweite Beschäftigte häufig starken Termin- und Leistungsdruck erlebt, auf digitalen Arbeitsplätzen – also solchen, an denen mit dem Internet und vernetzt gearbeitet wird – sogar 6 von 10 (Hammermann und Stettes 2015). Zeitdruck und Arbeitszufriedenheit schließen sich allerdings offenbar nicht gegenseitig aus. Danach sind 89,9 % der Beschäftigten, die häufig unter starkem Termin- und Leistungsdruck arbeiten, mit ihrer Arbeit (sehr) zufrieden. Zum Vergleich: Bei denjenigen, die manchmal bis nie unter solchem Druck arbeiten müssen, liegt die Zufriedenheitsquote mit 94,7 % nur geringfügig höher. Daraus lässt sich schließen, dass sowohl persönliche Eigenschaften als auch bestimmte arbeitsplatzbezogene Kriterien das Stressempfinden in diesem Zusammenhang beeinflussen (Hammermann und Stettes 2015). Zu Letzteren gehören die Eröffnung von Handlungsspielräumen, die Förderung des sozialen Zusammenhalts und eine angemessene Anerkennung der Arbeitsleistung (Pangert und Schüpbach 2013).

6.3 Wandel von Kompetenzanforderungen und Berufsbildern

Bereits seit einigen Jahren werden neue Anforderungen an Berufsbilder und Kompetenzen, vor allem vor dem Hintergrund der Entwicklung zur Wissens- und Innovationsgesellschaft, diskutiert. Auch in Bezug auf dieses Themenfeld bringt die Diskussion um die Konsequenzen der digitalen Transformation eine Intensivierung. Thomas Sattelberger rät, Technologie-Maps und Wirtschaftsszenarien für Berufe und Branchen im Hinblick auf die zu erwartenden Veränderungen in der digitalen Arbeitswelt zu erarbeiten, um frühzeitig – mit Blick auf die Trägheit des Bildungssystems – eine qualitative Personalplanung für Deutschland zu entwickeln, wenn möglich gekoppelt mit einer Qualifizierungsstrategie für prognostizierbare Kompetenzen. „Wir müssen heute handeln, um in mehr als einer Dekade Veränderungen zu sehen" (Sattelberger 2015, S. 7). Dabei steht nicht zuletzt die entsprechende Ausrichtung der dualen Ausbildung im Fokus. Das Risiko, junge Menschen heute und in den nächsten Jahren in einem Beruf auszubilden, der dann in einigen Jahren großen Anpassungen unterliegt, ist kaum zu verantworten, insbesondere da die Erkenntnisse des Wandels heute bereits vorhanden sind. Modularisierte Ausbildungswege, bestehend aus verbindlichen Grundbausteinen und ergänzenden Spezialisierungen mit individuellen Modulen, könnten eine Möglichkeit darstellen, den

Einstieg in den Beruf für unterschiedliche Gruppen junger Menschen zu ermöglichen. Dazu gehört auch eine hohe Transparenz der bestehenden Angebote und eine Durchlässigkeit zwischen den einzelnen Modulen (IfB! 2012).

6.3.1 Kompetenzanforderungen

Beschäftigt man sich mit den Konsequenzen der Digitalisierung für die Arbeitswelt und hier insbesondere mit den sich wandelnden Anforderungen an Beschäftigte, so wird deutlich, dass es weitaus mehr bedarf als IT-Expertise und technologisches Know-how. Vielmehr werden zahlreiche Kompetenzen als unerlässlich angesehen, die bereits im Zusammenhang mit anderen Trends und im Kontext der nachhaltigen Sicherung der Beschäftigungsfähigkeit (vgl. hierzu auch Kap. 3) im Fokus stehen. So bedarf es einer hoch ausgeprägten Medien-, Verbalisierungs- und Visualisierungskompetenz sowie der Fähigkeit zum Umgang mit einer neuen Form der (vermehrt indirekten und beschleunigten) Kommunikation und zum vernetzten Denken und Arbeiten, die im Zuge der neuen Kooperationsformen auch über Unternehmens- und Organisationsgrenzen hinweg erforderlich wird. Gerade für ältere Beschäftigte waren solche Kompetenzen in der Regel nicht Teil ihrer Sozialisation, sodass sie diese vielfach vor Herausforderungen stellen (BMAS 2015a). Ein weiterer entscheidender Aspekt ist die sog. digitale Grundkompetenz oder „digital literacy“[9] Derzeit verfügen nach einer OECD-Studie (OECD 2014) etwa 60 % der Beschäftigten in Deutschland über grundlegende IKT-Kompetenzen – immerhin 25 % erreichen dieses Niveau nicht (BMAS 2015a). Hier liegt eine enorme Herausforderung, gerade auch Beschäftigte aus bildungsfernen Schichten und benachteiligte Gruppen am Arbeitsmarkt bei der digitalen Transformation „mitzunehmen“, da ihnen ansonsten vehement der Ausschluss aus der Erwerbsgesellschaft droht.

Selbstmanagement wird ebenfalls zur Kernkompetenz in einer Arbeitswelt, die durch die Auflösung traditioneller Organisationsstrukturen und Arbeitszusammenhänge gekennzeichnet ist. Hier kommt das bereits angesprochene „Boundary Management“, also die Kompetenz der Grenzziehung, (Sachverständigenkommission zur Erstellung des Ersten Gleichstellungsberichtes der Bundesregierung/Fraunhofer-Gesellschaft zur Förderung der angewandten Forschung e. V.) zum Tragen. Dabei kann es nach Ansicht der Forschenden von Shareground und der Universität St. Gallen auch dazu kommen, dass die „Arbeitszeit“ sich nicht mehr auf eine Tätigkeit bei einem Unternehmen bezieht, sondern vielmehr das Individuum die ihm zur Verfügung stehende Zeit in eine bestimmte Anzahl von Aufträgen unterschiedlicher Herkunft investiert (Shareground und Universität St. Gallen 2015).

Eine eingehende Auseinandersetzung mit den Kompetenzprofilen, die die „Arbeit 4.0“ voraussetzt, findet sich in Kap. 3.

---

[9] „Diese sogenannte Digital Literacy reicht vom Basiswissen über den prinzipiellen Aufbau und die Funktionsweise von Computer- und Kommunikationsgeräten über grundlegende Anwendungskenntnisse bis hin zur Fähigkeit, sich in Online-Communities zu bewegen und zu äußern. Hinzu kommt die Informationskompetenz, d. h. die Fähigkeit, zielgerichtet, selbstbestimmt, verantwortlich und effizient mit Informationen umzugehen“ (BMAS 2015a, S. 61).

6.3.2 Berufsbilder und Beschäftigungseffekte

Durch die digitale Transformation und ihre Wechselwirkung zu weiteren Trends verändern sich nicht nur Kompetenzanforderungen, sondern gesamte Geschäftsmodelle. Neue Berufsbilder entstehen, alte fallen weg oder verändern sich ebenso wie die Produkte und Dienstleistungen, denen wir uns gegenübersehen. Entlang der gesamten Wertschöpfungskette sind Tätigkeiten in unterschiedlicher Intensität von diesem Wandel betroffen. Ob sich letztlich eine positive Beschäftigungsbilanz aus der Digitalisierung ergibt, vermag zum heutigen Zeitpunkt noch niemand sicher vorherzusagen. Die Diskussion hierzu ist ebenso intensiv wie widersprüchlich. Das MIT in Cambridge rechnet mit der Vernichtung von Arbeitsplätzen in der produzierenden Industrie (McAfee und Brynjolfsson 2014), und auch das McKinsey Global Institute warnt vor der Gefahr, dass durch die intelligente Technik in Zukunft sogar zahlreiche Wissensarbeiterinnen und -arbeiter ersetzt werden könnten (McKinsey & Company 2014). Während die viel beachtete Oxford-Studie von Frey und Osborne (2013) von einem drastischen Wegfall von Arbeitsplätzen durch Automatisierung in den USA ausgeht, relativiert die Übertragung dieser Studie auf Deutschland durch das Zentrum für Europäische Wirtschaftsforschung (ZEW 2015) die Befunde. Danach greift es zu kurz, technisches Automatisierungspotenzial per se mit Beschäftigungseffekten gleichzusetzen. Vielmehr kommt es darauf an, die Wechselwirkungen zwischen Automatisierung, der Veränderung von Berufsbildern sowie wegfallender und neu entstehender Arbeitsplätze eingehend zu untersuchen. Im Detail lassen sich diese Entwicklungen ausgehend vom heutigen Wissensstand nur abschätzen, keinesfalls verlässlich vorhersagen. Eines jedoch ist klar: Ein fundamentaler Wandel steht bevor, der Beschäftigten die Fähigkeit und Bereitschaft abverlangt, sich auf neue Beschäftigungsformen und -felder vorzubereiten und Schritt zu halten mit den technologischen Entwicklungen. Denn es ist davon auszugehen, dass Arbeitsplätze, die im Zuge der Digitalisierung neu entstehen, anspruchsvoller sein werden als diejenigen Arbeitsplätze, die im gleichen Zeitraum durch Automatisierung bzw. Rationalisierung wegfallen (ZEW 2015). Der Münchner Kreis (2013a) nimmt an, dass insbesondere die Berufsfelder betroffen sein werden, die sich im mittleren Qualifikationssegment im Bereich routinebasierter und repetitiver Tätigkeiten befinden, da in der Regel Berufsfelder am unteren und oberen Qualifikationsrand eher schwer automatisierbar sind. Beispiele für solche Felder im mittleren Segment sind klassische Büroberufe, z. B. in der Buchhaltung, aber auch einige Facharbeitertätigkeiten. Der Trend zur Automatisierung mittlerer Qualifikationen war auch für Deutschland in den vergangenen Jahren bereits zu beobachten, wenngleich nicht in dramatischem Ausmaß (BMAS 2015a; IZA 2015; Bauer 2015). Weltweit sind durch das Internet bereits zahlreiche Journalistenstellen verloren gegangen, auch Tätigkeiten wie beispielsweise die eines Radiologen könnten in absehbarer Zeit durchaus von einer intelligenten Bilderkennungssoftware übernommen werden. Dahingegen ist nicht zu erwarten, dass vergleichsweise einfache Tätigkeiten im Dienstleistungsbereich, wie die einer Friseurin oder einer Haushaltshilfe ähnlich leicht ersetzbar sind bzw. nur zu einem Preis, den letztlich niemand bereit wäre, für diese Dienste zu zahlen (Piper 2012). Ebenfalls wird eine Aufwertung von Tätigkeiten mit unmittelbarer menschlicher Interaktion – nicht zuletzt im Gesundheits- und Sozialbereich – in den

Hochlohnländern erwartet, während standardisierbare und anonyme Prozesse immer stärker unter Effizienzdruck geraten und von Offshoring betroffen sind (Shareground und Universität St. Gallen 2015; Prognos 2015). Auch die Prognos-Studie zur „Arbeitslandschaft 2040“ geht davon aus, dass neben den produktionsnahen Tätigkeiten mit relativ niedrigen Qualifikationsanforderungen künftig auch vermehrt die damit verbundenen Dienstleistungen, wie z. B. Büro-, Vertriebs- und Transporttätigkeiten, verlagert werden (Prognos 2015). Die Boston Consulting Group vertritt die These, dass die Kostenvorteile bezüglich der Lohnkosten in traditionellen Niedriglohnländern sich aufgrund der zunehmenden Kapitalintensität der Produktion verringern werden – wodurch es für produzierende Betriebe wieder attraktiver wird, bislang von Offshoring betroffene Arbeitsplätze wieder zurückzuholen (BCG 2015). Sie bildet ein Szenario ab, in dem ein Nettozuwachs von etwa 350.000 Arbeitsplätzen in Deutschland bis zum Jahr 2025 zu erwarten ist. Es wird argumentiert, dass durch den verstärkten Einsatz von Robotern und Computern sich die Zahl der Arbeitsplätze in der Montage und Produktion um etwa 610.000 reduzieren wird. Gleichzeitig wird jedoch ein Anstieg um etwa 960.000 neue Arbeitsplätze, insbesondere im Bereich der IT und der Datenwissenschaften prognostiziert (BCG 2015).

Interaktiven, kognitiven, analytischen Nicht-Routinetätigkeiten wird in der IZA-Studie das meiste Potenzial bescheinigt (IZA 2015). Auch die bereits angesprochenen 25 Thesen zur „Arbeit 4.0“ beinhalten einen Blick auf die Entwicklung der Beschäftigungsverhältnisse bzw. Berufsbilder. Danach entwickelt sich die Rolle des Menschen vom Erbringenden der Arbeitsleistung zum Überwachenden von Maschinen, die sowohl körperlich belastende Tätigkeiten als auch Routinevorgänge immer selbstständiger übernehmen. Dadurch ergeben sich auch neue Interaktionsformen zwischen Mensch und Maschine, die in unterschiedlicher Ausprägung bzw. in sehr unterschiedlicher Rollenverteilung denkbar sind (Shareground und Universität St. Gallen 2015). Hierzu hat auch das Fraunhofer Institut drei Alternativszenarien für den industriellen Bereich entwickelt:

- **Szenario 1 (Werkzeugszenario)**
  Die Produktion wird durch CPS gesteuert. Für deren Programmierung, Gestaltung, Installation, Anpassung und Wartung werden hoch qualifizierte Fachkräfte benötigt. Fach- bzw. Produktionsarbeiter und -arbeiterinnen haben keinerlei Entscheidungsfunktion innerhalb der automatisierten Prozesse, sondern sorgen für deren störungsfreien Ablauf.
- **Szenario 2 (Automatisierungsszenario)**
  Die Produktion wird durch CPS gesteuert. Für deren Programmierung, Gestaltung, Installation, Anpassung und Wartung werden hochqualifizierte Fachkräfte benötigt. Fach- beziehungsweise Produktionsarbeiter und -arbeiterinnen haben keinerlei Entscheidungsfunktion innerhalb der automatisierten Prozesse, sondern sorgen für deren störungsfreien Ablauf.
- **Szenario 3 (Hybridszenario)**
  Mensch und Maschine arbeiten in einer kooperativen Rollenverteilung zusammen. Entscheidungen sowie Kontroll- und Steuerungsaufgaben werden gleichermaßen durch technologische wie menschliche Instanzen getroffen. Dies setzt unterschiedliche Qualifikationsanforderungen an die verschiedenen Beschäftigtengruppen voraus.

Nach Einschätzung der Verfasser dieser Szenarien werden alle drei in irgendeiner Form im Zusammenhang mit „Industrie 4.0" eintreten. In Abhängigkeit von der Wirtschaftlichkeit, Anpassungsfähigkeit und Arbeitsqualität werden Unternehmen eines oder alle drei Szenarien implementieren (Fraunhofer IAO 2013a).

Eine der Schlüsselqualifikationen der Zukunft, die sich nicht substituieren lässt, wird die Interpretation und sinnhafte Kombination der unzähligen verfügbaren Daten sein, die dank Big Data zur Verfügung stehen. Auch nichtlineares Denken im kreativen Bereich, im Zusammenhang mit unternehmerischen Skills und der Beherrschung von Maschinen, ist nicht bzw. nur sehr schwer substituierbar (Shareground und Universität St. Gallen 2015). Die Prognos-Studie zur „Arbeitslandschaft 2040" sieht einen starken Zuwachs im Bereich wissensorientierter Dienstleistungen im Bereich von Management- und Leistungstätigkeiten sowie Forschen, Entwerfen etc. voraus (Prognos 2015). Dabei nähern sich kreative und produzierende Tätigkeiten immer mehr an, d. h., von denjenigen, die kreative oder geistige Leistungen erbringen, wird zunehmend erwartet, dass sie auch die damit in Zusammenhang stehenden produktiven Leistungen übernehmen, gewissermaßen als „Gesamtpaket".

Cloud- und Crowdworking werden in den Szenarien von Shareground und der Universität St. Gallen eher als Übergangsphänomene betrachtet, da digitale Leistungen zunächst noch in kleine Teile zerlegt und an „virtual labourers" delegiert werden, die im Akkord ihre Leistung erbringen, jedoch in absehbarer Zeit viele dieser Leistungen voll digitalisiert sein werden (Prognos 2015).

Befragt man Beschäftigte nach ihrer Einschätzung zu den Konsequenzen der Digitalisierung auf ihre Arbeitsplätze, so zeigt sich denn auch eine starke Differenzierung nach Tätigkeitsprofilen. In einer repräsentativen Umfrage des Hightech-Verbands BITKOM (2014a) äußert jede bzw. jeder Zweite der Teilnehmenden sich besorgt darüber, dass der eigene Arbeitsplatz infolge der technologischen Entwicklungen wegfallen könne. Bei den Beamten hingegen bestehen zu 100 % keine Sorgen, bei den Selbstständigen zu 96 %, bei den Angestellten zu 91 % nicht.

6.4 Vielfalt in den Belegschaften

Blickt man auf die genannten Trends und ihre Konsequenzen, aber auch auf die daraus resultierenden Handlungsansätze, so wird deutlich, dass Vielfalt gleichermaßen Treiber der Entwicklungen als auch Antwort auf die Herausforderungen ist. Vielfalt bezieht sich dabei zum einen auf die immer vielfältiger werdenden Arbeitsformen, -beziehungen und -modelle. Denn innerhalb einer Belegschaft finden sich – wie in Abschn. 6.1 dargestellt – in zunehmendem Maße unterschiedliche Beschäftigtengruppen im Hinblick auf die Art und Weise des Arbeitens. Organisationsformen können sich von einem zum anderen Geschäftsbereich deutlich unterscheiden, innerhalb einer Abteilung kann es Personen geben, die mobil arbeiten, während andere aufgrund ihres Tätigkeitsprofils ausschließlich im Büro tätig sind, Führungsstile variieren je nach den agierenden Personen

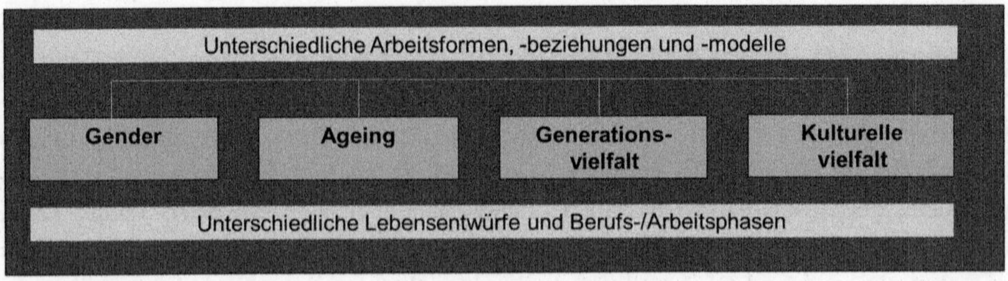

Abb. 5 Dimensionen der Vielfalt

und Arbeitszeitmodelle werden immer facettenreicher. Zum zweiten bezieht sich Vielfalt auf die zunehmende Varianz in den Lebensentwürfen von Menschen im Zuge der Individualisierung und der zunehmenden Beachtung von Lebens- und Berufsphasen. Zum dritten schließlich wird unter der Vielfalt der Belegschaften klassisch die Differenzierung in unterschiedliche Interessensgruppen vorgenommen, deren Potenziale es zur Sicherung der Fachkräftebasis mehr denn je auszuschöpfen gilt. In der betrieblichen Praxis stehen dabei insbesondere die Themenschwerpunkte „Gender – Alter/Ageing – Generationen – Kulturdiversität" im Fokus. Auch hier liegt eine zentrale Führungsaufgabe der Zukunft. So verlangt die zunehmende Heterogenität der Belegschaften nach neuen Wegen zu mehr Integration und Koordination und auch zur Berücksichtigung individueller Bedürfnisse – sei es von älteren Mitarbeitenden, von Menschen mit unterschiedlichen kulturellen Hintergründen, in unterschiedlichen Arbeitsmodellen oder in sich wandelnden Lebensphasen (Fraunhofer IAO 2013b). Ziel muss es sein, zu einer Kultur der Potenzialentfaltung zu gelangen (IfB! 2012). Die unterschiedlichen Dimensionen der Vielfalt stellt Abb. 5 dar.

Im Folgenden wird der letztgenannte Aspekt einer genaueren Betrachtung unterzogen, da die beiden erstgenannten Dimensionen der Vielfalt bereits in vorangegangenen Kapiteln in anderem Kontext diskutiert wurden.

6.4.1 Gender

Es ist davon auszugehen, dass die demografischen und technisch-ökonomischen sowie gesellschaftlichen Entwicklungen die Thematik „Gender" und damit den Trend zur Chancengleichheit befördern. Zudem tragen weitere Faktoren zu diesem Trend bei. Hier sind zum einen die Bildungsabschlüsse zu nennen. Heute sind mehr als die Hälfte der Abiturienten Frauen (zum Vergleich: 1950 waren es nur etwa ein Drittel; Statistisches Bundesamt 2014a; Spiegel online Schulspiegel 2011), der Anteil der weiblichen Studienanfänger liegt bei knapp 50 %, und bereits seit einigen Jahren schließen mehr Frauen als Männer erfolgreich ihr Studium ab (Hochschulrektorenkonferenz 2014). Auch der Anteil an Frauen im Arbeitsleben steigt stetig an. Im Jahr 2012 gingen in der Altersgruppe zwischen 20 und 64 Jahren 71,5 % aller Frauen – und damit knapp 10 % mehr als noch 10 Jahre zuvor, einer Erwerbstätigkeit nach. Das sind deutlich mehr als im EU-Durchschnitt, der bei 62,3 % liegt (Statistisches Bundesamt 2014b). Unter den

Müttern minderjähriger Kinder waren im Jahr 2013 gut zwei Drittel erwerbstätig (verglichen mit 59 % im Jahr 2000; BMFSFJ 2014). Schreibt man diese Entwicklung fort, so ist davon auszugehen, dass in Kürze der Anteil an weiblichen und männlichen Arbeitnehmenden (derzeit 81,8 %; BMFSFJ 2014) am Arbeitsmarkt ausgeglichen sein wird. Diese Entwicklung ist u. a. mit dem sektoralen Wandel in Zusammenhang zu bringen, denn gerade in den Wirtschaftsbereichen, in denen sich besonders häufig Frauen finden – wie beispielsweise dem Dienstleistungssektor – hat die Beschäftigung stark zugenommen, während sie in traditionell eher männlich besetzten Branchen wie dem produzierenden Gewerbe rückläufig ist. Zudem zeigt sich: Je höher die Qualifikation, desto geringer fallen die Unterschiede in der Erwerbsbeteiligung zwischen den Geschlechtern aus (Brenke 2015). Des Weiteren erkennen immer mehr Frauen in zunehmend unsicheren und instabilen Zeiten sowohl in beruflicher als auch in privater Hinsicht eine ununterbrochene oder nur kurz unterbrochene Erwerbstätigkeit als Absicherungsstrategie und Risikobegrenzung.

Dennoch ist nicht von der Hand zu weisen, dass durchaus noch erhebliche „Aufholpotenziale" bestehen. Diese beziehen sich auf das Arbeitsvolumen, das Berufs- und Branchenspektrum und nicht zuletzt den Anteil an Führungspositionen (Fischer et al. 2013). Diese Faktoren weisen untereinander nicht unerhebliche Wechselwirkungen auf. So gilt nach wie vor eine Beschäftigung in Teilzeit als eines der größten Karrierehindernisse, vor allem bei einem wöchentlichen Arbeitsvolumen von weniger als 20 Stunden. Charakteristisch für Teilzeitbeschäftigung in Deutschland ist die vergleichsweise kurze durchschnittliche Arbeitszeit von knapp 19 Stunden pro Woche (Statistisches Bundesamt 2015d). Diese findet sich insbesondere bei Frauen. So ist der starke Anstieg der Erwerbstätigenquote unter Frauen in den vergangenen Jahren nicht zuletzt einem ebenfalls starken Anstieg der Teilzeitbeschäftigung im gleichen Zeitraum geschuldet (Statistisches Bundesamt 2015d; WSI 2015). Die durchschnittlichen Arbeitszeiten von Frauen lagen 2013 mit 30,3 Stunden wöchentlich rund 9 Stunden unter denen von Männern (39,6 Stunden; WSI 2015). Man spricht in diesem Zusammenhang auch vom „gender time gap" (u. a. Kümmerling und Slomka 2014; WSI 2015). Unter den Müttern sind 70 % in Teilzeit beschäftigt (verglichen mit 6 % der Väter; WSI 2015). Insgesamt ist im Zeitraum zwischen 1991 und 2013 unter Frauen der Anteil derer mit kürzeren Arbeitszeiten stark angestiegen, besonders stark bei der Arbeit unter 20 Wochenstunden, während bei Männern gleichzeitig lange Arbeitszeiten mit 41–44 Stunden an Bedeutung gewinnen. Ebenso zeigt sich, dass Mütter in der Regel kürzer und Väter in der Regel länger arbeiten als Beschäftigte ohne Kinder (WSI 2015).

Was das Berufs- und Branchenspektrum anbelangt, selektieren sich Frauen seit Jahren kontinuierlich überwiegend in solche Berufsbilder und Branchen, die weniger karriereträchtig sind als vermeintliche „Männerdomänen". An der Spitze stehen kaufmännische Berufe, medizinische Fachausbildungen und dienstleistungsorientierte Berufsbilder wie das der Friseurin. Junge Männer hingegen entscheiden sich zwar auch vergleichsweise häufig für Ausbildungsgänge im kaufmännischen Bereich, doch dominieren insgesamt die handwerklich-technischen Berufe. Zudem ist festzustellen, dass sich die

Berufswahl bei weiblichen Auszubildenden auf wenige Berufe beschränkt, während männliche Jugendliche eine höhere Varianz in der Wahl ihrer Ausbildungsberufe aufweisen (Statistisches Bundesamt 2013). Weniger als ein Drittel aller Studierenden in MINT-Studiengängen im Wintersemester 2014/2015 waren weiblich. Dabei ist innerhalb der Studiengänge noch einmal zu differenzieren, denn Frauen interessieren sich deutlich häufiger für Mathematik und naturwissenschaftliche Fächer als für Ingenieurwissenschaften oder für Informatik (Statistisches Bundesamt 2015e).

Der Anteil an Frauen in Führungspositionen schließlich liegt in der Privatwirtschaft derzeit bei 29 %[10] – ein Wert, der sich in den vergangenen 20 Jahren nur marginal erhöht hat (Statistisches Bundesamt 2015f). Frauen befinden sich überwiegend in den niedrigen Managementebenen in der Vorgesetztenrolle, d. h., mit zunehmender Hierarchieebene nimmt der Frauenanteil ab (McKinsey 2012). Man spricht auch von „glass ceiling", einer unsichtbaren Decke, die den Weg nach oben blockiert, ein Begriff, der schon in den 70er Jahren in den USA geprägt wurde. Lediglich 5 % Frauen saßen Ende 2014 in den Vorständen der 200 (am Umsatz gemessen) größten Unternehmen, etwa 18 % in den Aufsichtsräten (Holst und Kirsch 2015). Der Anteil von Frauen in Führungspositionen ist darüber hinaus branchenabhängig. Sie finden sich insbesondere in den Bereichen Gesundheit, Erziehung und Unterricht, im Einzelhandel sowie im Gastgewerbe und den sonstigen Dienstleistungen. Hier besteht ein klarer Bezug zum gesamten Frauenanteil in der jeweiligen Branche. Eine Ausnahme bildet der Finanzsektor, in dem Frauen zwar die Mehrzahl der Beschäftigten stellen, jedoch unterdurchschnittlich an Führungsaufgaben beteiligt sind (IAB 2013). Der Frauenanteil im Topmanagement sinkt zudem mit der Unternehmensgröße.

Betrachtet man das Erwerbsverhalten von Frauen im Lebensverlauf, so fällt auf, dass bestimmte Lebensphasen und -situationen – der erste Gleichstellungsbericht spricht in diesem Zusammenhang auch von „Knotenpunkten" (Sachverständigenkommission zur Erstellung des Ersten Gleichstellungsberichtes der Bundesregierung und Fraunhofer-Gesellschaft zur Förderung der angewandten Forschung e. V. 2011, S. 89) – den weiteren Berufs- und Karriereweg nicht unerheblich beeinflussen. So lässt sich feststellen, dass Frauen nach der Vollendung des 35. Lebensjahres – der Phase nach der Familiengründung – deutlich seltener Führungsaufgaben wahrnehmen (Statistisches Bundesamt 2015f). Die Teilzeitquote von Frauen steigt im Alter zwischen Mitte 20 und Anfang 40 stark an. In den älteren Altersgruppen fällt diese Quote wieder etwas ab, doch arbeitet im Alter zwischen Mitte 40 und Ende 50 noch immer jede zweite erwerbstätige Frau in Teilzeit (WSI 2013). Hier kommt folgender Zusammenhang zum Tragen: Je länger Frauen einem bestimmten Unternehmen angehören, je lückenloser also ihre Berufsbiografie ist, desto eher ergibt sich für sie die Chance auf Übernahme einer Führungsposition (Bischoff 2010).

[10]Unterschiedliche Studien verwenden verschiedene Klassifizierungen und kommen daher auch zu leicht abweichenden Zahlen.

Nicht zuletzt gilt: „Während karriereambitionierte Männer vorwiegend eine Partnerschaft mit einer Frau bevorzugen, die auf eigene Karriereambitionen verzichtet, verzichten karriereambitionierte Frauen eher auf Kinder" (Boes et al. 2011, S. 27). Es liegt daher nahe, Frauen eine bessere Vereinbarkeit dieser Lebensphasen und -situationen mit ihren beruflichen Wünschen und Ambitionen zu ermöglichen (Rump und Eilers 2014c). Zudem ist auch der Blick auf die Rollenmuster in der Gesellschaft und damit auch auf die Männer und Väter zu richten, da deren Erwerbsverhalten im familiären Kontext entscheidenden Einfluss darauf nimmt, in welchem Umfang Frauen erwerbstätig sind bzw. sein können.

Seit Jahren zeigen Umfragen unter jungen Menschen den steigenden Wunsch, eine gleichberechtigte Aufteilung von Familien- und Erwerbsarbeit unter den Geschlechtern zu leben (Rump und Eilers 2012). Laut einer Umfrage des Instituts für Demoskopie Allensbach würde nahezu die Hälfte der Eltern – „wenn sie auf nichts Rücksicht nehmen müssten" – eine Erwerbskonstellation wählen, in der beide Partner gleich oder annähernd gleich lange im Beruf arbeiten (Institut für Demoskopie Allensbach 2015a). Heute haben Männer/Väter mehr und mehr das Ziel, sowohl im Beruf als auch in der Familie und anderen Lebensphasen erfolgreich zu sein. Sie sehen im Gegensatz zu früher die Arbeit selbst nur noch als „halbes Leben an" (Nelles 2007, S. 2 f.). Dies deckt sich mit Studien zu Arbeitszeitwünschen, in denen deutlich wird, dass sich die gewünschten Wochenstundenzahlen von Männern und Frauen immer stärker angleichen (Eichhorst et al. 2011; BMFSFJ 2009; Rump und Eilers 2014b). Befördert wird dies neben dem Streben nach Gleichberechtigung u. a. durch sich wandelnde Rahmenbedingungen wie das neue Scheidungsrecht, das bei Frauen das Bewusstsein dafür stärkt, dass lange Erwerbsunterbrechungen fatale Folgen haben können (Rump und Eilers 2013), aber auch durch rein pragmatische finanzielle Fragestellungen. Eine repräsentative Umfrage im Auftrag der XING AG ergibt, dass weniger als 40 % der befragten Beschäftigten mit einer Wochenarbeitszeit von mindestens 34 Stunden von ihrem Gehalt alleine eine Familie ernähren können. Hierzu ist anzumerken, dass die Teilnehmenden an der Studie zu mehr als 90 % über eine anerkannte Berufsausbildung oder sogar eine akademische Berufsausbildung verfügten (XING AG und statista GmbH 2015).

Allerdings ist festzustellen, dass zwischen Wunsch und Realität in Bezug auf die tatsächliche Umsetzung moderner Rollenmuster noch immer eine beträchtliche Lücke klafft. Nach wie vor sind es eher Frauen, die durch die Familiengründung ihre Erwerbstätigkeit unterbrechen oder dauerhaft reduzieren bzw. durch die Angehörigenpflege Einschränkungen ihres Berufslebens in Kauf nehmen (IfB! 2012). Dies zeigt die folgende Übersicht über Erwerbskonstellationen von Müttern und Vätern nach der ersten Elternzeit eindrucksvoll auf (Institut für Demoskopie Allensbach 2015a; Tab. 1):

Die Gründe für diese Erwerbsmuster sind vielfältig und liegen nicht zuletzt auch in institutionellen Rahmenbedingungen wie einer ausreichenden quantitativen und qualitativen Kinderbetreuung sowie in starren Arbeitsmodellen und besseren Verdienstmöglichkeiten der Väter begründet. Allerdings zeigt sich auch eine Beharrlichkeit gesellschaftlicher Rollenzuschreibungen. So ergibt die Untersuchung des Instituts für

Tab. 1 Erwerbskonstellationen von Elternpaaren nach der ersten Elternzeit. (Allensbacher Archiv, IfD-Umfrage 7208 2014)

Erwerbskonstellation	Verbreitung unter Paaren nach der ersten Elternzeit (in %), jeweils mit Vergleichswert „vor der Geburt“ in Klammern
Beide Partner in Vollzeit[a]	15 (71)
Vollzeitbeschäftigung des Vaters und längere Teilzeitbeschäftigung der Mutter im Umfang von 25–34 Wochenstunden	16 (10)
Vollzeitbeschäftigung des Vaters und kürzere Teilzeitbeschäftigung der Mutter im Umfang von 15–24 Wochenstunden	25 (4)
Vollzeitbeschäftigung des Vaters und stundenweise Beschäftigung der Mutter im Umfang von bis zu 14 Wochenstunden	14 (1)
Vollzeitbeschäftigung des Vaters und keine Berufstätigkeit der Mutter	17 (8)
Konstellation mit Vater in längerer Teilzeitbeschäftigung im Umfang von 25–34 Wochenstunden	4 (1)
Sonstige	9 (5)

[a]Unter Vollzeit wird hier eine Beschäftigung ab 35 h verstanden

Demoskopie auch, dass sich die Überlegungen der Partner vor der Geburt eines Kindes überwiegend damit beschäftigen, wie lange die Mutter in Elternzeit geht und mit welchem Stundenumfang sie später in den Beruf zurückkehrt, während die Vollzeitberufstätigkeit des Vaters eher selten infrage gestellt, sondern vielfach als gegeben vorausgesetzt wird (Institut für Demoskopie Allensbach 2015a). Hinzu kommt trotz zahlreicher positiver Gegenbeispiele in der Öffentlichkeit, dass noch immer Väter in sehr viel höherem Ausmaß von negativen Folgen für ihre berufliche Entwicklung betroffen sind als Mütter, wenn sie ihre Arbeitszeit dauerhaft zugunsten der familiären Aufgaben reduzieren oder zeitweise aussetzen (Institut für Demoskopie Allensbach 2015a; Rump und Eilers 2014b). Das Bundesministerium für Familie, Senioren, Frauen und Jugend (BMFSFJ) bringt diese Zusammenhänge in der Studie „Facetten der Vaterschaft“ wie folgt auf den Punkt:

> Kennzeichnend für die aktuelle Situation von Vätern ist, dass hohe Ansprüche mit Blick auf mehrere Rollenaspekte gestellt werden. Väter sollen und wollen erfolgreich im Beruf sein, um so ihrer Familie ein gutes und auch langfristig sicheres Auskommen zu ermöglichen – was heute kein leichtes Unterfangen darstellt. Sie sollen und wollen sich aber auch in der Familie engagieren und, anders als ihre eigenen Väter, für ihre Kinder da sein. Dass es keine einfache Aufgabe ist, beiden Ansprüchen gerecht zu werden, liegt auf der Hand. Gelöst wird das entstehende Dilemma regelmäßig dadurch, dass dem Beruf Vorrang gegeben wird und die Kinder zur engagierten ‚Freizeitbeschäftigung‘ werden … Die Gründe hierfür sind auf mehreren

Ebenen zu suchen. Ein wesentlicher Faktor dürfte jedoch sein, dass Männer bei der Gestaltung der beruflichen Arbeit weniger Spielraum haben und sehen als bei der Gestaltung der innerfamilialen Partizipation. Zweitens besteht innerhalb der Gesellschaft eine große Varianz mit Blick auf die Konzeption von Vaterschaft und die Aufgaben von Vätern und Müttern. Diese Varianz tritt auch innerhalb der Gruppe der Männer deutlich zutage: Männer unterscheiden sich heute stark voneinander, wie sie die Rolle und die Verantwortung von Vätern und Müttern definieren. Manche vertreten eine traditionelle Haltung, die die Unterschiedlichkeit der Verantwortungsbereiche von Mann und Frau betont. Andere propagieren ein egalitäres Konzept, das Mütter und Väter gleichermaßen verantwortlich für die Sicherung des Einkommens, für innerfamiliale Aufgaben und für alle Belange der Kinder sehen. Wiederum andere ordnen zwar beiden Geschlechtern grundsätzlich die traditionellen Verantwortungsbereiche zu, begrüßen aber neue Rollenmodelle und versuchen auch, diese zu integrieren. Und schließlich gibt es nicht wenige Männer, die sich als „orientierungslos" charakterisieren lassen: Sie lehnen die bestehenden Modelle von der Vaterrolle ab, gleichzeitig gelingt es ihnen jedoch nicht, ein für sich adäquates Modell zu entwickeln (BMFSFJ 2006, S. 35 f.).

6.4.2 Ageing

Bereits seit einigen Jahren ist festzustellen, dass Menschen immer länger im Erwerbsleben verbleiben – eine Entwicklung, die sich im Zuge des demografischen Wandels noch verstärken wird. Nicht nur die Gesellschaft, auch die Belegschaften altern.[11] Bedingt durch die über Jahrzehnte hinweg praktizierte Frühverrentungspolitik, ist der Anteil der über 60-Jährigen in deutschen Unternehmen jedoch trotz eines starken Anstiegs derzeit noch vergleichsweise gering, sodass vielfach Erfahrungen im Umgang mit dieser Beschäftigtengruppe fehlen und auch fundierte empirische Forschung rar ist. Klar ist, dass die die Werte, Einstellungen und Kompetenzen derjenigen, die sich heute bereits jenseits der 60 befinden, nur bedingt vergleichbar sind mit denen der künftigen älteren Mitarbeitenden, die heute noch zur mittleren oder jüngeren Generation zählen. Auch insgesamt nimmt unter den „älteren Mitarbeitenden"[12] die Heterogenität zu, sodass es immer vielfältigerer Modelle bedarf, um ihren Verbleib im Erwerbsleben zu unterstützen und Wege aufzuzeigen, wie sich das Motto „Länger arbeiten, flexibel aussteigen" in die Praxis umsetzen lässt.

Nach wie vor finden sich unter denjenigen, die zu den älteren Mitarbeitenden zählen, Menschen, für die ein vorzeitiger Ausstieg aus dem Erwerbsleben unerlässlich ist, weil sie aufgrund physischer oder psychischer Einschränkungen nicht mehr dazu in der Lage sind,

[11]Wie bereits in Abschn. 3 im Rahmen der demografischen Entwicklung ausgeführt, berücksichtigen die derzeitigen Szenarien zur Bevölkerungsentwicklung nicht die immensen Zuwandererströme. Die Zuwanderer sind – wie gesehen – überwiegend sehr jung und stammen aus Ländern, in denen traditionell viele Kinder geboren werden. Da jedoch derzeit noch nicht verlässlich prognostizierbar ist, welcher Anteil der Zuwanderer mit welchem Zeithorizont in den Arbeitmarkt integriert werden kann und wie die Entwicklung in den kommenden Jahrzehnten verlaufen wird, fokussiert die Betrachtung in diesem Abschnitt auf die heute vorliegenden Informationen.

[12]Die Altersgrenze soll hier in Anlehnung an Rump und Eilers (2012) bei 55 Jahren festgelegt werden.

eine Berufstätigkeit auszuüben. Andere Beschäftigte bleiben eher aus finanziellen Erwägungen heraus – weniger aus eigenem Antrieb – bis zur Regelaltersgrenze voll erwerbstätig, weil sie ansonsten ihren Lebensstandard in der Rentenphase nicht aufrechterhalten können. Die Vermutung liegt nahe, dass in Zeiten brüchiger Erwerbsbiografien und Phasen der „Entschleunigung" und „Auszeiten" im Verlauf des Erwerbslebens diese Zahl ansteigen wird (Maitland und Thomson 2011). So äußerten im MiaA-Beschäftigtenreport des Instituts für gesundheitliche Prävention (IFGP) im Jahr 2009 immerhin 82 % der Befragten den Wunsch, vorzeitig in den Ruhestand zu gehen (IFGP 2009). Bis zum Jahr 2009 wurde der vorzeitige Ausstieg aus dem Erwerbsleben finanziell durch die Bundesagentur für Arbeit gefördert. Genutzt wurde diese Option von einer Vielzahl von Arbeitnehmenden, überwiegend im sog. Blockmodell. Heute ist eine solche Altersteilzeit – wahlweise im Blockmodell oder in Form einer Reduzierung der Wochenarbeitszeit – nur dann möglich, wenn der Arbeitgeber sie anbietet und entsprechend unterstützt. In einigen Branchen wurden hierfür Tarifabschlüsse auf Basis der zuvor geltenden finanziellen Konditionen getroffen. Voraussetzung für die Inanspruchnahme ist laut Altersteilzeitgesetz, dass das 55. Lebensjahr vollendet wurde und innerhalb der letzten 5 Jahre vor Beginn der Altersteilzeit für mindestens 1080 Kalendertage eine versicherungspflichtige Beschäftigung bestand. Fachleute plädieren bereits seit Jahren dafür, den ursprünglichen Gedanken der Altersteilzeit – die Schaffung eines gleitenden Übergangs aus dem Erwerbslebens durch reduzierte Arbeitszeit in den letzten Beschäftigungsjahren – wieder stärker in den Blickpunkt zu rücken, da das Blockmodell letztlich zur Verkürzung der Lebensarbeitszeit genutzt wird und ein Know-how-Transfer nur bedingt stattfinden kann (Wanger 2009). Für diejenigen, die regulär bis zum Renteneintritt im Unternehmen verbleiben, gilt es grundsätzlich, sich auch mit speziellen Arbeitsmodellen und mit Wegen, den Übergang in die Rente zu gestalten, auseinanderzusetzen, um ihre Motivation, Qualifikation und Gesundheit möglichst lange aufrechtzuerhalten. Eine Altersteilzeit im Sinne eines schrittweisen Ausgleitens, z. B. durch allmähliche Reduktion des Arbeitszeitvolumens, sichert nicht nur das Erfahrungswissen der älteren Beschäftigten, wenn ein systematischer Wissenstransfer erfolgt, sondern ermöglicht es ihnen auch, sich allmählich auf den Übergang zwischen Erwerbs- und ausschließlichem Privatleben vorzubereiten. Hinzu kommt, dass in zunehmendem Maße Menschen über 60 Jahre Betreuungsaufgaben für ihre Enkelkinder aufgrund der Berufstätigkeit der eigenen Kinder übernehmen möchten und/oder im Hinblick auf die stetig steigende Lebenserwartung noch mit der Pflege ihrer eigenen Eltern betraut sind (Fischer et al. 2013).

Eine wachsende Zahl von Menschen bleibt allerdings auch über die Regelaltersgrenze hinweg erwerbstätig. Hierbei spielen finanzielle Erwägungen eher eine untergeordnete Rolle. Für die Analyse „Arbeiten trotz Rente: Warum bleiben Menschen im Ruhestand erwerbstätig?" des Deutschen Instituts für Altersvorsorge werden repräsentative Daten des Sozio-oekonomischen Panels (SOEP) des Deutschen Instituts für Wirtschaftsforschung (DIW) genutzt. Der Analyse zufolge befindet sich der Anteil der erwerbstätigen Ruheständler auf einem „neuen Allzeithoch". Hierbei kann festgestellt werden, dass die Beschäftigung in Vollzeit bei erwerbstätigen Rentnern über die betrachteten Jahre abgenommen hat, wohingegen die Beschäftigung in geringfügigen Beschäftigungsverhältnissen zugenommen hat. Dabei zeigen die Analysen, dass „besonders diejenigen mit einem hohen gesetzlichen Renteneinkommen bzw. einem relativ hohen Vermögen verstärkt am Arbeitsmarkt anzutreffen sind“ (Pfarr und Maier 2015, S. 64). Dies bestätigt auch eine Studie des Instituts der deutschen Wirtschaft Köln aus dem Jahr 2014. Sie legt den Schluss nahe, dass derzeit die Einkommenssicherung im Alter (noch) keine nennenswerte Rolle bei der Entscheidung, auch über das 65. Lebensjahr hinaus im Beruf zu bleiben, spielt. Zwischen 2000 und 2013 hat sich der Anteil der 65- bis 74-Jährigen, die erwerbstätig sind, von 3,7 % auf 8,7 % mehr als verdoppelt. Dabei waren im Jahr 2012 immerhin 24,3 % aus der Gruppe der 65- bis 74-Jährigen mit einem Haushaltsnettoeinkommen von über 4500 € erwerbstätig, jedoch von denjenigen mit einem Haushaltsnettoeinkommen von unter 1100 € nur 4,9 %. Die Studie konnte auch zeigen, dass ein hohes Bildungsabschlussniveau, eine hoch qualifizierte Fach- und Führungsposition und insbesondere eine selbstständige Tätigkeit entscheidenden Einfluss darauf nehmen, ob eine Person auch jenseits des Alters von 65 Jahren noch im Erwerbsleben steht. In der Altersgruppe der 55- bis 64-Jährigen waren im Jahr 2000 lediglich 37,4 % noch erwerbstätig – in 2013 waren es bereits 63,5 %. Es besteht Grund zu der Annahme, dass sich aus dieser Altersgruppe künftig deutlich mehr Menschen bereit finden werden, auch über das 65. Lebensjahr hinaus erwerbstätig zu bleiben als dies bislang der Fall war, da sich die Gesundheitssituation im Vergleich zu früheren Kohorten deutlich verbessert hat und die Lebenserwartung stetig steigt (Esselmann und Geis 2015). Was den Erwerbsumfang derer, die im Alter zwischen 65 und 74 Jahren erwerbstätig sind, anbelangt, so zeigt sich, dass dieser in der Regel reduziert wird. Im Jahr 2012 war nur etwa ein Viertel dieser Gruppe in Vollzeit erwerbstätig, zwei Drittel arbeiteten in Teilzeit mit einem Umfang von weniger als 20 Stunden in der Woche (41,1 % sogar mit einem Umfang von weniger als 10 Stunden in der Woche). Unter den Vollzeitbeschäftigten wiederum finden sich besonders viele Selbstständige, Menschen mit höherem Bildungsabschluss sowie deutlich mehr Männer als Frauen (Esselmann und Geis 2015). Es gibt also eine wachsende Zahl gut ausgebildeter Menschen, die sich vorstellen können, über das Renteneintrittsalter hinaus beruflich aktiv zu sein – wenngleich nicht zwangsläufig in den gleichen Strukturen bzw. im gleichen zeitlichen Umfang oder auf der gleichen Hierarchieebene wie bisher (Maitland und Thomson 2011). Hier liegen enorme Potenziale, die es durch intelligente und individualisierte Modelle zu heben gilt, beispielsweise sog. Senior-Experten-Programme wie sie Unternehmen wie die Deutsche Bank, die Daimler AG oder die Bosch GmbH bereits seit Jahren erfolgreich praktizieren. Länder wie Kanada oder Dänemark zeigen, dass es ebenfalls durchaus eine Option sein kann, Altersgrenzen für den Renteneintritt nach oben hin zu öffnen, sodass gesunde und motivierte Arbeitskräfte ihren Arbeitgebern auch über das gesetzliche Renteneintrittsalter hinaus noch erhalten bleiben.

6.4.3 Generationsvielfalt

Die Altersspanne, in der sich Belegschaften infolge des demografischen Wandels künftig bewegen werden, ist deutlich größer, als es heute der Fall ist. Die Herausforderungen, die sich daraus für Arbeitgeber bezüglich der Generationendiversität[13] am Arbeitsplatz ergeben, werden bislang jedoch eher am Rande diskutiert. Festzuhalten gilt, dass eine größere Altersspanne im Unternehmen auch eine sehr viel größere Vielfalt an Menschen mit unterschiedlichen Sozialisationsmustern, Werten und Ansprüchen an den Arbeitsplatz bedingt. Dabei ist nicht zu erwarten, dass die Nachwuchskräfte sich den älteren Generationen anpassen, wie dies in der Vergangenheit vielfach der Fall war, da sie aufgrund der demografischen Entwicklung bei guter Qualifikation in einer vorteilhaften Position im Hinblick auf einen „Arbeitnehmermarkt" sind.

Anhand ausgewählter Aspekte sollen nachfolgend die Erwartungen der jüngeren, mittleren und älteren Generation an die Arbeitswelt, die gerade bedingt durch die unterschiedlichen Erfahrungen im Verlauf der Sozialisation teils nicht unerheblich differieren, einer näheren Betrachtung unterzogen werden (Rump und Eilers 2015).

Entwicklungsperspektiven

Der jüngeren Generation ist durch die Entwicklungen am Arbeitsmarkt in den vergangenen Jahrzehnten sehr bewusst, dass eine einmal erworbene schulische bzw. berufliche Ausbildung nicht ein Leben lang trägt und sie sich beständig weiterentwickeln muss. Generell ist zu konstatieren, dass für die jüngere Generation der Druck, keine Chancen im Leben zu verpassen, deutlich höher ist als für die Vorgängergenerationen (Albert et al. 2015; Leuzinger-Bohleber 2010; McDonald's Deutschland Inc. et al. 2013). Denn ihr stehen gewissermaßen noch „alle Wege offen", nicht zuletzt bei der Berufswahl, die früher recht eingeschränkt war: „Die Söhne von Bauern wurden Bauern und die von Schmieden wurden Schmiede, das war vorgezeichnet. Ein junger Mensch hatte damals nur wenige Wahlmöglichkeiten und daher auch wenig Angst, die falsche Entscheidung zu treffen" (Schmidbauer 2011, S. 37). Bei vielen jungen Menschen führt diese heute durchaus gegebene Angst dazu, dass sie sich möglichst viele Optionen offen halten – „für alle Fälle" möchte man beispielsweise den höchst möglichen Abschluss in der Tasche haben, um für die Eventualitäten des Lebens bestens gerüstet zu sein und legt sich auch erst vergleichsweise spät auf einen Lebenspartner bzw. eine Lebenspartnerin fest (Sierke und Albe 2010; Albert et. al 2015; Held et al. 2011). Psychologen sprechen in diesem Zusammenhang auch von einer „Kultur des Zögerns" gerade bei den etwa 30-Jährigen aus der mittleren Schicht: „Irgendwo könnte immer noch ein besserer Job warten, ein tollerer Partner, ein glücklicheres Leben" (Weiguny 2010, S. 42). In der Konsequenz empfinden die Jüngeren Entwicklungsmöglichkeiten als ein besonders wichtiges Kriterium bei der Auswahl eines Arbeitgebers, da diese für sie sehr viel mit Arbeitsplatzsicherheit im Sinne der eigenen Beschäftigungsfähigkeit („Employability") zu tun haben

[13]Aufgrund der vielfältigen unterschiedlichen Generationenabgrenzungen und -begrifflichkeiten wird in drei große Cluster differenziert: Die jüngere Generation der unter 35-Jährigen, die mittlere Generation derjenigen, die zwischen 35 und 54 Jahre alt sind, und die ältere Generation der über 55-Jährigen (Rump und Eilers 2012).

(u. a. Ernst & Young GmbH 2013; Kienbaum Consultants International GmbH 2012; Schuldt und Ehret 2015). Ein Trugschluss ist es allerdings zu glauben, dass die mittlere und ältere Generation sich keine weiteren Entwicklungsperspektiven mehr wünschen, wenngleich sich entsprechende Stereotype hartnäckig halten, wie auch eine aktuelle empirische Erhebung der Autorinnen zu gegenseitigen Zuschreibungen der Generationen untereinander zeigt (Rump und Eilers 2015). Dies liegt nicht zuletzt in der über viele Jahre hinweg praktizierten Frühverrentung und Konzentration von Entwicklungsschritten auf ein vergleichsweise enges Zeitfenster begründet. Gerade im Alter zwischen 40 und 50 Jahren ist jedoch die Gefahr einer generellen Lebens- und Sinnkrise besonders hoch, wenn von betrieblicher Seite nicht mit entsprechenden Perspektiven entgegengesteuert wird (Regnet 2004; Richter 2009; Bruch et al. 2010).

Einfluss- und Gestaltungsmöglichkeiten

Spannende Arbeitsaufgaben, immer wieder neue Herausforderungen und interessante Fragestellungen machen bei der Wahl eines Arbeitgebers und bei der Entstehung von Motivation und Bindung für viele Vertreterinnen und Vertreter der jüngeren Generation den Unterschied. Zu einem interessanten und herausfordernden Arbeitsumfeld gehört für sie auch die Möglichkeit, selbstständig zu arbeiten, Verantwortung zu übernehmen, eigene Ideen einzubringen sowie sich in gewisser Weise selbst zu verwirklichen und „Autonomie" zu erfahren (Laick 2009; Meyers 2009; Albert et al. 2015). Hierzu hat der Wandel der Erziehungsziele und -grundsätze hin zu einem partizipativen und stärkenorientierten Erziehungsstil maßgeblich beigetragen, der Kinder bereits früh dazu ermuntert, sich an der Entscheidungsfindung zu beteiligen und ihre eigenen Interessen zu vertreten (Köcher 2009). Auch wenn die ältere Generation Arbeit eher weniger als eine Form der Selbstverwirklichung ansieht, lässt sich dennoch aus arbeitswissenschaftlicher Sicht ein genereller, d. h. nicht generationenspezifischer, Zusammenhang zwischen Einfluss- und Gestaltungsmöglichkeiten in der Arbeit, sowie Motivation, Verbesserung des Selbstwertgefühls und Bereitschaft zur Übernahme von Verantwortung erkennen (Bruch et al. 2010; Fuchs 2008).

Beschäftigungssicherheit

Wenngleich nicht selten der jüngeren Generation ein geringeres Sicherheitsbedürfnis zugesprochen wird als den älteren Kohorten – auch dies wird in der oben genannten Studie der Autorinnen deutlich – zeigt eine Reihe von Untersuchungen, dass Beschäftigungssicherheit über alle Altersklassen hinweg einen wichtigen Attraktivitätsfaktor bei der Arbeitgeberwahl und der Mitarbeiterbindung darstellt (u. a. Accenture 2012; Towers Watson 2012; McDonald's Deutschland Inc. et al. 2013). In der 17. Shell Jugendstudie steht die Sicherheit des Arbeitsplatzes mit 95 % der Nennungen bei den 12- bis 25-Jährigen an erster Stelle der Erwartungen an die Berufstätigkeit (Albert et al. 2015). Die Vermutung liegt nahe, dass Sicherheit für die Jüngeren nicht mehr die klassische „job security" bedeutet, also die dauerhafte Sicherheit eines bestimmten Arbeitsplatzes bei einem bestimmten Unternehmen, sondern vielmehr „career security“, bei der es um lebenslange Beschäftigungsfähigkeit geht (Lancaster und Stillman 2002). Für die Angehörigen der mittleren Generation erhöht sich durch ein vielfach hohes Maß an Spezialisierung, das in diesem Alter bereits erreicht wurde, einerseits die gefühlte Arbeitsplatzsicherheit beim aktuellen Arbeitgeber. Diejenigen, die beruflich etabliert sind, identifizieren sich mit ihrer Organisation, erleben angemessene soziale Absicherung und angemessene Bezahlung und tragen häufig auch Personalverantwortung, während die weniger Etablierten sich zwar mit ihrer Aufgabe, weniger jedoch mit ihrer Organisation identifizieren können. Gleichzeitig ist sich diese Generation allerdings auch bewusst, dass ein hoher Grad an Spezialisierung die Chancen auf dem allgemeinen Arbeitsmarkt verringert, zumal sie in der Regel aufgrund der aktiven Familienphase regional wenig mobil ist (Richter 2009; SPReW 2006). Auch bei den über 55-Jährigen zeigt sich eine ambivalente Situation: Zwar sind sich viele ihrer angestammten Position im Unternehmen sicher, doch sind sie auch sensibel dafür, auf dem Arbeitsmarkt sehr viel höheren Risiken zu begegnen als jüngere Beschäftigte und weisen insgesamt ein hohes Sicherheitsbedürfnis auf (Oertel 2007). Dabei spielen Aspekte wie der Verlust des einmal erworbenen Status und materieller Annehmlichkeiten ebenso eine Rolle wie das Bewusstsein, auf dem Arbeitsmarkt ggf. dauerhaft ohne Chancen zu bleiben (Richter 2009).

Kollegialität und Kooperation

Eine gute Kollegialität ist gerade für die jüngere Generation ein nicht zu unterschätzender Faktor in Bezug auf die Freude an der Arbeit, Konnektivität wird als Erfolgsfaktor erachtet. Nicht selten werden Kolleginnen und Kollegen auch zu Freundinnen bzw. Freunden – nicht zuletzt aufgrund verschwimmender Grenzen zwischen Arbeit und Privatleben (McCrindle und Wolfinger 2009; Schuldt und Ehret 2015). Die ältere Generation bevorzugt hier in der Regel eine klarere Trennung zwischen Beruflichem und Privatem (Kelan et al. 2009). Durch veränderte Bedingungen des Aufwachsens ist es für die Jüngeren bereits in der Kindheit sehr viel selbstverständlicher, sich in organisierten Gruppen, z. B. im Rahmen der Ganztagsbetreuung in Kindergarten und Schule, zu bewegen, als dies in der Vergangenheit der Fall war, und in Schule und Ausbildung werden Team- und Projektarbeiten immer stärker gefördert (Laick 2009; Oblinger und Oblinger 2005; Trendbüro et al. 2003). Ein beherrschendes Erlebnis für die sog. Babyboomer ist aufgrund der hohen Zahl Gleichaltriger das der Konkurrenz in Familie, Schule, Ausbildung und Studium, sodass sie nicht selten nach Möglichkeiten suchen, sich mit anderen zu messen. Weiterhin wird ihnen eine hohe Sozialkompetenz in Form von Hilfsbereitschaft, Kompromissbereitschaft und Kooperationsfähigkeit zugeschrieben. Diese kann nicht zuletzt in einer vermittelnden Rolle zwischen den unterschiedlichen Generationen genutzt werden (Bruch et al. 2010). Eine hohe Teamorientierung bedingt allerdings nicht unweigerlich auch eine hohe Kommunikationsfähigkeit. Generell ist zu bemerken, dass die Kommunikation der jüngeren Generation deutlich offener als bei den Älteren verläuft und bei Ihnen virtuelle Kommunikation gleichberechtigt neben den persönlichen Kontakt tritt, wodurch sich nicht selten Missverständnisse und Reibungspunkte ergeben.

Lernen über die Lebensarbeitszeit

Für die Jüngeren ist es sehr viel selbstverständlicher als für die mittlere und ältere Generation, dass Bildung der Schlüssel auf dem Weg in eine positive Zukunft ist und Lernen über den gesamten beruflichen Werdegang hinweg stattfindet. Sie hat einen ausgeprägten Realismus dafür, dass eine Ausbildung nicht mehr für ein Leben trägt und die vielfältigen Perspektiven der Bildungslandschaft sinnvoll genutzt werden sollten (Kelan et al. 2009; McDonald's Deutschland Inc. et al. 2013; Albert et al. 2015). Was die Lernfähigkeit anbelangt, so zeigen Untersuchungen deutlich, dass die Lernfähigkeit und Lernmotivation der Beschäftigten über 45 Jahren nicht per se geringer ist als die ihrer jüngeren Kolleginnen und Kollegen (Fölsch 2005). Die Lernbereitschaft kann mit dem Alter sogar zunehmen. Dennoch ist in der Praxis nicht selten ein Absinken der Lernbereitschaft und -motivation mit zunehmendem Alter zu erkennen. Lernprobleme bei älteren Beschäftigten sind in der Regel auf das Fehlen arbeitsbezogener Lernerfahrungen und Lernangebote zurückzuführen (Bergmann 2006; Lichtsteiner 2004; Zacher 2007).

Führung

Auch der Führungsstil spielt eine entscheidende Rolle sowohl bei der Arbeitsplatzwahl als auch in Bezug auf Motivation und Bindung. Der jüngeren Generation wird von Fachleuten häufig der Wunsch nach Wertschätzung der Arbeit durch regelmäßiges aufrichtiges Feedback durch Vorgesetzte bescheinigt (Richter 2008; Koller 2010; Meyers 2009; Zaslow 2007; Werle 2008). Dies lässt sich nicht zuletzt darauf zurückführen, dass viele Vertreterinnen und Vertreter der jüngeren Generation als „Wunschkinder" und/oder Einzelkinder aufwuchsen und dadurch eine intensivere Aufmerksamkeit und Unterstützung erfuhren, als dies bei den älteren Kohorten der Fall war (Köcher 2009; Laick 2009). Autoritäten und Hierarchien werden von den Jüngeren zwar durchaus respektiert, jedoch auch kritisch hinterfragt (SPReW 2006; Parment 2009; Laick 2009; Schulmeister 2008). Auch hier liefert die Sozialisation im Hinblick auf einen Wandel der Erziehungsziele und -grundsätze hin zu mehr Mitsprache- und Entscheidungsspielräumen einen Erklärungsansatz. Die mittlere Generation bevorzugt eine pragmatische, zielorientierte Führung mit einer klaren, ehrlichen Kommunikation und der Delegation von Aufgaben. Ihre Motivation ist primär extrinsisch, sie strebt stärker nach materiellen Leistungsanreizen und Statussymbolen. Sie ist weder ausgeprägt hierarchieorientiert noch ausgeprägt konsensorientiert. Die älteren Jahrgänge wurden grundsätzlich noch in hohem Maße zum unbedingten Respekt vor Autoritäten erzogen. Sie sind vor allem intrinsisch motiviert und streben nach Zielen, die sich mit ihren Wertvorstellungen vereinbaren lassen. Sie legen auch noch sehr viel Wert auf persönliche Kommunikation (Bruch et al. 2010).

Karriere und Werdegänge

Der Karrierebegriff befindet sich im Wandel und stellt für die jüngere Generation keineswegs mehr einen Widerspruch zu einer ausgewogenen Work-Life-Balance, Spaß an der Arbeit und Selbstverwirklichung dar (Opaschowski 2013). Gerade von den besser qualifizierten Jüngeren aus den höheren sozialen Schichten wird ein einseitiges Karrierestreben zunehmend abgelehnt, sie suchen nach „sanften Karrieren" im Sinne einer flexiblen Karriereorientierung, die auch Seitenschritte anstatt des kontinuierlichen Strebens nach oben zulassen (Albert et al. 2015; Riederle 2013; Werle 2012; Schwierz und Rump 2014). Dabei steht mehr die persönliche Weiterentwicklung im Fokus als die hierarchische Höherpositionierung (Schuldt und Ehret 2015). Auch von den jüngeren Vertreterinnen und Vertretern der mittleren Generation wird vielfach Werten wie Familie, Partnerschaft oder Gesundheit Vorrang vor Karrierestreben und beruflichem Status gegeben (Brinkmann 2007). Gleichzeitig zeigen Umfragen unter Arbeitgebern und Führungskräften jedoch, dass das Verständnis für ein verringertes Karrierestreben und eine höhere Wertschätzung außerberuflicher Entlastungsmomente auch in verantwortungsvollen Positionen, z. B. im Sinne einer Einhaltung der Regelarbeitszeit, Vermeidung von Überstunden oder einem Wunsch nach Einschränkung von Reise- bzw. Auslandseinsätzen, noch vergleichsweise gering ist (Königes 2010). Dies mag nicht zuletzt damit zusammenhängen, dass die meisten derjenigen, die sich heute in verantwortungsvollen Positionen in Unternehmen befinden, anderen Generationen entstammen und sich in der Folge ihre Wertigkeiten deutlich unterscheiden. Viele Angehörige der mittleren Generation befinden sich im beruflichen Kontext in einer Art „Warteschleife": Sie möchten in die oberen Führungsetagen aufsteigen, da sie bereits auf eine umfangreiche Berufserfahrung zurückblicken, finden diese allerdings nicht selten mit Vertreterinnen und Vertretern der älteren Generation besetzt, die immer später in den Ruhestand gehen. Gleichzeitig streben die Nachwuchskräfte auf den Arbeitsmarkt, die nicht mehr per se bereit sind, bestimmte Privilegien, wie z. B. auch Führungsverantwortung, rein auf das Alter bzw. die Berufserfahrung beziehen zu lassen (McCrindle und Wolfinger 2009; Richter 2009).

Work-Life-Balance

Die jüngere Generation ist sich durchaus bewusst, in einer Leistungsgesellschaft zu leben, und sie scheut auch keine harte Arbeit, um ihre hoch gesteckten Ziele zu erreichen. Gleichzeitig hat sie allerdings auch ein gesundes Bewusstsein für die Gefahren, die mit einer hohen beruflichen Belastung über eine immer längere Lebensarbeitszeit einhergehen (Shell Deutschland Holding 2010; Ernst & Young 2013; Meyers 2009). Eine Untersuchung der HHL Leipzig Graduate School of Management im Auftrag des Netzwerks Enactus aus dem Jahr 2014 geht in einer Befragung von mehr als 1000 Studierenden der Frage nach der Werteorientierung der Generation Y, ihren Erwartungen an die Arbeitswelt und Präferenzen bei der Arbeitgeberwahl nach. Dabei werden die Ergebnisse früherer Studien weitgehend bestätigt. So steht eine ausgeglichene Balance zwischen Beruf und Privatleben auch hier ganz oben auf der Prioritätenliste für das

Wunschunternehmen (93 % der Nennungen). Dabei konnte gezeigt werden, dass eine Beeinträchtigung des Privatlebens durch den Beruf zu einer überdurchschnittlichen Unzufriedenheit führt (Enactus und HHL 2014). Auch in der 17. Shell Jugendstudie formulieren die Befragten sehr deutlich ihre Erwartung daran, dass Familie und Kinder neben dem Beruf nicht zu kurz kommen dürfen (Albert et al. 2015). Dabei ist es nicht unbedingt eine Verkürzung der Arbeitszeit, die angestrebt wird, sondern vielmehr der Wunsch, Zeit und Ort des Arbeitens flexibel gestalten und kurzfristig an persönliche Bedürfnisse anpassen zu können, um so belastende und entlastende Elemente individuell aufeinander abzustimmen (McCrindle und Wolfinger 2009; Albert et al. 2015). In der bereits angesprochenen Studie von Enactus und der HHL wünscht sich die Generation Y eine Wochenarbeitszeit von durchschnittlich 39,5 Stunden – ganze 6 % der Befragten wären bereit, dauerhaft mehr als 50 Stunden pro Woche zu arbeiten (Enactus und HHL 2014). In engem Zusammenhang hierzu steht das zunehmende Verschwimmen der Grenzen zwischen beruflicher und privater Sphäre, das die jüngere Generation als nahezu selbstverständlich empfindet, während die älteren Kohorten in einer Arbeitswelt sozialisiert wurden, in der Arbeit im Büro und Freizeit zu Hause stattfand. Bezüglich des empfundenen Zeit- und Termindrucks am Arbeitsplatz und der unzureichenden Berücksichtigung privater Belange zeigt sich in Untersuchungen die mittlere Generation am unzufriedensten. Dies ist vor allem darauf zurückzuführen, dass diese Kohorte sich vielfach in der aktiven Familienphase befindet und gleichzeitig beruflich bereits verantwortungsvolle Tätigkeiten inne hat. Bei vielen Vertreterinnen und Vertretern der älteren Generation ist ebenfalls ein Bedürfnis nach Entlastung zu erkennen, ggf. auch im Kontext der Pflege von Angehörigen (Fuchs 2008; Richter 2009; Bruch et al. 2010).

Gegenseitige Loyalität

Die sinkende Dauer der durchschnittlichen Betriebszugehörigkeit wird nicht selten mit einem „flatterhaften" Charakter der jüngeren Generation und mit einer abnehmenden Loyalität assoziiert (McCrindle und Wolfinger 2011). Es gilt sich jedoch zu verdeutlichen, dass im beruflichen Kontext Loyalität zunehmend von einem neuen Vertrag zwischen Arbeitgeber und Beschäftigten abhängt, d. h., gerade die gut qualifizierten Nachwuchskräfte sehen sich nicht länger in einem Abhängigkeitsverhältnis, sondern vielmehr in einer „Win-win-Situation", in der beide Seiten von Erhalt und Steigerung der Beschäftigungsfähigkeit profitieren (McCrindle und Wolfinger 2009; Parment 2009; Sattelberger 2003; Werle 2008; Bund et al. 2013). Umgekehrt reagieren sie aber auch äußerst sensibel darauf, wenn gegebene Versprechen des Arbeitgebers, z. B. in Bezug auf die Vereinbarkeit von Beruf und Familie, nicht eingehalten werden (Gertz 2007). Auch die Vertreterinnen und Vertreter der mittleren Generation tendieren bereits zu dieser neuen Form der Loyalität ihrem Arbeitgeber gegenüber, da sie den Wandel zu einer Arbeitswelt mit zunehmender Unsicherheit, aber auch mit zunehmenden Chancen für qualifizierte Kräfte aktiv erlebt haben. Der älteren Generation wird eine besonders hohe Loyalität nachgesagt, da sie noch stark das tradierte Modell des „Arbeitgebers fürs Leben" verinnerlicht hat und auch weniger Bedingungen an ihre Loyalität knüpft (Bruch et al. 2010; Oertel 2007).

6.4.4 Kulturelle Vielfalt

Die Thematik der kulturellen Vielfalt in der Arbeitswelt wird in den kommenden Jahren und Jahrzehnten eine der zentralen Herausforderungen im Hinblick auf die Fachkräftesicherung darstellen. Dabei gilt es in unterschiedliche Gruppen zu differenzieren, durch die kulturelle Vielfalt in die Unternehmen kommt.

So werden zum einen nicht wenige Unternehmen auch im Ausland aktiv nach Arbeitskräften suchen, um den Bedarf an Fachkräften zu decken. Dabei sind sowohl Nachwuchskräfte, die dann ausgebildet werden, als auch bereits qualifizierte Arbeitskräfte im Fokus.

Zum anderen stehen die in Deutschland lebenden Menschen mit Migrationshintergrund im Fokus, durch die sich die kulturelle Vielfalt in der Gesellschaft und in der Arbeitswelt erhöht – bedingt durch die immensen Flüchtlingsströme in einem nicht unerheblichen Maße. Im Jahr 2014 lag der Anteil von Menschen mit Migrationshintergrund bei 20,3 % der Gesamtbevölkerung (Statistisches Bundesamt 2015g), in der Gruppe der unter 5-Jährigen bei 34,6 % (Statistisches Bundesamt 2015c). Eine Zahl, die sich angesichts der hohen Zahl an Zuwanderern und deren geringem Durchschnittsalter (Abschn. 3) in den kommenden Jahren und Jahrzehnten deutlich erhöhen wird. Die Herausforderung besteht darin, das Potenzial der bereits in Deutschland lebenden Menschen mit Migrationshintergrund besser als bislang zu nutzen und bei den neu Ankommenden zunächst so schnell und umfassend wie möglich eine Integration in das deutsche Bildungs- und Arbeitssystem zu erreichen.

Die folgenden Zahlen machen deutlich, dass durchaus auch bei denjenigen, die bereits vor der Flüchtlingswelle nach Deutschland kamen, noch Verbesserungsbedarf in der Integration besteht. So liegt selbst in der Gruppe derer, die bereits in Deutschland geboren wurden und hier das gesamte Schulsystem durchlaufen haben, die Schulabbrecherquote doppelt so hoch wie in der Gesamtbevölkerung (Creutzburg 2014). Zudem stehen die Chancen von Jugendlichen mit Migrationshintergrund, einen betrieblichen Ausbildungsplatz zu finden und eine duale Berufsausbildung erfolgreich abzuschließen, deutlich schlechter. Ein Drittel der ausländischen Jugendlichen bleibt dauerhaft ohne Ausbildung (Autorengruppe Bildungsberichterstattung 2014; Enggruber und Rützel 2015). Forschende vermuten hierfür nicht zuletzt kulturelle Gründe, beispielsweise dann, wenn eine Ausbildung für Frauen nicht für notwendig befunden wird (Autorengruppe Bildungsberichterstattung 2014). Hinzu kommen noch immer vorhandene Hürden in den Unternehmen. Eine aktuelle Studie der Bertelsmann Stiftung zeigt, dass knapp 60 % der aktiven Ausbildungsbetriebe noch nie einem Jugendlichen mit Migrationshintergrund eine Lehrstelle gegeben haben (Enggruber und Rützel 2015).

Für die Gruppe der Flüchtlinge geht das IAB in einer aktuellen Studie davon aus, dass deren berufliche Qualifikation deutlich geringer ist als bei anderen Ausländergruppen, während die Unterschiede im Bereich der schulischen Bildung geringer ausfallen (IAB 2015). IAB-Direktor Joachim Möller spricht in einem Interview von geschätzten zwei Dritteln der Asylbewerberinnen und Asylbewerber, die „keine Ausbildung haben, die auf dem deutschen Arbeitsmarkt zählt“ (Möller 2015). Auch die Prognos AG merkt in ihrer

Studie „Arbeitslandschaft 2040“ an, dass die Zuwanderer zunächst ein deutlich niedrigeres Qualifikationsniveau im Vergleich zur einheimischen Bevölkerung aufweisen werden (Prognos 2015). Zudem ist zum einen nicht von der Hand zu weisen, dass die Bildungs-, Arbeits- und Wirtschaftsstrukturen in den Herkunftsländern sich von denen in Deutschland, das sich auf dem Weg zur Wissens- und Innovationsgesellschaft befindet, deutlich unterscheiden. Eine umfassende Integration der Flüchtlinge in den deutschen Arbeitsmarkt bedingt daher sehr viel mehr als den Erwerb von Sprachkenntnissen. Vielmehr muss auch eine schrittweise Heranführung an die Arbeitsweise in deutschen Betrieben erfolgen. Hinzu kommen vielfach kulturelle Hürden, die eine Herausforderung für die Zusammenarbeit in den Betrieben, aber auch für die Schaffung eines stabilen sozialen Umfeldes darstellen, das für eine Integration ebenfalls unerlässlich ist. So ist die deutsche Gesellschaft individualistisch geprägt und verfolgt das Ziel der Gleichstellung der Geschlechter, während in vielen Herkunftsländern beispielsweise eine weibliche Führungskraft undenkbar wäre. Eine entsprechende Integration von Menschen aus Herkunftsländern mit einem hiervon stark abweichenden Wertesystem wird nicht „von heute auf morgen“ erfolgen und bedarf eines ganzheitlichen Ansatzes. Dabei ist auch zu beachten, dass die Bevölkerung mit Migrationshintergrund keineswegs als homogene Gruppe betrachtet werden kann – vielmehr unterscheiden sich die Menschen mit Bezug zu ihrer ethnischen Zugehörigkeit, ihrer Sprache und ihrer Sozialisation in den Herkunftsländern erheblich voneinander. Der Begriff der Kultursensibilität wird in diesem Zusammenhang gerade in Bezug auf das Gesundheitswesen und die Pflege immer häufiger in die Diskussion eingebracht, erscheint aber durchaus auch für den betrieblichen Kontext sinnvoll: Es gilt, sensibel mit den unterschiedlichen kulturellen Hintergründen umzugehen und sie entsprechend zu respektieren.

Es ist also davon auszugehen, dass nur ein Teil der Flüchtlinge direkt in den Arbeitsmarkt integriert werden kann bzw. ein weiterer Teil entsprechende Unterstützung auf dem Weg dorthin braucht, sodass es zu einer zeitlichen Verzögerung bei der Integration kommt. Nach Erfahrungen vergangener Jahre liegt die Beschäftigungsquote von Flüchtlingen im Zuzugsjahr bei unter 10 %, steigt jedoch innerhalb der darauffolgenden 5 Jahre auf knapp 50 % an. Wichtig ist, das Potenzial von Flüchtlingen und anderen Migrantengruppen differenziert zu betrachten. Während das IAB davon ausgeht, dass die Beschäftigungsquoten der anderen Migrantinnen und Migranten weiter steigen und ihre Arbeitslosenquoten sinken werden, ist für die Bevölkerung aus den Asylherkunftsländern vom gegenteiligen Effekt auszugehen. Dabei hängt der Anstieg der Arbeitslosenquote unter Flüchtlingen davon ab, wie schnell deren Asylverfahren abgewickelt werden, da während der Dauer des Verfahrens aufgrund des Bezugs anderer Leistungen meist keine Registrierung der Arbeitslosigkeit erfolgt. Allerdings ist mehr als die Hälfte der Flüchtlinge unter 25 Jahre alt, sodass ein großes Potenzial besteht, dieser Gruppe durch entsprechende Qualifizierung Zugang zum Arbeitsmarkt zu verschaffen (IAB 2015).

In der Diskussion um die Integration von Personen mit Migrationshintergrund sollten keineswegs nur die Defizite thematisiert werden. Vielmehr darf man nicht außer Acht lassen, dass sie über die Kompetenzen von „Grenzgängern“ verfügen. Diese Kompetenz ist insbesondere für die global vernetzte Arbeitswelt eine nicht zu unterschätzende Schlüsselqualifikation, die es zu fördern gilt. Zudem kann immer vielfältigeren Kundengruppen mit immer individuelleren Bedürfnissen und Anforderungen durchaus auch besser mit einer entsprechend vielfältigen Belegschaft begegnet werden. Eine Studie des Sinus-Instituts zu den „Migranten-Milieus in Deutschland" zeigt auf, dass sich acht unterschiedliche Milieus identifizieren lassen, die jeweils nicht nur von einer Herkunftsgruppe bestimmt werden, sondern vielmehr ähnlich facettenreich und unterschiedlich sind wie die einheimische Bevölkerung. Unterschiede beziehen sich vor allem auf kulturelle und sprachliche Hintergründe und Erfahrungen. So beschreibt die Studie traditionsverwurzelte und prekäre Migrantenmilieus, die 23 bzw. 24 % ausmachen, ebenso wie bürgerliche und ambitionierte Migrantenmilieus mit 28 bzw. 24 % (Sinus Sociovision 2012).

7 Strategische Erfolgsfaktoren auf dem Weg zur Arbeit 4.0

Die Ausführungen dieses Kapitels machen vor allem eines deutlich: In der Arbeitswelt 4.0 wird es für den Erhalt und die Weiterentwicklung der Wettbewerbsfähigkeit in beschleunigten, komplexer werdenden Märkten mehr denn je darauf ankommen, ein zentrales Spannungsfeld zu bewältigen:

▶ In Bewegung bleiben <-> In Balance bleiben

Um dies zu erreichen, ist jeder und jede Einzelne selbst gefordert, eigenverantwortlich dafür Sorge zu tragen, dass er bzw. sie die erforderliche Bewegung über ein Erwerbsleben hinweg aufrechterhält, ohne dabei die Balance zu verlieren. Gleichermaßen jedoch stehen Arbeitgeber in der Pflicht, die Rahmenbedingungen für ihre Beschäftigten so zu gestalten, dass es ihnen möglich ist, diesem Spannungsfeld angemessen zu begegnen. Dies stellt eine der größten Herausforderungen unserer Zeit dar. Universallösungen hierfür gibt es nicht und erscheinen auch nicht sinnvoll. Vielmehr liegt die Lösung in einer ganzheitlichen und individualisierten Herangehensweise.

Die folgenden Kapitel greifen zentrale Handlungsfelder auf, in denen Unternehmen und Institutionen aktiv werden können, um für die Arbeitswelt 4.0 gerüstet zu sein:

- Beschäftigungsfähigkeit sichern,
- Vielfalt nutzen,
- Personal strategisch planen,
- Zeitpolitik neu denken.

Zusammenfassend lässt sich der Bezugsrahmen wie in Abb. 6 darstellen.

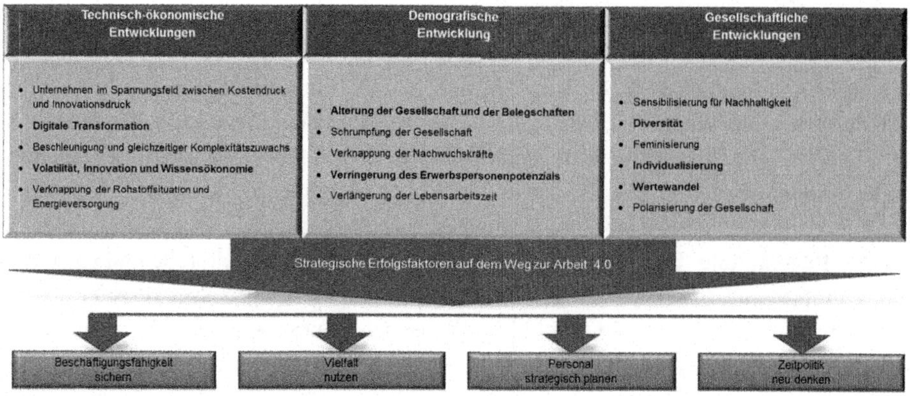

Abb. 6 Der Bezugsrahmen: Bewegung und Balance

Literatur

Abele E, Reinhart G (2011) Zukunft der Produktion. Herausforderungen, Forschungsfelder, Chancen. Hanser, München

Accenture (2012) Pulse Check: Generation Y im Berufsalltag. http://www.accenture.com/Microsites/talentmanagement/Documents/downloads/1304_FL_TalMgmt_Pulse_Check_0.3.pdf. Zugegriffen: 07. Febr. 2016

Accenture (2014) Accenture Technology Vision 2014: Sechs Trends der Digitalisierung führen Konzerne zum Markterfolg. http://www.accenture.com/at-de/company/newsroom-austria/Pages/six-trends-digitization-market-success.aspx. Zugegriffen: 20. März 2014

Albert M, Hurrelmann K, Quenzel G (2010a) Jugend 2010: Selbstbehauptung trotz Verunsicherung? In: Shell Deutschland Holding (Hrsg) Jugend 2010: 16. Shell Jugendstudie. Fischer, Frankfurt a. M., S 37–51

Albert M, Hurrelmann K, Quenzel G (2010b) Jugendliche in Deutschland – Optionen für Politik, Wirtschaft und Pädagogik. In: Shell Deutschland Holding (Hrsg) Jugend 2010: 16. Shell Jugendstudie. Fischer, Frankfurt a. M., S 343–360

Albert M, Hurrelmann K, Quenzel G (2015) Jugend 2015: Eine neue Generationsgestalt? In: Shell Deutschland Holding GmbH (Hrsg) Jugend 2015: 17. Shell Jugendstudie. Fischer, Frankfurt a. M., S 33–46

Allianz Deutschland AG/RWI (Rheinisch-Westfälisches Institut für Wirtschaftsforschung e. V.) (2011) Depression: Wie die Krankheit unsere Seele belastet. http://www.rwi-essen.de/media/content/pages/publikationen/sonstige/Allianz-Report-Depression.pdf. Zugegriffen: 30. Nov. 2015

Auer M (2000) Vereinbarungskarrieren. Eine karrieretheoretische Analyse des Verhältnisses von Erwerbsarbeit und Elternschaft. Hampp, München

Autorengruppe Bildungsberichterstattung (2014) Bildung in Deutschland 2014. Bertelsmann, Bielefeld

BauA (Bundesanstalt für Arbeitsschutz und Arbeitsmedizin) (2012) Stress-Report Deutschland 2012: Psychische Anforderungen, Ressourcen und Befinden. http://www.baua.de/de/Publikationen/Fachbeitraege/Gd68.pdf?__blob=publicationFile. Zugegriffen: 24. Nov. 2015

Bauer A, Gartner H (2014) Wie Arbeitslose und offene Stellen zusammenpassen. IAB-Kurzbericht 5/2014. Vormals Manzsche, Regensburg

Bauer, W (2010) Flexibilisierung und Virtualisierung von Arbeit – Segen und Fluch zugleich. Organisator 2010(1–2):21–23

Bauer W (2015) „Ich bin überzeugt, dass uns die Arbeit nicht ausgeht". Prof. Dr.-Ing. Wilhelm Bauer im FAZ-Interview mit Sven Astheimer. http://www.faz.net/aktuell/beruf-chance/arbeitswelt/interview-wilhelm-bauer-machen-roboter-den-menschen-bald-ersetzbar-13809365.html. Zugegriffen: 12. Okt. 2015

BCG (The Boston Consulting Group) (2015) Man and machine in industry 4.0: how will technology transform the industrial workforce through 2025? http://adapt.it/englishbulletin/wp/wp-content/uploads/2015/10/BCG_Man_and_Machine_in_Industry_4_0_Sep_2015_tcm80-197250.pdf. Zugegriffen: 30. Nov. 2015

BDA (Bundesvereinigung der Deutschen Arbeitgeberverbände) (2015) Fachkräftemangel bekämpfen – Wettbewerbsfähigkeit sichern. Handlungsempfehlungen zur Fachkräftesicherung in Deutschland. http://www.arbeitgeber.de/www/arbeitgeber.nsf/res/44575FACA1858F93C1257EAB00300EED/$file/Fachkraeftemangel-bekaempfen-Wettbewerbsfaehigkeit-sichern.pdf. Zugegriffen: 30. Nov. 2015

BDI (Bundesverband der Deutschen Industrie e. V.), Z_punkt GmbH (2011) Deutschland 2030 – Zukunftsperspektiven der Wertschöpfung. BDI, Berlin

BDI (Bundesverband der Deutschen Industrie e. V.), Roland Berger Strategy Consultants (2015) Die digitale Transformation der Industrie. Was sie bedeutet. Wer gewinnt. Was jetzt zu tun ist. Eine europäische Studie. http://www.bdi.eu/download_content/InformationUndTelekommunikation/Digitale_Transformation.pdf. Zugegriffen: 05. Febr. 2016

Belwe K (2007) Entgrenzung von Arbeit und Leben: Editorial. Aus Politik und Zeitgeschichte 34:2

Bergmann B (2006) Entwicklung von Kompetenz und Innovationsfähigkeit der Mitarbeiter als strategische Aufgabe von Unternehmen. In: Bergmann B, Eisfeldt D, Jäger R, Masuhr K, Pietrzyk U, Pohland A, Prescher C, Richter F, Schneider B (Hrsg) Kompetent für die Wissensgesellschaft. Waxmann, Münster, S 17–48

Bernau V (2012) Die große Freiheit. In: Beise M, Jakobs HJ (Hrsg) Die Zukunft der Arbeit. Süddeutsche Zeitung, München, S 244–247

berufundfamilie gGmbH, GfK (2014) Unternehmens- und Beschäftigtenumfrage: „Beruf und Pflege". http://www.berufundfamilie.de/themen/resources/pdf/2014_Befragung_Beruf_und_Pflege-1.pdf. Zugegriffen: 07. Febr. 2016

BIBB (Bundesinstitut für Berufsbildung) (2014) Engpässe im mittleren Qualifikationsbereich trotz erhöhter Zuwanderung. BIBB-Report 23/14. https://www.bibb.de/dokumente/pdf/a14_BIBB-report_2014_23.pdf. Zugegriffen: 30. Nov. 2015

Bienzeisler B (2012) IBM »Liquid«: Revolution der Wissensarbeit oder Scoring-Hamsterrad? http://blog.iao.fraunhofer.de/home/archives/1132.html. Zugegriffen: 07. Sept. 2016

Bischoff S (2010) Wer führt in (die) Zukunft? Männer und Frauen in Führungspositionen der Wirtschaft in Deutschland – die 5. Studie. Bertelsmann, Bielefeld

BITKOM (2011) Netzgesellschaft. Eine repräsentative Untersuchung zur Mediennutzung und dem Informationsverhalten der Gesellschaft in Deutschland. https://www.bitkom.org/Publikationen/2011/Studie/Studie-Netzgesellschaft/BITKOM_Publikation_Netzgesellschaft.pdf. Zugegriffen: 22. Sept. 2015

BITKOM (2014a) Berufswelt: Mit Weiterbildung in der Digitalisierung am Ball bleiben. Pressemeldung vom 25. November 2014. http://www.bildungsspiegel.de/bildungsnews/arbeitsmarkt/2778-bitkom-berufstaetige-haben-keine-angst-vor-der-digitalisierung.html. Zugegriffen: 22. Sept. 2015

BITKOM (2014b) Industrie 4.0 – Volkswirtschaftliches Potenzial für Deutschland. https://www.bitkom.org/Publikationen/2014/Studien/Studie-Industrie-4-0-Volkswirtschaftliches-Potenzial-fuer-Deutschland/Studie_Industrie_40.pdf. Zugegriffen: 22. Sept. 2015

BITKOM (2014c) Digitalisierung schafft rund 1,5 Mio. Arbeitsplätze. http://www.bitkom.org/78582_78573.aspx. Zugegriffen: 22. Sept. 2015

BITKOM (2015) Große Mehrheit der Berufstätigen ist im Urlaub erreichbar. Pressemeldung vom. https://www.bitkom.org/Presse/Presseinformation/Grosse-Mehrheit-der-Berufstaetigen-ist-im-Urlaub-erreichbar.html. Zugegriffen: 22. Sept. 2015

BMAS (2015a) Grünbuch Arbeiten 4.0. Berlin. http://www.bmas.de/SharedDocs/Downloads/DE/PDF-Publikationen-DinA4/gruenbuch-arbeiten-vier-null.pdf?__blob=publicationFile. Zugegriffen: 12. Dez. 2015

BMAS (2015b) Monitor gewünschte und erlebte Arbeitsqualität. Die Arbeitssituation in deutschen Unternehmen aus Sicht der Beschäftigten. http://www.inqa.de/SharedDocs/PDFs/DE/Publikationen/monitor-gewuenschte-und-erlebte-arbeitsqualitaet.pdf?__blob=publicationFile. Zugegriffen: 12. Dez. 2015

BMAS, BMWI, BA (2015) Fachkräfte-Offensive. Relevante Zielgruppen entdecken. http://www.fachkraefte-offensive.de/DE/Fuer-Unternehmen/Fachkraeftepotenziale/relevante-zielgruppen-entdecken-info.html. Zugegriffen: 16. Okt. 2015

BMFSFJ (2006) Facetten der Vaterschaft – Perspektiven einer innovativen Väterpolitik. http://www.bmfsfj.de/RedaktionBMFSFJ/Abteilung2/Pdf-Anlagen/facetten-vaterschaft,property=pdf,bereich=bmfsfj,sprache=de,rwb=true.pdf. Zugegriffen: 07. Febr. 2016

BMFSFJ (2009) Memorandum Familie leben. Impulse für eine familienbewusste Zeitpolitik. http://www.bmfsfj.de/RedaktionBMFSFJ/Broschuerenstelle/Pdf-Anlagen/memorandum-familie-leben,property=pdf,bereich=bmfsfj,sprache=de,rwb=true.pdf. Zugegriffen: 16. Okt. 2015

BMFSFJ (2014) Dossier Müttererwerbstätigkeit. http://www.bmfsfj.de/RedaktionBMFSFJ/Abteilung2/Pdf-Anlagen/dossier-muetterwerbstaetigkeit,property=pdf,bereich=bmfsfj,sprache=de,rwb=true.pdf. Zugegriffen: 16. Okt. 2015

BMFSFJ (2015) Familie und Arbeitswelt. Die NEUE Vereinbarkeit. Monitor Familienforschung. Sonderausgabe 2015. http://www.bmfsfj.de/RedaktionBMFSFJ/Broschuerenstelle/Pdf-Anlagen/Monitor-Familienforschung-Ausgabe-35-sonderausgabe-2015,property=pdf,bereich=bmfsfj,sprache=de,rwb=true.pdf. Zugegriffen: 16. Okt. 2015

BMI (2016) 2015: Mehr Asylanträge in Deutschland als jemals zuvor. Pressemitteilung vom 06.01.2016. In: http://www.bmi.bund.de/SharedDocs/Pressemitteilungen/DE/2016/01/asylantraege-dezember-2015.html. Zugegriffen: 09. März. 2016

BMWi (2014) Monitoring-Report Digitale Wirtschaft 2014. https://www.bmwi.de/BMWi/Redaktion/PDF/Publikationen/monitoring-report-digitale-wirtschaft-2014-langfassung,property=pdf,bereich=bmwi2012,sprache=de,rwb=true.pdf. Zugegriffen: 12. Dez. 2015

BMWi (2015) Industrie 4.0. Volks- und betriebswirtschaftliche Faktoren für den Standort Deutschland. Eine Studie im Rahmen der Begleitforschung zum Technologieprogramm AUTONOMIK für Industrie 4.0. https://www.bmwi.de/BMWi/Redaktion/PDF/F/industrie-4-0-volks-und_20betriebswirtschaftliche-faktoren-deutschland,property=pdf,bereich=bmwi2012,sprache=de,rwb=true.pdf. Zugegriffen: 12. Dez. 2015

Boes A, Bultemeier A, Kämpf T (2011) Werden die Karten für Frauen in modernen Unternehmen neu gemischt? In: Boes A, Bultemeier A, Kämpf T, Trinczek R (Hrsg) Strukturen und Spielregeln in modernen Unternehmen und was sie für Frauenkarrieren bedeuten (können). ISF, München, S 7–43

Boes A, Bultemeier A, Kämpf T, Trinczek R (2015) Die Digitalisierung braucht die Menschen. In: Boes, A (Hrsg) Die digitale Arbeitswelt von morgen braucht die Menschen. Eine Handlungsbroschüre für die Wissensarbeit der Zukunft. INQA, Berlin, S 8–13

Borchardt A (2012) Mittags in der Sonne, nachts am Schreibtisch. In: Beise M, Jakobs HJ (Hrsg) Die Zukunft der Arbeit. Süddeutsche Zeitung, München, S 100–103

Bordt M (2012) Manche flüchten mit dem Blackberry aus der Realität. Interview mit Sibylle Haas. In: Beise M, Jakobs HJ (Hrsg) Die Zukunft der Arbeit. Süddeutsche Zeitung, München, S 93–95

Brenke K (2015) Wachsende Bedeutung der Frauen auf dem Arbeitsmarkt. DIW Wochenbericht 82(5):75–86. http://www.diw.de/documents/publikationen/73/diw_01.c.495837.de/15-5-1.pdf. Zugegriffen: 16. Dez. 2015

Brinkmann R (2007) Berufsbezogene Leistungsmotivation und Leistungsorientierung älterer Arbeitnehmer. Ergebnisse eines explorativen Forschungsprojektes. http://www.boeckler.de/pdf/v_2007_03_02_brinkmann.pdf. Zugegriffen: 08. Febr. 2016

Bruch H, Kunze F, Böhm S (2010) Generationen erfolgreich führen. Konzepte und Praxiserfahrungen zum Management des demographischen Wandels. Springer, Wiesbaden

Brühl K (2010) Future Jobs – Wie wir in Zukunft in Europa arbeiten werden. DIS AG. http://www.hmp-consulting.com/fileadmin/user_upload/2011_04_DIS_Studie_FutureJobs.pdf. Zugegriffen: 05. Febr. 2016

Buhse W, May C, Fechner R (2009) Open Innovation – Wie das Web 2.0 Produktfindung und Innovation verändert. In: Buhse W, Schabel F (Hrsg) Hays-Forum Studie: Vernetzt und transparent – die Unternehmenswelt von morgen?! Mannheim, S 26–42

Bund K, Heuser UJ, Kunze A (2013) Wollen die auch arbeiten? Die Zeit 2013(11):23–24. http://www.zeit.de/2013/11/Generation-Y-Arbeitswelt. Zugegriffen: 08. Febr. 2016

Cabrita J (2015) Developments in collectively agreed working time 2014. http://www.eurofound.europa.eu/sites/default/files/ef_files/docs/eiro/tn1305017s/tn1305017s.pdf. Zugegriffen: 16. Dez. 2015

Commerzbank AG (2015) Management im Wandel: Digitaler, effizienter, flexibler! https://www.unternehmerperspektiven.de/media/up/studien/15__studie/UP_15_Studie.pdf. Zugegriffen: 12. Dez. 2015

Creutzburg D (2014) Ausländische Jugendliche. Ihr Weg ins Arbeitsleben ist immer noch steinig. www.faz.net/aktuell/beruf-chance/campus/jugendliche-migranten-haben-es-schwerer-im-berufsleben-13269461.html. Zugegriffen: 28. Okt. 2015

DAK-Gesundheit (2013) DAK-Gesundheitsreport 2013. Update psychische Erkrankungen – Sind wir heute anders krank? DAK-Gesundheit, Hamburg

Dapp T (2011) Die digitale Gesellschaft – Neue Wege zu mehr Transparenz, Beteiligung und Innovation. DB Research. Deutsche Bank AG. https://www.dbresearch.de/PROD/DBR_INTERNET_DE-PROD/PROD0000000000274079/Die+digitale+Gesellschaft%3A+Neue+Wege+zu+mehr+Transparenz,+Beteiligung+und+Innovation.PDF. Zugegriffen: 12. Dez. 2015

Dell, Intel (2014) Germany's evolving workforce. http://i.dell.com/sites/doccontent/corporate/secure/de/Documents/infographic-evolving-workforce-DE-2014.pdf. Zugegriffen: 05. Febr. 2016

Deutsche Rentenversicherung (2015) Wann Sie in Rente gehen können. http://www.deutsche-rentenversicherung.de/Allgemein/de/Inhalt/1_Lebenslagen/05_Kurz_vor_und_in_der_Rente/01_Kurz_vor_der_Rente/03_wann_sie_in_rente_gehen_koennen.html. Zugegriffen: 09. Okt. 2015

DIHK (Deutscher Industrie- und Handelskammertag e. V.) (2014) Wirtschaft 4.0: Große Chancen, viel zu tun. Das IHK-Unternehmensbarometer zur Digitalisierung. http://www.dihk.de/ressourcen/downloads/ihk-unternehmensbarometer-digitalisierung.pdf. Zugegriffen: 01. Dez. 2015

Eichhorst W, Marx P, Tobsch V (2011) Familienfreundliche flexible Arbeitszeiten – ein Baustein zur Bewältigung des Fachkräftemangels. IZA Research Report No. 33. http://www.iza.org/en/webcontent/publications/reports/report_pdfs/iza_report_33.pdf. Zugegriffen: 07. Febr. 2016

Eichhorst W, Kendzia MJ, Schneider H, Buhlmann F (2013) Neue Anforderungen durch den Wandel der Arbeitswelt. Expertise für die Enquete-Kommission „Wachstum, Wohlstand, Lebensqualität" des Deutschen Bundestages, IZA Research Report No. 51. http://www.iza.org/en/webcontent/publications/reports/report_pdfs/iza_report_51.pdf. Zugegriffen: 12. Dez. 2015

Enactus und HHL (Leipzig School of Graduate Management) (2014) Enactus-Studie 2014. Das Arbeitgeberwahlverhalten der Generation Y. Eine werteorientierte Analyse unter besonderer Berücksichtigung des Sinns der Arbeit. Köln

Enggruber R, Rützel J (2015) Berufsausbildung junger Menschen mit Migrationshintergrund. Eine repräsentative Befragung von Betrieben im Auftrag der Bertelsmann Stiftung. Bertelsmann, Bielefeld

Ernst & Young GmbH (2013) Absolventenstudie 2012–2013. Ergebnisbericht. http://www.ey.com/Publication/vwLUAssets/EY-Absolventenbefragung_2013/$FILE/EY-Absolventenbefragung-2013-Studie.pdf. Zugegriffen: 07. Febr. 2016

Esselmann I, Geis W (2015) Fachkräfte 65 plus. Erwerbstätigkeit im Rentenalter. IW Trends 2:25–42

Ferchhoff W (2007) Jugend und Jugendkulturen im 21. Jahrhundert. Lebensformen und Lebensstile. Springer, Wiesbaden

Fischer D, Gramke K, Schlesinger M, Schüssler R, Windhövel K, Wolff H (2008) Arbeitslandschaft 2030 – Steuert Deutschland auf einen generellen Personalmangel zu? Eine Studie der Prognos AG. http://www.prognos.com/fileadmin/pdf/publikationsdatenbank/Arbeitslandschaft_2030_Langfassung_2008-10-08.pdf. Zugegriffen: 15. Dez. 2015

Fischer H, Rump J, Eilers S (2013) Unternehmen. In: Rump J, Walter N (Hrsg) Arbeitswelt 2030. Trends, Prognosen, Gestaltungsmöglichkeiten. Schäffer Poeschel, Stuttgart, S 57–81

FIT (Freudenberg IT Services) (2015) IT Readiness Innovation Index 2015. http://www.freudenberg-it.com/de/it-innovation-readiness-index-2015/ueberblick-2015.html. Zugegriffen: 06. Okt. 2015

Fölsch T (2005) Altersdifferenzierte Kompetenzentwicklung: Ergebnisse einer empirischen Unternehmensstudie. In: GfA (Hrsg) Personalmanagement und Arbeitsgestaltung. Bericht zum 51. Kongress der Gesellschaft für Arbeitswissenschaft vom 22.–24. März 2005. Dortmund, S 295–298

Ford J, Collinson D (2011) In search of the perfect manager? Work-life balance and managerial work. Work Employ Soc. 25:257–273

Fraunhofer-Institut für Arbeitswirtschaft und Organisation (IAO) (2013a) Produktionsarbeit der Zukunft – Industrie 4.0. Fraunhofer, Stuttgart

Fraunhofer-Institut für Arbeitswirtschaft und Organisation (IAO) (2013b) Arbeit der Zukunft. Wie sie uns verändert. Wie wir sie verändern. Fraunhofer, Stuttgart

Fraunhofer Institut für Arbeitswissenschaft und Organisation (IAO) (2014) Arbeitswelten 4.0. Fraunhofer Verlag, Stuttgart

Frey CB, Osborne MA (2013) The future of employment: how susceptible are jobs to computerisation? http://www.oxfordmartin.ox.ac.uk/downloads/academic/The_Future_of_Employment.pdf. Zugegriffen: 07. Febr. 2016

Fromm T (2012) Mobiles Einsatzkommando. In: Beise M, Jakobs HJ (Hrsg) Die Zukunft der Arbeit. Süddeutsche Zeitung, München, S 136–139

Fuchs T (2008) Was ist gute Arbeit? Arbeit im Generationenvergleich. Subjektiv wahrgenommene Arbeitsqualität im Spiegel von Arbeitnehmer/-innen verschiedener Altersgruppen. http://www.inqa.de/SharedDocs/PDFs/DE/Publikationen/inqa-28-was-ist-gute-arbeit-generationen-vergleich.pdf?__blob=publicationFile. Zugegriffen: 07. Febr. 2016

Gensicke T (2015) Die Wertorientierungen der Jugend (2002–2015). In: Shell Deutschland Holding GmbH (Hrsg) Jugend 2015. 17. Shell Jugendstudie. Fischer, Frankfurt a. M., S 237–272

Gensler (2013) 2013 US Workplace Survey. Key Findings. http://www.gensler.com/uploads/document/337/file/2013_US_Workplace_Survey_07_15_2013.pdf. Zugegriffen: 15. Dez. 2015

Gertz W (2007) Millennials – Was der Nachwuchs wirklich will. http://www.computerwoche.de/job_karriere/personal_management/588806/. Zugegriffen: 08. Febr. 2016

Grabmeier S (2014) „New Leadership – Führung in der Arbeitswelt 4.0". http://innovation-evangelists.com/fileadmin/Dateien/PDF/Artikel/New_Leadership_-_Fuehrung_in_der_Arbeitswelt_4.0.pdf. Zugegriffen: 19. Apr. 2015

Grabmeier S, Wangler H (2011) Open Innovation in der Organisation 2.0. In: Rump J, Schabel F, Grabmeier S (Hrsg) Auf dem Weg in die Organisation 2.0 – Mut zur Unsicherheit. Wissenschaft & Praxis, Sternenfels, S 160–174

Gratton L (2011) The shift. The future of work is already here. Collins, London

Gross P (1994) Die Multioptionsgesellschaft. Suhrkamp, Frankfurt

Haaf M, Bauer P (2012) Wenn ich mal groß bin. NEON 100:26–36

Hammermann A, Stettes O (2015) Bewältigung von Stress in einer vernetzten Arbeitswelt. Befunde aus der BIBB/BAuA-Erwerbstätigenbefragung. IW Trends 2:113–135

Haufe (2015) Mitarbeiterzentriertes Betriebssystem. http://vision.haufe.de/quadrant.html. Zugegriffen: 08. Okt. 2015

Haufe-Akademie, Hochschule Deggendorf (2009) Führungskräftestudie 2009. Work-Life-Balance und Führungsverhalten. https://www.haufe-akademie.de/downloadserver/Presse/Studie%20WLB.pdf. Zugegriffen: 15. Dez. 2015

HayGroup (2011) Führungskräfte für eine neue Welt. Was die Zukunft von Führungskräften verlangt. http://www.haygroup.com/Leadership2030/downloads/Hay_Group_Leadership_2030_whitepaper.pdf. Zugegriffen: 15. Dez. 2015

Hays AG, PAC (Pierre Audoin Consultants) (2015) Von starren Prozessen zu agilen Projekten. Unternehmen in der digitalen Transformation. https://www.hays.de/documents/10192/118775/Hays-Studie-Von+starren+Prozessen+zu+agilen+Projekten-2015.pdf. Zugegriffen: 15. Dez. 2015

Hein M (2012) Stress – das moderne Status-Symbol. http://medizin.pr-gateway.de/stress-das-moderne-status-symbol/. Zugegriffen: 21. Juli 2015

Held J, Bibouche S, Billmann L, Holbein M, Kempf M, Kröll T (2011) Was bewegt junge Menschen? Lebensführung und solidarisches Handeln junger Beschäftigter im Dienstleistungsbereich. Springer, Wiesbaden

Hochschulrektorenkonferenz (2014) Statistische Daten zu Studienangeboten an Hochschulen in Deutschland. Studiengänge, Studierende, Absolventinnen und Absolventen. Wintersemester 2014/2015. Statistiken zur Hochschulpolitik 1/2014. http://www.hrk.de/uploads/media/HRK_Statistik_WiSe_2014_15.pdf. Zugegriffen: 13. Okt. 2015

Hofmann J, Steffen C (2013) Die neue Arbeitswelt: Herausforderungen und Chancen. In: Papmehl A, Tümmers HJ, (Hrsg) Die Arbeitswelt im 21. Jahrhundert. Herausforderungen, Perspektiven, Lösungsansätze. Springer, Heidelberg, S 149–174

Hofmann J, Rollwagen I, Schneider S (2007) Deutschland im Jahr 2020 – Neue Herausforderungen für ein Land auf Expedition. Deutsche Bank AG. https://www.dbresearch.de/PROD/DBR_INTERNET_DE-PROD/PROD0000000000209595.pdf. Zugegriffen: 15. Dez. 2015

Holst E, Kirsch A (2015) Weiterhin kaum Frauen in den Vorständen großer Unternehmen – auch Aufsichtsräte bleiben Männerdomänen. DIW Wochenbericht Nr. 4/2015. https://www.diw.de/documents/publikationen/73/diw_01.c.495356.de/15-4-1.pdf. Zugegriffen: 15. Dez. 2015

Horx M (2005) Wie wir leben werden: Unsere Zukunft beginnt jetzt. Campus, Frankfurt a. M.

Hüffmeier J (2014) Steigende Erreichbarkeit und hohe Flexibilität. BauA Aktuell 3:11–12

IAB (Institut für Arbeitsmarkt- und Berufsforschung) (2013) Frauenanteil 2012 nach Branchen. http://doku.iab.de/kurzgraf/2013/kbfolien23134.pdf. Zugegriffen: 26. Okt. 2015

IAB (Institut für Arbeitsmarkt- und Berufsforschung) (2014) Verbreitung von Überstunden in Deutschland. IAB Bericht. https://www.google.de/url?sa=t&rct=j&q=&esrc=s&source=web&cd=2&ved=0CCgQFjABahUKEwiYtOCsxp7IAhUCEiwKHaPDCG8&url=http%3A%2F%2Fdoku.iab.de%2Faktuell%2F2014%2Faktueller_bericht_1407.pdf&usg=AFQjCNFrRc7eLGpVDpMi701hkcWhbgAOfg. Zugegriffen: 30. Sept. 2015

IAB (Institut für Arbeitsmarkt- und Berufsforschung) (2015) Flüchtlinge und andere Migranten am deutschen Arbeitsmarkt: Der Stand im September 2015. Aktuelle Berichte 14/2015. http://doku.iab.de/aktuell/2015/aktueller_bericht_1514.pdf. Zugegriffen: 12. Dez. 2015

ibi research (2013) Digitalisierung der Gesellschaft. Aktuelle Einschätzungen und Trends. http://www.ibi.de/files/Studie_Digitalisierung-der-Gesellschaft.pdf. Zugegriffen: 12. Dez. 2015

IfB! (Initiative für Beschäftigung!) (2012) Arbeit der Zukunft gestalten: Ergebnisse des Fachdialogs. http://www.der-paritaetische.de/nc/fachinfos/artikel/news/die-arbeit-der-zukunft-gestalten-gemeinsamer-dialogprozess-der-initiative-fuer-beschaeftigung-und/?type=123&cHash=1add7e57300ce8eb0d2a9c5784d8ef0d&filename=dpwv.pdf. Zugegriffen: 12. Dez. 2015

IFGP (Institut für gesundheitliche Prävention) (2009) Demografischer Wandel – Stand der Auseinandersetzung in deutschen Unternehmen. Ergebnisse der bundesweiten Online-Befragung deutscher Unternehmen im Rahmen des Projektes „Menschen in altersgerechter Arbeitskultur – Arbeiten dürfen, können und wollen!" http://www.inqa.de/SharedDocs/PDFs/DE/Publikationen/menschen-in-altersgerechter-arbeitskultur.pdf?__blob=publicationFile. Zugegriffen: 12. Dez. 2015

Institut für Demoskopie Allensbach (2013) Monitor Familienleben 2013. http://www.ifd-allensbach.de/uploads/tx_studies/7893_Monitor_Familienleben_2013.pdf. Zugegriffen: 12. Dez. 2015

Insitut für Demoskopie Allensbach (2015a) Weichenstellungen für die Aufgabenteilung in Familie und Beruf. http://www.ifd-allensbach.de/uploads/tx_studies/Weichenstellungen.pdf. Zugegriffen: 12. Dez. 2015

Institut für Demoskopie Allensbach (2015b) Frauen der Sandwich-Generation: Zwischen Kinderbetreuung und Unterstützung der Eltern. http://www.ifd-allensbach.de/fileadmin/IfD/sonstige_pdfs/BdF_Studie_Sandwich.pdf. Zugegriffen: 12. Dez. 2015

IW (Institut der deutschen Wirtschaft) Köln (2007) Wertschöpfungsverluste durch nicht besetzbare Stellen beruflich Hochqualifizierter in Deutschland. http://doku.iab.de/externe/2007/k071024f01.pdf. Zugegriffen: 12. Dez. 2015

IW (Institut der deutschen Wirtschaft) Köln (2015) MINT-Frühjahrsreport 2015. http://www.iwkoeln.de/_storage/asset/226183/storage/master/file/6758035/download/MINT-Fr%C3%BChjahrsreport%202015.pdf. Zugegriffen: 12. Dez. 2015

IZA (2015) Wandel der Beschäftigung. Polarisierungstendenzen auf dem deutschen Arbeitsmarkt. Bertelsmann, Gütersloh

Jacobi F, Bretschneider J, Müllender S (2015) Veränderungen und Variationen der Häufigkeit psychischer Störungen in Deutschland – Krankenkassenstatistiken und epidemiologische Befunde. In: Kliner K, Rennert D, Richter M (Hrsg) Gesundheit in Regionen – Blickpunkt Psyche. BKK Gesundheitsatlas 2015. Die Medizinisch Wissenschaftliche Verlagsgesellschaft, Berlin, S 63–71

Joyce K, Pabayo R, Critchley JA, Bambra C (2010) Flexible working conditions and their effects on employee health and wellbeing. Cochrane Database Syst Rev 2010(2):CD008009

Jürgens K, Voß GG (2007) Gesellschaftliche Arbeitsteilung als Leistung der Person. Aus Politik und Zeitgeschichte 34:3–9

Kastner M (2004) Die Zukunft der Work Life Balance. Wie lassen sich Beruf und Familie, Arbeit und Freizeit miteinander vereinbaren? Asanger, Kröning

Kelan E, Gratton L, Mah A, Walker L (2009) The reflexive generation: young professionals perspectives on work, career and gender. London Business School, London

Kienbaum Consultants International GmbH (2012) Kienbaum Communications veröffentlicht Absolventenstudie. http://www.kienbaum.de/desktopdefault.aspx/tabid-501/649_read-12776/. Zugegriffen: 08. Febr. 2014

Kissler A (2013) Die große Stresslüge der Deutschen. http://www.focus.de/politik/deutschland/kisslers-konter/kisslers-konter-die-grosse-stress-luege-der-deutschen_aid_1156218.html. Zugegriffen: 21. Juli 2015

Klenner C (2007) Familienfreundliche Betriebe – Anspruch und Wirklichkeit. Aus Politik und Zeitgeschichte 34:17–25

Kliner K, Rennert D, Richter M (2015) Gesundheit in Regionen – Blickpunkt Psyche. BKK Gesundheitsatlas 2015. Medizinisch Wissenschaftliche Verlagsgesellschaft, Berlin

Klös HP, Bellmann L, Bomsdorf E, Ehing D, Eichhorst W, Moog S, Schuster M (2013) Arbeitsmarkt. In: Rump J, Walter N (Hrsg) Arbeitswelt 2030. Trends, Prognosen, Gestaltungsmöglichkeiten. Schäffer-Poeschel, Stuttgart, S 33–55

Köcher R (2009) Generationen-Barometer 09. Pressemappe zur Pressekonferenz von „Forum Familie stark machen!", 08.04.2009. http://www.familie-stark-machen.de/files/generationen-barometer09_pressemappe.pdf. Zugegriffen: 07. Febr. 2016

Koller N (2010) Generation Y: Sozialer Managernachwuchs. Interview mit Addie van Rooij, Vice President Human Resources bei Hewlett-Packard (HP) in der Emea-Region. http://diepresse.com/home/karriere/karrierelounge/573116/print.do. Zugegriffen: 07. Febr. 2015

Königes H (2010) Erste Gehversuche mit der Generation Y. http://www.computerwoche.de/karriere/hp-young-professional/1937467/index3.html. Zugegriffen: 08. Febr. 2016

Kuhnert P (2004) Work Life Balance trotz Arbeitslosigkeit und instabiler Beschäftigung? Paradoxie oder neue Chance? In: Kastner M (Hrsg) Die Zukunft der Work Life Balance. Wie lassen sich Beruf und Familie, Arbeit und Freizeit miteinander vereinbaren? Asanger, Kröning, S 141–194

Kümmerling C, Slomka C (2014) Working time across the life course – a longitudinal approach. SLLS International Conference. Society for longitudinal and life course studies, Lausanness

Kutter I (2010) Ich kann nicht mehr. http://www.zeit.de/campus/2010/03/burnout-studenten/komplettansicht. Zugegriffen: 21. Juli 2015

Laick S (2009) Die neue Generation abholen. Personalwirtschaft 2009(8):21–23 (Magazin für Human Resources, Sonderheft)

Lancaster LC, Stillman D (2002) When generations collide. Who they are. Why they clash. How to solve the generational puzzle at work. HarperBusiness, New York

Lavitin D (2007) This is your brain on music: understanding a human obsession. Atlantic Books, London

Leuzinger-Bohleber M (2010) „Es ist ein Druck auf dieser Generation". Interview von Rainer Hank und Bettina Weiguny mit Marianne Leuzinger-Bohleber. In: Weiguny, B. (Hrsg) Generation 30. Sonderbeilage der Frankfurter Allgemeinen Sonntagszeitung 20:41–46

Lichtsteiner RA (2004) Die Leistung älterer Mitarbeitender. Überlegungen und Erfahrungen aus der Praxis. In: Cranach M von, Schneider HD, Ulich E (Hrsg) Ältere Menschen im Unternehmen. Chancen, Risiken, Modelle. Haupt, Bern, S 149–161

Lohmann-Haislah A (2012) Stressreport Deutschland 2012. Psychische Anforderungen, Ressourcen und Befinden. Bundesanstalt für Arbeitsschutz und Arbeitsmedizin, Dortmund

Lotzmann N (2015) Zitat im Rahmen einer Podiumsdiskussion bei der Konferenz „Die digitale Arbeitswelt von morgen braucht die Menschen: Trends und Herausforderungen für die Wissensarbeit der Zukunft" am 06.05.2015 in München

Maitland A, Thomson P (2011) Future work. How businesses can adapt and thrive in the new world of work. Palgrave Macmillan, London

Manager magazin (2005) Was Studenten über ihre Zukunft denken. http://www.manager-magazin.de/koepfe/karriere/0,2828,345522,00.html. Zugegriffen: 05. Febr. 2016

McAfee A, Brynjolfsson E (2014) Second machine age: work, progress, and prosperity in a time of brilliant technologies. Norton & Company, New York

McCrindle M, Wolfinger E (2009) The ABC of XYZ. Understanding the global generations. University of New South Wales P, Sydney

McDonald's Deutschland Inc., Institut für Demoskopie Allensbach, Hurrelmann K (2013) Pragmatisch glücklich: Azubis zwischen Couch und Karriere. Die McDonald's Ausbildungsstudie 2013. Eine Repräsentativbefragung junger Menschen im Alter von 15 bis unter 25 Jahren. http://mcdw.ilcdn.net/MDNPROG9/mcd/files/pdf/090913_Publikationsstudie_McDonalds_Ausbildungsstudie.pdf. Zugegriffen: 07. Febr. 2016

McKinsey & Company (2014) 15 Technologien, die die deutsche Wirtschaft verändern. WirtschaftsWoche Nr. 20 vom 12. 05. 2014

McKinsey (2012) Women Matter 2012. Making the Breakthrough. https://www.mckinsey.de/sites/mck_files/files/mckinsey_women_matter_2012.pdf. Zugegriffen: 08. Febr. 2015

McKinsey (2013) Disruptive technologies: advances that will transform life, business and the global economy. http://www.mckinsey.com/~/media/mckinsey/dotcom/insights%20and%20pubs/mgi/research/technology%20and%20innovation/disruptive%20technologies/mgi_disruptive_technologies_full_report_may2013.ashx. Zugegriffen: 15. Dez. 2015

Meier B, Schröder C (2007) Altern in der modernen Gesellschaft. Leistungspotenziale und Sozialprofile der Generation 50-Plus. Schriften zur Wirtschaftspolitik aus dem Institut der deutschen Wirtschaft Köln. IW Medien, Köln

Meier W, Hauth I (2015) Psychische Erkrankungen auf dem Vormarsch? Die Bedeutung diagnostischer Definitionen für die Versorgung. In: Kliner K, Rennert D, Richter M (Hrsg) Gesundheit in Regionen – Blickpunkt Psyche. BKK Gesundheitsatlas 2015. Medizinisch Wissenschaftliche Verlagsgesellschaft, Berlin, S 72–77

Meijman T, Mulder G (1998) Psychological aspects of workload. In: Drenth P, Thierry H (Hrsg) Handbook of work and organizational psychology. Bd. 2: Work psychology. Routledge, Hove, S 5–33

Meyers RA (2009) Mitarbeiter im neuen Millennium – Kommunikation zwischen den Generationen In: Richter, G (Hrsg) Generationen gemeinsam im Betrieb. Individuelle Flexibilität durch anspruchsvolle Regulierungen. Bertelsmann, Bielefeld, S 201–220

Millard N (2012) Die Extremform des Unternehmens der Zukunft hat keine Mitarbeiter, keine Gebäude und keine Technologie. Pers Manag 5:8–9

MIT Center for Digital Business (2012) The digital advantage: how digital leaders outperform their peers in every industry. http://ebusiness.mit.edu/research/Briefs/TheDigitalAdvantage.pdf. Zugegriffen: 06. Okt. 2015

Möller J (2015) IAB-Chef Möller zur Flüchtlingskrise: „Das Schlimmste wäre, sie untätig rumsitzen zu lassen". Ein Interview von Yasmin El-Sharif. http://www.spiegel.de/wirtschaft/soziales/fluechtlingskrise-iab-chef-will-fluechtlinge-nicht-rumsitzen-lassen-a-1060725.html. Zugegriffen: 15. Dez. 2015

Monath H (2015) 163.000 Flüchtlinge im September, 290.000 nicht registriert. http://www.tagesspiegel.de/politik/asyl-in-deutschland-163-000-fluechtlinge-im-september-290-000-nicht-registriert/12391766.html. Zugegriffen: 12. Okt. 2015

Münchner Kreis (2013a) Arbeit in der digitalen Welt. Zusammenfassung der Ergebnisse der AG1 Projektgruppe anlässlich des IT-Gipfels-Prozesses 2013. https://www.bmwi.de/BMWi/Redaktion/PDF/A/arbeit-in-der-digitalen-welt,property=pdf,bereich=bmwi2012,sprache=de,rwb=true.pdf. Zugegriffen: 15. Dez. 2015

Münchner Kreis (2013b) Innovationsfelder der digitalen Welt. Bedürfnisse von übermorgen. Zukunftsstudie Münchner Kreis. http://www.zukunft-ikt.de/wp-content/uploads/2013_Innovationsfelder_der_digitalen_Welt.pdf. Zugegriffen: 01. März 2014

Murray K (2013) Is being stressed out the new status symbol? http://www.levo.com/articles/lifestyle/stressed-out-is-the-new-status-symbol. Zugegriffen: 21. Juli 2015

Nelles HG (2007) Väter & Karriere. Eine Präsentation von Hans Georg Nelles, Gender Jour-Fix, 9. Mai, Folie 2f. Wiesbaden

Neuland GmbH & Co. KG (2014) Digital readiness index 2014. http://www.neuland.digital/. Zugegriffen: 16. Dez. 2015

Oblinger D, Oblinger JL (2005) Is it age or iT: first steps toward understanding the net generation. Educating the net generation. www.educause.edu/educatingthenetgen/. Zugegriffen: 07. Febr. 2016

OECD (2014) Skills and jobs in the internet economy. OECD Digital Economy Papers, Nr. 242. http://www.oecd-ilibrary.org/docserver/download/5jxvbrjm9bns.pdf?expires=1454853245&id=id&accname=guest&checksum=8B49108713FE5F06BA559CC0A4B624ED. Zugegriffen: 07. Febr. 2016

Oertel J (2007) Generationenmanagement im Unternehmen. Springer, Wiesbaden

Opaschowski HW (2002) Wir werden es erleben: Zehn Zukunftstrends für unser Leben von morgen. Primus, Darmstadt

Opaschowski HW (2006) Einführung in die Freizeitwissenschaft. 4. überarbeitete und aktualisierte Aufl. Springer, Wiesbaden

Opaschowski HW (2008) Deutschland 2030. Wie wir in Zukunft leben. Gütersloher Verlagshaus, Gütersloh

Opaschowski HW (2009) Was ist Wohlstand im 21. Jahrhundert? Vortrag im Rahmen der Konferenz „Besser statt mehr. Wohlstand im 21. Jahrhundert" des Denkwerks Zukunft Stiftung kulturelle Erneuerung am 30. November 2009 in Berlin. http://www.denkwerkzukunft.de/downloads/Horst-W-Opaschowski_Was-ist-Wohlstand-im-21-Jahrhundert.pdf. Zugegriffen: 15. Dez. 2015

Opaschowski HW (2013) Deutschland 2030. Wie wir in Zukunft leben. Aktualisierte Neuausgabe. Gütersloher Verlagshaus, Gütersloh

Pangert B, Schüpbach H (2012) Betriebliche Leistungssteuerung und das Zusammenspiel von Erwerbs- und anderen Lebenstätigkeiten – Das Projekt Lanceo. In: Reinhardt R (Hrsg) Wirtschaftspsychologie und Organisationserfolg. Tagungsband zur 16. Fachtagung der Gesellschaft für angewandte Wirtschaftspsychologie. Stuttgart, 11. bis 12. Februar 2011. Pabst, Lengerich, S 89–99

Pangert B, Schüpbach H (2013) Die Auswirkungen arbeitsbezogener erweiterter Erreichbarkeit auf Life-Domain-Balance und Gesundheit. Bundesanstalt für Arbeitsschutz und Arbeitsmedizin, Dortmund

Parment A (2009) Die Generation Y – Mitarbeiter der Zukunft. Herausforderung und Erfolgsfaktor für das Personalmanagement. Springer, Wiesbaden

Partnerschaft für Fachkräfte in Deutschland (2015) Erklärung der Partnerschaft für Fachkräfte in Deutschland. http://www.fachkraeftewoche.de/SharedDocs/Downloads/wid/erklaerung-partnerschaft-fuer-fachkraefte.pdf?__blob=publicationFile. Zugegriffen: 16. Okt. 2015

Pfarr C, Maier C (2015) Arbeiten Trotz Rente: Warum Bleiben Menschen Im Ruhestand Erwerbstätig? Analyse des Deutschen Instituts für Altersvorsorge. http://www.dia-vorsorge.de/fileadmin/userfolders/downloads/pdf/DIA_Studie_Arbeiten_trotz_Rente_final.pdf. Zugegriffen: 07. Febr. 2016

Piper N (2012) Die Angst vor dem Verlust des Arbeitsplatzes. In: Beise M, Jakobs HJ (Hrsg) Die Zukunft der Arbeit. Süddeutsche Zeitung, München, S 62–65

Prensky M (2001) Digital natives. Digital immigrants. On the Horizon 9:5

Pristl K, Käpplinger B (2013) Belegschaften in Betrieben und Büros werden immer älter. Statistisches Monatsheft Baden-Württemberg 2013(4):32–37. http://www.statistik.baden-wuerttemberg.de/veroeffentl/Monatshefte/PDF/Beitrag13_04_05.pdf. Zugegriffen: 12. Okt. 2015

Prognos (2012) Pflegelandschaft 2030. Studie im Auftrag der vbw (Vereinigung der Bayerischen Wirtschaft e. V.). http://www.prognos.com/fileadmin/pdf/publikationsdatenbank/121000_Prognos_vbw_Pflegelandschaft_2030.pdf. Zugegriffen: 12. Dez. 2015

Prognos (2015) Arbeitslandschaft 2040. Studie im Auftrag der vbw (Vereinigung der Bayerischen Wirtschaft e. V.). https://www.vbw-bayern.de/Redaktion/Frei-zugaengliche-Medien/Abteilungen-GS/Sozialpolitik/2015/Downloads/20150521-Studie-AL-2040-final.pdf. Zugegriffen: 12. Dez. 2015

Projektgruppe Gemeinschaftsdiagnose (2015) Gemeinschaftsdiagnose Herbst 2015. Deutsche Konjunktur stabil – Wachstumspotenziale heben. http://www.rwi-essen.de/media/content/pages/publikationen/gemeinschaftsdiagnose/gd_2015_2.pdf. Zugegriffen: 11. Okt. 2015

PwC (PriceWaterhouseCoopers) (2014) Industrie 4.0 – Chancen und Herausforderungen der vierten industriellen Revolution. http://www.strategyand.pwc.com/media/file/Industrie-4-0.pdf. Zugegriffen: 12. Dez. 2015

Regnet E (2004) Karriereentwicklung 40+. Weitere Perspektiven oder Endstation? Beltz, Weinheim

Richter G (2008) Generationen im Betrieb – ein wenig beachtetes Handlungsfeld. Vortrag anlässlich des Best Age Demographie – Kongresses in Berlin am 02./03.09.2008. http://www.best-age-conference.com/Archiv-Kongresse/Kongress-2008/Vortraege/binarywriterservlet?imgUid=5692057b-93f0-3031-5c5d-39b27b988f2e&uBasVariant=11111111-1111-1111-1111-111111111111. Zugegriffen: 07. Febr. 2016

Richter G (2009) Flexibilität durch lebenslagenorientierte Personalpolitik. In: Richter G. (Hrsg.) (2009) Generationen gemeinsam im Betrieb. Individuelle Flexibilität durch anspruchsvolle Regulierungen. wbv, Bielefeld, S 11–34

Riederle P (2013) Wer wir sind und was wir wollen. Ein Digital Native erklärt seine Generation. Knaur TB, München

Roland Berger (2014) Industry 4.0: the new industrial revolution. How Europe will succeed. https://www.rolandberger.com/media/pdf/Roland_Berger_TAB_Industry_4_0_20140403.pdf. Zugegriffen: 15. Dez. 2015

Rollwagen I (2009) Projektwirtschaft im Jahr 2020 – Trends & der Strukturwandel der Wertschöpfung sowie die Herausforderungen für das Projektmanagement. Deutsche Bank AG, DB Research. http://www3.informatik.uni-wuerzburg.de/courses/vorl_09_ss/projman/daten/vortraege/Rollwagen_Projektwirtschaft2020.pdf. Zugegriffen: 05. Febr. 2016

Rump J, Biegel I (2008) Arbeit und Freizeit. Wie wir in Zukunft leben und arbeiten werden. Talheimer, Mössingen-Talheim

Rump J, Eilers S (2012) Die jüngere Generation in einer alternden Arbeitswelt. Baby Boomer versus Generation Y. Wissenschaft und Praxis, Sternenfels

Rump J, Eilers S (2013) Weitere Megatrends. In: Rump J, Walter N (Hrsg) Arbeitswelt 2030. Trends, Prognosen, Gestaltungsmöglichkeiten. Schäffer-Poeschel, Stuttgart, S 13–29

Rump J, Eilers S (2014a) Demografieorientiertes Personalmanagement. Hintergründe und Handlungsansätze. In: Rump J, Eilers S (Hrsg) Demografieorientiertes Personalmanagement. Hintergründe und Handlungsansätze. Wolters-Kluwer, Köln, S 11–52

Rump J, Eilers S (2014b) Mehr Zeit für Familie auch für Väter. Einflussfaktoren, lebensphasenorientierte Handlungsansätze und Beispiele guter Praxis. In: Rump J, Eilers S (Hrsg) Lebensphasenorientierte Personalpolitik. Strategien, Konzepte und Praxisbeispiele zur Fachkräftesicherung. Springer, Heidelberg, S 73–119

Rump J, Eilers S (2014c) Weibliche Talente gewinnen, fördern und binden. Herausforderungen und lebensphasenorientierte Gestaltungswege für mehr Frauen in Fach- und Führungspositionen. In: Rump J, Eilers S (Hrsg) Lebensphasenorientierte Personalpolitik. Strategien, Konzepte und Praxisbeispiele zur Fachkräftesicherung. Springer, Heidelberg, S 121–148

Rump J, Eilers S (2015) Generationen-Mix: Gestalten statt verwalten. Wissenschaft & Praxis, Sternenfels

Rump J, Schiedhelm M (2015) Personalführung heute – Führen nach Gusto? HR Consult Rev 2015(6):34–37

Rump J, Eilers S, Wilms G (2011) Strategie für die Zukunft – Lebensphasenorientierte Personalpolitik 2.0. Ein Leitfaden für Unternehmen zur Bindung und Gewinnung von Mitarbeiterinnen und Mitarbeitern. Ministerium für Wirtschaft, Klimaschutz, Energie und Landesplanung Rheinland-Pfalz. http://www.lebensphasenorientierte-personalpolitik.de/images/stories/pdf/RLP_Brosch_2011_web.pdf. Zugegriffen: 07. Febr. 2016

Rump J, Schabel F, Eilers S, Möckel K (2015) HR-Report 2014/2015. Schwerpunkt Führung. https://www.hays.de/documents/10192/118775/hays-studie-hr-report-2014-2015.pdf/1348857b-2941-466c-8f84-3eaae1121166. Zugegriffen: 12. Dez. 2015

Sachverständigenkommission zum Achten Familienbericht (2011) Zeit für Familie. Familienzeitpolitik als Chance einer nachhaltigen Familienpolitik. http://www.bmfsfj.de/RedaktionBMFSFJ/Abteilung2/Pdf-Anlagen/Achter-familienbericht,property=pdf,bereich=bmfsfj,sprache=de,rwb=true.pdf. Zugegriffen: 18. Juli 2013

Sachverständigenkommission zur Erstellung des Ersten Gleichstellungsberichtes der Bundesregierung, Fraunhofer-Gesellschaft zur Förderung der angewandten Forschung e. V. (2011) Neue Wege – Gleiche Chancen. Gleichstellung von Frauen und Männern im Lebensverlauf. Gutachten der Sachverständigenkommission an das Bundesministerium für Familie, Senioren, Frauen und Jugend für den ersten Gleichstellungsbericht der Bundesregierung. Zentrale Ergebnisse und Handlungsempfehlungen. http://www.bmfsfj.de/RedaktionBMFSFJ/Broschuerenstelle/Pdf-Anlagen/Erster-Gleichstellungsbericht-Neue-Wege-Gleiche-Chancen,property=pdf,bereich=bmfsfj,sprache=de,rwb=true.pdf. Zugegriffen: 15. Dez. 2015

Sattelberger T (2003) Employability. Kurs halten trotz Irrungen der Ich-AG. PERSONALmagazin 11:64–66

Sattelberger T (2015) Mut zum Experiment. Interview mit Dr. Jutta Witte. In: Boes A (Hrsg) Die digitale Arbeitswelt von morgen braucht die Menschen. Eine Handlungsbroschüre für die Wissensarbeit der Zukunft. INQA, Berlin, S 6–7

Sauldie S (2014) Digital Leadership für Führungskräfte von morgen. Books on demand, Berlin

Schaal S (2015) Zukunftsallianz Maschinenbau. Warum die Industrie 4.0 noch am Anfang steht. http://www.wiwo.de/unternehmen/mittelstand/zukunftsallianz-maschinenbau-warum-die-industrie-4-0-noch-am-anfang-steht/12277416.html. Zugegriffen: 06. Okt. 2015

Schabel F (2009) Auf dem Weg in die Projektwirtschaft. In: Buhse W, Schabel F (Hrsg) Hays-Forum Studie: Vernetzt und transparent – die Unternehmenswelt von morgen?! Mannheim, S 18–26

Scheer AW (2009) Dem Enterprise 2.0 gehört die Zukunft. In: Buhse W, Schabel F (2009) Hays-Forum Studie: Vernetzt und transparent – die Unternehmenswelt von morgen?! Mannheim 2009, S 16–18

Schmidbauer W (2011) Generation Angst. Interview mit Claus Peter Simon. GEO WISSEN 48:37–41

Schobert DB (2007) Grundlagen zum Verständnis von Work-Life Balance. In: Esslinger AS, Schobert DB (Hrsg) Erfolgreiche Umsetzung von Work-Life Balance in Organisationen. Strategien, Konzepte, Maßnahmen. Springer, Wiesbaden, S 19–33

Schuldt C, Ehret J (2015) Youth Economy. Die Jugendstudie des Zukunftsinstituts. Zukunftsinstitut, Kelkheim

Schulmeister R (2008) Gibt es eine „Net Generation“? Version 2.0. Hamburg. http://www.zhw.uni-hamburg.de/uploads/schulmeister-net-generation_v2.pdf. Zugegriffen: 08. Febr. 2014

Schütte M (2014) Steigende Arbeitsintensivierung – Belastung für die Gesundheit? BauA Aktuell 2014(3):6–7

Schwierz C, Rump J (2014) Was heute getan werden muss, um Karrieren von morgen zu managen. Whitepaper von Rundstedt und Partner GmbH, Düsseldorf

Shareground, Universität St. Gallen (2015) Arbeit 4.0: Megatrends digitaler Arbeit der Zukunft – 25 Thesen. Ergebnisse eines Projekts von Shareground und der Universität St. Gallen. https://www.google.si/url?sa=t&rct=j&q=&esrc=s&source=web&cd=1&cad=rja&uact=8&ved=0ahUKEwjizqTw0-DJAhXHuRQKHdm4BaUQFggaMAA&url=https%3A%2F%2Fwww.telekom.com%2Fstatic%2F-%2F285820%2F1%2F150902-Studie-St.-Gallen-si&usg=AFQjCNFLAiRUBDbMM2aQ6aTZgxjJ2GJ6bQ&bvm=bv.110151844,d.d24. Zugegriffen: 15. Dez. 2015

Shell Deutschland Holding GmbH (2010) Jugend 2010. 16. Shell Jugendstudie. Fischer, Frankfurt a. M.

Shell Deutschland Holding GmbH (2015) Jugend 2015. 17. Shell Jugendstudie. Fischer, Frankfurt a. M.

Sicherheit und Gesundheit bei der Arbeit (SUGA) (2012) Unfallverhütungsbericht Arbeit, 1. Aufl. Bundesanstalt für Arbeitsschutz und Arbeitsmedizin, Brochures, Dortmund

Siegrist J (1996) Soziale Krisen und Gesundheit (Social crises and health). Hogrefe, Göttingen

Sierke BRA, Albe F (2010) Bericht zur Studie „Arbeitswelten 2020“, Forschungspapier der PFH (Private Fachhochschule Göttingen). https://www.pfh.de/fileadmin/Content/PDF/forschungspapiere/studie_arbeitswelten_2020.pdf. Zugegriffen: 15. Dez. 2015

Sinus Sociovision (2012) Die Sinus-Migranten-Milieus®. http://www.sinus-institut.de/veroeffentlichungen/downloads/download/die-sinus-migranten-milieusR/download-file/346/download-a/download/download-c/Category/. Zugegriffen: 05. Febr. 2016

Spiegel Online Schulspiegel (2011) Jeder zweite Schüler schafft die Hochschulreife. http://www.spiegel.de/schulspiegel/wissen/0,1518,748622,00.html. Zugegriffen: 05. Febr. 2016

SPReW (Social Patterns of Relation to Work) (2006) Generational approach to the social patterns of relation to work. Executive summary. http://www.ftu-namur.org/fichiers/SPREW-D1-web.pdf. Zugegriffen: 07. Febr. 2016

Statistisches Bundesamt (2012) Dauer eines Arbeitslebens in der Europäischen Union. Kurznachrichten. https://www.destatis.de/DE/Publikationen/WirtschaftStatistik/Monatsausgaben/KurznachrichtenFebruar2012.pdf. Zugegriffen: 09. Sept. 2015

Statistisches Bundesamt (2013) Berufsbildung auf einen Blick. https://www.destatis.de/DE/Publikationen/Thematisch/BildungForschungKultur/BeruflicheBildung/Berufsbildung-Blick0110019129004.pdf?__blob=publicationFile. Zugegriffen: 15. Dez. 2015

Statistisches Bundesamt (2014a) Bildung und Kultur. Allgemeinbildende Schulen. Fachserie 11, Reihe 1. https://www.destatis.de/DE/Publikationen/Thematisch/BildungForschungKultur/Schulen/AllgemeinbildendeSchulen2110100147004.pdf?__blob=publicationFile. Zugegriffen: 15. Dez. 2015

Statistisches Bundesamt (2014b) Erwerbstätigkeit von Frauen in Deutschland deutlich über EU-Durchschnitt. Pressemitteilung Nr. 082 vom 07. 03. 2014. https://www.destatis.de/DE/Presse/PresseService/Presse/Pressemitteilungen/2014/03/PD14_082_132pdf.pdf;jsessionid=FE0EB842621953C5FBFC850BC6B6FCCD.cae2?__blob=publicationFile. Zugegriffen: 09. Sept. 2015

Statistisches Bundesamt (2015a) Bevölkerung Deutschlands bis 2060. 13. koordinierte Bevölkerungsvorausberechnung. https://www.destatis.de/DE/Publikationen/Thematisch/Bevoelkerung/VorausberechnungBevoelkerung/BevoelkerungDeutschland2060Presse5124204159004.pdf?__blob=publicationFile. Zugegriffen: 15. Dez. 2015

Statistisches Bundesamt (2015b) Mehr Geburten und weniger Sterbefälle im Jahr 2014. Pressemitteilung Nr. 302 vom 21.08.2015. https://www.destatis.de/DE/PresseService/Presse/Pressemitteilungen/2015/08/PD15_302_126.html. Zugegriffen: 26. Aug. 2015

Statistisches Bundesamt (2015c) Bevölkerung und Erwerbstätigkeit. Bevölkerung mit Migrationshintergrund – Ergebnisse des Mikrozensus – 2014. https://www.destatis.de/DE/Publikationen/Thematisch/Bevoelkerung/MigrationIntegration/Migrationshintergrund2010220147004.pdf. Zugegriffen: 26. Aug. 2015

Statistisches Bundesamt (2015d) Wöchentliche Arbeitszeit. https://www.destatis.de/DE/ZahlenFakten/Indikatoren/QualitaetArbeit/Dimension3/3_1_WoechentlicheArbeitszeit.html. Zugegriffen: 25. Okt. 2015

Statistisches Bundesamt (2015e) Studierende in MINT-Fächern. https://www.destatis.de/DE/ZahlenFakten/GesellschaftStaat/BildungForschungKultur/Hochschulen/Tabellen/StudierendeMintFaechern.html. Zugegriffen 26. Okt. 2015

Statistisches Bundesamt (2015f) Frauen in Führungspositionen. https://www.destatis.de/DE/ZahlenFakten/Indikatoren/QualitaetArbeit/Dimension1/1_4_FrauenFuehrungspositionen.html. Zugegriffen: 26. Okt. 2015

Statistisches Bundesamt (2015g) Zahl der Zuwanderer in Deutschland so hoch wie nie. Pressemeldung Nr. 277 vom 03. 08. 2015. https://www.destatis.de/DE/PresseService/Presse/Pressemitteilungen/2015/08/PD15_277_122pdf.pdf?__blob=publicationFile. Zugegriffen: 26. Okt. 2015

Stock-Homburg R, Bauer EM (2007) Work-Life-Balance im Topmanagement. Aus Politik und Zeitgeschichte 34:25–32

Stöckle F (2014) „Digitale Vorreiter erzielen mehr Umsatz". Interview mit Andreas Nölting für Springer Professionals. http://www.springerprofessional.de/digitale-vorreiter-erzielen-mehr-umsatz/5065088.html?linktyp=teaser2&newsletterID=168&sendID=17056&cm_mmc=ecircleNL-_-LM_GE-B2B+NL+SpringerProfessional+Business+IT-_-S_%E2%80%9EBeim+Cloud-Computing+sollte+unbedingt+zwischen+Datenschutz+und+Datensicherheit+unterschieden+werden.%E2%80%9C-_-L_7. Zugegriffen: 26. Okt. 2015

Towers Watson (2012) Towers Watson Global Workforce Study 2012. Deutschlandergebnisse. http://www.towerswatson.com/de-AT/Insights/IC-Types/Survey-Research-Results/2012/07/Towers-Watson-Global-Workforce-Study-2012-Deutschlandergebnisse. Zugegriffen: 07. Febr. 2016

Trendbüro, Steinle A, Wippermann P (2003) Die neue Moral der Netzwerkkinder. Trendbuch Generationen. Piper, München

UBC (2014) Check less to reduce email stress. http://news.ubc.ca/2014/12/03/check-less-to-reduce-email-stress/. Zugegriffen: 15. Juli 2015

Ulich E (2005) Arbeitspsychologie. Schäffer-Poeschel, Stuttgart

vbw (Vereinigung der Bayerischen Wirtschaft e. V.), Prognos AG (2015) Digitalisierung als Rahmenbedingung für Wachstum – Update. http://vbw-agenda.de/downloads/positionen/01-agenda2020-kapitel_2-3_studie-digitalisierung-als-rahmenbedingung-fur-wachstum-update_2015.pdf. Zugegriffen: 15. Dez. 2015

Voelpel S (2015) Im Wettlauf: Digitalisierung versus Demografie. Frankfurter Allgemeine Sonntagszeitung. Verlagsspezial 20. Sept. 2015, S B1

Wanger S (2009) Altersteilzeit. Beliebt, aber nicht zukunftsgerecht. IAB-Kurzbericht 8/2009. http://doku.iab.de/kurzber/2009/kb0809.pdf. Zugegriffen: 15. Dez. 2015

Weiguny B (2010) Generation 30. Frankfurter Allgemeine Sonntagszeitung 20:41–46

Werle K (2008) Wir sind dann mal weg. Manager magazin 2008(6). http://www.mwonline.de/contentindex/artikel/11921/Manager+Magazin/Wir+sind+dann+mal+weg+-+Klaus+Werle.html. Zugegriffen: 07. Sept. 2016

Werle K (2012) Wer will noch Chef werden? Manager magazin 2012(8). http://www.manager-magazin.de/magazin/artikel/a-851513.html. Zugegriffen: 08. Febr. 2016

Westerman G, Bonnet D, McAfee A (2014) Leading digital. Turning technology into business transformation. Harvard Business Review Press, Boston

WSI (Wirtschafts- und Sozialwissenschaftliches Institut in der Hans-Böckler-Stiftung) (2013) Teilzeitquoten von Frauen und Männern: Deutliche Unterschiede zwischen den Altersgruppen. www.boeckler.de/5984.html. Zugegriffen: 26. Okt. 2015

WSI (Wirtschafts- und Sozialwissenschaftliches Institut in der Hans-Böckler-Stiftung) (2015) Gender News: Große Unterschiede in den Arbeitszeiten von Frauen und Männern. WSI Report 22, März 2015, Düsseldorf

www.fachkraefte-offensive.de

www.fachkraeftewoche.de

XING AG, statista GmbH (2015) Kompass neue Arbeitswelt. Die große XING Arbeitnehmerstudie 2015. https://blog.xing.com/wp-content/uploads/2015/04/RZ_KompassArbeitswelt_Final.pdf. Zugegriffen: 16. Dez. 2015

Zacher H (2007) Relationships between age and different forms of job performance: implications for human resource management. Gießen. https://www.researchgate.net/publication/237251760_Relationships_between_Age_and_Different_Forms_of_Job_Performance_Implications_for_Human_Resource_Management. Zugegriffen: 07. Febr. 2016

Zaslow J (2007) The most-praised generation goes to work. The Wall Street Journal 22.04.2007. http://online.wsj.com/article/SB117702894815776259.html. Zugegriffen: 08. Febr. 2016

ZEW (Zentrum für Europäische Wirtschaftsforschung GmbH) (2015) Kurzexpertise Nr. 57. Übertragung der Studie von Frey/Osborne (2013) auf Deutschland. Forschungsbericht 455. Bundesministerium für Arbeit und Soziales. http://www.bmas.de/SharedDocs/Downloads/DE/PDF-Publikationen/Forschungsberichte/fb-455.pdf?__blob=publicationFile. Zugegriffen: 07. Febr. 2016

Zukunftsallianz Maschinenbau (2015) Ohne Titel. http://www.zukunftsallianz-maschinenbau.de/. Zugegriffen: 16. Dez. 2015

Zukunftsinstitut GmbH (2012a) Work:design – Die Zukunft der Arbeit gestalten. http://www.evokation.org/sites/default/files/pdfs/studie_workdesign.pdf. Zugegriffen: 16. Dez. 2015

Zukunftsinstitut GmbH (2012b) Die Individualisierung der Welt. https://www.zukunftsinstitut.de/artikel/die-individualisierung-der-welt/. Zugegriffen: 18. Okt. 2015

Über die Autoren

Dr. Jutta Rump ist Professorin für Allgemeine Betriebswirtschaftslehre, insbesondere Internationales Personalmanagement und Organisationsentwicklung an der Hochschule Ludwigshafen. Sie hat zudem zahlreiche Mandate auf regionaler und nationaler Ebene inne und ist in Unternehmen als Projekt- und Prozessbegleiterin tätig. Darüber hinaus leitet sie das Institut für Beschäftigung und Employability IBE, das den Schwerpunkt seiner Forschungsarbeit auf personalwirtschaftliche, arbeitsmarktpolitische und beschäftigungsrelevante Fragestellungen legt.

Silke Eilers war während ihres berufsintegrierenden Studiums der Betriebswirtschaftslehre an der Hochschule Ludwigshafen im Vertrieb und im Personalmanagement der Koenig & Bauer AG in Frankenthal tätig. Seit dem Jahr 2003 ist sie wissenschaftliche Mitarbeiterin und Projektleiterin am Institut für Beschäftigung und Employability IBE. Ihre Arbeitsschwerpunkte liegen in den Themenbereichen Demografie, Trends der Arbeitswelt, Employability sowie lebensphasenorientierte Personalpolitik.

Im Fokus: Digitalisierung und soziale Innovation

Konsequenzen für das System Arbeit

Jutta Rump und Silke Eilers

Zusammenfassung

Der Digitalisierung kommt eine zentrale Rolle zu, wenn es um die Trends und Entwicklungen auf dem Weg zur Arbeit 4.0 geht. Jedoch wird die Digitalisierung vielfach in erster Linie auf technische Aspekte reduziert und die Konsequenzen jenseits der Technik werden nicht ausreichend thematisiert. Dieser Beitrag nimmt einen ganzheitlichen Blick auf das System Arbeit ein, indem auf unterschiedlichen Ebenen die hohe Bedeutung sozialer Innovationen und sozialer Transformation im Kontext technischer Innovationen und Prozessinnovationen dargestellt wird.

1 Hintergründe und zentrale Fragestellungen

Im Kanon der Trends und Entwicklungen, die die Arbeit 4.0 prägen (werden), nimmt die Digitalisierung eine zentrale Rolle ein. Nicht selten wird jedoch eine Reduzierung auf rein technische Aspekte vorgenommen und die Konsequenzen jenseits der Technik werden nicht ausreichend berücksichtigt. Über die Ausführungen von Kap. 1 hinaus soll daher der Fokus noch einmal auf diese spezifische Facette der Digitalisierung gelegt und im Kontext des gesamten Systems Arbeit erörtert werden.

Technische Innovationen werden seit jeher mit Prozessinnovationen begleitet. Häufig wird jedoch unterschätzt: Technische Innovationen und Prozessinnovationen bedürfen

J. Rump (✉) · S. Eilers
Institut für Beschäftigung und Employability IBE,
Ludwigshafen, Deutschland
E-Mail: jutta.rump@ibe-ludwigshafen.de

S. Eilers
E-Mail: silke.eilers@ibe-ludwigshafen.de

J. Rump und S. Eilers (Hrsg.), *Auf dem Weg zur Arbeit 4.0*, IBE-Reihe,
DOI 10.1007/978-3-662-49746-3_2

immer sozialer Innovationen und sozialer Transformation. Die Diskussion um die soziale Transformation und die sozialen Innovationen steht im Moment am Anfang. Wenn sie bereits begonnen worden ist, dann ist sie meist noch unstrukturiert und unsystematisch. Im Blickpunkt stehen insbesondere die folgenden Fragestellungen, die im vorangegangenen Kapitel bereits teilweise diskutiert wurden:

- Wie verändern sich die Jobs entlang der Wertschöpfungskette?
- Welche unterschiedlichen Formen der Arbeitsorganisation lassen sich identifizieren und umsetzen?
- Welche Beschäftigungs- und Arbeitsmodelle werden in Zukunft angeboten und nachgefragt?
- Wie sehen Arbeitsräume (bis hin zur Architektur) in Zukunft aus?
- Gibt es eine Verflachung von Hierarchien?
- Wird es zu einer Delegation von Entscheidungsfindung kommen? Was verbirgt sich hinter der „Demokratisierung" von Führung?
- Wird sich die Belegschaft polarisieren?
- Welche Veränderungen hinsichtlich der Qualifikations- und Kompetenzanforderungen zeigen sich?
- In welcher Form müssen die Ausbildungsprofile/Ausbildungsberufe angepasst werden? Sind die Ausbildungsberufe digitalisierungstauglich?
- Wie gestaltet sich die Personalentwicklung und Mitarbeiterbindung?
- Wird sich die Vereinbarkeit von Beruf und privater Lebenssituation durch Digitalisierung verbessern? Was ist mit der Entgrenzung von Arbeit und Freizeit? Welche Kompetenzen braucht es, um die Möglichkeiten zu nutzen? Wo ist die Grenze der Entgrenzung?
- Welche Beschäftigungseffekte lassen sich generieren (positiv/negativ)?
- In welcher Form müssen Tarifverträge bzw. Betriebsvereinbarungen angepasst werden? Bedarf es der Entwicklung der bisher kollektiv geprägten Regelungen hin zu modular ausgerichteten Regelungen mit Mindeststandards?

2 Konsequenzen für das System Arbeit

Führt man sich die relevanten Trends und Entwicklungen im Kontext von Arbeit 4.0 und die zentralen Fragestellungen vor Augen, so wird deutlich, dass der Einfluss der Digitalisierung im „System Arbeit" genauso mitgedacht werden muss wie der Zusammenhang zwischen Digitalisierung und Geschäftsmodellen und -prozessen sowie Wertschöpfungsketten.

Unter „System Arbeit" werden vier Ebenen verstanden:

- die **Mikroebene** des Systems Arbeit: arbeitsplatzbezogene Faktoren;
- die **Mesoebene** des Systems Arbeit: betriebliche Faktoren und Rahmenbedingungen;

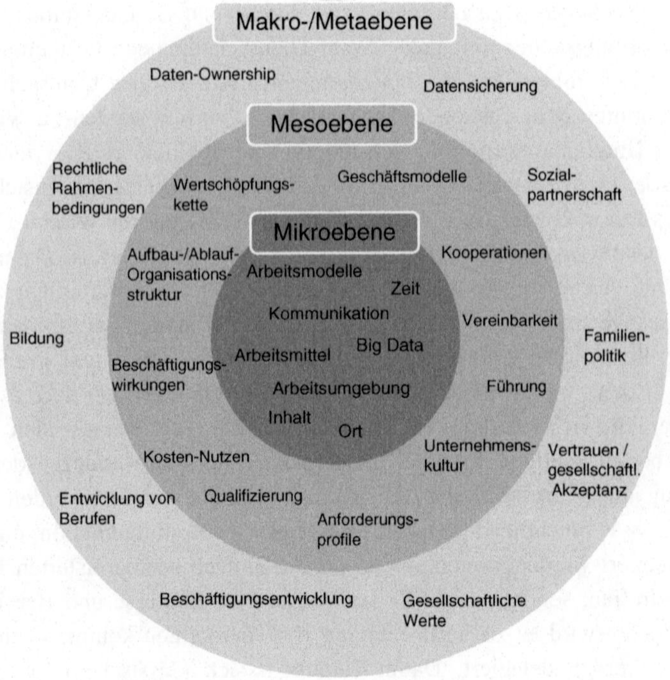

Abb. 1 Die Handlungsfelder des Systems Arbeit. (Eigene Darstellung)

- die **Makroebene** des Systems Arbeit: volkswirtschaftliche und arbeitsmarktpolitische Faktoren und Bedingungen;
- die **Metaebene** des Systems Arbeit: gesellschaftliche, rechtliche und politische Faktoren und Bedingungen.

Abb. 1 gibt einen Überblick über die Konsequenzen der Digitalisierung jenseits der Technik im System Arbeit.

Es ist davon auszugehen, dass die Digitalisierung auf der **Mikroebene** die Arbeitsprozesse, -strukturen und -bedingungen verändern wird. Die Arbeitsverdichtung wird zunehmen, die Arbeitsgeschwindigkeit erhöht sich, die Komplexität wird in einigen Bereichen deutlich ansteigen. Von den Beschäftigten wird erwartet, dass sie mit der ausgeweiteten Erreichbarkeit umgehen können und ihre Verfügbarkeit unter Berücksichtigung der betrieblichen Belange und ihrer eigenen Möglichkeiten regeln. Die mit der Digitalisierung einhergehende Geschwindigkeit nicht nur in den Prozessen, sondern auch in den Veränderungen erfordert von Mitarbeitenden ein hohes Maß an Lernbereitschaft und -fähigkeit sowie Veränderungsbereitschaft und -fähigkeit. Nicht selten wird mit der Digitalisierung eine Verbesserung der Möglichkeiten zur Vereinbarkeit von Beruf und privater Lebenssituation verbunden. Dabei scheint außer Acht gelassen zu werden, dass es vonseiten der Beschäftigten eines hohen Maßes an Selbstmanagement und Selbstdisziplin bedarf und es aufseiten des Unternehmens verbindliche Regeln braucht.

Auf der **Mesoebene** ist zu beachten, dass durch neue Geschäftsmodelle und veränderte Wertschöpfungsketten mit hoher Wahrscheinlichkeit neue Formen von Kooperation und Austausch innerhalb eines Unternehmens und zwischen Unternehmen (entlang der Wertschöpfungskette) entstehen. Strategische Allianzen werden zu wichtigen Instrumenten der Unternehmenspolitik. Von unternehmenspolitischer Relevanz sind zudem Themen wie der Umgang mit der Datenfülle (Big Data) sowie der Datensicherheit. Auch die Frage des Daten-Ownerships gilt es zu klären. Wem gehören welche Daten an welcher Station der Wertschöpfungskette, wenn der Kunden aktiv eigene Daten in den Prozess gibt? Und wer trägt dann die Verantwortung für die Datensicherheit? Ein weiterer Aspekt ist die Investition, die mit der Digitalisierung verbunden ist. Auf den ersten Blick nehmen wir die Investitionskosten im Kontext der technischen und Prozessinnovationen wahr. Auf den zweiten Blick ist es jedoch notwendig, die Investitions- und Veränderungskosten, die sich aus der sozialen Transformation und den sozialen Innovationen ergeben, zu berücksichtigen. Darüber hinaus sollten die Konsequenzen der Digitalisierung in Bezug auf die Aufbau- und Ablauforganisation thematisiert werden. Es ist davon auszugehen, dass zunehmend Maschine-zu-Maschine-Kommunikation und -Kooperation implementiert werden, welche nicht nur die einfach standardisierten Prozesse und Bereichen betreffen, sondern auch die komplizierteren Prozesse und Bereichen tangieren. Des Weiteren wird es zu Verflachungen von Hierarchien kommen. Entscheidungskompetenzen werden delegiert. Damit verändern sich klassische Führungsstrukturen und -kulturen. Es wird im Moment von einer Art von Demokratisierung von Führung gesprochen, womit in einem ersten Schritt hier wohl eher eine weitere Partizipation gemeint ist. Wird dann die steigende Partizipation und der Trend zur Demokratisierung von Führung mit der Möglichkeit von flexiblen und mobilen Arbeitsmodellen verbunden, zeigt sich die Notwendigkeit eines Mitarbeitendenbildes im Sinne des Unternehmers oder der Unternehmerin in eigener Sache sowie eines Kompetenzprofils, das neben fachlicher Kompetenz und Medienkompetenz ein hohes Maß an Methodenkompetenzen und Sozialkompetenzen beinhaltet. Beschäftigte mit einem solchen Rollenverständnis und Kompetenzprofil erwarten von Führungskräften ein Verhaltensmuster, das eher einem „Impressario“ gleicht. Die Führungskraft gestaltet Rahmenbedingungen, koordiniert und motiviert. Nicht zuletzt ist damit zu rechnen, dass sich die Belegschaftsstrukturen aus einer Kernbelegschaft und Satelliten zusammensetzen, wobei die Satelliten eher hoch qualifizierte Personen sind, die dem Unternehmen auf Zeit ihre Kompetenzen zur Verfügung stellen.

Arbeitsmarktpolitisch und volkswirtschaftlich (**Makroebene**) ist u. a. die Auswirkung der digitalen Transformation auf die duale Ausbildung von besonderem Interesse. Es liegt auf der Hand, dass Ausbildungsinhalte und Ausbildungscurricula sowie Berufsbilder angepasst werden müssen, wenn sich die Arbeitsinhalte, Arbeitsprozesse, Arbeitsumgebungen, Arbeitsbedingungen, Arbeitsstrukturen sowie Arbeitsorganisationen nachhaltig und langfristig verändern. Nur auf eine solche Weise lässt sich die duale Ausbildung zukunftsfest gestalten. Eine ebenso große Herausforderung stellen die Beschäftigungseffekte dar, die im Kontext der Digitalisierung vermutet werden. Es ist davon ausgehen, dass es positive Effekte geben wird. Es werden neue Berufe und Tätigkeiten entstehen, im Rahmen der Gestaltung der Geschäftsmodelle und Prozesse, der Maschine-Maschine-Schnittstellen, der Mensch-Maschinen-Schnittstellen, der Innovationsentwicklung etc. werden vielfältige Tätigkeiten zu bewältigen sein. Demgegenüber ist auch mit negativen Beschäftigungswirkungen zu rechnen. So werden sich wahrscheinlich die Chancen auf dauerhafte Beschäftigung niedrig Qualifizierter und auch für einige „durchschnittlich" Qualifizierte (mittlere Qualifikationsstufen) reduzieren. Diese auf den ersten Blick negativen Beschäftigungseffekte können sich jedoch teilweise auflösen. Zum einen kann hier die demografische Lücke zum Tragen kommen und eventuell dem Fachkräfteengpass in bestimmten Berufen entgegenwirken. Zum anderen werden durch die Technologisierung in bestimmten Tätigkeiten Ressourcen frei, die sinnvoll eingesetzt werden können.

Nichtsdestotrotz führt die digitale Transformation zu Befürchtungen und Veränderungsängsten, mit denen die Gesellschaft (**Metaebene**) umgehen muss. Es liegt in der Verantwortung der Akteure des Systems Arbeit, wie Arbeitgebern, Sozialpartnern und Politik, Szenarien bezüglich der Konsequenzen der Digitalisierung jenseits von Technik und Geschäftsmodellen zu erstellen und somit mehr Informationen dazu zu generieren, was auf die Menschen zukommt. Nur so lassen sich Unsicherheit und Verunsicherung in der Gesellschaft reduzieren. Nicht zuletzt ist zu konstatieren, dass rechtlichen Strukturen und Regelungen an veränderte Arbeitsformen und Beschäftigungsverhältnisse (z. B. Arbeitszeitgesetz und Arbeitsstättenverordnung) angepasst werden müssen. Zudem verändern sich die Anforderungen an Sozialpartnerschaft. Tarifverträge mit kollektiv geprägten Regelungen werden vor dem Hintergrund der Entwicklungen in der Arbeitswelt die Handlungsfähigkeit eher behindern als befördern. Es wird vielmehr darauf ankommen, dass bestimmte Mindeststandards, die für alle gelten, durch modular ausgerichteten Regelungen ergänzt werden.

3 Schlussfolgerung

Die Ausführungen zeigen sehr deutlich den folgenden Zusammenhang:

- Nur eine **ganzheitliche Sichtweise,** die die technischen Innovationen sowie Prozessinnovationen ebenso wie die sozialen Innovationen berücksichtigt, trägt erheblich dazu bei, dass die Wettbewerbsfähigkeit des Standortes und der Betriebe gestärkt wird sowie der Wohlstand in der Gesellschaft gesichert ist.

Über die Autoren

Dr. Jutta Rump ist Professorin für Allgemeine Betriebswirtschaftslehre, insbesondere Internationales Personalmanagement und Organisationsentwicklung an der Hochschule Ludwigshafen. Sie hat zudem zahlreiche Mandate auf regionaler und nationaler Ebene inne und ist in Unternehmen als Projekt- und Prozessbegleiterin tätig. Darüber hinaus leitet sie das Institut für Beschäftigung und Employability IBE, das den Schwerpunkt seiner Forschungsarbeit auf personalwirtschaftliche, arbeitsmarktpolitische und beschäftigungsrelevante Fragestellungen legt.

Silke Eilers war während ihres berufsintegrierenden Studiums der Betriebswirtschaftslehre an der Hochschule Ludwigshafen im Vertrieb und im Personalmanagement der Koenig & Bauer AG in Frankenthal tätig. Seit dem Jahr 2003 ist sie wissenschaftliche Mitarbeiterin und Projektleiterin am Institut für Beschäftigung und Employability IBE. Ihre Arbeitsschwerpunkte liegen in den Themenbereichen Demografie, Trends der Arbeitswelt, Employability sowie lebensphasenorientierte Personalpolitik.

Teil II

Beschäftigungsfähigkeit sichern

Das Konzept des Employability Management

Jutta Rump und Silke Eilers

Zusammenfassung

Die Beschäftigungsfähigkeit oder Employability der Mitarbeitenden erhält vor dem Hintergrund der aktuellen Trends und Entwicklungen in der Arbeitswelt eine immer bedeutsamere Rolle. Dabei geht es nicht nur darum, fachlich kompetent zu sein und es auch zu bleiben. Vielmehr tragen überfachliche Kompetenzen, die viel beschworenen „Soft Skills“, in gleichem Maße zur Beschäftigungsfähigkeit bei. Nicht zu vergessen ist das Zusammenspiel von Kompetenzen, Gesundheit und Motivation im „magischen Dreieck der Employability“. Um ein ganzes Erwerbsleben lang beschäftigungsfähig zu bleiben, bedarf es des eigenverantwortlichen Umgangs der bzw. des Einzelnen mit ihrem bzw. seinem „Vermögensgut“, aber auch der Wahrnehmung der Unternehmensverantwortung seitens der Arbeitgeber. Gerade in Hinblick auf Unternehmenskultur und Führung, aber auch in Arbeitsorganisation, Kompetenzentwicklung und der Gestaltung von Werdegängen liegen entscheidende Stellschrauben, um Mitarbeitende beschäftigungsfähig zu halten.

J. Rump (✉) · S. Eilers
Institut für Beschäftigung und Employability IBE,
Ludwigshafen, Deutschland
E-Mail: jutta.rump@ibe-ludwigshafen.de

S. Eilers
E-Mail: silke.eilers@ibe-ludwigshafen.de

J. Rump und S. Eilers (Hrsg.), *Auf dem Weg zur Arbeit 4.0*, IBE-Reihe,
DOI 10.1007/978-3-662-49746-3_3

1 Bedeutung und Definition von Employability

1.1 Begriffsklärung und Historie

Wörtlich ins Deutsche übersetzt, bedeutet der Begriff „Employability" so viel wie Beschäftigungsfähigkeit. Bereits im Verlauf des 20. Jahrhunderts wurden verschiedenste Definitionen für Beschäftigungsfähigkeit entwickelt, die sich zunächst ausschließlich auf körperliche und sozioökonomische Merkmale der bzw. des Einzelnen konzentrierten, um sie bzw. ihn als beschäftigungsfähig oder nicht beschäftigungsfähig einzustufen. In einer nächsten Stufe wurde der Bezug zum Arbeitsmarkt als entscheidendes Kriterium erkannt, wobei in erster Linie Arbeitslose in den Mittelpunkt der Betrachtung gestellt wurden. Erst seit den 1990er Jahren wurde diese Fokussierung aufgegeben und die Sicherung der Beschäftigungsfähigkeit jeder bzw. jedes Einzelnen als bedeutendes Ziel definiert (vgl. Weinert et al. 2001; Rump und Eilers 2011a).

Heute werden mit Beschäftigungsfähigkeit oder Employability in erster Linie zwei große Themenbereiche abgedeckt: Zum einen die Auswahlprozesse für Arbeitssuchende am Arbeitsmarkt, zum anderen die unternehmensinternen Prozesse zur Nutzung von Humanressourcen. Verknüpft man diese beiden Ansätze, so geht es auch darum, Fähigkeiten zu ermitteln, die die bzw. der Einzelne „im Unternehmen erworben oder entwickelt hat und die es ihr oder ihm ermöglichen, den Erfordernissen des Unternehmens weiterhin gerecht zu werden oder sich um eine Stelle außerhalb des Unternehmens zu bewerben, in dem er tätig ist" (Weinert et al. 2001, S. 23).

Bausteine der Employability sind also Faktoren, die Menschen dazu befähigen, eine bestehende Beschäftigung zu behalten oder aber eine neue Beschäftigung zu finden. Dabei können diese Fähigkeiten sowohl innerhalb oder außerhalb der aktuellen beruflichen Tätigkeit erworben worden sein. Dazu gehören Erfahrung und Fähigkeiten ebenso wie die Bereitschaft zur Teilnahme an entsprechenden Maßnahmen, die die Beschäftigungsfähigkeit fördern. Von entscheidender Bedeutung ist auch das Maß an Eigenverantwortung und globalem Denken, das der jeweilige Arbeitgeber seinen Mitarbeitenden ermöglicht (vgl. Weinert et al. 2001). Nicht zu vergessen sind zudem Kenntnisse, die z. B. bei freiwilligem sozialem Engagement oder durch selbstständige Tätigkeit in Rahmen der Elternzeit erworben wurden.

Auf der Basis der einschlägigen Literatur und neuerer empirischer Erkenntnisse lässt sich Employability letztendlich wie folgt definieren (Rump und Eilers 2011a, S. 81):

> Employability ist die Fähigkeit, fachliche, soziale und methodische Kompetenzen unter sich wandelnden Rahmenbedingungen zielgerichtet und eigenverantwortlich anzupassen und einzusetzen, um eine Beschäftigung zu erlangen oder zu erhalten.

1.2 Das magische Dreieck der Employability

Um Wettbewerbsfähigkeit dauerhaft zu sichern, sind Arbeitgeber also darauf angewiesen, in ausreichendem Maße Beschäftigte für sich zu gewinnen und an sich zu binden, die „employable", also beschäftigungsfähig sind. Dies impliziert gemäß der vorab erläuterten Definition, dass sie in der Lage sind, mit den vielfältigen Veränderungen der Arbeitswelt Schritt zu halten und bis in ein vergleichsweise hohes Alter ihre Gesundheit, Motivation und Qualifikation aufrechtzuerhalten und weiter auszubauen. Dafür sind fachliches Wissen und fachliche Kompetenz alleine nicht mehr ausreichend. Ein endgültiger Konsens darüber, welche Merkmale einen Menschen nun beschäftigungsfähig machen, lässt sich nicht herstellen, da der Begriff sich aufgrund der Dynamik und Komplexität der Arbeitswelt beständig weiterentwickelt und einen sehr individuellen Charakter besitzt. Dennoch ist es sinnvoll, einen Rahmen zu entwickeln, in dem definierte Kernfelder sich der Begrifflichkeit nähern. Denn Employability muss von allen relevanten Akteurinnen und Akteuren als schlüssiges Konzept erkannt werden können, als eine Zielrichtung, an der man gemeinsam arbeiten kann (Rump und Eilers 2011a). Das „magische Dreieck der Employability" stellt einen solchen Rahmen dar (Abb. 1).

Es ist festzustellen, dass die Bedeutung von Gesundheit bzw. Wohlbefinden für die Beschäftigungsfähigkeit eines bzw. einer Mitarbeitenden zunehmen wird. Während in der Vergangenheit vor allem der Kompetenzerhalt und die Motivation mit Konzepten und Maßnahmen belegt wurden, steigt derzeit das Bewusstsein, dass ohne den Erhalt und die Förderung von Gesundheit die Motivation und die Beschäftigungsfähigkeit der Mitarbeitenden eingeschränkt sind. Immer klarer wird, dass Motivation, Kompetenzerhalt und Gesundheit miteinander verwoben sind. Fehlt Motivation, verringert sich der Antrieb zum Kompetenzerhalt, was mittelfristig zu einer Überforderung am Arbeitsplatz führt und langfristig die Gesundheit beeinträchtigen kann. Fehlen die Qualifikationen und die Kompetenzen, fühlen sich die Beschäftigten überfordert, verlieren an Motivation, betrachten die Arbeitsaufgaben als Belastung, was sich wiederum auf die Gesundheit

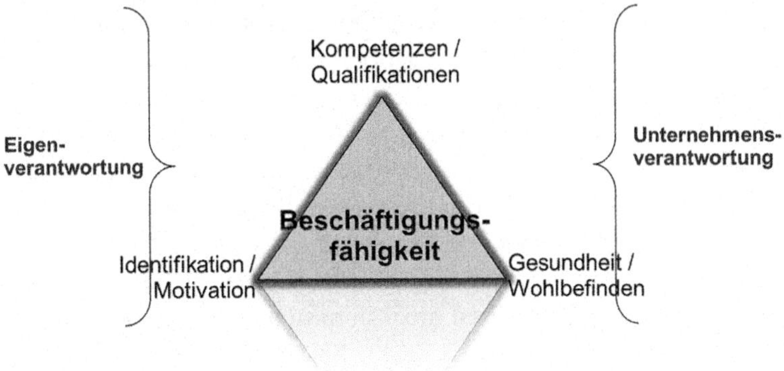

Abb. 1 Das magische Dreieck der Employability

negativ auswirken kann. Nicht zuletzt: Sind die Beschäftigten nicht gesund, fehlt ein Teil der Energie, um nachhaltig an der Motivation und am Kompetenzerhalt zu arbeiten. Die relevanten Kompetenzen im Kontext von Employability umfassen neben der fachlichen Kompetenz, die gewissermaßen als Fundament anzusehen ist, auch eine Reihe überfachlicher Kompetenzen. Zu nennen sind hier Initiative, Eigenverantwortung, unternehmerisches Denken und Handeln, Engagement, Team-, Konflikt- und Kommunikationsfähigkeit, Einfühlungsvermögen, Belastbarkeit, Lern- und Veränderungsbereitschaft sowie Reflexionsfähigkeit.

Es gilt allerdings das Motto „Der Weg ist das Ziel“, d. h., es kommt nicht darauf an, sofort die optimale Ausprägung aller Kompetenzen zu entwickeln, sondern vielmehr, sich auf den Weg zu machen und die Sicherung der Beschäftigungsfähigkeit als unablässigen Prozess zu betrachten. Während in der Vergangenheit Qualifizieren und Lernen eine Notwendigkeit für den beruflichen Aufstieg darstellten, dienen sie heute primär dazu, einen beruflichen Abstieg zu vermeiden. Employability wird gewissermaßen zum Sicherungsanker in einer sich beständig wandelnden Arbeitswelt (Rump und Eilers 2011a).

1.3 Bedeutung vor dem Hintergrund der aktuellen Trends und Entwicklungen

Die Forderung nach Beschäftigungsfähigkeit oder Employability ist keineswegs neu. Die Diskussion um die Schlüsselkompetenzen hat eine lange Tradition und beschäftigt Bildungsfachleute seit Jahrzehnten. Unter dem Begriff der Employability allerdings wurde die Thematik im angelsächsischen Raum deutlich früher aufgegriffen als in Deutschland (Kraus 2006). Die „Renaissance“ der Schlüsselkompetenzen im Kontext von Employability hat ihren Ursprung in den sich verändernden Bedingungen innerhalb und außerhalb von Unternehmen. Gerade in der Diskussion um die Voraussetzungen für ein erfolgreiches „Arbeiten 4.0“ fällt auf, dass die Kompetenzen und Handlungsansätze, die sich mit Employability in Verbindung bringen lassen, als unerlässlich angesehen werden, um adäquat mit den Implikationen der digitalen Transformation umzugehen (BMAS 2015). So spricht die PIACC-Studie der OECD (2014) davon, dass es „einerseits um höhere Qualifikationen [geht], damit Arbeitskräfte mit den technologischen Entwicklungen Schritt halten können. Andererseits sind neben fachspezifischen Kenntnissen verstärkt soziale und personale Fähigkeiten wie Problemlösungskompetenz, Kreativität, Kommunikationsstärke oder die Fähigkeit zu ganzheitlichem und vernetztem Denken, nachgefragt“ (BMAS 2015, S. 29). Auch wird von Expertinnen und Experten die Bedeutung der Selbstverantwortung und -bestimmung im Zusammenhang der Thematik der neuen Grenzziehungen zwischen Beruf und Privatleben sowie den neuen Arbeitsformen und -beziehungen (vgl. hierzu auch Kap. 1) hervorgehoben (Eichhorst et al. 2013; Shareground und Universität St. Gallen 2015). Zudem braucht es Veränderungsbereitschaft und -fähigkeit zum Umgang mit volatilen Märkten und die Kompetenz aufseiten des Unternehmens wie auch des Individuums,

„mehr Unsicherheit aus[zu]halten und trotz Unsicherheit handlungsfähig [zu] bleiben" (Fraunhofer IAO 2013, S. 6). Im Kontext der fachspezifischen Kenntnisse wird als neue Kernkompetenz vor allem die „digital literacy" angeführt, eine Art digitaler Grundkompetenz.[1]

Für die bzw. den **Einzelnen** sind die Veränderungen der Arbeitswelt mit der Notwendigkeit verbunden, den eigenen Arbeits- und Lebensrhythmus immer wieder neu zu definieren und den eigenen Qualifikationsstand permanent mit den Anforderungen vergleichen und anpassen zu müssen. Darüber hinaus bewirkt die Instabilität der Arbeitsplätze und Arbeitsbereiche, dass der erlernte Beruf nicht mehr ein ganzes Leben lang trägt und es keine „Stammplatzgarantie" (Scholz 2009) mehr gibt. Vielmehr ist damit zu rechnen, dass das Arbeitsfeld im Laufe des Erwerbszyklus 7- bis 8-mal wechseln wird. Nicht selten wird damit auch eine berufliche Um- bzw. Neuorientierung verbunden sein. Hinzu kommt die Entwicklung, dass sich Berufsbilder immer rasanter wandeln und – nicht zuletzt im Kontext der Digitalisierung und Automatisierung – obsolet werden können. Derartige Herausforderungen betreffen längst nicht mehr nur Arbeitnehmende in Tätigkeitsfeldern, die eine geringe Qualifikation erfordern und leicht automatisierbar sind, sondern in zunehmendem Maße auch diejenigen mit mittleren und höheren Qualifikationen, wenn beispielsweise auch die Erstellung medizinischer Diagnosen oder eine Rechtsberatung elektronisch erfolgen können oder ganze Geschäftsmodelle infrage gestellt werden (BMAS 2015). Daraus resultiert, dass dem Erhalt der Qualifikation bzw. der Anpassung des Kompetenzstandes mehr Gewicht eingeräumt werden sollte als dem Streben nach Arbeitsplatzsicherheit. Verantwortung für sich selbst und die berufliche Entwicklung wird mehr denn je zur Schlüsselqualifikation und Kernkompetenz, Employability zur Wettbewerbsfähigkeit der bzw. des Einzelnen auf internen und externen Arbeitsmärkten und zum Garant für stärkere Bildungserträge (Ernst et al. 2003; Kraus 2006; BMAS 2015). Die hohe Bedeutung der Schlüsselkompetenzen verdeutlicht auch eine Untersuchung der DIHK. Danach bewerten 71 % der befragten Unternehmen Teamfähigkeit als wichtigste Kompetenz von Hochschulabsolventinnen und -absolventen. Nahezu gleichrangig werden die Fähigkeit, selbstständig zu arbeiten, Einsatzbereitschaft sowie Kommunikationsfähigkeit genannt. Fachwissen wird als selbstverständlich vorausgesetzt. Im direkten Vergleich zweier fachlich kompetenter Bewerberinnen bzw. Bewerber wird daher der- bzw. demjenigen mit mehr „soft skills" der Vorzug gegeben (DIHK 2008). Dies impliziert die Fähigkeit, lebenslang zu lernen, flexibel und anpassungsfähig zu sein, mit neuen, ungewohnten Situationen, Prozessen und Organisationsformen umgehen zu können und sich relativ schnell in neue Tätigkeitsfelder einzuarbeiten.

---

[1] „Diese sogenannte Digital Literacy reicht vom Basiswissen über den prinzipiellen Aufbau und die Funktionsweise von Computer- und Kommunikationsgeräten über grundlegende Anwendungskenntnisse bis hin zur Fähigkeit, sich in Online-Communities zu bewegen und zu äußern. Hinzu kommt die Informationskompetenz, d. h. die Fähigkeit, zielgerichtet, selbstbestimmt, verantwortlich und effizient mit Informationen umzugehen" (BMAS 2015, S. 61).

Für **Unternehmen** bedeuten die Entwicklungen einen kontinuierlichen Wandlungsprozess sowie einen steigenden Wettbewerb um die Wissens- und Kompetenzträger. Auch sie haben keinen „Stammplatz“ auf dem Weltmarkt oder in der Gunst (potenzieller) Mitarbeitender (Scholz 2009). Die PIACC-Studie zeigt zudem, dass sich durch erweiterte Qualifikationen der Arbeitnehmenden Produktivitätssteigerungen seitens der Unternehmen realisieren lassen. Als eine Voraussetzung identifiziert sie jedoch eine bessere Passung zwischen Arbeitsplatzanforderungen und Qualifikationen und damit die Nutzung brach liegenden Potenzials. Danach verfügt nach eigenen Angaben fast ein Viertel der befragten Beschäftigten in Deutschland über die erforderlichen Qualifikationen, um anspruchsvollere Aufgaben zu verrichten als die am eigenen Arbeitsplatz geforderten (BMAS 2015; OECD 2014). Hinzu kommt die Forderung, gerade im Rekrutierungsprozess stärker auf die Fähigkeiten, Talente und Kompetenzen zu fokussieren als auf formale Abschlüsse und bisherige Funktionen, da Arbeitsplatzanforderungen immer facettenreicher werden (BCG 2015).

1.4 Herausforderungen im Kontext von Employability

Employability ist somit Chance und Herausforderung gleichermaßen: Die bzw. der Einzelne wird nicht länger auf Fachwissen und Fachkompetenz reduziert, sondern auch mit ihren bzw. seinen überfachlichen Kompetenzen gefördert und wertgeschätzt. Doch hängt es in hohem Maße von der individuellen Situation während des gesamten Erwerbslebens ab, inwieweit die Rahmenbedingungen dafür gegeben sind, dem immer komplexer werdenden Anforderungsprofil zu entsprechen und „in Bewegung zu bleiben“ ohne „die Balance zu verlieren“. Nicht von der Hand zu weisen ist, dass sowohl seitens der Beschäftigten als auch seitens der Unternehmen durchaus einige Befürchtungen und Hemmnisse im Zusammenhang mit Employability zu beobachten sind (Abb. 2).

Die Umsetzung des Employability-Gedankens bringt für **Arbeitgeber** Änderungen mit sich, die nicht selten auf Widerstand stoßen. Viele Unternehmen scheuen diese Konfrontation oder versuchen, ihr mit den alten Instrumenten der Macht und Hierarchie zu begegnen. Macht und Hierarchie jedoch sind nicht kompatibel mit Employability. Ein hohes Ausmaß an Widerständen lässt darauf schließen, dass die Ausprägung an Beschäftigungsfähigkeit eher niedrig ist bzw. erst ein kleinerer Teil der Arbeitnehmenden sich mit seiner Beschäftigungsfähigkeit auseinandersetzt bzw. auseinandersetzen kann und als „employable“ gilt bzw. sich als „employable“ fühlt. Insbesondere für die Führungskräfte im Unternehmen geht die Förderung von Eigenverantwortung und Selbstbewusstsein bei ihren Mitarbeitenden gedanklich mit einem Machtverlust einher. Zudem sehen sie sich durch diese Situation mit einer erhöhten Komplexität und neuen Erwartungen an ihre Rolle konfrontiert. Nicht wenige Vorgesetzte fühlen hier einen enormen Druck, den Anforderungen gerecht zu werden, und reagieren mit Zurückhaltung. Einen Weg, der Zurückhaltung von Führungskräften zu begegnen, stellt das bewusste Heranführen an die Grundsätze und Philosophie von Employability und das Aufzeigen des Nutzens für das

Befürchtungen und Hemmnisse

... auf Arbeitgeberseite	... auf Seiten der Arbeitnehmenden
▪ ‚Qualifizierung nach Außen'. ▪ Höhere Kosten für Mitarbeiterbindung und -motivierung. ▪ Widerspruch zu den gelebten Führungsmustern. ▪ Widerspruch zu den bestehenden Strukturen und Prozessen. ▪ Widerspruch zur Unternehmenskultur. ▪ Entstehung einer „Zwei-Klassen-Belegschaft".	▪ Angst vor Überforderung. ▪ Angst vor Versagen. ▪ Angst vor „Nicht-Mithalten-Können". ▪ Angst vor Burn-Out-Syndrom. ▪ Widerspruch zur Sozialisation. ▪ Angst vor einem vermuteten Arbeitsplatzabbau.

Abb. 2 Befürchtungen und Hemmnisse im Zusammenhang mit Employability. (Mod. nach Rump und Eilers 2011a)

Unternehmen und den bzw. die Mitarbeitende dar. Darüber hinaus können Ressentiments dadurch reduziert werden, dass Führungskräften bewusst wird, dass sie nicht nur etwas verlieren, sondern auch selbst Nutznießende sind und an ihrer eigenen Beschäftigungsfähigkeit arbeiten können. Eine Reihe von Unternehmen äußert auch die Befürchtung, ihre Mitarbeitenden „nach draußen" zu qualifizieren, also in deren Beschäftigungsfähigkeit zu investieren, ohne selbst von dieser erhöhten Qualifikation zu profitieren, da die Arbeitnehmenden sich dem externen Arbeitsmarkt zuwenden. Diese Argumentationskette lässt eine wesentliche Frage außer Acht. Warum wenden sich die Mitarbeitenden, die beschäftigungsfähig sind, anderen Arbeitgebern zu? In einem Unternehmen, das Employability nicht nur fordert, sondern auch unterstützt und fördert, wird sich mit sehr hoher Wahrscheinlichkeit eine solche Befürchtung nicht bewahrheiten. Ziel der Arbeitgeber muss es also sein: „to make their workforce ‚able to go, but want to stay'" (Tamkin und Hillage 1999, S. 54).

Ein weiterer häufig genannter Hinderungsgrund für die Umsetzung von Employability-Konzepten ist die arbeitgeberseitige Befürchtung, sich damit immense Kosten aufzubürden. Aufgrund dieser Befürchtung findet insbesondere in konjunkturellen und strukturellen Krisenzeiten eine intensivere Auseinandersetzung mit der Thematik erst gar nicht statt. Hier sei nun die Frage erlaubt, ob ein Unternehmen auf die Förderung von Employability verzichten kann. Ist es nicht eher so, dass es den technischen Neuerungen, inhaltlichen Veränderungen und/oder erforderlich gewordenen Umstrukturierungen nicht mehr gewachsen sein wird, wenn ein Unternehmen nicht bereit ist, die Beschäftigungsfähigkeit seiner Mitarbeitenden zu erhalten und zu fördern? Darüber hinaus ist dem Kostenargument entgegenzuhalten, dass die Integration des Grundgedankens von Employability weniger einen Kostenfaktor darstellt als vielmehr die Bereitschaft zu kulturellen und organisatorischen Veränderungen erforderlich macht.

Nicht zuletzt sehen sich zahlreiche Arbeitgeber der Herausforderung nicht gewachsen, Mitarbeitende, die sich als „Unternehmende in eigener Sache" sehen und kontinuierlich an ihrer Beschäftigungsfähigkeit arbeiten möchten, an das Unternehmen zu binden. Sie fürchten, einem unablässigen Druck ausgesetzt zu sein, den beschäftigungsfähigen Mitarbeitenden Entwicklungsperspektiven aufzuzeigen. Ein solcher Druck ist sicherlich vorhanden. Der Angst um diese Drucksituation kann jedoch entgegengehalten werden, dass beschäftigungsfähige Mitarbeitende einen Nutzen für das Unternehmen stiften, der ungleich höher ist als die Aufwendungen. Gerade darin, die eigenen Prozesse kontinuierlich überdenken zu müssen und sich dem bzw. der Arbeitnehmenden als attraktiver Arbeitgeber zu präsentieren, liegt eine nicht zu unterschätzende Chance für das Unternehmen. Denn die Positionierung auf dem internen Markt spiegelt sich unweigerlich auch auf dem externen Markt wider und wirkt positiv auf das Unternehmensimage. Zudem wäre ohne beschäftigungsfähige Arbeitnehmende der Druck, der sich aus den Märkten und der Wettbewerbslage generiert, weitaus höher (Rump und Eilers 2011a).

Bei zahlreichen **Arbeitnehmenden** führt der Wandel in der Arbeitswelt zu Gefühlen der Verunsicherung. Nicht selten wird die Befürchtung geäußert, die Differenzierung in beschäftigungsfähig und nicht beschäftigungsfähig impliziere schlichtweg eine Selektion erwünschter und unerwünschter Beschäftigter. Dies bezieht sich nicht nur auf die Angst vor Stellenabbau, sondern auch auf die Einschränkung persönlicher Freiräume, die Zuweisung bestimmter Arbeitsplätze und die Verweigerung weiterer Qualifizierungsmaßnahmen. Hinzu kommen Bedenken, dem sehr umfangreichen und komplexen Anforderungskatalog der Employability adäquat begegnen zu können. Es ist zu beobachten, dass dies für einige Beschäftigte ebenfalls einer stetig steigenden Drucksituation gleichkommt. Nicht jede bzw. jeder ist der Herausforderung gewachsen und kann konstruktiv damit umgehen. „Was passiert wenn ich nicht mehr kann?" ist eine häufig gestellte Frage – eine ernst zu nehmende Frage, für deren Beantwortung der Arbeitgeber, aber auch die Sozialpartner Sorgfalt aufwenden sollten. Viele Menschen können sich auch nur schwer von dem über Jahrzehnte gewach-senen Modell der Absicherung durch qualifizierte Erstausbildung und gezielte Berufs- und Arbeitsplatzwahl lösen. Die Forderung nach dem Loslassen der durch Erziehung und Ausbildungswege, durch eine bestimmte Tätigkeit und/oder durch einen bestimmten Arbeitgeber definierten Sicherheit löst dann ein Gefühl der Hilflosigkeit aus.

Diese Lücke zwischen dem Wegfall der traditionellen „Sicherungsanker" und dem Annehmen des neuen „Sicherungsankers" Beschäftigungsfähigkeit resultiert u. a. daraus, dass die Wahrnehmung von „Sicherungsankern" und das Sicherheitsempfinden durch Sozialisation geprägt sind. Einstellungen und Mentalitäten lassen sich somit nicht von heute auf morgen ändern, sondern bedürfen einer Entwicklungszeit bzw. einschneidender Ereignisse, die den Prozess beschleunigen (Rump und Eilers 2011a). Bei der jüngeren Generation der heute unter 35-Jährigen ist allerdings bereits ein Bewusstseinswandel festzustellen. So setzen sie immer weniger auf „job security", also die dauerhafte Sicherheit eines bestimmten Arbeitsplatzes bei einem bestimmten Unternehmen, sondern vielmehr auf „career security", bei der es um lebenslange Beschäftigungsfähigkeit geht (Lancaster und Stillman 2002; Trendbüro 2003).

Trotz der durchaus bestehenden Befürchtungen und Hemmnisse erkennen beide Seiten allerdings auch erhebliche Nutzenaspekte (Abb. 3).

Unternehmen bewegen sich mehr und mehr in einem Umfeld, das durch eine explosionsartige Vermehrung und gleichzeitig sinkende Halbwertzeit von Wissen und damit verbunden durch eine steigende Veränderungsgeschwindigkeit sowie zunehmende Komplexität gekennzeichnet ist. Sie sind mehr und mehr gezwungen, Produkte und Dienstleistungen anzubieten, die neuartig und hochwertig sind, um sich von der Konkurrenz abheben zu können. Zum anderen verringert sich in einem solchen Kontext die Zeitspanne zwischen Erfindung und kommerzieller Anwendung. Der Lebenszyklus von Produkten und Dienstleistungen wird verkürzt – mit der Konsequenz einer schnelleren Amortisation von Investitionen in Forschung und Entwicklung, Produktion und Marketing. Darüber hinaus ist zu beobachten, dass die Prozesse der Leistungserstellung zunehmend flexibler und kundenorientierter werden. Kreative und wissensintensive Tätigkeiten nehmen in dem Maße zu, in dem der physische Leistungsanteil abnimmt. Dabei unterliegt der Leistungserstellungsprozess ständig Veränderungen, die sich mit steigender Geschwindigkeit vollziehen. Unter diesen Bedingungen stellt die Innovationsfähigkeit eines Unternehmens einen wesentlichen Wettbewerbsfaktor dar. Innovationsfähigkeit hängt entscheidend von dem Wissens- und Kompetenzstand der Mitarbeitenden ab. Dabei spielt weniger der gesamte Wissens- und Kompetenzstand eine Rolle, sondern vielmehr das erfolgskritische Wissen und die erfolgskritischen Kompetenzen. Erfolgskritisch sind Wissen und Kompetenzen dann, wenn sie einzigartig sind und/oder maßgeblich die Leistung beeinflussen. Im Rahmen einer ständig steigenden

Nutzen von Beschäftigungsfähigkeit	
... für Arbeitgeber	... für die / den Einzelne/n
▪ Leistungsfähige, kompetente Mitarbeiter/innen über alle Lebensphasen hinweg. ▪ Steigerung der Innovationskraft. ▪ Vergrößerung der Wissensbasis im Unternehmen. ▪ Zunehmende Flexibilität beim Personaleinsatz. ▪ Verbesserung der Wandlungs- und Veränderungsfähigkeit. ▪ Steigerung der Attraktivität.	▪ Aktualität des eigenen Qualifikationsstandes. ▪ Wissen um die eigenen Stärken und Schwächen. ▪ Mitgestaltungsmöglichkeit an der beruflichen Zukunft. ▪ Veränderung als Chance und weniger als Risiko sehen. ▪ Erhöhung von Selbstbewusst-sein und Eigenverantwortung.

Abb. 3 Nutzen von Beschäftigungsfähigkeit/Employability. (Mod. nach Rump und Eilers 2011a)

Veränderungsgeschwindigkeit variieren häufig die Anforderungen an erfolgskritisches Wissen und erfolgskritische Kompetenzen. Um den hohen Ansprüchen an den Wissens- und Kompetenzstand sowie ihrer sinkenden „Lebenszeit" gerecht zu werden, bedarf es Mitarbeitenden, die nicht reaktiv, sondern proaktiv ihr Wissen und ihre Kompetenzen hinsichtlich Aktualität und Relevanz überprüfen und ggf. ändern. Verantwortung für die berufliche Entwicklung, Flexibilität, Fähigkeit, die Bedeutung des eigenen Handelns für das Unternehmen zu erkennen sowie Lernbereitschaft gehören zu den entscheidenden Kernkompetenzen von Employability. Verfügen Beschäftigte über das dargestellte erfolgskritische Wissen und die Kernkompetenzen von Employability, so treten sie im Kundenkontakt professioneller und kompetenter auf. Als unternehmerisch denkende Menschen, die sich ihrer eigenen Kompetenzen und Fähigkeiten bewusst sind, wissen sie um den Wert der angebotenen Leistung und um die Bedeutung ihrer Tätigkeit für ihr Unternehmen. Sie repräsentieren den Arbeitgeber, der ihre Employability und Weiterentwicklung fördert und fordert, stolz und selbstbewusst und tragen damit das positive Image aus ihrem Inneren nach außen. Es ist erwiesen, dass Mitarbeiterzufriedenheit positiv mit Kundenzufriedenheit korreliert! Ein entscheidender Wettbewerbsfaktor, da im Zuge der Globalisierung und Digitalisierung Kundinnen und Kunden immer besser informiert sind und äußerst kompetente Ansprechpartnerinnen und -partner erwarten. Hinzu kommt, dass im Zuge von Ansätzen wie Open Innovation neue Formen der Kooperation zwischen Kundinnen bzw. Kunden und Anbietenden entstehen, wie beispielsweise die frühzeitige Integration des Kunden bzw. der Kundin in die Produktentwicklung, die von den beteiligten Mitarbeitenden ein hohes Maß an Kooperations- und Kommunikationsfähigkeit erfordern (Hofmann et al. 2007).

Employability spielt nicht nur im Zusammenhang mit steigender Wissensintensität und neuen Kundenbeziehungen eine wichtige Rolle, sondern ermöglicht es Unternehmen zudem, Mitarbeitende flexibler einzusetzen. Bei beschäftigungsfähigen Arbeitnehmenden ist mit einer vergleichsweise niedrigen Einarbeitungszeit zu rechnen. Widerstände gegen Veränderung der Arbeitsinhalte, des Arbeitsablaufs, der Arbeitsbedingungen und des Arbeitsortes sind eher gering ausgeprägt – ganz im Gegenteil: Mitarbeitende, die beschäftigungsfähig sind, fordern solche arbeitsbezogenen Veränderungen ein, um beschäftigungsfähig zu bleiben. Arbeitsbezogene Veränderungen werden mehr als Chance und weniger als Risiko empfunden. Dies ist gerade im Kontext der digitalen Transformation, durch die sich viele Berufsbilder und Tätigkeitsprofile verändern, eine entscheidende Kompetenz. Darüber hinaus lässt sich durch einen gezielteren Personaleinsatz ein nicht unerhebliches Kosteneinsparpotenzial erzielen. So können beispielsweise Produktionsspitzen in bestimmten Unternehmensbereichen durch eine temporäre Umsetzung von Arbeitskräften aus weniger ausgelasteten Bereichen abgefangen werden, wenn die Mitarbeitenden entsprechend flexibel einsetzbar sind.

Employability kann auch zu einer Entschärfung im Rahmen erforderlich werdender Downsizing-Prozesse oder des Wegfalls von Tätigkeitsfeldern im Unternehmen beitragen. Durch die erhöhte Flexibilität im Rahmen des Personaleinsatzes besteht eher die Chance, Mitarbeitende in andere Unternehmensbereiche und Arbeitsfelder zu versetzen, wenn dort Vakanzen bestehen. Ist die Möglichkeit der internen Personalanpassung nicht gegeben bzw. ausgeschöpft und sind die Effekte der weichen quantitativen Freisetzungsmaßnahmen eingeschränkt, bleibt nicht selten lediglich der Weg, sich von Beschäftigten zu trennen. Mitarbeitende mit einer hohen Ausprägung an Beschäftigungsfähigkeit haben eine vergleichsweise hohe Vermittlungschance auf dem Arbeitsmarkt. Unterstützt ein Unternehmen die Entwicklung von Beschäftigungsfähigkeit, wird sich dies auf das Image – selbst im Zuge eines Personalabbauprozesses – positiv auswirken. Nicht zuletzt: Arbeitgeber, die Employability fördern, steigern dadurch in nicht zu unterschätzendem Maße ihre Attraktivität für Fachkräfte auf dem Arbeitsmarkt. Dieser Aspekt gewinnt vor dem Hintergrund eines immer überschaubarer werdenden Fachkräftepotenzials stetig an Bedeutung, gerade wenn es um die Gewinnung und Bindung von Nachwuchskräften geht. Denn diese haben bereits verinnerlicht, dass sie ein Leben lang an ihrer Beschäftigungsfähigkeit arbeiten müssen, um für die sich beständig wandelnde Arbeitswelt gerüstet zu sein und fordern eine entsprechende Förderung auch proaktiv von ihrem (potenziellen) Arbeitgeber ein (Rump und Eilers 2011a, 2015a).

Insofern stellt auch für die Seite der **Arbeitnehmenden** die Forderung nach und die Förderung von Employability einen der wichtigsten Nutzenaspekte dar. So wird Beschäftigungsfähigkeit zu einem zentralen Vermögenswert des bzw. der Einzelnen und dient letztendlich zur Absicherung in einer Arbeitswelt, in der Qualifikation und erfolgskritisches Wissen mehr denn je darüber entscheiden, ob man zu den Gewinnenden oder Verlierenden im Erwerbsprozess gehört. Denn Arbeitnehmende, die an ihrer Beschäftigungsfähigkeit arbeiten, treten den Anforderungen des Arbeitsmarktes mit einem hohen Maß an Anpassungsfähigkeit, Flexibilität und Mobilität gegenüber und sind dadurch in der Lage, sich in immer komplexer werdenden Arbeitsumgebungen zurechtzufinden. Die Erfordernis einer kontinuierlichen Auseinandersetzung mit der eigenen Beschäftigungsfähigkeit führt bei jedem bzw. jeder Einzelnen zu einer zeitnahen und realistischen Einschätzung des eigenen Kompetenzrahmens und zur Einsicht in gegebenen Handlungsbedarf. Die Expertinnen und Experten des Fraunhofer-Instituts für Arbeitswissenschaft und Organisation formulieren es folgendermaßen: „Beschäftigte werden mehr und mehr zum Selbstunternehmer und investieren aktiv in ihre Beschäftigungsfähigkeit" (Fraunhofer IAO 2013, S. 12).

Dazu gehört auch eine verbesserte Einschätzungsfähigkeit bezüglich aktuell und künftig nachgefragter Kompetenzen und Fähigkeiten auf dem internen, aber auch auf dem externen Arbeitsmarkt. So ermöglicht der Blick „über den Tellerrand" des eigenen Unternehmens hinaus Arbeitnehmenden einen Einblick in die Beschäftigungssituation in anderen Berufszweigen und Branchen. Unterstützt ein Arbeitgeber seine Beschäftigten aktiv in Erhalt und Förderung der Employability, werden dem bzw. der Einzelnen dadurch häufig Möglichkeiten der eigenen Entwicklung aufgezeigt, die ihm bzw. ihr zuvor nicht bewusst waren. Neben der kritischen Selbstreflexion leisten Sensibilisierungsmaßnahmen und professionelle Potenzialeinschätzungen eine wertvolle Hilfestellung bei der Vergegenwärtigung des eigenen Profils. Nicht zuletzt kommt es darauf an, die eigenen Stärken und Schwächen besser einschätzen zu lernen und dadurch identifizierte Entwicklungsfelder gezielt anzugehen. Das Vertrauen in die eigenen Fähigkeiten und Kompetenzen als „Sicherungsanker" im Arbeitsleben lässt Arbeitnehmende die persönliche Entwicklung als „Unternehmer bzw. Unternehmerin in eigener Sache" beeinflussen und „vermarkten". Das Aufgeben der „passiven Ergebenheit" in Bezug auf Veränderungen im eigenen Unternehmen und auf dem Arbeitsmarkt ermöglicht es, Initiative zu ergreifen und die eigene Entwicklung in die gewünschte Richtung zu lenken.

Beschäftigungsfähige Arbeitnehmende sehen sich nicht länger in einem Abhängigkeitsverhältnis, sondern vielmehr in einer „Win-win-Situation", in der beide Seiten von Erhalt und Steigerung der Beschäftigungsfähigkeit profitieren. Das Aufwiegen von Treue und Loyalität aufseiten des bzw. der Mitarbeitenden gegen die Zusage einer lebenslangen Beschäftigung aufseiten des Unternehmens in Form eines „sozialen Vertrages" ist nicht mehr möglich. In einem „psychologischen Vertrag" bindet der Arbeitgeber im Hinblick auf seine eigenen Ziele die passenden Mitarbeitenden für einen definierten Zeitraum an sich. Der bzw. die Arbeitnehmende geht nur mit demjenigen Unternehmen einen Vertrag ein, das seine bzw. ihre Kompetenzen aktuell nachfragt und vor allem wertschätzt. Dieser „psychologische Vertrag" führt zu einer beiderseitigen Ökonomisierung des Loyalitätsbegriffs und damit letztendlich zu einer Partnerschaftsbeziehung zum Arbeitgeber, die auf „gleicher Augenhöhe" erfolgt (Blancke et al. 2000; Sattelberger 2003; Rump und Eilers 2011a).

2 Individuelle und betriebliche Handlungsmöglichkeiten

Handlungsmöglichkeiten im Zusammenhang mit der Förderung von Employability bestehen sowohl auf individueller als auch auf betrieblicher Ebene. Hinzu kommt die gesellschaftliche und bildungspolitische Ebene, die jedoch an dieser Stelle nicht vertiefend betrachtet werden soll. Es sei lediglich angemerkt, dass die Ausprägung der Kompetenzen, die Beschäftigungsfähigkeit ausmachen, idealerweise nicht erst im Erwachsenenalter nach Eintritt in das Berufsleben erfolgen sollte, sondern vielmehr bereits Teil der prägenden Phasen in der Sozialisation sein sollte. Hier ist insbesondere der schulische Bereich in der Pflicht, frühzeitig die entscheidenden Weichen zu stellen. Ein Projekt in diesem Zusammenhang ist die Initiative „Jugend in eigener Sache" (www.jugend-in-eigener-sache.de), die zum Selbstkostenpreis Lehr- und Lernmaterialien zur Förderung der Beschäftigungsfähigkeit in der schulischen Praxis anbietet. Wie bereits angesprochen, soll jedoch der Fokus der weiteren Ausführungen dieses Kapitels auf der individuellen und betrieblichen Perspektive liegen. Denn – wie Abb. 1 verdeutlicht – beide Seiten, Individuum und Arbeitgeber, sind in der Pflicht, die Rahmenbedingungen füreinander derart zu gestalten, dass Beschäftigungsfähigkeit erhalten bleibt und ausgebaut werden kann.

Eine Förderung der Beschäftigungsfähigkeit kann sowohl proaktiv, d. h. während einer aktiven Beschäftigung in einem Unternehmen, als auch reaktiv, zur Unterstützung in Zeiten der Arbeitslosigkeit, erfolgen. Die Literatur konzentriert sich primär auf den Bereich der Arbeitslosen und entsprechende Maßnahmen zur Entwicklung von deren Arbeitsmarktfitness. Insbesondere in einem so vielschichtigen und dem gesellschaftlichen und wirtschaftlichen Wandel unterworfenen Feld wie der Beschäftigungsfähigkeit ist jedoch ein proaktiver Ansatz vorzuziehen. Reaktive Maßnahmen kommen häufig zu spät und können eingefahrene Denk- und Handlungsstrukturen nicht mehr aufbrechen. Unter der Belastung einer eingetretenen Arbeitslosigkeit wird es häufig umso schwerer, einen Menschen davon zu überzeugen, dass er sich beruflich neu orientieren muss, wenn dieser zuvor niemals an diese Denkweise herangeführt wurde und über Jahrzehnte die gleiche Tätigkeit im gleichen Unternehmen ausgeführt hat. Die Förderung eines kontinuierlichen Bewusstseins für die Notwendigkeit zu Flexibilität und Offenheit für Neues in Zeiten der aktiven Berufstätigkeit hingegen legt die Basis dafür, auch in schwierigen und unerwarteten Situationen adäquat handeln zu können (Rump und Eilers 2011a).

2.1 Individuelle Perspektive

Die Verantwortung für die nachhaltige Sicherung der im Zusammenhang mit Employability relevanten Kompetenzen obliegt erst einmal dem bzw. der Einzelnen. Er bzw. sie ist gefordert, sich kontinuierlich den verändernden Rahmenbedingungen sowie den Anforderungen, die das Arbeitsleben an ihn bzw. sie stellt, anzupassen und dabei verantwortungsvoll mit der eigenen psychischen und physischen Belastbarkeit umzugehen. Dazu ist die Bereitschaft alleine nicht ausreichend. Auch individuelles Handeln – ohne die Unterstützung des Arbeitgebers – ist gefragt. Für Arbeitnehmende gilt es, sich bewusst zu machen, dass Arbeitgeber dem Anforderungsprofil der Beschäftigungsfähigkeit eine große Bedeutung beimessen und dass es sich daher bei der Auseinandersetzung mit der eigenen Beschäftigungsfähigkeit um eine Investition in den eigenen Vermögenswert handelt: „Ebenso wie Unternehmen dafür verantwortlich sind, ihre Investitionsgüter (Hardware) permanent auf dem neuesten Stand zu halten und die Investoren dafür einen Teil ihrer Rendite einsetzen müssen, so müssen Mitarbeiter ihr Wissen aktualisieren und dafür im Sinne des Co-Invests eine Selbstbeteiligung in Form von Zeit in den Erhalt ihres Investitionsgutes einbringen“ (Sattelberger 2009, S. 316). Denn es wird in Zukunft immer weniger einen sicheren Arbeitsplatz und/oder ein sicheres Unternehmen geben. Selbst die Sicherheit einer „abgeschlossenen“ Berufsausbildung, die vermeintlich ein Leben lang trägt, wird es nicht mehr geben. Die eigenen Fertigkeiten, Fähigkeiten und Kompetenzen bieten einzig und allein Sicherheit. In Zahlen ausgedrückt beträgt der Vermögenswert des Wissens und der Kompetenzen bei einem durchschnittlichen Bruttojahreseinkommen von 35.000 € und einer Lebensarbeitszeit von 40 Jahren etwa 1,4 Mio. €.

Employability ist somit auch unweigerlich mit einer neuen Art von Kontrakt zwischen Arbeitgebern und Arbeitnehmenden verbunden. Aufseiten des bzw. der Arbeitnehmenden stehen als „vertragliche Verpflichtungen“ die individuelle Beschäftigungsfähigkeit und das permanente Bemühen, diese zu erhalten und zu entwickeln, aufseiten des Arbeitgebers die Schaffung entsprechender Rahmenbedingungen. Der „Gewinn“ liegt für das Unternehmen in Wertschöpfung und Wettbewerbsfähigkeit. Darüber hinaus kommt der Arbeitgeber durch die Förderung der Employability gleichermaßen einer neuen Art der „Fürsorgepflicht“ dem bzw. der Arbeitnehmenden gegenüber nach. Denn an die Stelle der Beschäftigungsgarantie tritt die Unterstützung bei der beruflichen Fitness. In guter Wirtschaftslage hilft eine auf Employability ausgerichtete Unternehmens- und Personalpolitik, sich als attraktiver Arbeitgeber im „War for talents“ zu positionieren, in Krisenzeiten wird die soziale Verantwortung auf diese Weise gewahrt. Der „Gewinn“ für den bzw. die Arbeitnehmende liegt in der Beschäftigungssicherung. Diese besteht in „guten Zeiten“ darin, sich frei auf dem Arbeitsmarkt bewegen und aus unterschiedlichen Angeboten auswählen zu können. In „schlechten Zeiten“ stellt Employability den Sicherungsanker schlechthin dar, da sie den internen Wechsel ebenso ermöglicht wie die Orientierung außerhalb des bisherigen Berufsfeldes und Unternehmens. Dieser beidseitige Nutzen stellt letztlich für den Arbeitgeber die angemessene Balance zwischen seinen Aufwendungen zur Förderung der Employability und der ihm dafür entgegengebrachten Loyalität dar. Was die Dauer des neuen Kontraktes anbelangt, so besteht er nur so lange, wie individuelle Beschäftigungsfähigkeit seitens des bzw. der Arbeitnehmenden gegeben ist und umgekehrt das Unternehmen ihm bzw. ihr die Möglichkeit bietet, diese voranzutreiben und zu bewahren (Kraus 2006; Sattelberger 1999; Rump und Eilers 2011a).

Eine Möglichkeit, sich der eigenen Stärken und Schwächen im Hinblick auf Employability bewusst zu werden, besteht darin, regelmäßig die Eckpunkte in einer Art persönlicher Checkliste zu hinterfragen:

- Kenne ich mein persönliches Stärken-Schwächen-Profil?
- Welche beruflichen Anforderungen werden heute und in Zukunft an mich gestellt?
- Wie stark beachte ich bei meinen Weiterbildungen den Arbeitsmarkt und meine Stärken gleichermaßen?
- Wie flexibel bin ich z. B. bezüglich Arbeitsinhalt und Arbeitsprozess?
- Wie kann ich kontinuierlich an meiner Beschäftigungsfähigkeit bzw. den für meine beruflichen Ziele relevanten Kompetenzen arbeiten?
- Wie erhalte ich mir langfristig meine Balance?
- Welche Möglichkeiten gibt es in meinem Arbeitsfeld und Arbeitsumfeld?
- Welche Möglichkeiten gibt es in meinem privaten Umfeld?
- Wer kann mich unterstützen?

Abb. 4 Zentrale Handlungsfelder des Employability Management eigene Darstellung

2.2 Betriebliche Perspektive

Neben der unbestreitbaren Eigenverantwortung jedes bzw. jeder Einzelnen für Erhalt und Weiterentwicklung seiner bzw. ihrer Employability sind auch Unternehmen, die sich beschäftigungsfähige Mitarbeitende wünschen, in der Pflicht, diese durch ein entsprechendes ganzheitliches Employability-Management-Konzept zu fördern. In ein solches ganzheitliches Konzept sind alle relevanten Unternehmensfelder einzubeziehen, die Aktivitäten zur Steigerung der Beschäftigungsfähigkeit aufeinander abzustimmen und miteinander zu verknüpfen sowie Wechselwirkungen zu berücksichtigen. Dabei fällt der Arbeitgeberseite nicht zuletzt die Verantwortung zu, die Messlatte nicht zu hoch anzulegen und die mentale wie körperliche Gesundheit der Beschäftigten als einen Grundpfeiler für Beschäftigungsfähigkeit zu begreifen.

Vor dem Hintergrund der in Kap. 1 beschriebenen Trends und Entwicklungen und der dort definierten Schwerpunktsetzung im Sinne des Spannungsfeldes zwischen Bewegung und Balance soll im Folgenden der Fokus insbesondere auf vier zentralen Handlungsfeldern des Employability Management liegen (Abb. 4).[2]

2.2.1 Wertschätzende, leistungsorientierte Unternehmenskultur

Der Unternehmenskultur kommt (ebenso wie der im folgenden Abschnitt näher beleuchteten Führung) eine herausragende Bedeutung dahingehend zu, den vorab beschriebenen Befürchtungen und Hemmnissen entgegenzuwirken und die Nutzenaspekte zu verdeutlichen. Denn die Unternehmenskultur als die Gesamtheit aller im Miteinander von Arbeitgebern und Arbeitnehmenden gepflegten und gelebten Normen, Werte und Orientierungen beeinflusst maßgeblich das Denken und Handeln der Beschäftigten eines Unternehmens. Sichtbar wird sie insbesondere in Geschichten, die man sich erzählt.

---

[2]Eine eingehende Erläuterung dieser und weiterer Handlungsfelder eines ganzheitlichen Employability-Managements findet sich in Rump und Sattelberger (2011).

Anekdoten, Erzählungen über Erfolge und Misserfolge, Interpretationen und Deutungen von Ereignissen verdeutlichen, welche geheimen und offenen Spielregeln eine Rolle spielen (Armutat et al. 2002; Rump und Eilers 2011a). Nicht selten wird der Vergleich zu einem Eisberg herangezogen, da neben den nach außen hin erkennbaren Elementen insbesondere „unsichtbare" Mittel, Werte und Annahmen eine hohe Relevanz aufweisen (Schein 1995; Schmitt 2015). Die Unternehmenskultur ist damit ein „Wertefundament" und eine wesentliche Säule im Hinblick auf den unternehmerischen Erfolg, indem sie dazu beiträgt, dass die Mitarbeitenden sowie Führungskräfte die definierte Strategie ihres Arbeitgebers engagiert und motiviert umsetzen. Ihre Kreativität, Flexibilität, Innovationskraft und ihre Teamarbeit im Alltag sind die Basis für die Zielerreichung. Denn für langfristige Leistungsstärke bedarf es nicht nur einer entsprechenden Ausrichtung des Standorts, der Produkte und Dienstleistungen, des Vertriebs und der Systeme. Vielmehr spielen die Einstellung und das Bewusstsein der im Unternehmen beschäftigten Menschen eine ebenso essenzielle Rolle. Diese wiederum sind unabdingbar damit verknüpft, sich als Beschäftigter bzw. Beschäftigte bei seinem Arbeitgeber wertgeschätzt und „gut aufgehoben" zu fühlen (Rump 2015; Rump et al. 2014; Olesch 2015). Die Arbeitnehmendenstudie der XING AG zeigt, dass insbesondere „Wissensarbeitende" die Arbeitsatmosphäre als genauso wichtig bzw. sogar wichtiger als das Gehalt einstufen (XING AG und statista GmbH 2015).[3]

Die Unternehmenskultur entscheidet also nicht zuletzt darüber, ob ein Mitarbeiter oder eine Mitarbeiterin dazu bereit ist, sich mit seiner bzw. ihrer Beschäftigungsfähigkeit auseinanderzusetzen. In vielen Unternehmen ist allerdings die Unternehmenskultur stark durch die Vermeidung von Unsicherheiten und Risiken sowie durch die Rotation von Verantwortung geprägt. Nicht selten wird in diesem Zusammenhang auch von „Vollkasko-Mentalitäten" gesprochen. Diese Werte stehen der Bereitschaft entgegen, sich als „Unternehmer bzw. Unternehmerin in eigener Sache" zu verstehen, der bzw. die für sein bzw. ihr Vermögen Wissen und Kompetenz verantwortlich ist. Ebenso ist es wenig förderlich, wenn die jeweilige Kultur zwar nach außen kommuniziert, jedoch nach innen nicht gelebt wird. Die Vertrauensbasis der Mitarbeitenden wird durch eine solche fehlende Stimmigkeit empfindlich gestört. Eine Selbstdarstellung nach außen, die im Widerspruch zur Unternehmenskultur steht, wird über kurz oder lang des „mehr Schein als Sein" überführt werden und führt zu einem Verlust an Glaubwürdigkeit (Rump 2015; Rump et al. 2014).

Mehrere Aspekte sind zu beachten, wenn die Unternehmenskultur die Mitarbeitenden dazu motivieren soll, Hand in Hand mit ihrem Arbeitgeber an ihrer Beschäftigungsfähigkeit zu arbeiten (Abb. 5). So gilt es zum einen, die Übernahme von Verantwortung durch

---

[3]Als „Wissensarbeiterinnen bzw. Wissensarbeiter" wurden in der Studie Personen bezeichnet, die über eine akademische Ausbildung verfügen, in den Berufsfeldern „Kreative, Verwaltung, Wirtschaft" tätig sind, 3000 € und mehr verdienen, sich in einer durchschnittlichen Lebenssituation befinden und selten exakt 40 Stunden arbeiten (XING AG und statista GmbH 2015).

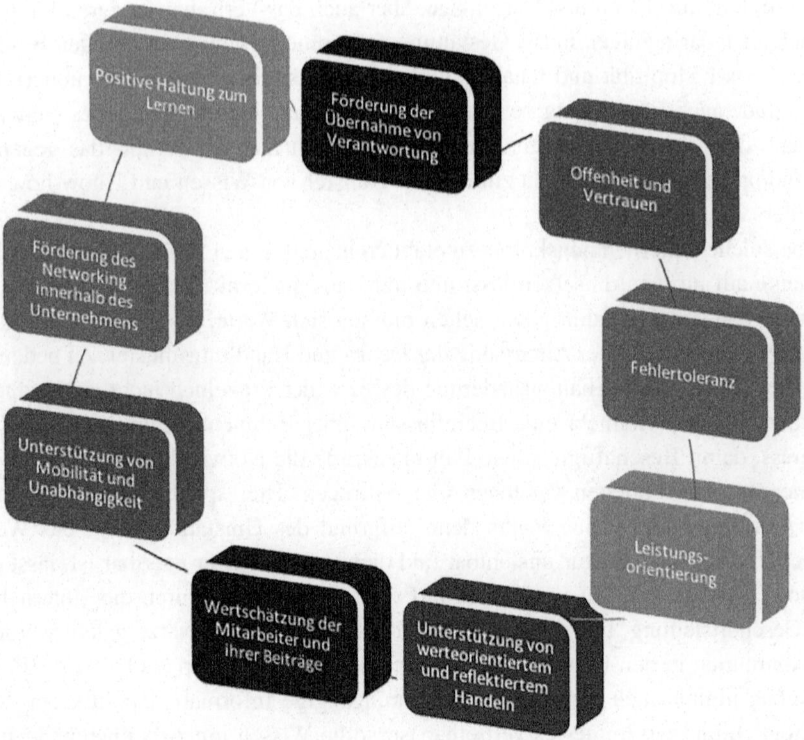

Abb. 5 Zentrale Aspekte einer Unternehmenskultur, die Employability fördert. (Mod. nach Rump und Eilers 2011a)

die Beschäftigten zu fordern und zu fördern und ihnen bewusst zu machen, dass letztlich sie selbst – mit Unterstützung des Arbeitgebers – die Verantwortung für ihre eigene berufliche Entwicklung tragen. Dazu gehören eine positive Haltung zum Lernen, die das Klima im Unternehmen prägen sollte, ebenso wie eine entsprechende Fehlertoleranz, die dem bzw. der Einzelnen auch die Möglichkeit gibt, Fehler als Chance zum Lernen zu begreifen. Gerade in einem von Volatilität und Beschleunigung geprägten technisch-ökonomischen Umfeld, in dem nicht selten Entscheidungen mit hoher Schnelligkeit und unter Unsicherheit getroffen werden müssen, ist eine konstruktive Fehlerkultur unerlässlich (Eichhorst et al. 2013). In diesem Zusammenhang gilt es, ein werteorientiertes und reflektiertes Handeln zu unterstützen. Dort, wo Mitarbeitende das Gefühl haben, mit ihren Beiträgen wertgeschätzt zu werden und auf konstruktives Feedback zu stoßen, kann Innovation entstehen und wird Leistungsorientierung durch Motivation und Freude an der Arbeit gefördert. Entscheidend dabei ist auch ein Klima der Offenheit und des Vertrauens, insbesondere vonseiten der Führungskräfte, die eine „Politik der offenen Türen" leben sollten. Dies impliziert ein „offenes Ohr" für die Belange der

Beschäftigten, ihre Ideen und Vorschläge, aber auch das Vertrauen in deren Fähigkeiten, das sich auch darin zeigen muss, Gestaltungsfreiräume zu gewähren und den Beschäftigten bei Bedarf Mobilität und Unabhängigkeit zuzugestehen. Eine immer höhere Bedeutung, gerade auch für die jüngere Generation, nimmt die Unterstützung des Networkings innerhalb des Unternehmens ein. Der Austausch mit anderen fördert das gegenseitige Verständnis und erleichtert nicht zuletzt den Transfer von Wissen und Know-how (Rump und Eilers 2011a).

Eine solche Unternehmenskultur zu etablieren, stellt einen Prozess dar, der sich nicht von heute auf morgen umsetzen lässt und durchaus auch mit Hindernissen und Hemmnissen verbunden sein kann. Nicht selten müssen sich Werte, Normen und Orientierungen ändern; es bedarf einer Anpassung der Denk- und Handlungsmuster. Zu bedenken ist dabei stets, dass eine Verhaltensänderung des bzw. der Einzelnen nicht angeordnet werden kann, sondern vielmehr eine Beeinflussung über Rahmenbedingungen erreicht werden muss, damit Beschäftigte sowie Führungskräfte die Notwendigkeit zur Veränderung bestehender Gewohnheiten verstehen und mittragen. Hier spielt das bereits angesprochene „Eisbergmodell“ eine Rolle, denn aufgrund des Umstandes, dass das Wesentliche der Unternehmenskultur unsichtbar und damit auch schwer messbar ist, lässt es sich ebenso schwer bewusst steuern. Es bedarf der Unterstützung durch die Unternehmens- bzw. Geschäftsleitung, um sicherzustellen, dass vorhandene Ansätze gelebt werden und eine Kontinuität in den Handlungsweisen zu erkennen ist (Rump et al. 2014). Eine hohe Bedeutung nimmt auch eine offene und durchgängige Informationspolitik ein. So früh wie möglich und wo immer es vertretbar ist, sollte Wissen mit Arbeitnehmendenvertretern und Mitarbeitenden geteilt werden. Nur so kann es gelingen, Menschen aus der Passivität zu holen, denn der bzw. die Einzelne wird nur dann bereit sein, Verantwortung zu übernehmen, wenn er bzw. sie über die entsprechende Informationsbasis verfügt, um die Sinnhaftigkeit seines bzw. ihres Handelns erfassen zu können. Dabei kommt eine besondere Bedeutung dem Verhalten der Führungskräfte zu, die als Vorbilder fungieren und gleichzeitig ihre Mitarbeitenden im Prozess der Gestaltung unterstützen. Sie sind es, die den Umgang im täglichen Miteinander und damit auch die Kultur entscheidend prägen (Rump 2015).

2.2.2 Offene, individualisierte Führung

Im Rahmen von Employability ergibt sich eine Reihe von Herausforderungen für Führungskräfte (Abb. 6).

Herausforderung I: Employability der Mitarbeitenden fördern

Auf die Beschäftigungsfähigkeit ihrer Mitarbeitenden zu achten und diese zu fördern, ist insbesondere Aufgabe der unmittelbaren Vorgesetzten, da diese aufgrund des meist täglichen und praxisnahen Kontaktes einen sehr viel besseren Überblick über deren Stärken und Bedarfe haben als beispielsweise die Personalabteilung. In einem immer flexibler werdenden Arbeitsumfeld lässt sich Erfolg oder Misserfolg der Mitarbeitenden nicht länger über die Präsenz am Arbeitsplatz, ständige Kontrollierbarkeit und jahrelange

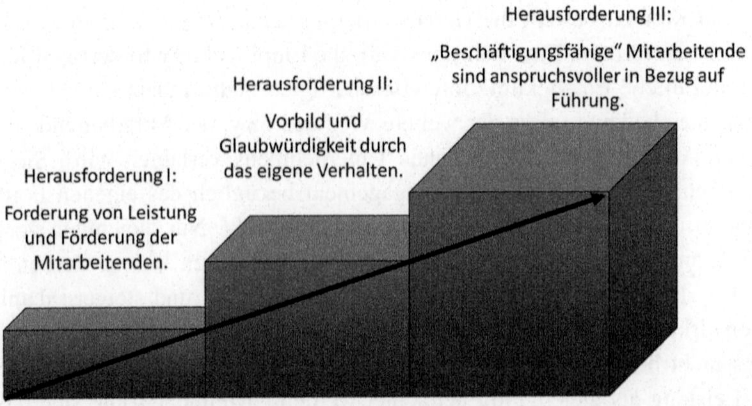

Abb. 6 Zentrale Herausforderungen für Führungskräfte im Kontext von Employability. (Rump und Eilers 2011a)

Betriebszugehörigkeit bemessen. Vielmehr ist es die zielgerichtete Leistung, verbunden mit der Bereitschaft zur ständigen Weiterentwicklung, die honoriert oder im negativen Fall auch sanktioniert werden sollte. Es kommt dann weniger auf das „Wann" und „Wo" der Arbeitserledigung an als auf das Ergebnis. Für die Rolle der Führungskräfte bedeutet dies eine sehr viel höhere Komplexität und auch einen gewissen Machtverlust (Rump und Eilers 2011a; Hyll 2014). „Der Chef ist zum Primus inter Pares geworden, zum Ersten unter Gleichen, die ihm den Auftrag geben, aus ihrer Arbeit und ihren Fähigkeiten das Beste zu machen" (Lotter 2015, S. 40). Nicht selten ergibt sich daraus ein Rollenkonflikt, gerade für Führungskräfte, die noch in eher tradierten Systemen sozialisiert sind, und zuweilen wird gar die Führungsrolle selbst oder deren Definition infrage gestellt (Lotter 2015; Kaiser und Kozica 2015 sowie die Ausführungen in Abschn. 2.2.5). Versucht eine Führungskraft hingegen, ihren Machtanspruch zu sichern, ist die Förderung von eigenverantwortlichem Denken und Handeln bei Mitarbeitenden nur bedingt möglich. Ein zu enges Korsett an Bestimmungen und Regulationen be- bzw. verhindert dies. Stattdessen sollte der bzw. die Vorgesetzte seinen bzw. ihren Mitarbeitenden bezüglich der Aufgabenbewältigung und -verteilung innerhalb eines idealerweise gemeinsam definierten Rahmens Freiheitsgrade und Handlungsspielräume gewähren. Dies impliziert auch, die Individualität jedes einzelnen Mitarbeiters bzw. jeder einzelnen Mitarbeiterin zu akzeptieren und in die Gestaltung dieses Rahmens einzubeziehen. Auf der anderen Seite birgt die Gewährung von Freiräumen die Gefahr, Mitarbeitende zu sehr „sich selbst zu überlassen" und ihnen damit das Gefühl von Stabilität und Sicherheit zu nehmen. Hier ist die Führungskraft gefordert, die richtige Balance zu finden, sodass der bzw. die Mitarbeitende in dem Bewusstsein agiert, bei Problemen und Hindernissen im Notfall auf seine bzw. ihre Führungskraft zugehen und sie um Unterstützung bitten zu können (Rump und Eilers 2011a; Lotter 2015).

In diesem Kontext besteht die Herausforderung auch darin, Mitarbeitende „um ihrer selbst willen" zu fördern. Eine Führungskraft, die Employability fordert und fördert, blockiert die berufliche Entwicklung ihrer Beschäftigten nicht, indem sie sie „versteckt" – auch wenn dies bedeutet, dass der weitere Weg des bzw. der Mitarbeitenden außerhalb der eigenen Abteilung oder des eigenen Unternehmens verlaufen wird. Sie vermittelt ihnen vielmehr das Gefühl, dass ihr Engagement bezüglich des eigenen Fortkommens erwünscht ist und auf Förderung und Unterstützung stößt. Nur diejenigen Vorgesetzten, die Talente „um ihrer selbst willen" fördern und auch ziehen lassen, werden im Unternehmen zur „Führungskraft of choice" für High Potentials und steigern damit auch in der Außenwirkung die Attraktivität des Unternehmens als Arbeitgeber. „Loslassen" darf allerdings nicht bedeuten, den Mitarbeitenden das Gefühl zu vermitteln, dass ihre Person und Leistung als gleichgültig betrachtet werden – vielmehr sollte sich das Verhältnis zwischen Führungskraft und Mitarbeiter bzw. Mitarbeiterin als gleichberechtigte Partnerschaftsbeziehung gestalten. Eine weitere wesentliche Anforderung, die Führungskräften im Employability-Ansatz zukommt, besteht darin, die Motivation ihrer Mitarbeitenden zu fördern. Dies gilt für konkrete Arbeitsaufträge oder Projekte ebenso wie für den Fokus der weiteren beruflichen Orientierung des bzw. der Mitarbeitenden. Das Motivationsmoment wird dabei insbesondere dann zum entscheidenden Faktor, wenn der Mitarbeiter bzw. die Mitarbeiterin selbst nicht an seine bzw. ihre Fähigkeiten oder Entwicklungsmöglichkeiten glaubt oder wenn im Zuge von Veränderungen Widerstände auftreten. In diesem Zusammenhang kann auch das Führen über Zielvereinbarung mit einer konsequenten Einbindung des Mitarbeiters bzw. der Mitarbeiterin in die Zielformulierung ein sinnvolles Instrument sein (Rump und Eilers 2011a). Dies gewinnt auch im Kontext der zunehmenden Mobilisierung von Arbeit und damit der Virtualisierung von Führungsbeziehungen an Bedeutung, da eine Anwesenheits- und Kontrollorientierung in Zeiten von Arbeit 4.0 nicht mehr greifen kann. Vielmehr kommt es darauf an, sich der Stärken und Talente der Beschäftigten bewusst zu werden und ihnen vor diesem Hintergrund neue Herausforderungen zu bieten, an denen sie sich messen und weiter entwickeln können (vgl. hierzu auch Abschn. 2.2.5).

Dabei gilt es, den für den jeweiligen Mitarbeiter bzw. die jeweilige Mitarbeiterin geeigneten Weg zu erkennen und zu verfolgen. So kann es bei einigen Mitarbeitenden angebracht sein, sie gezielt an ihre Grenzen zu bringen und ihnen dadurch Potenziale aufzuzeigen, derer sie sich selbst noch nicht bewusst sind. Die Stärkung von Eigenverantwortung und Initiative durch die Übertragung anspruchsvollerer Aufgaben kann jedoch auch zu einer Überforderung des bzw. der Einzelnen führen, verbunden mit der Gefahr des Ausbrennens und der Selbstausbeutung. Dessen sollten sich Führungskräfte bewusst sein und ein Gespür dafür entwickeln, welchen Grad von Verantwortung und eigenständigem Handeln der bzw. die Einzelne zu leisten imstande ist (Rump und Eilers 2011a). Hinzu kommt die Aufgabe, ebenfalls gerade vor dem Hintergrund der zunehmenden Virtualisierung, die jeweilige Arbeits- und Lebenssituation, in der sich der bzw. die Einzelne befindet, zu kennen und diese bei der Aufgabenverteilung adäquat zu berücksichtigen. Denn hiervon werden die individuelle Bereitschaft und Fähigkeit, an der eigenen

Employability zu arbeiten, aber auch Aspekte wie Über- oder Unterforderung in nicht zu unterschätzendem Maße beeinflusst (Rump et al. 2014; Fraunhofer IAO 2013).

Herausforderung II: Employability selbst vorleben

Gerade im Bereich Employability ist die Führungskraft als Vorbild der beste Motivator bzw. die beste Motivatorin. Die Vorbildfunktion umfasst dabei das Vorleben von Eigenverantwortung und Initiative ebenso wie ein konsequentes „Sich-in-Frage-stellen". Zeigt die Führungskraft sich beispielsweise stets interessiert an Erhalt und Steigerung ihrer eigenen Beschäftigungsfähigkeit und spiegelt dies auch an seinen bzw. ihren Mitarbeitenden, werden diese der Thematik ebenfalls offener und vertrauensvoller begegnen. Steht er bzw. sie zu ihren privaten Verpflichtungen, werden auch die Beschäftigten den Mut fassen, etwaige Konflikte im Hinblick auf ihre Balance zwischen Privatleben und Beruf offen zu thematisieren. Die Vorbildfunktion der Führungskraft ist auch eng mit deren Glaubwürdigkeit verbunden. Diese Glaubwürdigkeit äußert sich insbesondere in einer Solidarität, die die Führungskraft mit ihrem Team verbindet, und der Verbindlichkeit des Handelns. Nur in einer offenen und toleranten Führungskultur, in der Wünsche und Beiträge der Mitarbeitenden beachtet werden und auch der bzw. die Vorgesetzte sich der Kritik stellt und Konfliktfähigkeit beweist, kann Employability gedeihen. Dazu gehört eine hohe Verbalisierungs-, Visualisierungs- und Vernetzungskompetenz ebenso wie ein partnerschaftliches, kooperatives Miteinander. Dazu gehört auch, dass die Führungskraft damit umgehen kann, dass ihre bzw. seine Mitarbeitenden ggf. in bestimmten Fachthemen über ein größeres Know-how verfügen als sie bzw. er selbst. Verbindlichkeit zu schaffen ist eine Führungsaufgabe, die sich nur im wiederholten Kontakt zu den Mitarbeitenden herstellen lässt. Zielbewusstsein, Aufmerksamkeit, Beständigkeit und Hartnäckigkeit beim Begleiten und Überprüfen der Arbeit sind dazu unerlässlich. Das heißt, Verbindlichkeit lässt sich nicht „per Weisung" herstellen und entsteht auch nicht automatisch. Vielmehr braucht es Überzeugungsarbeit und ein gemeinsames Commitment im Sinne von Verpflichtung und Engagement, das auf ausdrücklichen gegenseitigen Vereinbarungen aufbaut. Ein weiterer bedeutsamer Aspekt in diesem Zusammenhang ist die Bereitschaft, zu gegebenen Versprechen zu stehen. Werden beispielsweise zugesagte Entwicklungsmaßnahmen „auf die lange Bank geschoben", so ist mit einer kontinuierlich nachlassenden Motivation der Mitarbeitenden zu rechnen (Rump und Eilers 2011a). Employability selbst vorzuleben impliziert allerdings ebenso, die eigene Balance im Blick zu behalten und offen persönliche Belange und etwaige Vereinbarkeitsprobleme zu thematisieren, um auch die Beschäftigten zu ermutigen, dies zu tun (Rump et al. 2014).

Herausforderung III: „Employable" Mitarbeitende sind anspruchsvoller in Bezug auf Führung

Führungskräfte sollten weit mehr als fachliche Eignung aufweisen, um ihre Position im Miteinander mit „employable" Mitarbeitenden angemessen auszufüllen. Dabei geht es in zunehmendem Maße um Beziehungsmanagement und die Wertschätzung der Vorzüge sowie Bedürfnisse immer vielfältiger werdender Belegschaften. Dem kann ein traditionelles Führungsverständnis nur bedingt gerecht werden. Stattdessen bekommt die kommunikative Rolle der Führungskräfte ein hohes Gewicht. Mitarbeitende möchten keine „besserwisserische Führung" mehr, sondern fordern zunehmend Transparenz über betriebliche Entwicklungen und die Übereinstimmung interner und externer Kommunikation ein. Auch im Kontext der Personalentwicklung übernehmen Führungskräfte immer mehr Verantwortung. Sie haben den Spagat zu bewältigen, einerseits individuell und situationsbezogen zu führen, andererseits jedoch dabei auch ihre Konsistenz und Glaubwürdigkeit zu wahren. Des Weiteren kommt ihnen wie auch dem Gesamtunternehmen die Aufgabe zu, Mitarbeitenden Feedback zu geben, aber auch deren Feedback als konstruktiven Beitrag zum Unternehmenserfolg zu werten und entsprechend umzusetzen. Gerade die Möglichkeiten der Social Media führen dazu, dass inkonsistente Aussagen binnen kürzester Zeit öffentlich gemacht und diskutiert werden. Ebenso wichtig ist es, differenziert und zielgruppenorientiert zu kommunizieren, d. h. sowohl die internen Mitarbeitendengruppen mit ihren unterschiedlichen Werten als auch die individuellen Kundinnen- und Kundenzielgruppen spezifisch anzusprechen und dabei stets zwischen unterschiedlichen Meinungen zu moderieren. Führungskräfte werden in diesem Zusammenhang zu „sozialen Architektinnen und Architekten" (Förster und Kreuz 2011), die nicht mehr über Kontrolle und eine spezifisch definierte Rolle führen, sondern vielmehr über ihre Persönlichkeit und Ausstrahlung. Einerseits erhält dies insofern eine hohe Bedeutung als Mitarbeitende sich zunehmend selbstbestimmt an Arbeitgeber und damit auch an eine bestimmte Führungskraft binden. Andererseits gewinnen personenbezogene Faktoren an Relevanz in dem Maße, in dem sachbezogene Faktoren unüberschaubarer und unsicherer werden. Damit gehört zur Führungsaufgabe der Zukunft nicht zuletzt, Mitarbeitende in der Auseinandersetzung mit künftigen Herausforderungen zu begleiten und ihnen „Leitplanken" in einem von ständigen Veränderungen und hoher Komplexität geprägten Arbeitsumfeld zu bieten. Führungskräfte selbst müssen hierfür die Fähigkeit mitbringen, Komplexitäten und deren Wirkungspotenziale wahrzunehmen, darauf aufbauend Prioritäten zu setzen und eigenverantwortlich eine gewisse Steuerungsfunktion einzunehmen. Nur so ist es möglich, einen Überblick über das Entwicklungs- und Produktivitätspotenzial der Mitarbeitenden zu gewinnen, ihnen dieses zu vermitteln, sie entsprechend zu motivieren und ihre Eigenverantwortung zu mobilisieren (Rump und Schabel 2011; Förster und Kreuz 2011; Quistorp 2011). Führung wird auch dadurch neu definiert, dass gerade in wissensintensiven Bereichen in zunehmendem Maße Teams sich und ihre Prozesse weitgehend selbst unter Moderation eines bzw. einer Verantwortlichen organisieren, der bzw. die „die Fäden in der Hand hält" und mit hoher kommunikativer Kompetenz alle Schnittstellen zusammenführt und einbindet. Klassische hierarchische Strukturen werden der erforderlichen Flexibilität und Eigenverantwortung nicht mehr gerecht (Schabel 2009; Rump und Eilers 2015b).

2.2.3 Flexible und verlässliche Arbeitsorganisation

Ziel einer flexiblen und verlässlichen Arbeitsorganisation muss es sein, Beschäftigungsfähigkeit langfristig zu fördern und dafür Arbeitsinhalte und -bedingungen derart zu gestalten, dass Mitarbeitende ohne arbeitsbedingte physische oder psychische Einschränkungen über ihre Lebensarbeitszeit hinweg tätig sein können (Rump und Eilers 2014). Dies impliziert die Vermeidung bzw. Reduzierung von Arbeitsanforderungen, die negative Auswirkungen – wie Dequalifizierung, eingeschränkte Einsetzbarkeit, Monotonie-Empfinden oder Perspektivlosigkeit – mit sich bringen. Dies impliziert aber auch, sich als „lernende Organisation" mit durchlässigen und flexiblen Strukturen zu begreifen, die sich durch die Gleichwertigkeit von informeller und formaler Struktur, die Gewährung von Entscheidungsbefugnissen, Verantwortlichkeiten und Handlungsspielräumen, die Reduzierung der Schnittstellen auf das Nötigste und eine umfassende Flexibilisierung auf operativer Ebene auszeichnet. Denn während in einer eher starren Arbeitsorganisation Beschäftigte mehr oder weniger an ihr Tätigkeitsfeld gebunden bleiben, ermöglicht es eine flexible Arbeitsorganisation, die Spezialisierungsfalle zu vermeiden, in die Menschen geraten können, wenn sie über viele Jahre nur in einem Tätigkeitsfeld und Einsatzgebiet arbeiten. Konzentriert sich die Arbeit langfristig auf bestimmte Inhalte, Verfahren und Abläufe, so kann dies zu einer Einschränkung der Lernfähigkeit mit zunehmendem Alter führen. Die Literatur im Hinblick auf „gesundes Arbeiten" weist auch darauf hin, dass organisationale Rahmenbedingungen in hohem Maße auf die psychische Gesundheit der Beschäftigten einwirken. Dabei kommt es bei den bereits angesprochenen Tätigkeits- und Handlungsspielräumen insbesondere auf die Vollständigkeit einer Tätigkeit an, um dem bzw. der Einzelnen unterschiedliche Varianten der Aufgabenbearbeitung und die eigenständige Abgrenzung von Tätigkeiten und Aufgaben zu ermöglichen (Ulich 2011). Dies setzt Transparenz voraus, d. h., es muss den Beschäftigten klar sein, worin das Ergebnis ihrer Arbeit und die von ihnen dazu erbrachte Leistung besteht und sie müssen über die entsprechenden Informationen zur Aufgabenerfüllung verfügen (Schütte 2014).

In Kap. 1 wurden die sich im Zuge der Trends entwickelnden Arbeitsformen wie variable Arbeitsbeziehungen, Projektwirtschaft und Open Innovation thematisiert. Die klassischen Ablauf- und Aufbauorganisationen alleine können dies nicht mehr abbilden, und auch die Menschen, die den daraus resultierenden Anforderungen gerecht werden sollen, lassen sich immer weniger in starre Strukturen einbinden (Rump und Schabel 2011; Schabel 2009; Abele und Reinhart 2011). So zeigen sich in der bereits genannten Studie im Auftrag der XING AG die dort definierten „Wissensarbeitenden" auch am wenigsten von allen Gruppen dazu bereit, für ein höheres Gehalt Abstriche bei der Flexibilität ihrer Arbeitsgestaltung zu machen (XING AG und statista GmbH 2015).

Es ist davon auszugehen, dass künftig drei Organisationsformen gleichbedeutend nebeneinander stehen. Dabei handelt es sich um zentralistische und dezentrale Organisationsformen sowie die gerade im Zuge der Digitalisierung immer stärker aufkommende Netzwerkorganisation. Innerhalb eines Unternehmens können durchaus alle Organisationstypen anzutreffen sein. So kann beispielsweise die Produktion zentralistisch, Controlling und Vertrieb dezentral sowie die Unternehmensentwicklung und F&E in der Netzwerkstruktur organisiert sein. Dadurch wird Employability gleichermaßen gefordert und gefördert. Dies geschieht nicht nur indirekt durch veränderte Führungsbeziehungen, sondern auch direkt durch die Flexibilisierung der Arbeitsbeziehungen, Arbeitszeiten, Arbeitsorte, Arbeitsprozesse und Arbeitsinhalte. Gerade flexible Arbeitszeit- und Arbeitsortgestaltung bietet zahlreiche Möglichkeiten, „in Bewegung zu bleiben" und so die kontinuierliche Weiterqualifizierung von Mitarbeitenden zu realisieren und voranzutreiben. Eine Employability fördernde Arbeitsorganisation basiert auf dem Prinzip: „Öfter mal etwas Neues". Das bedeutet nicht unbedingt, die gesamte Belegschaft regelmäßig rotieren zu lassen. Schon kleinteilige Maßnahmen führen zum Erfolg, wie beispielsweise Stellvertretungen, Job Enrichment/Enlargement, Arbeiten im Team bzw. abteilungsübergreifend und/oder in Projekten, der Einsatz von Mitarbeitenden als Coach, Mentor bzw. Mentorin oder Trainer bzw. Trainerin sowie Job Rotation. Darüber hinaus unterstützt die Flexibilisierung der Arbeitsinhalte und Arbeitsprozesse die Wissens- und Kompetenzentwicklung. Derartige Veränderungen erfordern und fördern Beschäftigungsfähigkeit, indem die Arbeitnehmenden immer wieder mit neuen bzw. andersartigen Abläufen und Inhalten in Berührung kommen:

> Die Erkenntnis setzt sich durch, dass jene Organisationen erfolgreich sein werden, denen es gelingt, das volle menschliche Potenzial zu nutzen. Das bedeutet, aus der Fülle des menschlichen Wissens und der Kreativität der Individuen zu schöpfen und es in neue nützliche Anwendungen zu übersetzen. Das funktioniert nur, wenn den Menschen Freiheit gewährt wird, sie sich selbst Ziele setzen und selbst darüber entscheiden, wie sie arbeiten wollen. Und das bedeutet: Keine physische Anwesenheitspflicht, damit der Chef bzw. die Chefin auch kontrollieren kann, ob ich arbeite und wie lange, sondern Vertrauensarbeitszeit. Kein Abarbeiten von Aufgaben, sondern ein erwachsenes zielgesteuertes Arbeiten (Förster und Kreuz 2011).

Beschäftigungsfähige Arbeitnehmende hinterfragen ihre Arbeitsstrukturen und -prozesse und gestalten sie mit. An dieser Stelle gilt auch festzuhalten, dass aufgaben- und arbeitsplatzübergreifende Autonomiespielräume in Verbindung mit dem Zugriff auf variable Ressourcen dazu beitragen, psychische Belastungen im Arbeitskontext zu vermeiden oder zu reduzieren (Fraunhofer IAO 2013). Arbeitszeitmodelle wie Jahres- bzw. Lebensarbeitszeit- und Langzeitkonten oder bestimmte Formen der flexiblen Arbeitszeitgestaltung können es Unternehmen ermöglichen, Auftragsspitzen bzw. sich verändernde Rahmenbedingungen variabel zu handhaben und abzufedern und gleichermaßen den lebensphasenorientierten Bedürfnissen der Beschäftigten gerecht zu werden (Brühl 2010; Rump und Schabel 2011. Vgl. hierzu auch Kap. 13). Auch die mobile Arbeit, also die flexible Gestaltung des Arbeitsortes, erfährt in zunehmendem Maße Beachtung. Dies nicht zuletzt deshalb, weil immer mehr gut Qualifizierte in ihr die Möglichkeit sehen, selbst organisiert und zeitsouverän zu arbeiten bzw. private und berufliche Belange besser vereinbaren zu können. Befördert wird dieser Prozess durch die Möglichkeiten der modernen Informations- und Kommunikationstechnologien (Fischer et al. 2013). Zu verhindern gilt es jedoch eine Zerfaserung und Zersplitterung durch zu viel Flexibilität – auf Stimmigkeit und Koordinierbarkeit der einzelnen Abläufe und Arbeitsinhalte ist daher besonderes Augenmerk zu richten. Zudem gilt es bei aller gebotenen Flexibilisierung der

Verlässlichkeit der organisatorischen Regelungen ein ebenso großes Gewicht einzuräumen. Dies entspricht dem Prinzip der sog. Flexicurity: Ein Unternehmen braucht Flexibilität und Anpassungsfähigkeit und gleichzeitig Kontinuität als Rahmen, in dem agiert und innoviert werden kann und in dem die Mitarbeitenden Balance und Sicherheit sowie „Heimat" finden (Fischer et al. 2013).

2.2.4 Individuelle Kompetenzentwicklung im Sinne des lebenslangen Lernens

Eine individuelle Kompetenzentwicklung im Sinne der Förderung von Beschäftigungsfähigkeit sollte einen vorausschauenden Ansatz verfolgen, in dem die Qualifikation des Einzelnen einer kontinuierlichen Evaluation und Anpassung unterliegt, die sich nicht nur an konkreten Unternehmensbedürfnissen oder der Beschäftigungssituation ausrichtet, sondern auch an den aktuell und zukünftig auf dem Arbeitsmarkt nachgefragten Kompetenzen und Fähigkeiten. Die Initiative geht dabei sowohl vom Arbeitgeber als auch vom Arbeitnehmer bzw. der Arbeitnehmerin aus, der bzw. die nicht die Rolle des passiven Konsumenten bzw. der passiven Konsumentin der Aus- und Weiterbildungsangebote annimmt, sondern aktiv mitgestaltet. Die Bemühungen beider Seiten sollten hier die Aktivitäten der jeweils anderen Seite stärken und vorantreiben.

Kompetenzentwicklung ist lebenslanges Lernen. Lebenslanges Lernen impliziert das Aufrechterhalten des Lernspannungsbogens während der gesamten Berufstätigkeit und damit die Gestaltung eines kontinuierlichen Lernprozesses. So kann die Motivation zum Lernen geweckt werden, noch bevor bei den Mitarbeitenden das Gefühl entsteht, auf einem bestimmten Gebiet bereits das Höchstmaß der Leistungen erreicht zu haben, sie keine ins Gewicht fallenden Steigerungsmöglichkeiten mehr erkennen können und ihnen der Reiz des Fortschritts fehlt (Weber und Thiele 2009). Gerade für jüngere Beschäftigte sind Entwicklungs- und Veränderungsmöglichkeiten im eigenen Unternehmen ein guter Kompromiss zwischen ihren beiden stark ausgeprägten Bedürfnissen nach Sicherheit und Weiterentwicklung (Raumschlüssel und Brauner 2011). Die Herausforderung besteht in diesem Zusammenhang vor allem darin, eine Lernkultur im Unternehmen zu schaffen, die die Lernmotivation und -kompetenz der Beschäftigten erhöht. Darüber hinaus gilt es, informell erworbene Kompetenzen, beispielsweise durch ehrenamtliches Engagement oder durch Familienzeiten, ebenso als Teil der lebenslangen Lern- und Erfahrungsentwicklung anzuerkennen wie formell nachweisbare Qualifikationen. Der Deutsche Qualifikationsrahmen für lebenslanges Lernen (DQR) – die nationale Umsetzung des Europäischen Qualifikationsrahmens (EQR) – formuliert es wie folgt: „Wichtig ist, was jemand kann und nicht, wo es gelernt wurde" (Arbeitskreis DQR 2011, S. 5).

Weitere Merkmale einer Personalentwicklung im Sinne von Employability sind die Delegation der Personalentwicklungsverantwortung auf die Mitarbeitenden und die direkten Vorgesetzten (Selbstentwicklung als Folge des Subsidiaritätsprinzips), Zielgruppendifferenzierung, die Fokussierung auf überfachliche Kompetenzen sowie die Integration unternehmens- und arbeitsbereichsbezogener Lernfelder. Auch im Rahmen seiner bzw. ihrer täglichen Arbeit können dem bzw. der Mitarbeitenden Möglichkeiten zur Weiterentwicklung geboten werden, so beispielsweise durch Job Enrichment oder Enlargement. Daneben sollte Kompetenzentwicklung nicht pauschal und undifferenziert erfolgen, sondern die Qualifikationen, Stärken, Präferenzen und Interessen, Lebensläufe, Aufgabenbereiche und -inhalte etc. stärker berücksichtigen. Zudem gilt es darauf zu achten, entsprechende Maßnahmen nicht nur für ohnehin bereits gut ausgebildete Fach- und Führungskräfte voranzutreiben, sondern auch zielgruppenspezifische Angebote für geringer qualifizierte Beschäftigte sicherzustellen (Rump und Eilers 2011a). In zunehmendem Maße werden dabei auch organisationsübergreifende und global vernetzte Lernaktivitäten eine Rolle spielen (Fraunhofer IAO 2013).

Die bisherigen Ausführungen sind eher grundsätzlicher Natur. Um allerdings der demografiebedingten Alterung der Belegschaft sowie der Verlängerung der Lebensarbeitszeit gerecht zu werden, bedarf es zusätzlich einer alternsgerechten Ausgestaltung der Kompetenzentwicklung, die altersbedingte Veränderungen der Lernmuster und Kompetenzfelder berücksichtigt. Während jüngere Beschäftigte tendenziell eine rasche Auffassungsgabe, eine schnelle Anpassungs- und Wahrnehmungsgeschwindigkeit sowie eine hohe (Kurzzeit-)Gedächtnisleistung haben („fluide Kompetenz"), verfügen Ältere eher über Erfahrungswissen, Sprachgewandtheit, abwägende Wahrnehmung, Gelassenheit sowie ein stabiles Selbstkonzept („kristallisierte Kompetenz"). Die Verknüpfung von fluider und kristallisierter Kompetenz stellt eine wesentliche Voraussetzung für Innovationen dar, sodass Innovationskraft und Wettbewerbsfähigkeit eines Unternehmens davon abhängen, die fluide Kompetenz zu erhalten bzw. ihren Abbau zu verlangsamen sowie den Aufbau der kristallisierten Kompetenz zu beschleunigen. Die Möglichkeiten, die Kompetenzentwicklung alternsgerecht zu gestalten, sind vielfältig. Die Verzahnung von Arbeiten und Lernen, altersgemischte Team- und Projektarbeit sowie Mentorinnen- bzw. Mentoren- und Patenschaftsprogramme gehören ebenso dazu, wie altershomogene Schulungskonzepte beim Erwerb von „technisch"-fachlichem Wissen, die auf die unterschiedlichen Lernmuster abzielen. Darüber hinaus ist bei der Schichtplanung und -gestaltung die Altersspezifik zu berücksichtigen (Rump und Eilers 2011b).

Allzu häufig fällt in wirtschaftlich schwierigen Zeiten die Personal- und Kompetenzentwicklung als einer der ersten Bereiche dem Rotstift zum Opfer – hierbei spielen Kosteneinsparprogramme ebenso eine Rolle wie Personalabbau, der die Zeit für persönliche Weiterentwicklung stark reduziert. Ebenso zeigt sich bei Arbeitgebern häufig eine mangelnde Einsicht in die Sinnhaftigkeit von Personalentwicklungsmaßnahmen für Mitarbeitende, die unter Umständen recht schnell das Unternehmen wieder verlassen. Hier lässt sich als Gegenargument anführen, dass diese Mitarbeitenden für die Dauer ihrer Tätigkeit im Unternehmen dieses durch optimale Leistungserbringung voranbringen. Die oben aufgeführten Beispiele zeigen darüber hinaus deutlich, dass es sich bei Personalentwicklungsmaßnahmen, die durch praxisnahes Lernen zur Förderung der Beschäftigungsfähigkeit beitragen, durchaus nicht um kostspielige, extern eingekaufte Trainings handeln muss. Vielmehr tragen integrierte und individuelle bzw. zielgruppenspezifische Lernansätze erheblich zur Steigerung der Employability bei. Auch aufgrund der nicht ausschließlich unternehmensspezifischen Qualifizierung erscheint es zudem durchaus vertretbar, einen Teil der entstehenden Aufwendungen durch den Mitarbeiter bzw. die Mitarbeiterin tragen zu lassen. Diese Beteiligung kann sowohl in Form von Geld als auch in Form von Freizeit ausgestaltet werden. Es ist damit zu rechnen, dass viele Beschäftigte dadurch ein Interesse an einer ziel- und zweckgerichteten Weiterbildung entwickeln. Darüber hinaus wird das Personalentwicklungsbudget entsprechend entlastet, sodass das Unternehmen auch in wirtschaftlich schwierigen Zeiten in der Lage ist, die Beschäftigungsfähigkeit seiner Mitarbeitenden zu fördern. Darüber hinaus sind Weiterbildungskooperationen mit anderen Unternehmen oder auch die Bildung von überbetrieblichen Netzwerken für Hospitationen oder Modelle der „Cross-Job-Rotation" denkbar. Neben der Reduktion von Kosten hat dieser Ansatz den Vorteil, dass der Mitarbeiter bzw. die Mitarbeiterin „über den Tellerrand des Unternehmens hinausschaut", sich in wenig vertrauter Umgebung und Arbeitskontexten bewegen muss sowie andere Abläufe und Strukturen kennenlernt. Dies fördert den Umgang mit ungewohnten Situationen, Anpassungsfähigkeit sowie Flexibilität (Rump und Eilers 2011a).

2.2.5 Alternative Werdegänge

„Unternehmen und Organisationen verfügen über ein großes Fachkräftepotenzial, das sie aktivieren können, wenn sie die enge Kopplung von beruflichen Karrieren – vertikal wie horizontal – und Lebensalter auflösen und das Personal altersunabhängig nach Qualifikation, Kompetenz und Engagement einsetzen und fördern" (IfB! 2012, S. 27). In einem wissensorientierten und innovativen Umfeld ist das Know-how der Mitarbeitenden das wichtigste Vermögen des Unternehmens. Ihre Karriere stellt somit im übertragenen Sinne die Vermögensentwicklung dar, die Führungskraft fungiert als Vermögensberaterin bzw. -berater (Fuchs 2009). In diesem Sinne müssen Karrieremodelle im Unternehmen so ausgestaltet sein, dass es jedem bzw. jeder Mitarbeitenden möglich ist, in seinem bzw. ihrem individuellen Kontext, d. h. gemäß seiner bzw. ihrer Veranlagung, Begabung und Lebenssituation Karriere zu machen. Eine Person, deren persönliche Laufbahnplanung unweigerlich mit der Übernahme von Führungsverantwortung gekoppelt ist, wird selbst bei entsprechender Entlohnung mit einer Fachkarriere nicht zufriedenzustellen und zu motivieren sein. Ebenso wenig trägt es zur Verbesserung der Führungskultur bei, Expertinnen und Experten, die weder die soziale Kompetenz noch die Neigung zur Übernahme von Führungsverantwortung in sich tragen, in eine solche Rolle zu zwingen, nur weil sie den einzigen Weg zur Weiterentwicklung darstellt. Hinzu kommt, dass das derzeit noch vorherrschende Verständnis davon, wie eine Führungsfunktion auszuüben ist, dazu führt, dass viele Menschen sich gegen eine vertikale Karriere entscheiden.

Die Auffassungen darüber, was „Karriere" bedeutet, gehen häufig weit auseinander. Während der vertikale Aufstieg in Form einer Führungslaufbahn lange Zeit den einzigen Weg darstellte, um sich beruflich weiterzuentwickeln, definiert heute jedes Unternehmen, ja jedes Individuum diesen Begriff für sich, und es gilt immer mehr, alternative Werdegänge aufzuzeigen und im Unternehmen zu etablieren. Hintergrund für diese Entwicklung sind die in Kap. 1 genannten Trends und Entwicklungen und hier insbesondere die Herausforderung, angesichts längerer Lebensarbeitszeit, höherer Veränderungsgeschwindigkeit und flacherer Hierarchien den immer vielfältigeren Beschäftigtengruppen individuelle Perspektiven aufzuzeigen. Dabei geht es mit Blick auf die jüngeren Mitarbeitenden vor allem darum, sie an das Unternehmen zu binden, indem man ihrem Bedürfnis nach Weiterentwicklung, aber auch nach einer ausgewogenen Balance zwischen beruflicher und privater Sphäre gerecht wird. Im mittleren Lebensalter, in dem die Gefahr einer Sinnkrise in der Regel besonders hoch ist (Graf 2002) und viele Führungspositionen noch von älteren Kolleginnen oder Kollegen besetzt sind, sollte im Fokus stehen, Alternativen zur klassischen Führungslaufbahn aufzuzeigen, die das Gefühl eines „Karriereplateaus" (Graf 2002) erst gar nicht aufkommen lassen. Diejenigen Beschäftigten schließlich, die kurz vor dem Austritt aus dem Erwerbsleben stehen, wünschen sich nicht selten die Option, ohne Gesichts- und Statusverlust schrittweise Verantwortung abzugeben.

Grundsätzlich spielt die Durchlässigkeit zwischen unterschiedlichen Werdegängen eine entscheidende Rolle, da sich Neigungen, Bedürfnisse und Kompetenzen über ein langes Erwerbsleben hinweg verändern. Für den Einzelnen bzw. die Einzelne kann sich dabei auch die Priorisierung verschieben. Wenn er bzw. sie sich beispielsweise nach dem Studium für eine Fachlaufbahn entschieden hat und Freunde, Studienkollegen etc. im Laufe der Zeit Führungsfunktionen übernehmen, kann dies einen gewissen Druck erzeugen (Nußbaum 2011). Heute finden vielfach „Karrieren" in einem engen Zeitfenster statt. Die Weichen werden in der Regel zwischen dem 30. und 45. Lebensjahr gestellt. Die Fokussierung von Karriereperspektiven bis zum 45. Lebensjahr fällt häufig in die Lebensphasen, in denen viele Beschäftigte auch privat entscheidende Weichen stellen und sich in ihrer aktiven Familienphase befinden. Nicht selten fühlen sich die betreffenden Mitarbeitenden zwischen beruflicher und privater Sphäre zerrissen und können sich unter Umständen keinem der beiden Bereiche in angemessener Weise widmen. Solche Laufbahnplanungen sind vor dem Hintergrund der Verlängerung der Lebensarbeitszeit sowie der demografiebedingten Verschiebung der Altersstruktur in Unternehmen bedenklich. Einerseits gehen wichtige Kompetenztragende und deren Potenziale verloren, andererseits führen die nicht vorhandenen Perspektiven insbesondere bei den über 45-Jährigen zu erheblichen Motivationsverlusten. Es gilt also Werdegänge langfristig auszurichten und das gesamte Zeitfenster in den Blick nehmen. Wenn die „Karrierezeit" keine Laufzeit von 15–20 Jahren hat, sondern auf 40–45 Jahre terminiert ist, liegt es auf der Hand, dass sich unterschiedliche Karrieremodelle abwechseln sollten. Dann fallen auch Verzögerungen bzw. Unterbrechungen wegen bestimmter Lebensphasen und -situationen weniger ins Gewicht (Rump und Eilers 2014).

Hinzu kommt der immer stärkere Trend hin zu flacheren Hierarchien infolge der hohen Innovationsgeschwindigkeit und der Notwendigkeit, vor dem Hintergrund von Digitalisierung und Globalisierung Prozesse und auch Organisationsstrukturen immer weiter zu flexibilisieren. Zwangsläufig reduziert sich dadurch auch die Anzahl potenziell verfügbarer Führungspositionen und neue Formen der Kooperation werden erforderlich

(Schwierz 2014). „Es gilt, als Alternative zur klassischen Führungskarriere für eher Wenige attraktive Projekt- und Fachkarriereoptionen für Tausende zu schaffen“ (Fraunhofer IAO 2013, S. 7). Ebenfalls führt der zunehmende Fachkräftemangel dazu, dass vermehrt auf die Stärken und Talente der eigenen Mitarbeitenden gesetzt werden muss, sodass diesen vielfältige Perspektiven im Verlaufe ihres Erwerbslebens geboten werden müssen, um sie an das Unternehmen zu binden. Dies gilt in besonderem Maße für die jüngere Generation, die verinnerlicht hat, dass ein Stillstand in Bezug auf ihre berufliche Entwicklung in der Arbeitswelt von heute für sie nachteilige Effekte hat und umfangreiche Entfaltungs- und Gestaltungsmöglichkeiten erwartet. Immer stärker wird ausgehend von den vorhandenen Stärken und Talenten nach passenden Stellen und Karrierepfaden gesucht, während in der Vergangenheit eher vorgegebene Stellen mit Mitarbeitenden besetzt wurden, die sich ihnen anpassen mussten. Das heißt: Die Wirkungskette dreht sich (Schwierz 2014).

Karriereplanung wird damit vielschichtiger und verlangt von Individuen wie von Unternehmen künftig eine Professionalisierung. Unternehmen müssen in diesem Kontext eine Kultur aufbauen, die Talente und deren Management konsequent in den Mittelpunkt stellt. Mitarbeitende hingegen müssen sich mehr als bislang mit ihren eigenen Möglichkeiten beschäftigen und multiple Karrierewege in Betracht ziehen, um sich langfristig erfolgreich entwickeln zu können (Schwierz 2014). „In der traditionellen Karriere war die Organisation für die Definition von Karriere, den Karriereerfolg, sowie die Aufstellung der notwendigen Karrierekriterien zuständig, nun hingegen geht dies in die Verantwortung jeder einzelnen Person über“ (Hyll 2014, S. 39). In diesem Zusammenhang wird auch von der „boundaryless career“ nach Arthur (1994) gesprochen, die insbesondere die Auflösung von Grenzen durch Organisationen, Branchen oder Regionen bei der Karriereentwicklung betont (Hyll 2014). Das noch davor von Hall (1976) beschriebene Konzept der „protean career“ geht in eine ähnliche Richtung. Kern ist, dass die Karrieresteuerung insbesondere dem Individuum obliegt, das die Erfolgskriterien für sich selbst definiert und eine hohe Anpassungsfähigkeit an neue Gegebenheiten mitbringt. Hier besteht eine starke Verbindung zur Thematik der Employability (Hyll 2014; Reichel et al. 2010; Rump und Eilers 2011a).

Durch diese Entwicklungen entsteht ein vielfältiger Gestaltungsspielraum, aber durchaus auch eine Herausforderung. Denn Karriere befindet sich dadurch auch immer mehr in einem Spannungsfeld von Stabilität und Flexibilität, sodass es „um die Aushandlung sowohl von stabilen als auch von flexiblen Elementen“ (Hyll 2014) geht. Für den Einzelnen bzw. die Einzelne stellen sich Frage wie: Habe ich Karriere gemacht, wenn ich gewisse Statussymbole mein eigen nennen kann? Oder doch erst dann, wenn ich eine gewisse Führungsspanne abdecke? Oder zeigt sich Karriere vielleicht bereits darin, länger als die Kolleginnen und Kollegen zu arbeiten und einen höheren Betrag auf dem Gehaltszettel vorzufinden? Arbeitssoziologische Studien heben „die Folgen und Risiken flexibler Karrierewege für die Beschäftigten hervor: Aus ihrer Sicht müssen sich Individuen auf biografische Unsicherheiten einstellen und karriererelevante

Handlungskompetenzen erlangen, die im Karrieremodell der Kaminkarriere im Hintergrund standen“ (Hyll 2014, S. 236). Während der Karriereverlauf in der Vergangenheit weitgehend langfristig planbar war, gilt dies heute nur noch für bestimmte Phasen (Schwierz 2014).

Zusammenfassend betrachtet, bedarf es eines Paradigmenwechsels von der klassischen vertikalen Karriereentwicklung hin zu vielfältigeren Formen. Was dabei allerdings ein besonderes Augenmerk verdient, ist die Führungskarriere. Denn sie büßt zunehmend an Status und Attraktivität ein und benötigt ebenfalls eine neue Ausrichtung.

Die klassische Führungsrolle – eine kritische Würdigung

Umfragen (u. a. Wottawa et al. 2011) zeigen in den letzten Jahren Erstaunliches: War es für die heutigen Babyboomer in jungen Jahren noch das erstrebenswerteste Ziel, eines Tages Führungsverantwortung zu tragen, winken heute viele Vertreterinnen und Vertreter der jüngeren Generation ab. Sie ziehen eine Fach- oder Projektlaufbahn der Führungskarriere vor. Dafür gibt es mehrere Ursachen.

Eine ist darin zu sehen, wie sich bis heute in vielen Unternehmen „Führung“ definiert bzw. unter welchen Bedingungen eine Führungsposition erlangt und gewahrt bleiben kann. „The prevailing work model at the top … sends a negative message to many aspiring leaders: Don’t expect to have any control over your lives if you choose to climb the ladder to the executive suite“ (Maitland und Thomson 2011, S. 10). Überlange Anwesenheitszeiten, bedingungslose Priorisierung des Berufs gegenüber dem Privatleben – die klassischen Dogmen der Führungsrolle, wie sie bei den eigenen Eltern oder älteren Kolleginnen und Kollegen erlebt wurden und werden, entsprechen nicht mehr den Lebensidealen derjenigen, die als Führungsnachwuchskräfte infrage kommen. Kaum noch ein Vertreter bzw. eine Vertreterin der jüngeren Generation ist bereit, im Interesse eines bedingungslosen Erfolgsstrebens der Karriere alles zu opfern (Shell Deutschland Holding 2010; Riederle 2013; Maitland und Thomson 2011). Dies zeigt beispielsweise eine Umfrage des Führungskräfte Instituts, in der 66 % der befragten Fach- und Führungskräfte die Bereitschaft der „Gen Y“, berufliche Ziele über private Belange zu stellen, als schwach ausgeprägt einschätzen (Werle 2012).

Eine weitere Begründung liegt in den Anforderungen, die an Führungskräfte gestellt werden. Führung wird immer komplexer und anspruchsvoller und Führungsgrundsätze haben sich in den vergangenen Jahrzehnten massiv verändert hin zu einem partizipativen Führungsstil, in dem Entscheidungen vielfach gemeinsam im Team diskutiert und getroffen werden und gerade jüngere Beschäftigte stetiges Feedback wünschen. In zunehmendem Maße benötigen Führungskräfte soziale und psychologische Qualitäten, weil sie als Coach und „Partner bzw. Partnerin auf Augenhöhe“ agieren (sollen). In der klassischen Kaminkarriere, in der eine Führungsrolle sich vielfach durch eine langjährige Betriebszugehörigkeit und fachlich gute Leistungen „zwangsläufig ergibt“, mangelt es denjenigen, die in diese Rolle neu hineinkommen, vielfach an diesen Qualitäten bzw. das Führen unter den aktuellen Bedingungen entspricht nicht ihren Neigungen und

Fähigkeiten. Nicht selten empfinden Beschäftigte, die eine Führungsposition innehaben, diese immer anspruchsvoller werdenden Aufgaben als Belastung bzw. als erheblichen Stressfaktor. Dies umso mehr vor dem Hintergrund, dass trotz der Fülle an Führungsaufgaben noch eine Vielzahl fachlicher Aufgaben bei den Führungskräften verbleibt und ein nicht unerheblicher Anteil an Verwaltungsaufwand hinzukommt. Nicht selten wird ein Spannungsfeld dahingehend geäußert, dass Führungskräfte sich durchaus bewusst sind, dass „gute Mitarbeiterführung" Zeit braucht, man ihnen diese Zeit jedoch nicht zugesteht, weil die Wertigkeit der Führungsfunktion nicht in ausreichendem Maße erkannt wird. Und so verwundert es nicht, dass im HR-Report 2014/2015 der Hays AG in Kooperation mit dem Institut für Beschäftigung und Employability knapp 80 % der Befragten den größten Stolperstein für Führungskräfte darin sehen, zu wenig Zeit für Führungsaufgaben zu haben (Rump et al. 2014). „Führung ist kein Privileg mehr. Führung ist harte Arbeit" (Lotter 2015, S. 45).

Nicht zuletzt bedingt die zunehmende Forderung danach, dass Mitarbeitende zu „Unternehmenden in eigener Sache" werden, auch, dass sich Verantwortung von den Führungskräften auf die Mitarbeitenden verlagert. Im gleichen Maße, wie dadurch die Handlungsspielräume und Entscheidungskompetenzen des bzw. der Einzelnen zunehmen, fallen sie bei den Führungskräften weg. Nach Faust (2000) kann man auch vom „Kaskadeneffekt" der Dezentralisierung sprechen, da sich die Anforderungsprofile von Führungskräften – gerade auf den unteren und mittleren Führungsebenen – immer stärker denen der Beschäftigten angleichen (Hyll 2014). Die aktuelle Diskussion geht bisweilen gar dahin, die Führungsfunktion als Ganzes infrage zu stellen. Dies greift jedoch sicherlich zu weit, und auch wenn das „Karriereziel Führung" an Attraktivität eingebüßt hat, erscheint doch vielen noch die Führungsrolle erstrebenswert.

Allerdings bedarf es eines Wandels der Bedingungen, unter denen Führung stattfindet. Der klassische vertikale Aufstieg ist vielfach noch auf Menschen ohne private Verpflichtungen ausgerichtet. Lange Arbeitszeiten, uneingeschränkte Verfügbarkeit sowie eine Präsenzkultur scheinen untrennbar mit dem Karrierebegriff verbunden (Ladwig und Domsch 2009; Bischoff 2010). So ist beispielsweise Teilzeit derzeit in der Folge noch eher ein „Karrierekiller". (BMFSFJ 2009; Durbin und Tomlinson 2010) Vielfach wird argumentiert, dass insbesondere Führungspositionen deshalb unteilbar sind, weil der Abstimmungsbedarf einen nicht zu vertretenden Aufwand mit sich bringt und der Kontakt zu den Mitarbeitenden unzureichend ist. Diese Argumentation ist mit der Prämisse verbunden, dass mit Führung in Teilzeit eine Teilung der Führungsposition einher geht, Führung also faktisch im Job-Sharing-Modell erfolgt. Hohe „Rüst-" und Koordinationskosten lassen die Nutzen-Kosten-Relation ungünstig erscheinen. Es stellt sich allerdings die Frage, inwieweit die Möglichkeiten einer Vereinbarkeit von Berufs- und Privatleben auch für Führungskräfte tatsächlich ausgereizt sind. Die Vermutung liegt nahe, dass vollzeitnahe Teilzeitmodelle und flexible Arbeitszeiten, idealerweise in Verbindung mit flexiblen Arbeitsorten zu einer stärkeren Verbreitung beitragen können (Fetz und Köster 2007; Lukoschat und Bessing 2004; Sachverständigenkommission zur Erstellung des Ersten

Gleichstellungsberichtes der Bundesregierung/Fraunhofer-Gesellschaft zur Förderung der angewandten Forschung e. V. 2011; Sachverständigenkommission zum Achten Familienbericht 2011; Fischer et al. 2013).

Neue Karrierebilder: Mosaik, Gitter und Kletterwand

Betrachtet man rein vertikale Karrieremodelle vor dem Hintergrund der Beschäftigungsfähigkeit, so zeigt sich, dass sie deren Förderung nicht dienen, sondern eher behindern. Ein klassischer Werdegang, der von der Gruppenleitung über die Abteilungsverantwortung schließlich zur Bereichsleitung führt, lässt Personen wenig Raum für den Blick „über den Tellerrand hinaus", sondern beschränkt sie immer stärker auf ihr spezifisches Tätigkeitsfeld. Horizontale und diagonale Werdegänge, die sich über die Mitarbeit in unterschiedlichsten Projekten oder aber das Einbringen von Expertinnen- bzw. Expertenwissen in verschiedene Bereiche (auch in Kombination von Führungskarrierestufen) gestalten können, fördern die Beschäftigungsfähigkeit unter Berücksichtigung der Verlängerung der Lebensarbeitszeit in erheblicher Weise. Sie verlangen den Personen eine gewisse Flexibilität ebenso ab wie die Fähigkeit, sich an unterschiedliche Sachverhalte und Teamstrukturen anzupassen. Damit qualifizieren sie sich auch für den Fall, dass die Karriereentwicklung in einem anderen Unternehmen fortgesetzt werden will oder muss – besser als ein rein vertikaler Aufstieg, der die Personen stark auf ihr Tätigkeitsfeld fokussieren lässt (Fischer et al. 2013).

Für alternative Karrierewege finden sich in der Literatur inzwischen unterschiedliche Bilder. So sprechen einige Autoren von der Entwicklung hin zu einem Karrieregitter, das schnellere oder langsamere Entwicklungsschritte nach oben oder in verschiedene Richtungen – auch nach unten – ermöglicht (u. a. Benko und Weisberg 2008; von Kettler 2010; Deloitte Consulting AG 2013). Nicht selten wird auch der Vergleich zu einer Kletterwand herangezogen, bei der der Weg zwar letztlich nach oben führt, jedoch auch Seitenschritte zulässt. In einer Studie der von Rundstedt & Partner GmbH in Zusammenarbeit mit dem Institut für Beschäftigung und Employability IBE schließlich wurde die sog. Mosaikkarriere als neues Leitbild entwickelt: Dabei wird Karriere „zu einer Art Szenarienplanung mit einer Reihe von Optionen in unterschiedlichen Dimensionen" (Schwierz 2014, S. 139).

All diesen Bildern gemeinsam ist, dass sich in Bezug auf die Laufbahngestaltung über ein Erwerbsleben hinweg Fach-, Führungs- und Projekteinsätze abwechseln und die Entwicklung auf vertikaler, horizontaler, diagonaler und projektorientierter Ebene erfolgen kann. Dadurch ist es Arbeitgebern möglich, den Anforderungen an Flexibilität und hohe Innovationsgeschwindigkeit gerecht zu werden, die Arbeitnehmenden können zunehmend flexibel und beweglich ihren Karriereweg gestalten – gerade für jüngere Beschäftigte ein hoher Attraktivitätsfaktor.

Als Voraussetzungen für die Implementierung alternativer Werdegänge im Unternehmen lassen sich die Folgenden identifizieren (Schwierz 2014; Rump und Schwierz 2013; Rump 2015):

- Schaffung eines Bewusstseins dafür, dass Brüche in der Erwerbsbiografie nichts Negatives sind, sondern vielmehr zur Kompetenzentwicklung beitragen.
- Entwicklung einer neuen Karrierekultur, bei der es zuerst und vor allem darauf ankommt, die richtigen Leute zur richtigen Zeit an der richtigen Stelle einzusetzen („matching").
- Umsetzung einer stärken- und talentorientierten Personalplanung und -entwicklung, die den gesamten Karriereverlauf umspannt, also vom ersten bis zum letzten Schritt eines Werdegangs. Dies impliziert eine gezielte Förderung von Mitarbeitenden im Sinne ihrer Qualifikation für Fach-, Führungs- und Projektkarrieren sowie die Berücksichtigung lebenssituationsbedingter Änderungen in den Präferenzen und Möglichkeiten.
- Unterstützung der Führungskräfte darin, die Mitarbeitenden differenziert zu beurteilen und dadurch Potenzialtragende zu identifizieren und zu fördern. Dies kann auch bedeuten, über den eigenen Bereich hinaus zu denken. Führungskräfte werden so zu ersten Personalentwickelnden im Unternehmen. Sehr bedeutsam ist dabei, den Führungskräften auch Räume für Training und Erfahrungsaustausch einzuräumen.
- Schaffung einer „Konsequenzkultur", in der Verbindlichkeit bei allen Beteiligten geschaffen wird und Konsequenzen gezogen werden, wenn Führungskräfte dieser Rolle nicht angemessen nachkommen bzw. ein fehlerhaftes Matching auch rückgängig gemacht wird. Entscheidend dabei ist ein eindeutiges Commitment der Unternehmensleitung zur Gleichwertigkeit aller Karrierepfade sowie die Integration in das Geschäftsmodell.
- Kommunikation guter Beispiele und Erfolgsgeschichten für alternative Karrieren, die im eigenen oder auch in anderen Unternehmen erfolgreich waren und den Mitarbeitenden Mut machen, nach alternativen Wegen neben der klassischen Führungslaufbahn zu suchen.
- Überprüfung der bestehenden Instrumente (z. B. Potenzialanalysen, „talent reviews") daraufhin, ob diese den neuen Anforderungen entsprechen. In der Regel ist es erforderlich, solche Instrumente zielgerichtet auszubauen, weiterzuentwickeln und konsequenter einzusetzen.
- Gleichstellung der unterschiedlichen Karriereformen in Bezug auf Ansehen, Status und (finanzielle) Ausstattung. Wenn der eindimensionale hierarchische Aufstieg im Sinne von Employability nicht mehr gewünscht oder im Sinne der Unternehmensstruktur nicht mehr realisierbar ist, dann gilt es, den Status und die Anerkennung, die gewisse Positionen oder Leitungsfunktionen mit sich bringen, auf andere Weise zu gestalten. Ein ersatzloses Wegfallen von Hierarchieebenen, verbunden mit einem erschwerten vertikalen Aufstieg ohne Aufzeigen, Anerkennen und Wertschätzen horizontaler Karrierewege führt dazu, dass diese im Menschen verankerten Bedürfnisse nach Sichtbarkeit der eigenen Karriereentwicklung nicht befriedigt werden. In vielen Fällen entwickelt sich daraus eine informelle Hierarchie im Unternehmen, in der die als unerlässlich empfundene Differenzierung gelebt wird. Dazu kann es erforderlich werden, die bestehenden Anreiz- und Motivationssysteme sowie die

Vergütungsstrukturen zu hinterfragen und neu auszugestalten. Ein Senioritätsprinzip, kombiniert mit der Belohnung des vertikalen Aufstiegs, ist kontraproduktiv.
- Sicherstellung, dass bei aller Flexibilität der Mosaikkarrieren für Unternehmen und Beschäftigte auch in jeder Lebensphase dem Bedürfnis nach Verlässlichkeit und Planbarkeit seitens der Mitarbeitenden Genüge getan wird.
- Unterstützung der Beschäftigten dabei, Klarheit über sich selbst, die eigenen Wünsche, Werte und Fähigkeiten zu erlangen, um für sich den richtigen Karriereweg zu finden. Dazu gehört auch die Förderung der Bereitschaft zur Selbstreflexion sowie zum Dialog mit denjenigen, die entscheidend für die eigene Karriere sind.

Schwierz (2014, S. 140) stellt fest:

> Natürlich wird das neue Leitbild der Mosaikkarriere nicht für jeden Mitarbeiter attraktiv sein. Festzuhalten gilt jedoch, dass sich aus der konsequenten Talentorientierung zusätzliche Karriereoptionen und eine breitere Ausschöpfung von Fähigkeiten und Fertigkeiten im Talentpool von Unternehmen ergeben. Entsprechend geplant und gefördert, trägt dieses neue Karrierebild damit zur Vielfalt im Arbeitsleben wie auch in der Organisationsentwicklung bei und fördert die Wettbewerbsfähigkeit in einer zunehmend ‚offeneren' Arbeits- und Unternehmenswirklichkeit.

3 Schlussbetrachtung

Abschließend lässt sich sagen, dass im Zentrum der Bestrebungen zu Erhalt und Steigerung von Employability eine zielgerichtete und ganzheitliche Konzeption stehen muss, die Ängsten und Hindernissen auf Arbeitgeber- und Arbeitnehmendenseite ebenso Rechnung trägt wie tradierten Strukturen und Systemen, die ihre Umsetzung hemmen. Denn Employability darf nicht länger ein Schlagwort bleiben, dem keine konkreten Taten folgen. Ziel muss es sein, die Beschäftigten als einen der wichtigsten Wettbewerbsfaktoren an das Unternehmen zu binden und ihnen ein Umfeld zu bieten, in dem sie ihre Kompetenzen zum beiderseitigen Wohl entfalten und weiter entwickeln können. Es gilt: „Dabei erhält die Organisation für ihr Engagement Wettbewerbsfähigkeit, das Individuum Beschäftigungsfähigkeit" (Fraunhofer IAO 2013, S. 22). Insbesondere Großunternehmen haben sich in den letzten Jahren verstärkt mit dieser Thematik auseinandergesetzt und betonen, dass sie die Beschäftigungsfähigkeit ihrer Mitarbeitenden als essenzielles Entwicklungsziel und unerlässlichen Baustein für die Zukunftsfähigkeit ihres Unternehmens ansehen. Laut einer Studie des Instituts für Beschäftigung und Employability im Auftrag der Hays AG aus dem Jahr 2014 ist für 33 % der befragten Betriebe die Sicherung der Beschäftigungsfähigkeit eines der drei Topthemen des HR-Managements. In der gleichen Studie geben mehr als die Hälfte der Betriebe an, Beschäftigungsfähigkeit nehme für sie eine sehr große bzw. große Bedeutung ein (Rump et al. 2014). Dies zeigt, dass durchaus kein Erkenntnisproblem besteht, wenn es um die Bedeutsamkeit von Beschäftigungsfähigkeit für den Unternehmenserfolg geht. Leider wird jedoch ebenfalls sehr deutlich, dass die Rhetorik noch häufig die betriebliche Praxis überwiegt (Abb. 7).

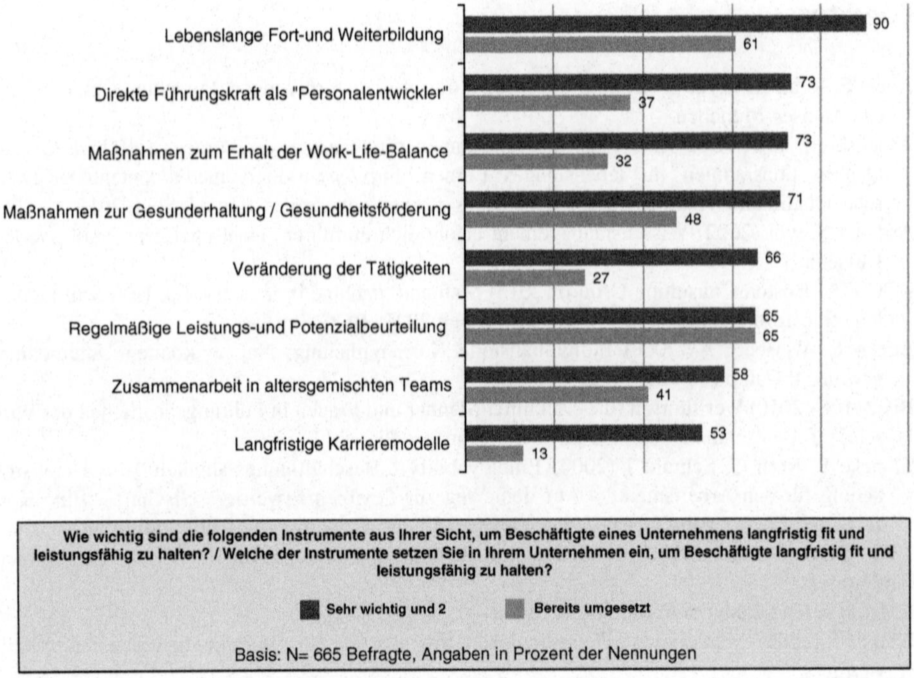

Abb. 7 Instrumente zur Förderung der Beschäftigungsfähigkeit – Bedeutung und Umsetzung. (Rump et al. 2014)

Die konkreten Maßnahmen, die viele Unternehmen ergreifen, sind teils unzureichend, teils laufen sie aber auch unkoordiniert ab, sodass sie die Beschäftigungsfähigkeit des bzw. der Einzelnen nicht wirklich fördern oder erhalten können. Zudem liegt der Fokus häufig zu stark auf den hoch qualifizierten Mitarbeitenden, bei denen am schnellsten ein profitables und nach außen sichtbares Ergebnis erzielt werden kann. Im Sinne auch der gesellschaftlichen Verpflichtung muss es jedoch auch Ziel sein, nicht nur die High Potentials, sondern ebenso diejenigen Beschäftigten zur Entwicklung ihrer Employability zu motivieren, die aufgrund einer geringeren Qualifizierung durch das Raster des Arbeitsmarktes zu fallen drohen. Wie auch in vielen anderen Bereichen wird der primäre Erfolgsfaktor die Zeit sein. Neue Denk- und Handlungsweisen werden sich bewähren und beweisen müssen, bevor sie endgültig ihre Daseinsberechtigung erhalten können. Dabei wird schon heute deutlich, dass die Vertreterinnen und Vertreter der sog. Generation Y, geboren etwa zwischen 1980 und 1995 und sozialisiert im Bewusstsein, dass es „die eine Ausbildung, den einen Job, den einen Arbeitgeber" nicht mehr gibt, eine hohe Sensibilität dafür aufweisen, dass sie ein Arbeitsleben lang an sich und ihrer Employability arbeiten müssen und entsprechende Entwicklungsmöglichkeiten auch von ihren Arbeitgebern einfordern.

Literatur

Abele E, Reinhart G (2011) Zukunft der Produktion. Herausforderungen, Forschungsfelder, Chancen. Hanser, München

Arbeitskreis DQR (Deutscher Qualifikationsrahmen für lebenslanges Lernen) (2011) Deutscher Qualifikationsrahmen für lebenslanges Lernen. http://www.dqr.de/media/content/Der_Deutsche_Qualifikationsrahmen_fue_lebenslanges_Lernen.pdf. Zugegriffen 07. Sept. 2016

Armutat S et al (2002) Wissensmanagement erfolgreich einführen. Deutscher Universitätsverlag, Düsseldorf

BCG (The Boston Consulting Group) (2015) Man and machine in industry 4.0. How will technology transform the industrial workforce through 2025? BCG, Boston

Benko C, Weisberg A (2008) Individualisierte Karriereplanung: Nur so können Unternehmen gewinnen! Campus, Frankfurt a. M.

Bischoff S (2010) Wer führt in (die) Zukunft? Männer und Frauen in Führungspositionen der Wirtschaft in Deutschland – die 5. Studie. Bertelsmann, Bielefeld

Blancke S, Roth C, Schmid J (2000) Employability („Beschäftigungsfähigkeit") als Herausforderung für den Arbeitsmarkt – Auf dem Weg zur flexiblen Erwerbsgesellschaft – Eine Konzept- und Literaturstudie (Arbeitsbericht Nr. 157 der Akademie für Technikfolgenabschätzung in Baden-Württemberg). Akademie für Technikfolgenabschätzungin Baden-Württemberg, Stuttgart

BMAS (2015) Grünbuch Arbeiten 4.0. Berlin

BMFSFJ (2009) Memorandum Familie leben. Impulse für eine familienbewusste Zeitpolitik, Berlin

Brühl K (Hrsg) (2010) Future Jobs – Wie wir in Zukunft in Europa arbeiten werden. DIS AG, Düsseldorf

Deloitte Consulting AG (Hrsg) (2013) Die HR-Umfrage von Deloitte. Demographischer Wandel als Chance? 2. Aufl., 2012/2013. https://www.deloitte.com/assets/Dcom-Switzerland/Local%20Assets/Documents/DE/Public/HR%20Umfrage/2013/ch_de_HR_Umfrage_Ausgabe_2_2013.pdf 07. Febr. 2014

DIHK (2008) Soft Skills und Praxisbezug – Erwartungen der Wirtschaft an Hochschulabsolventen. DIHK-Newsletter 17. Apr. 2008

Durbin S, Tomlinson J (2010) Female part-time managers: networks and career mobility. Work Employment Society 24(4):621–640

Eichhorst W, Kendzia MJ, Schneider H, Buhlmann F (2013) Neue Anforderungen durch den Wandel der Arbeitswelt. Expertise für die Enquete-Kommission „Wachstum, Wohlstand, Lebensqualität" des Deutschen Bundestages, IZA Research Report No. 51. Bonn

Ernst H, Hauser R, Katzenstein B, Micic P (2003) Lebenswelten 2020 – So werden wir leben. Deutsches Institut für Altersvorsorge, Köln

Fetz J, Köster U (2007) Teilzeit für Führungskräfte. Personalmagazin 2007(4):32–35

Fischer H, Rump J, Eilers S, Fleischer G, Heyn T, Holdenried H-U, Marquardt T, Mittorp K, Platzer P (2013) Unternehmen. In: Rump J, Walter N (Hrsg) Arbeitswelt 2030. Trends, Prognosen, Gestaltungsmöglichkeiten. Schäffer-Poeschel, Stuttgart, S 57–81

Förster A, Kreuz P (2011) Führungskräfte werden „soziale Architekten" (Interview). In: Rump J, Schabel F, Grabmeier S (Hrsg) Auf dem Weg in die Organisation 2.0 – Mut zur Unsicherheit. Verlag Wissenschaft & Praxis, Sternenfels, S 73–76

Fraunhofer-Institut für Arbeitswirtschaft und Organisation (IAO) (2013) Arbeit der Zukunft Wie wir sie verändern. Wie sie uns verändert. Stuttgart

Fuchs J (2009) Führen in Know-how-Unternehmen: Wenn Mitarbeiter ihren Chef bezahlen. In: Speck P (Hrsg) Employability – Herausforderungen für die strategische Personalentwicklung. Konzepte für eine flexible, innovationsorientierte Arbeitswelt von morgen, 4. aktualisierte und erweiterte Aufl. Gabler, Wiesbaden, S 215–220

Graf A (2002) Lebenszyklusorientierte Personalentwicklung. Haupt, Bern

Hofmann J, Rollwagen I, Schneider S (2007) Deutschland im Jahr 2020 – Neue Herausforderungen für ein Land auf Expedition. In: Deutsche Bank AG, DB Research (Hrsg) Fokus Deutschland 2020. Aktuelle Themen 382. Frankfurt a. M. http://www.dbresearch.de/PROD/DBR_INTERNET_DE-PROD/PROD0000000000209595.PDF. Zugegriffen: 18. Dez. 2011

Hyll M (2014) Karriereformen im Wandel. Herausforderungen für Individuen und Organisationen. Hampp, Bielefeld

IfB! (Initiative für Beschäftigung!) (2012) „Arbeit der Zukunft gestalten" Ergebnisse des Fachdialogs. Berlin

www.in-eigener-Sache.de

Kaiser S, Kozica A (2015) Zukunftsfähige Führung in fluiden Organisationen und modernen Arbeitswelten. In: Widuckel W, de Molina K, Ringlstetter MJ, Frey D (Hrsg) Arbeitskultur 2020. Herausforderungen und Best Practices der Arbeitswelt der Zukunft. Gabler, Heidelberg, S 307–322

Kettler B von (2010) ®evolution der Arbeit – Warum Work-Life Balance zum Megathema wird und sich trotzdem verändert. Wie konkrete Handlungsempfehlungen und gezielte Projekte aussehen. In: Kaiser S, Ringlstetter MJ, (Hrsg) Work-Life balance. Springer, Heidelberg, S 147

Kraus K (2006) Vom Beruf zur Employability? Zur Theorie einer Pädagogik des Erwerbs. VS Verlag, Wiesbaden

Lancaster LC, Stillman D (2002) When generations collide. Who they are. Why they clash. How to solve the generational puzzle at work. HarperCollins, New York

Lotter W (2015) Die Chefsache. brand eins 2015(3):38–45

Lukoschat A, Bessing N (2004) Führungskräfte und Familie. Wie Unternehmen Work-Life-Balance fördern können. Ein Leitfaden für die Praxis, Baden-Baden. http://doku.iab.de/externe/2005/k050916a09.pdf. Zugegriffen: 22. Juli 11, 13:23 Uhr

Maitland A, Thomson P (2011) Future work. How businesses can adapt and thrive in the new world of work. Palgrave Macmillan, London, S 31(79–93):105

Nußbaum A (2011) Fachlaufbahn als Berater. Ein Erfolgsmodell bei Mercuri Uval. In: Domsch ME, Ladwig DH (Hrsg) Fachlaufbahnen. Alternative Karrieren für Spezialisten schaffen. Wolters Kluwer, Köln, S 211–220

OECD (2014) Trends in income inequality and its impact on economic growth

Olesch G (2015) Unternehmenskultur als „Marke" zum wirtschaftlichen Erfolg. In: Widuckel W, de Molina K, Ringlstetter MJ, Frey D (Hrsg) Arbeitskultur 2020. Herausforderungen und Best Practices der Arbeitswelt der Zukunft. Springer, Wiesbaden, S 117–135

Quistorp S (2011) Organisationen als „fluide" Systemstrukturen verstehen und führen. In: Rump J, Schabel F, Grabmeier S (Hrsg) Auf dem Weg in die Organisation 2.0 – Mut zur Unsicherheit. Verlag Wissenschaft & Praxis, Sternenfels, S 77–88

Räumschüssel T, Brauner C (2011) Die Projektleiterlaufbahn – Laufbahnmodelle bei E.ON Energie. In: Domsch ME, Ladwig DH (Hrsg) Fachlaufbahnen. Alternative Karrierewege für Spezialisten schaffen. Luchterhand, Köln, S 103–118

Reichel A, Chudzikowski K, Schiffinger M, Mayrhofer W (2010) Mehr Unabhängigkeit im neuen Karrierekontext? Der Kampf um Arbeit und die rosa Brille der Karriereforschung. In: Schweiger G, Brandl B (Hrsg) Der Kampf um Arbeit. Dimensionen und Perspektiven (1. Aufl.). VS Verlag, Wiesbaden, S 379–402

Riederle P (2013) Wer wir sind und was wir wollen. Ein Digital Native erklärt seine Generation. Knaur, München

Rump J (2015) Welche Bedeutung hat die Unternehmenskultur für den Unternehmenserfolg? BEYOND 2015(3):7–11

Rump J, Eilers S (2011a) Employability – Die Grundlagen. In: Rump J, Sattelberger T (Hrsg) Employability Management 2.0. Einblick in die praktische Umsetzung eines zukunftsorientierten Employability Managements. Verlag Wissenschaft & Praxis, Sternenfels, S 73–166

Rump J, Eilers S (2011b) Employability und Demografie. In: Rump J, Sattelberger T (Hrsg) (2011) Employability Management 2.0. Einblick in die praktische Umsetzung eines zukunftsorientierten Employability Managements. Verlag Wissenschaft & Praxis, Sternenfels, S 211–303

Rump J, Eilers S (2014) Demografieorientiertes Personalmanagement: Hintergründe und Handlungsansätze. In: Rump J, Eilers S (Hrsg) Demografieorientiertes Personalmanagement: Hintergründe und Handlungsansätze. Wolters Kluwer, Köln, S 11–52

Rump J, Eilers S (2015a) Generationen-Mix: Gestalten statt verwalten. Verlag Wissenschaft & Praxis, Sternenfels

Rump J, Eilers S (2015b) Führung für die Zukunft – Neue Arbeitskultur und soziale Beziehungen. In: Widuckel W, de Molina K, Ringlstetter MJ, Frey D (Hrsg) Arbeitskultur 2020. Herausforderungen und Best Practices der Arbeitswelt der Zukunft. Gabler, Heidelberg, S 291–305

Rump J, Sattelberger T (2011) (Hrsg) Employability Management 2.0. Einblick in die praktische Umsetzung eines zukunftsorientierten Employability Managements. Verlag Wissenschaft & Praxis, Sternenfels

Rump J, Schabel F (2011) Organisation 2.0 oder: Die Uneinheitlichkeit der Unternehmenswelt., In: Rump J, Schabel F, Grabmeier S (Hrsg) Auf dem Weg in die Organisation 2.0. Mut zur Unsicherheit. Verlag Wissenschaft & Praxis, Sternenfels 2011, S 13–21

Rump J, Schabel F, Eilers S, Möckel K (2014) HR-Report 2014/2015. Schwerpunkt Führung. Mannheim, Ludwigshafen

Sachverständigenkommission zum Achten Familienbericht (2011) Zeit für Familie. Familienzeitpolitik als Chance einer nachhaltigen Familienpolitik. http://www.bmfsfj.de/RedaktionBMFSFJ/Abteilung2/Pdf-Anlagen/Achter-familienbericht,property=pdf,bereich=bmfsfj,sprache=de,rwb=true.pdf. Zugegriffen: 18. Juli 2013

Sattelberger T (1999) Lernkultur für ein Unternehmen der Zukunft. In: QUEM-report. Schriften zur beruflichen Weiterbildung 60: Kompetenz für Europa. Wandel durch Lernen – Lernen im Wandel, S 93–117

Sattelberger T (2003) Employability. Kurs halten trotz Irrungen der Ich-AG. PERSONALmagazin 11(5):64–66

Sattelberger T (2009) Unternehmen als Chancen- und Risikogemeinschaft: Initiativen geteilter Verantwortung. In: Speck P (Hrsg) Employability – Herausforderungen für die strategische Personalentwicklung. Konzepte für eine flexible, innovationsorientierte Arbeitswelt von morgen, 4. aktualisierte und erweiterte Aufl. Gabler, Wiesbaden, S 309–326

Schabel F (2009) Auf dem Weg in die Projektwirtschaft. In: Buhse W, Schabel F (Hrsg) Hays-Forum Studie: Vernetzt und transparent – die Unternehmenswelt von morgen?! Mannheim, S 18–26

Schein EH (1995) Unternehmenskultur. Campus, Frankfurt a. M.

Schmitt M (2015) Innovationskultur – Grundlage einer zukunftsfähigen Arbeitskultur. In: Widuckel W, de Molina K, Ringlstetter MJ, Frey D (Hrsg) Arbeitskultur 2020. Herausforderungen und Best Practices der Arbeitswelt der Zukunft. springer fachmedien wiesbaden, Wiesbaden, S 73–87

Scholz C (2009) Employability bei „fortgeschrittenen" Spielern ohne Stammplatzgarantie. In: Speck P (Hrsg) Employability – Herausforderungen für die strategische Personalentwicklung.

Konzepte für eine flexible, innovationsorientierte Arbeitswelt von morgen, 4. aktualisierte und erweiterte Aufl. Springer, Wiesbaden, S 357–366

Schütte M (2014) Steigende Arbeitsintensivierung – Belastung für die Gesundheit? BauA Aktuell 2014(03):6–7

Schwierz C (2014) Der Paradigmenwechsel von der Leiter- zur Mosaikkarriere: Was heute getan werden muss, um Karrieren von morgen zu managen. In: Rump J, Eilers S (Hrsg) Demografieorientiertes Personalmanagement. Hintergründe und Handlungsansätze. Wolters-Kluwer, Köln, S 135–145

Schwierz C, Rump J (2013) Was heute getan werden muss, um Karrieren von morgen zu managen. Whitepaper, Düsseldorf

Shareground/Universität St. Gallen (2015) Arbeit 4.0 Megatrends digitaler Arbeit der Zukunft – 25 Thesen. Ergebnisse eines Projekts von Shareground und der Universität St. Gallen

Shell Deutschland Holding (Hrsg) (2010) 16. Shell Jugendstudie Jugend 2010. Fischer, Frankfurt a. M.

Tamkin P, Hillage J (1999) Employability and employers, the missing piece of the jigsaw. Institute for Employment Studies Brighton, Brighton

Trendbüro Steinle A, Wippermann P (2003) Die neue Moral der Netzwerkkinder. Trendbuch Generationen, München

Ulich E (2011) Arbeitspsychologie, 7. Aufl. vdf Hochschulverlag, Zürich

Weber R, Thiele D (2009) Auswirkung der Employability auf die Personalpolitik der Unternehmen des Karlsberg Verbundes. In: Speck P (Hrsg) Employability – Herausforderungen für die strategische Personalentwicklung. Konzepte für eine flexible, innovationsorientierte Arbeitswelt von morgen, 4. aktualisierte und erweiterte Aufl. Springer, Wiesbaden, S 205–213

Weinert P, Baukens M, Bollérot P, Pineschi-Gapenne M, Walwei U (2001) Beschäftigungsfähigkeit: Von der Theorie zur Praxis (Soziale Sicherheit; Bd. 4). Lang, Bern

Werle K (2012) Wer will noch Chef werden? manager magazin 2012(8). http://www.manager-magazin.de/magazin/artikel/a-851513.html. Zugegriffen: 08. Febr. 2014

Wottawa H, Montel C, Mette C, Zimmer B, Hiltmann M (2011) eligo Studie: Berufliche Lebensziele und Leistungspotenziale junge Hochschulabsolventinnen und Hochschulabsolventen. Wirtschaftspsychologie 13(3):85–111

XING AG, Statista GmbH (2015) Kompass neue Arbeitswelt. Die große XING Arbeitnehmerstudie 2015, Hamburg

Über die Autoren

Dr. Jutta Rump ist Professorin für Allgemeine Betriebswirtschaftslehre, insbesondere Internationales Personalmanagement und Organisationsentwicklung an der Hochschule Ludwigshafen. Sie hat zudem zahlreiche Mandate auf regionaler und nationaler Ebene inne und ist in Unternehmen als Projekt- und Prozessbegleiterin tätig. Darüber hinaus leitet sie das Institut für Beschäftigung und Employability IBE, das den Schwerpunkt seiner Forschungsarbeit auf personalwirtschaftliche, arbeitsmarktpolitische und beschäftigungsrelevante Fragestellungen legt.

Silke Eilers war während ihres berufsintegrierenden Studiums der Betriebswirtschaftslehre an der Hochschule Ludwigshafen im Vertrieb und im Personalmanagement der Koenig & Bauer AG in Frankenthal tätig. Seit dem Jahr 2003 ist sie wissenschaftliche Mitarbeiterin und Projektleiterin am Institut für Beschäftigung und Employability IBE Ihre Arbeitsschwerpunkte liegen in den Themenbereichen Demografie Trends der Arbeitswelt, Employability sowie lebensphasenorientierte Personalpolitik.

Potenziale heben – Potenziale nutzen: Employability-Förderung als ganzheitlicher Ansatz am Beispiel Deutsche Bank

Christine Walenda und Ralf Brümmer

Zusammenfassung

Für die Unternehmen und ihre Beschäftigten heißt die Herausforderung, gemeinsam „fit für die Zukunft" zu werden. Das zukunftsfähige Unternehmen braucht qualifizierte, engagierte und flexible Mitarbeitende. Diese wiederum brauchen zukunftsfähige Kompetenzen und suchen Perspektiven. Unternehmen und Beschäftigte sind aufeinander angewiesen und unterliegen letztlich den gleichen Marktmechanismen.

Dem Unternehmen fällt vor diesem Hintergrund die Verantwortung zu, rechtzeitig sich abzeichnende Entwicklungen zu thematisieren und entsprechende Weichenstellungen für die Belegschaft vorzunehmen. Angebote zur stetigen Entwicklung und Förderung zukunftsfähiger Kompetenzen für alle Beschäftigten zeichnen den modernen „employer of choice" aus. „Der bzw. die Mitarbeitende von morgen" denkt perspektivisch, richtet sein bzw. ihr Handeln danach aus und ist dementsprechend auf

Dieses Kapitel stützt sich in Teilen auf den im Jahr 2011 von den Autoren verfassten Beitrag „Deutsche Bank: Employability. Selbstverantwortung fördern – Schlüsselkompetenzen fördern. Ein ganzheitlicher Ansatz", erschienen im Herausgeberband „Employability Management 2.0. Einblick in die praktische Umsetzung eines zukunftsorientierten Employability Managements" von Jutta Rump und Thomas Sattelberger, Verlag Wissenschaft & Praxis Sternenfels.

C. Walenda (✉)
Leiterin Employability-Initiativen Deutsche Bank AG,
Frankfurt a. M., Deutschland
E-Mail: christine.walenda@db.com

R. Brümmer
Leiter Personal Beschäftigungsmodelle Deutsche Bank AG,
Frankfurt a. M., Deutschland
E-Mail: ralf.bruemmer@db.com

J. Rump und S. Eilers (Hrsg.), *Auf dem Weg zur Arbeit 4.0*, IBE-Reihe,
DOI 10.1007/978-3-662-49746-3_4

Veränderungen vorbereitet. Er oder sie übernimmt die Verantwortung für die Gestaltung der eigenen beruflichen Entwicklung.

Eine systematische und nachhaltige Employability-Förderung ermöglicht das Heben und Nutzen der Potenziale. Der Weg von der Idee zur „passenden" Haltung ist ein weiter; er gelingt, wenn alle Beteiligten, Unternehmensleitung, Führungskräfte, Personalverantwortliche, Betriebsräte und Beschäftigte die Anforderungen, die Chancen und den Nutzen für den Einzelnen bzw. die Einzelne wie das Unternehmen erkennen.

1 Die Zukunft im Blick – Employability fördern und fordern

Unternehmen und Beschäftigte müssen sich in einem Markt behaupten, der auf der einen Seite von rasanten ökonomischen und technischen Entwicklungen geprägt ist und in dem sich auf der anderen Seite durch demografische und gesellschaftliche Entwicklungen die Rahmenbedingungen der Zusammenarbeit grundlegend verändern.

Diese werden zunehmend durch die Alterung der Belegschaft bzw. eine längere Lebensarbeitszeit sowie insbesondere durch einen Wertewandel, hin zu einer stärkeren Individualisierung und dem Streben nach Work-Life-Balance, beeinflusst. „Wir werden auch morgen noch arbeiten – aber anders". Dieser Satz, der in der Deutschen Bank erstmals vor gut 15 Jahren weite Verbreitung fand – und damals zu einer gewissen Unruhe und Besorgnis bei den Mitarbeitenden führte – ist heute aktueller denn je.

Ein Unternehmen kann seine Chancen am Markt nur mit engagierten und kompetenten Beschäftigten nutzen; Veränderungsfähigkeit und Flexibilität sind die Voraussetzungen für den beruflichen Erfolg des bzw. der Einzelnen. Die Förderung von „Employability" – verstanden als „Fähigkeit, fachliche, persönliche, soziale und methodische Kompetenzen unter sich wandelnden Rahmenbedingungen zielgerichtet und eigenverantwortlich zu entwickeln und einzusetzen" (Rump und Eilers 2011, S. 81) – ist somit eine zentrale Zukunftsaufgabe und ein wichtiges personalpolitisches Ziel.

1.1 Employability führt zu einer neuen Positionierung

Ein Mensch, der aufgrund regelmäßiger Reflexion und Analyse seiner bzw. ihrer fachlichen und überfachlichen Kompetenzen weiß, dass er oder sie beruflich fit ist, versteht Wandel und Veränderung als Chance für eine (noch) bessere berufliche Zukunft. Er bzw. sie erkennt seine bzw. ihre Verantwortung als Einzelne(r) und will mitgestalten. Dazu gehört es, Dinge zu hinterfragen und neue Wege zu gehen, auch wenn dabei vielleicht der eine oder andere Fehler gemacht wird. Aus dieser Neugier, Veränderungs- und Risikobereitschaft heraus, aus dem Mut auszuprobieren und der Fähigkeit zur Selbstreflexion entsteht die Innovationsfähigkeit, die Gesellschaft und Unternehmen dringend benötigen.

„Wer auf der Sonnenseite bleiben will, muss mit der Sonne wandern" – so heißt es im Volksmund, was treffend die Notwendigkeit beschreibt, sich Veränderungsbereitschaft und Flexibilität im Denken und im Tun dauerhaft zu erhalten. Und dazu braucht es die

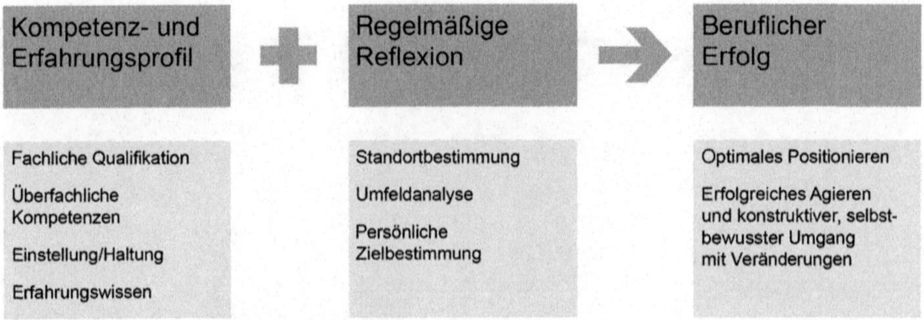

Abb. 1 Die Formel für beruflichen Erfolg

regelmäßige Reflexion über den beruflichen Standort, die Analyse des Umfeldes und des Arbeitsmarktes sowie die persönliche Zielbestimmung (Abb. 1).

Der in diesem Sinne beschäftigungsfähige Mensch erfährt eine andere Positionierung in der Arbeitswelt; sie ist weniger durch Abhängigkeit von Dritten als vielmehr von Selbstbewusstsein und Selbstbestimmtheit geprägt. Da kein Unternehmen auf Lebenszeit einen Arbeitsplatz garantieren kann, ist es für den Einzelnen bzw. die Einzelne wichtig, durch eine unablässig gepflegte und weiterentwickelte Beschäftigungsfähigkeit im Fall des Falles andere Optionen zu haben. Im Idealfall ist er oder sie so attraktiv für verschiedene Partner am Markt, dass hieraus gänzliche Unabhängigkeit resultiert. Damit definiert sich der Begriff der Beschäftigungssicherheit völlig neu, nicht mehr als „Quasigarantie" auf einen bestimmten Arbeitsplatz, sondern im Sinne von jederzeit vorhandenen beruflichen Optionen bzw. Alternativen.

1.2 Überfachliche Kompetenzen machen den Unterschied

Besondere Bedeutung in dem großen Kanon von Kompetenzen haben diejenigen, die Veränderungsbereitschaft und Flexibilität ermöglichen. Und dies gilt nicht nur für karriereorientierte Menschen, sondern für alle Erwerbstätigen.

Der Fokus liegt auf persönlichen und sozialen Kompetenzen wie Teamfähigkeit, Konfliktfähigkeit und kommunikativen Fähigkeiten in Kunden-/Lieferantenbeziehungen oder in komplexen Arbeitsbeziehungen. Hinzu kommt ein Kompetenzbündel, das sich unter dem Oberbegriff „Einstellung/Mentalität" zusammenfassen lässt. Neben der Kunden- und Leistungsorientierung zählen hierzu insbesondere Offenheit, Neugierde und der Wille, selbst Verantwortung für das berufliche Tun und den eigenen beruflichen Weg zu übernehmen. Diese Schlüsselkompetenzen sind aufgabenunabhängig bedeutsam, unterliegen keinem so raschen Wandel wie viele Fachkompetenzen und stiften – einmal erworben und kontinuierlich gepflegt – dauerhaft Nutzen (Abb. 2).

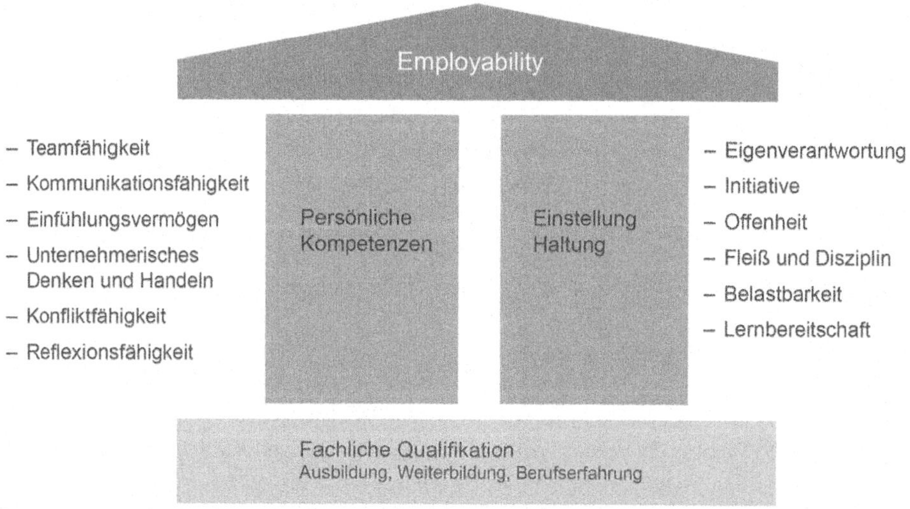

Abb. 2 Das Employability-Haus. (Rump und Eilers 2011, S. 82)

Ein Beispiel untermauert die besondere Bedeutung dieser Kompetenzen: In Bewerbungs- bzw. Stellenbesetzungsverfahren entscheidet zwar in erster Linie die fachliche Qualifikation sowie die im Lebenslauf abgebildete Berufserfahrung über die Einladung zu einem persönlichen Gespräch. Wenn diese Hürde genommen ist, sind jedoch die überfachlichen Kompetenzen und die „richtige" Einstellung die wichtigsten Entscheidungskriterien. Letztlich sind also persönliche Kompetenzen der Schlüssel zum Erfolg.

1.3 Auf Employability kommt es in jedem Lebensalter an

Häufig wird der Begriff Employability im Zusammenhang mit älteren Arbeitnehmenden diskutiert. Diese Fokussierung ist irreführend; Employability ist per se ein Thema, das in allen (Berufs-)Lebensphasen von Bedeutung ist. „Drive" ist gefragt; die bewusste und aktive Übernahme von Verantwortung für die berufliche und persönliche Entwicklung ist für jüngere und ältere Menschen gleichermaßen wichtig. Die regelmäßige Reflexion der eigenen Fähigkeiten, Werte und Ziele unterstützt eine zielstrebige Kompetenz- und Persönlichkeitsentwicklung. Aktuelles Wissen gepaart mit reichhaltiger Erfahrung und einer überzeugenden Ausprägung der sog. Soft Skills – das ist eine ideale Kombination. Wer zudem eine realistische berufliche Vision hat und sich selbstbewusst positionieren kann, wird in der Regel auch einen Partner in der Arbeitswelt finden, der diese mitträgt und die Zielerreichung unterstützt.

Dies gilt sowohl bei der Suche nach einem Ausbildungsplatz als auch für den Berufseinstieg nach Ausbildung oder Studium. Neben den Noten bzw. der fachlichen Grundqualifikation müssen auch hier die Soft Skills stimmen – und man muss sich den Bewerber oder die Bewerberin als engagiertes Teammitglied vorstellen können. Ähnliches gilt für den Wiedereinstieg nach einer Berufspause.

Auch erfahrene Beschäftigte suchen immer wieder neue Chancen und Herausforderungen im Beruf und wollen für sich persönlich wie auch für das Unternehmen nachhaltig Erfolg generieren. Und „Menschen mit weißen Haaren" möchten immer öfter im Rahmen von flexiblen Übergangsmodellen ihre letzten Berufsjahre individueller gestalten, z. B. durch eine Arbeitszeitreduzierung oder durch eine über das normale Renteneintrittsalter hinausgehende Beschäftigung. Und auch dafür braucht es klare Vorstellungen über Möglichkeiten und Ziele sowie eine optimale Positionierung.

2 Beidseitige Attraktivität: Nachhaltige Win-win-Situation herstellen

Für ein Unternehmen und seine Beschäftigten heißt die Herausforderung, gemeinsam „fit für die Zukunft" zu werden bzw. zu sein. Das zukunftsfähige Unternehmen braucht im intensiven nationalen und internationalen Wettbewerb qualifizierte, engagierte und flexible Mitarbeitende, um schnell und passgenau auf Kundenwünsche und Marktgegebenheiten reagieren zu können. Immer stärker projekt- und netzwerkartig aufgebaute Organisationsformen mit Stamm- und Randbelegschaften erfordern „den richtigen Mitarbeiter bzw. die richtige Mitarbeiterin zur richtigen Zeit am richtigen Ort" und setzen flexible Strukturen und ein professionelles Ressourcenmanagement voraus. Und daraus leiten sich neue Verhaltens- und Entscheidungsmuster ab, auf die sich alle Beteiligten einstellen müssen.

Die ökonomische Notwendigkeit, anpassungsfähige Belegschaftsstrukturen zu schaffen, trifft auf ebenfalls veränderte, stärker lebensphasenorientierte Erwartungen vieler Arbeitnehmenden. Bewerberinnen und Bewerber bzw. Mitarbeitende wollen ihr Berufsleben so gestalten können, dass sich ihnen sowohl interessante berufliche Perspektiven bieten, als auch aktuelle private Lebensumstände und Bedürfnisse weitgehend Berücksichtigung finden. Zu einem modernen Berufsleben gehören Unternehmens- und Berufswechsel, verschiedene Formen der Arbeitszeitgestaltung, ggf. auch Wechsel zwischen selbstständiger und unselbstständiger Arbeit sowie Lern- und Sabbatical-Phasen. Hieraus ergeben sich für Unternehmen und Vorgesetzte neue Anforderungen, um dauerhaft „employer of choice" zu sein, zumal Bewerber- bzw. Mitarbeiterwünsche teilweise mit geschäftlichen Erfordernissen wie Effizienzsteigerung, Standardisierung und Fokussierung auf Kundenbedürfnisse konkurrieren.

In der heutigen Arbeitswelt muss letztlich von zwei „Bewerbern" gesprochen werden: dem, der Arbeit zu vergeben hat, und dem, der Arbeitskraft bietet. Unternehmen, die dies in ihren Recruiting-Prozessen oder ihrem Personalentwicklungsangebot nicht berücksichtigen, laufen Gefahr, nicht mehr die Mitarbeitenden zu bekommen, die sie suchen. Nur wenn beide Seiten den Nutzen einer Zusammenarbeit sehen, kommt der Vertrag zustande; und dieser Kontrakt wird auch immer wieder – von beiden Seiten – einer Revision unterzogen. Von einem verantwortungsbewussten und attraktiven Unternehmen wird erwartet, dass es allen Beschäftigten Angebote zur stetigen Entwicklung und Förderung zukunftsfähiger Kompetenzen macht und konkrete berufliche Perspektiven für den Einzelnen bzw. die Einzelne bietet. Dazu gehört auch, rechtzeitig sich abzeichnende Entwicklungen zu thematisieren und entsprechende Weichenstellungen für die Belegschaft vorzunehmen. In einem arbeitnehmerorientierten Arbeitsmarkt, wie er in einzelnen Branchen schon besteht und sich in anderen abzeichnet, gelten diese Aussagen erst recht.

Für den Einzelnen bzw. die Einzelne bedeutet dies, dass er bzw. sie sich von Anfang an darauf einstellen sollte, dass Veränderungen seinen bzw. ihren Berufsweg bestimmen werden, sowohl selbst gesteuerte als auch vorgegebene, und er bzw. sie sich daher kontinuierlich beruflich fit halten muss. Offenheit, Initiative und Lernbereitschaft sind die Voraussetzungen für ein „lebenslang" erfolgreich verlaufendes Berufsleben. Eine „lebenslange" Arbeitsplatzgarantie gibt es nicht mehr, auch nicht in Unternehmen, in denen das traditionell, zumindest „gefühlt", über Jahrzehnte so war. Der Nutzen von Employability liegt in diesem Zusammenhang auf der Hand: Beschäftigungsfähige Mitarbeitende denken perspektivisch und in unterschiedlichen Szenarien, sie richten ihr Handeln danach aus und sind dementsprechend auf Veränderungen vorbereitet. Dritte können dabei mit Rat und Tat zur Seite stehen oder alternative Wege und Optionen aufzeigen. Die Verantwortung für die vorausschauende, aktive Gestaltung der eigenen beruflichen Entwicklung kann jedoch nur bei dem bzw. der Einzelnen liegen.

Bei der Konzeption und der Implementierung von Personalentwicklungsmaßnahmen kommt es darauf an, allen Mitarbeitenden Perspektiven aufzuzeigen, bei denen sie ihre individuellen Stärken einsetzen und ihre persönlichen Ziele verwirklichen können. Die in der betrieblichen Praxis eingesetzten Instrumente müssen konsequenterweise auf eine volatile Arbeitswelt abgestimmt sein und ein ganzheitliches – nicht ausschließlich funktionsbezogenes oder bereichsspezifisches – Kompetenzprofil des Mitarbeiters bzw. der Mitarbeiterin in den Mittelpunkt stellen. Außerdem muss darauf geachtet werden, dass nicht einzelne Mitarbeitergruppen, z. B. Beschäftigte in Teilzeit oder Ältere, bewusst oder auch unbewusst ausgeschlossen werden oder sich selbst in die Passivität zurückziehen. Offenheit gegenüber Veränderungen und Bereitschaft zur Flexibilität sind in erster Linie eine Frage der inneren Grundeinstellung bzw. der Mentalität des bzw. der Einzelnen. Den „Spannungsbogen" der Mitarbeitenden über alle Lebensphasen hinweg von Anfang bis Ende des Berufslebens nicht abfallen zu lassen, ist die eigentliche Herausforderung an Führungskräfte und das Personalmanagement.

3 Praxisbeispiel Deutsche Bank: Von der reaktiven Veränderungsbegleitung zur proaktiven Förderung von Employability

Das Deutsche Bank-Mosaik für Beschäftigung (im folgenden DB-Mosaik) wurde bereits 1998 gegründet. Erklärtes Ziel war es, kreative und innovative Ansätze zur Beschäftigungssicherung zu finden und den von betrieblichen Veränderungen betroffenen Beschäftigten möglichst konkrete berufliche Perspektiven zu eröffnen.

Hintergrund für die Bildung eines eigenständigen Personalressorts – außerhalb der operativen Linienorganisation – als Treiber dieser Themen war eine der ersten großen Restrukturierungsmaßnahmen, von der in Deutschland einige Tausend Mitarbeiterinnen und Mitarbeiter direkt oder indirekt betroffen waren. Im Falle eines drohenden Arbeitsplatzverlustes sollten konkrete Platzierungsoptionen am internen und externen Arbeitsmarkt gefunden werden. Dies spiegelte die Überzeugung wider, dass man mit großzügigen Ausstiegsregelungen zwar den „Trennungsschmerz" kurzfristig lindern, aber damit keinesfalls automatisch berufliche Perspektiven und nachhaltige Existenzsicherung bieten kann. Außerdem sollte der Grundstein für ein nachhaltiges Employability-Bewusstsein gelegt werden, um auch für künftige Veränderungen gewappnet zu sein – als Unternehmen und als einzelner Mitarbeiter bzw. einzelne Mitarbeiterin.

Im Laufe der Zeit entstand mit dem DB-Mosaik für Beschäftigung ein vielfältiges Instrumentarium zur Begleitung des Strukturwandels in der Deutschen Bank einerseits und zur proaktiven Förderung von Beschäftigungsfähigkeit und Veränderungskompetenz andererseits. Dabei wird nicht auf „massenfähige" Standardlösungen gesetzt, sondern auf frühzeitige individuelle Begleitung im Sinne einer Hilfe zur Selbsthilfe. Dazu stehen in einer neutralen Beratungseinheit, dem „FitnessCenter Job", allen Beschäftigten des Konzerns in Deutschland professionelle Coachs für alle Themenstellungen rund um die berufliche Orientierung, Positionierung und Platzierung sowie Kompetenzentwicklung zur Verfügung – und dies für den Einzelnen bzw. die Einzelne genehmigungsfrei und unter Wahrung absoluter Vertraulichkeit.

Ziele und Kernelemente des DB-Mosaik (Abb. 3) lassen sich wie folgt darstellen:

- **Orientierung:** Systematische Begleitung der Mitarbeitenden in Veränderungsprozessen, Hilfestellung zur Standortbestimmung und beruflichen Zielfindung;
- **Platzierung:** Unterstützung bei Selbstmarketing und Positionierung; Kontaktanbahnung und Vermittlung;

Abb. 3 DB-Mosaik für Beschäftigung

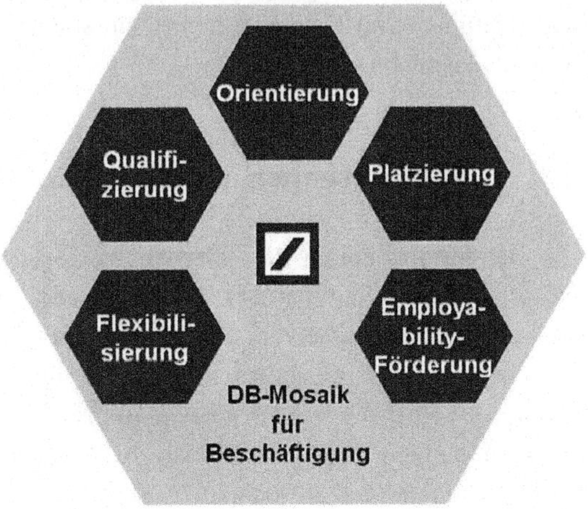

- **Qualifizierung** zur Erhöhung interner und externer Marktchancen;
- **Flexibilisierung** des konzerninternen Arbeitsmarktes: Erhöhung der Transparenz und Durchlässigkeit und dadurch optimale Nutzung aller Beschäftigungsoptionen;
- **Employability-Förderung:** Grundlegende, nachhaltige Förderung der Veränderungskompetenz und Beschäftigungsfähigkeit.

4 Interne Karriereentwicklung und die Förderung von individueller Employability verknüpfen

Veränderungsbereite Mitarbeitende sind wie ein großer Talentpool. Interne Bewerberinnen und Bewerber haben eine Reihe von messbaren Vorteilen gegenüber externen, sie sind z. B. mit den betriebsinternen Systemen und Abläufen vertraut, kennen die Unternehmenskultur und sind in der Regel gut vernetzt. Zudem ist der Wissenstransfer zwischen unterschiedlichen Bereichen inspirierend und schafft Mehrwert. Interne berufliche Weiterentwicklung ist immer dann erfolgreich, wenn ein Mitarbeiter oder eine Mitarbeitern seine bzw. ihre Karriere selbst in die Hand nimmt, sich aus eigener Motivation über Chancen informiert und sich selbst klare Ziele setzt. In einem neuen Arbeitsumfeld ist die Chance, sich persönlich weiterzuentwickeln, besonders groß; Kenntnisse und Fähigkeiten sowie das berufliche Netzwerk werden ausgebaut.

Die Deutsche Bank fördert die interne Karriereentwicklung, indem sie Beschäftigte ermutigt, sich auszuprobieren und neue Erfahrungen zu sammeln: in neuen Teams, in neuen Divisionen und an anderen Orten. Dabei ist ein „perfect match" zwischen Aufgabe/Funktion und Mitarbeiterprofil die gemeinsame Zielsetzung sowohl des bzw. der Einzelnen wie des Unternehmens. Praktisch umgesetzt wird das z. B. mithilfe des „Mitarbeiter-Karriere-Portals"; hier können Mitarbeitende einerseits die vakanten Stellen einsehen und sich bei Interesse direkt online bewerben oder andererseits ihr persönliches Profil hinterlegen und sich von hausinternen Recruitern „finden lassen". So wird zunehmend die Besetzungskette umgekehrt: Es werden nicht für eine vakante Stelle Kandidatinnen und Kandidaten gesucht, sondern für potenzialstarke Kandidatinnen und Kandidaten auch neue Stellen.

4.1 Potenzial haben, entwickeln und heben

Um die Möglichkeiten des internen wie externen Arbeitsmarktes nutzen zu können, müssen sich Beschäftigte über ihr Kompetenz- und Erfahrungsprofil im Klaren sein und konkrete berufliche Zielvorstellungen entwickeln. Dies erfordert, dass der oder die Mitarbeitende sich als Gestalter seiner bzw. ihrer eigenen Erwerbsbiografie versteht und bereit ist, selbst die Verantwortung für sein bzw. ihr (Berufs-)Leben zu übernehmen. Diese individuelle Kompetenz kann nicht als gegeben vorausgesetzt, sondern muss entwickelt und gefördert werden.

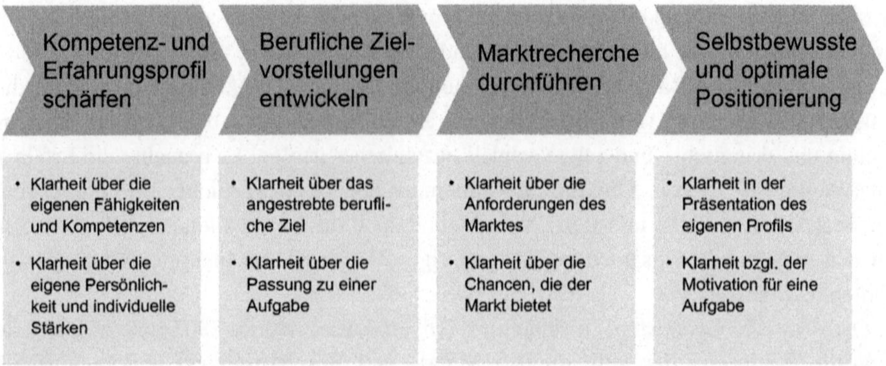

Abb. 4 Der Weg zur optimalen Positionierung

Sobald der oder die Mitarbeitende in einem intensiven, auf Wunsch begleiteten, Reflexionsprozess seine bzw. ihre individuellen Antworten auf die Fragen: „Was kann ich? Wer bin ich? Was will ich?" gefunden hat, steht ein Abgleich mit den Anforderungen des Marktes an, aus dem sich in der Regel einige „Hausaufgaben" bzw. Adjustierungserfordernisse ergeben. Die intensive Analyse des eigenen Standorts und der Abgleich mit dem Umfeld sowie die Definition und Umsetzung der notwendigen Folgeschritte stellt nicht geringe Ansprüche an den oder die einzelne Mitarbeitende. Eine Unterstützung durch einen neutralen Sparringspartner z. B. im Rahmen eines Coachings kann dazu beitragen, dass die Potenziale noch besser erkannt und gehoben werden.

Nach dieser Vorbereitung sollte eine überzeugende und optimale Positionierung möglich sein, damit die Chancen des Marktes genutzt werden können (Abb. 4).

Gut vorbereitete beschäftigungsfähige Mitarbeitende haben eine Vielzahl von Möglichkeiten, aus denen sie die für sie passende Stelle auswählen können – zu ihrem eigenen Nutzen und zum Nutzen des Arbeitgebers. Im Idealfall bleiben sie trotz der Möglichkeiten „in der Welt draußen" im Unternehmen – nach dem Motto „able to go but happy to stay" – und entwickeln sich innerhalb des Unternehmens weiter, oder sie kommen nach einer beruflichen Station „draußen" mit neuem Know-how und neuen Ideen zurück.

4.2 Von der Idee zum Programm – vom Programm zum Handeln – vom Handeln zur Haltung

Bei der Erörterung des theoretischen Konzepts der Employability ist in aller Regel schnell Konsens über Zusammenhänge, Nutzen und Bedeutung für den Unternehmenserfolg auf der einen sowie für die persönliche Entwicklung und Marktfähigkeit auf der anderen Seite zu erzielen. Eine leichte Ernüchterung tritt ein, wenn erkannt wird, dass Employability nicht mathematisch messbar ist und die maßgeblichen Kompetenzfelder nicht kurzfristig entwickelbar sind, da sie grundlegende Verhaltensmuster und Mentalitäten widerspiegeln, die nur sukzessive verändert werden können.

In der Deutschen Bank konzentrierten sich die Bemühungen zunächst primär auf die – reaktive – Begleitung von Mitarbeitenden, deren Arbeitsplatz bedroht war. Dies war wichtig und dringlich – und zeigte schnell beachtliche Erfolge. Es brauchte die Erfahrung einer Welle von weiteren Strukturmaßnahmen, bis alle Verantwortlichen – Führungskräfte, Personalverantwortliche und Betriebsräte – und auch die Mitarbeitenden sich gemeinsam auf den manchmal mühsamen und langwierigen Weg einer nachhaltigen Employability-Förderung machten.

Der offizielle Grundstein für einen proaktiven Ansatz wurde 2005 gelegt: Der Erhalt bzw. die Förderung der individuellen Markt- und Beschäftigungsfähigkeit wurde als gemeinsames Ziel zur Zukunftssicherung für Beschäftigte und Unternehmen definiert; die Grundzüge der Employability-Förderung wurden in einer Regelungsabsprache mit dem Betriebsrat vereinbart. Die Forderung an jeden Einzelnen bzw. jede Einzelne lautete fortan, perspektivisch zu denken und immer am Ball zu bleiben. Demzufolge wurde das im Folgenden detailliert beschriebene berufliche Fitness-Programm „in eigener Sache – Fit in die berufliche Zukunft" entwickelt, das eine Vielzahl unterschiedlicher Angebote für Mitarbeitende beinhaltet.

Den Programmverantwortlichen stellten sich insbesondere zwei große Herausforderungen: Wie können Mitarbeitende für das auf den ersten Blick eher abstrakte Thema und die Zusammenhänge sensibilisiert werden und wie können sie motiviert werden, sich dauerhaft beruflich fit zu halten? Zunächst ging es darum, den Begriff Employability in Alltagssprache zu übersetzen und ihn aus dem Zusammenhang eines als potenziell bedrohlich empfundenen Szenarios wie z. B. betriebliche Veränderungen zu holen. Dann wurde nach einer möglichst konkreten Antwort auf die Frage: „Was bringt mir das?" gesucht. Der wahre Nutzen – fit zu sein für die berufliche Zukunft und damit auch vorbereitet zu sein für alle Eventualitäten – lässt sich erfahrungsgemäß jedoch nur schwer vermitteln. Gewählt wurde ein Lösungsansatz mit nützlichen Instrumenten für den Berufsalltag, um neue Erfahrungen zu ermöglichen und beispielhaft die positiven Effekte eines größeren Selbstbewusstseins oder einer klareren beruflichen Zielsetzung erlebbar zu machen.

Eine weitere Herausforderung bestand darin, aus den übergeordneten Zielen konkrete Handlungsfelder und Aktionen abzuleiten – salopp formuliert, die „Anpacker" zu identifizieren, um die gewünschte Wirkung erzielen zu können. Dies soll hier am Beispiel des Kompetenzfeldes „Veränderungskompetenz" verdeutlicht werden: Wie kann diese bei allen – in unterschiedlicher Ausprägung – vorhandene Kompetenz gefördert werden? Mit welchem Format und mit welchen Inhalten? Die Wahl fiel auf ein Workshop-Format und den Anpacker „sich selbst steuern". Kernfrage: Was braucht ein Individuum, um sich selbst in bzw. durch Veränderungen steuern zu können? Anhand spezieller Modelle lernen die Teilnehmenden u. a. Phasen und Ebenen von Veränderungen kennen, reflektieren ihr eigenes Verhalten und prüfen Steuerungsmöglichkeiten. Das Feedback zu den Workshops zeigt, dass die Teilnehmenden den Wechsel aus theoretischem Input, praktischen

Beispielen, angeleiteter Selbstreflexion und Reflexion bzw. Erfahrungsaustausch in der Gruppe als besonders nützlich empfinden. Ein ähnliches Vorgehen wurde bei Themen wie Selbstmarketing, Kommunikation, Resilienz und Optimismus als Grundhaltung gewählt. Im Anschluss können die Teilnehmenden das jeweilige Thema bei Bedarf in einem individuellen Coaching vertiefen.

Employability-Förderung ist ein kontinuierlicher Prozess, der in der Hektik des Alltags oft in den Hintergrund tritt. Mit dem monatlichen Versand eines E-Mail-Impulses, der ein Employability-relevantes Thema kurz und praxisorientiert aufbereitet, wird die Thematik wachgehalten, was dem explizit formulierten Wunsch von Mitarbeitenden, regelmäßig „erinnert zu werden", Rechnung trägt.

Immer häufiger werdende Anfragen bzw. Einladungen zu Betriebsversammlungen, Vorträgen, internen Messen, Sonderworkshops usw. belegen, dass die Employability-Förderung in der Deutschen Bank nicht nur schriftlich in Vereinbarungen niedergelegt ist, sondern zu einer festen Größe im Unternehmensalltag und zu einem geschätzten „Benefit" geworden ist. Aus den ersten Gedanken zur Employability-Förderung, die sich in punktuellen, teilweise mit anderen Unternehmen bzw. externen Partnern gemeinsam durchgeführten Aktivitäten niederschlugen, wurde ein Programm für alle Beschäftigten des Konzerns in Deutschland mit vielfältigen Angeboten zur Weiterentwicklung persönlicher Kompetenzen, zur beruflichen Orientierung und Positionierung. Knapp 10 Jahre nach Start kann von einem innovativen ganzheitlichen Ansatz gesprochen werden, von einem personalpolitischen Konzept aus einem Guss, das in unterschiedlichen Berufsphasen und Unternehmensszenarien Wirkung erzielt.

Gerade in Restrukturierungskontexten zeigt die Akzeptanz und das Grundverständnis dieses Ansatzes besondere Wirkung. Durch die entstandene Veränderungsbereitschaft und Offenheit können schneller konstruktive und tragfähige Lösungen erzielt werden. Positiv verstärkend kommt hinzu, dass das Programm auch seitens der Arbeitnehmervertreterinnen und -vertreter hohe Wertschätzung erfährt.

4.3 Das Employability-Programm im Detail

Das Employability-Programm „in eigener Sache – Fit in die berufliche Zukunft" wurde im Mai 2006 eingeführt und seither ständig weiterentwickelt. Erklärtes Ziel ist es, die Beschäftigungsfähigkeit und Veränderungskompetenz der Mitarbeitenden zu fördern, sie für die Anforderungen der Zukunft zu stärken und damit nachhaltig beruflichen Erfolg zu sichern (Abb. 5).

Dazu tragen vielfältige Angebote zur individuellen Standortbestimmung und zur Entwicklung von Employability-relevanten Kompetenzen wie Kommunikationsfähigkeit, Konfliktfähigkeit und Belastbarkeit bzw. zur Förderung einer individuellen Einstellung und Haltung, die sich insbesondere in Offenheit, Neugierde und Eigenverantwortung zeigt, bei.

Abb. 5 Programmbroschüre

Das Programm richtet sich an alle Beschäftigten des Konzerns in Deutschland, und zwar an Mitarbeitende jeden Alters und jeder Hierarchiestufe. Ende 2015 waren rund 13.000 registrierte Nutzerinnen und Nutzer zu verzeichnen. Das Programm läuft unabhängig von der funktionsbezogenen Weiterbildung; die Angebote ergänzen die klassischen, bereichsbezogenen Personalentwicklungsmaßnahmen. Der bzw. die Mitarbeitende entscheidet selbst über die Nutzung. Absolute Vertraulichkeit ist garantiert.

Zu den wichtigsten Tools gehören:

- individuelles telefonisches Coaching zu allen berufsrelevanten Fragestellungen,
- Kompetenztests mit individueller Auswertung und Fremdeinschätzungsoption,
- Instrumente zur Selbstreflexion in Eigenregie,
- Workshops „Positionieren mit Profil", „Veränderungen meistern – sich selbst steuern", „Optimismus als Strategie", „Kommunikation bewusst gestalten", „Belastbarkeit – eigene Ressourcen erkennen und aktivieren" und speziell für Führungskräfte: „Resilienz stärken",
- Themenhefte „Erfolg im Beruf", „Veränderungen", „Komplexität", „Optimismus", „Chancen erkennen und nutzen" und „Innere Haltung",
- monatliche E-Mail-Impulse zu Employability-relevanten Themen.

Das Gesicht zum Kunden ist das FitnessCenter Job mit seinen professionellen Coaches. Als Sparringspartner stehen sie jedem Mitarbeiter und jeder Mitarbeiterin zur Verfügung. Ob der Coach nur für einen kurzen Austausch oder für eine längere Begleitung in Anspruch genommen wird, richtet sich nach der Themenstellung und dem Wunsch des bzw. der Mitarbeitenden.

Die Mitarbeitenden können über eine Aktionsplattform im Internet auf alle Instrumente zugreifen und sie nach Bedarf nutzen, auch von zu Hause aus. Nach dem Prinzip der Lastenteilung bringt der bzw. die Mitarbeitende seine bzw. ihre Freizeit ein, die Deutsche Bank finanziert und organisiert die Angebote.

4.4 Spezielle Angebote für Beschäftigte in besonderen Lebens- bzw. Berufsphasen

Die bisher beschriebenen Angebote sind so konzipiert, dass Mitarbeitende jeden Alters und jeder Hierarchiestufe Nutzen daraus ziehen können. Eine wichtige Säule im Programm sind zudem spezielle Angebote für Beschäftigte in besonderen Lebens- bzw. Berufsphasen wie Wiedereinsteigerinnen und Wiedereinsteiger nach der Elternzeit, Auszubildende bzw. dual Studierende, von Strukturmaßnahmen betroffene Mitarbeitende sowie Führungskräfte.

- „Elternzeit@DB“ heißt das Angebot für werdende Mütter und junge Eltern. In dem modular aufgebauten Programm, bestehend aus Web-Konferenzen, Workshop, Newsletter und telefonischer Beratung erhalten die Mitarbeitenden einen Überblick darüber, wie sie beruflich am Ball bleiben und von Anfang an die Weichen für den Wiedereinstieg stellen können. Hervorgehoben wird u. a. die Bedeutung einer individuellen Kompetenzinventur, die Wissen, Können und berufliche Erfahrung in strukturierter Form vor Beginn der Auszeit „sichert“, des „In-Kontakt-Bleibens“ während der Elternzeit – sowohl mit den Kolleginnen und Kollegen als auch mit den Themen – und die zielgerichtete Selbstpräsentation.
- Um berufliche Standortbestimmung, individuelle Zielfindung und Positionierung geht es in dem Beratungsprogramm für Auszubildende und dual Studierende „Ankommen – Positionieren – Durchstarten: Den Berufsweg aktiv gestalten!“ Die Themen werden in einer Kombination aus Analyseinstrumenten, telefonischen Trainings sowie individuellem Coaching erarbeitet. Fokussiert wird hier auf die vorhandenen Fähigkeiten und Stärken, die berufliche Zielfindung und eine überzeugende Selbstdarstellung in mündlicher und schriftlicher Form.
- Für Mitarbeitende, die von Strukturmaßnahmen betroffen sind, bietet das FitnessCenter Job eine professionelle Orientierungs- und Veränderungsberatung, bestehend aus Informationsveranstaltungen, zwei Workshops und/oder telefonischer Einzelberatung. Hierbei wird besonderes Augenmerk auf ein strukturiertes und planvolles Vorgehen gelegt. Die Mitarbeitenden erhalten Instrumente und Hilfen, die es ihnen ermöglichen, sich ihrer Stärken bewusst zu werden, ihre beruflichen Ziele zu definieren, sich adäquat zu positionieren und schließlich einen neuen, passenden Arbeitsplatz zu finden. So vorbereitet und unterstützt können sie Veränderungen im wahrsten Sinne des Wortes „selbst-bewusst“ meistern.

- Für die besonderen Anforderungen der Führungsrolle wurden ebenfalls spezielle Angebote entwickelt. Dazu gehören Workshops zur Stärkung der eigenen Resilienz bzw. der Resilienz von Teams und Mitarbeitenden, individuelle Coaching-Angebote für Themenstellungen aus der Führungsperspektive sowie Round Tables zur Unterstützung bei der Umsetzung von Strukturmaßnahmen.

Mit diesen zielgruppenspezifischen Angeboten entsteht zusätzlich zur Langfristwirkung im Rahmen der Förderung von Beschäftigungsfähigkeit und Veränderungskompetenz ein direkt greifbarer Nutzen für Beschäftigte wie Unternehmen in konkreten und akuten Veränderungsszenarien.

4.5 Ein bedarfsorientiertes Angebot: Proaktiv – reaktiv – funktional

Das Employability-Programm „in eigener Sache“ lässt sich in drei Säulen gliedern: die – proaktive – Unterstützung bei Persönlichkeitsentwicklung und Karriereplanung, die – reaktive – berufliche Orientierungs- und Platzierungsberatung und die – funktionale – Professionalisierung und Kompetenzentwicklung für Führungskräfte, Personalbetreuerinnen und -betreuer sowie Betriebsräte (Abb. 6).

Der Dreiklang von proaktivem, reaktivem und funktionalem Angebot spiegelt die Bedürfnisse der komplexen und dynamischen Arbeitswelt eines Großunternehmens wider. Da gibt es sehr reflektierte, vorausschauende Mitarbeitende, die von sich aus ihre persönliche Entwicklung und Karriere in die Hand nehmen; sie suchen nach konkreten Angeboten, die sie dabei unterstützen. Damit bereiten sie sich gleichzeitig auf alle Veränderungen vor, die da kommen können – und mit denen alle Beschäftigten aufgrund der Erfahrungen der letzten 20 Jahre rechnen müssen. Andere arbeiten pflichtbewusst vor sich hin, ohne perspektivische Überlegungen anzustellen. Sie brauchen motivierende Informationen und Beispiele sowie niedrigschwellige Angebote, damit sie die ersten Schritte in Richtung Ausbau der eigenen Beschäftigungsfähigkeit und Veränderungskompetenz gehen können. Beide Gruppen auf ihrem beruflichen Weg zu unterstützen, ist das Ziel des proaktiven Angebots.

Das reaktive Angebot der beruflichen Orientierungs- und Platzierungsberatung setzt an einer bestimmten Situation an, nämlich einer anstehenden beruflichen Veränderung. Diese wird entweder selbst initiiert, z. B. weil der nächste Karriereschritt folgen soll, ergibt sich aus der Lebensphase, wie beim Wiedereinstieg nach Elternzeit und der Erstplatzierung nach der Berufsausbildung, oder ist fremdinitiiert, wie in der Regel bei Umstrukturierungen innerhalb des Unternehmens. Das Unterstützungsangebot ist

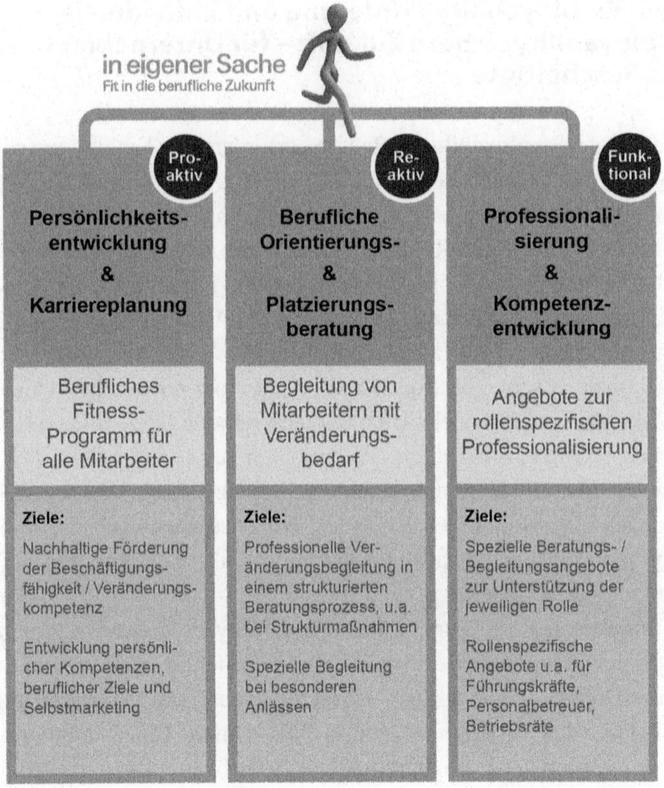

Abb. 6 Die drei Säulen des Employability-Programms

passgenau auf den jeweiligen Anlass abgestimmt. Es zeigt sich deutlich, dass Mitarbeitende, die das proaktive Angebot schon genutzt haben, gute Voraussetzungen mitbringen, Situationen dieser Art schneller zu meistern als andere.

Die jüngste Säule des Employability-Programms, das funktionale Angebot, richtet sich an Mitarbeitende in ihrer spezifischen Rolle als Führungskraft, HR'ler oder Betriebsrat. Diese – so die Erfahrung – sind aufgrund betrieblicher Notwendigkeiten oder anderer Prioritäten oft sehr im Operativen verhaftet, was das perspektivische und ganzheitliche Denken und Handeln schnell verdrängt. Dadurch können konstruktive Lösungen verzögert oder sogar erschwert werden. Gerade im Restrukturierungsszenario wird die Vorbereitung und die Begleitung von allen Beteiligten als äußerst hilfreich und wertvoll betrachtet. Sie führt zu einem einheitlichen Rollenverständnis und zu einem konsistenten Handeln aller Akteure.

5 Fazit: Employability-Förderung und individuelle Employability sichern Zukunft – für Unternehmen und Beschäftigte

Eine breit angelegte Employability-Offensive erfordert die Einbindung aller maßgeblichen Kräfte im Unternehmen. Unternehmensleitung, Führungskräfte, Personalverantwortliche und Betriebsräte sollten die Zusammenhänge und den Nutzen verinnerlicht haben und – in ihrer jeweiligen Rolle – das Bestreben des bzw. der Einzelnen unterstützen. Der frühe Schulterschluss mit den Betriebsräten, möglichst auch deren Beteiligung an der konzeptionellen Entwicklung, ist dabei für die Akzeptanz im Unternehmen besonders wichtig.

Dennoch braucht es seine Zeit, bis der für den Erfolg notwendige Umdenkprozess in der Breite Wirkung zeigt. Für viele Mitarbeitende standen lange materielle Fragestellungen eher im Vordergrund als berufliche Perspektiven auf dem Arbeitsmarkt. Im Laufe der Zeit haben sich jedoch die Denkmechanismen aller Beteiligten verändert. Forciert durch die Auswirkungen der strukturellen Krise des Bankensektors wuchs auch die Erkenntnis, dass jeder und jede Einzelne etwas dafür tun muss, seine bzw. ihre Beschäftigungsfähigkeit dauerhaft zu gewährleisten.

Rund 10 Jahre nach Einführung des Employability-Programms „in eigener Sache – Fit in die berufliche Zukunft" ist zweifelsfrei festzustellen: Das Programm mit seinem gezielten und strukturierten Ansatz – losgelöst von akuter Veränderungsnotwendigkeit – beschleunigt den Paradigmenwechsel hin zu mehr Eigenverantwortung und fördert Veränderungskompetenz, im Interesse des Mitarbeiters bzw. der Mitarbeiterin und im Interesse des Unternehmens. Es unterstützt Beschäftigte und Organisation dabei, den rasanten Wandel nicht als Bedrohung, sondern vielmehr als Chance und Herausforderung zu begreifen. Mit dem DB-Mosaik bietet der Personalbereich eine innovative instrumentelle Plattform und gestaltet erfolgsichernde Rahmenbedingungen.

Das ernsthafte Bemühen des Unternehmens, für jeden Mitarbeiter und jede Mitarbeiterin die berufliche Existenz sichern zu helfen und – im Falle von Strukturmaßnahmen – nicht nur materiellen Nachteilsausgleich zu bieten, wird ohne Einschränkung honoriert, von den Beschäftigten ebenso wie von den Arbeitnehmervertreterinnen und -vertretern. Auch das Management ist überzeugt, dass sich Aufwand und Mühe lohnen. Die Aktivitäten werden als wertvolle und unverzichtbare Maßnahmen und Signale der Wertschätzung gegenüber den Mitarbeitenden gesehen. Aus gesamtwirtschaftlicher Sicht ist die Employability der Erwerbstätigen unabdingbare Voraussetzung für die nachhaltige Konkurrenzfähigkeit der Unternehmen und des Wirtschaftsstandortes Deutschland. Will ein Unternehmen bestehen, benötigt es Beschäftigte, die nicht nur fachlich gut qualifiziert sind, sondern sich verändernden Anforderungen ohne Vorbehalte stellen und vielfältig einsetzbar sind. Für den Einzelnen bzw. die Einzelne bedeutet Employability im beschriebenen Sinne Zukunftssicherung und – insbesondere in einem Arbeitnehmermarkt – eine weitgehende Selbstbestimmtheit und Unabhängigkeit.

Über die Autoren

Christine Walenda ist im Personalbereich der Deutsche Bank AG seit rund 30 Jahren in verschiedenen Funktionen tätig. Derzeit leitet sie Employability-Initiativen in der Bank und arbeitet in verschiedenen unternehmensübergreifenden Projekten; u. a. koordiniert sie das Engagement der Deutschen Bank im Rahmen der bundesweiten Initiative für Beschäftigung!, deren Exekutivstab sie angehört. Außerdem ist sie als Trainerin auf dem Feld der beruflichen Orientierung und Positionierung tätig.

Ralf Brümmer ist Leiter Personal/Beschäftigungsmodelle bei der Deutsche Bank AG, Zentrale Frankfurt. Der Bankfachwirt, seit 1983 Mitarbeiter der Bank, ist mehr als 15 Jahre in unterschiedlichen Funktionen der Personalbetreuung und -entwicklung sowie als Personalleiter einer südwestdeutschen Filiale tätig gewesen. Seit April 2000 leitet er ein eigenständiges Ressort zur Beschäftigungssicherung, Flexibilisierung des konzernweiten Arbeitsmarktes und Employability-Förderung. Unter dem Label „Deutsche Bank-Mosaik für Beschäftigung" verantwortet er neben diversen innovativen Personalkonzepten (u. a. FitnessCenter Job, Bankforce, DB Management Support) auch mehrere betriebliche und überbetriebliche Employability-Initiativen, so ist er Mitglied des Vorstandes im Personalernetzwerk Initiative „Wege zur Selbst-GmbH" e. V.

Alternative Karrierewege – die Laufbahnprogramme der VPV Versicherungen

Bernd Blessin

Zusammenfassung

Was verbindet die Begriffe Fachkräftemangel und Arbeitgeberattraktivität? Welche Schlüsse ziehen wir aus der Tatsache, dass wir uns in einem Generationenhaus befinden? Wie reagieren wir auf zunehmende Dynamik und Komplexität? Eine Antwort darauf ist das Angebot alternativer Karrierewege bzw. Laufbahnmodelle. Bei den VPV Versicherungen, kurz VPV, berücksichtigen wir dabei die ganz unterschiedlichen Bedürfnisse, sowohl die unserer Mitarbeitenden als auch die unseres Unternehmens – jetzt und mit Blick auf die Zukunft.

1 Die VPV – ein Generationenhaus

Die VPV ist ein modernes, deutschlandweit aktives Finanzdienstleistungsunternehmen mit nun bald 190-jähriger Tradition. 1827 als Sterbekasse für Postbeamte gegründet, steht die VPV heute allen Kundinnen und Kunden offen. Mit ca. 1.100 Beschäftigten im Innen- und Außendienst und unseren über 860.000 Kundinnen und Kunden zählen wir zu den mittelständischen Versicherungsunternehmen in Deutschland. Für unsere Beschäftigten bieten wir seit vielen Generationen sichere und attraktive Arbeitsplätze und unseren Kundinnen und Kunden ein umfassendes Angebot an Versicherungen und weiteren Dienstleistungen.

Die VPV ist – wie viele andere Unternehmen auch – ein Generationenhaus. Wir haben Auszubildende und DHBW-Studierende unter 20 Jahren bis hin zu älteren

B. Blessin (✉)
VPV Versicherungen, Mittlerer Pfad 19,
70499 Stuttgart, Deutschland
E-Mail: bernd.blessin@vpv.de

J. Rump und S. Eilers (Hrsg.), *Auf dem Weg zur Arbeit 4.0,* IBE-Reihe,
DOI 10.1007/978-3-662-49746-3_5

Mitarbeitenden in Rentennähe. Unser Durchschnittsalter liegt im Innendienst bei ca. 45 Jahren und im Außendienst bei ca. 50 Jahren. Bei uns treffen sich teilweise noch die Nachkriegs- bzw. Wirtschaftswundergeneration, auf jeden Fall aber die Babyboomer, die Generation Golf oder auch Generation X, die Generation Y (oder auch Millennials bzw. Digital Natives) sowie nun auch die Generation Z. Unser Anspruch als Arbeitgeber ist für sie alle, vonseiten der Human Ressources (HR) lebensphasenorientierte und lebensphasenadäquate Karrierekonzepte und Maßnahmen zu entwickeln und anzubieten. Zugleich entstehen natürlich beim vorgenannten Durchschnittsalter, der demografischen Entwicklung und einem zunehmenden Fachkräftemangel weitere große Herausforderungen.

Wie gelingt es uns nun, das Durchschnittsalter mindestens zu halten oder gar zu senken? Wie werden wir als Mittelstandsunternehmen in einem immer enger werdenden Versicherungsmarkt die richtigen Menschen für uns begeistern? Wie gelingt es uns, den unterschiedlichen Bedürfnissen der Generationen gerecht zu werden und diese auszugleichen? Und wie halten wir die von unseren Kundinnen und Kunden erwartete Expertise, Fachlichkeit und den Leistungsanspruch bei immer weniger werdenden Fachkräften aufrecht?

Eine Antwort auf die vorgenannten Herausforderungen und Fragen sehen wir in unseren Laufbahnmodellen. Um engagierten Mitarbeitenden langfristig eine stabile berufliche Entwicklungsperspektive gemäß ihren individuellen Fähigkeiten zu bieten und damit das Risiko einer Abwanderung zu reduzieren, wurde die klassische Führungslaufbahn zunächst um eine Fachlaufbahn und sukzessive um weitere Laufbahnmodelle ergänzt (BMWi 2012). Unterschiedliche Laufbahnmodelle sind auch für Mitarbeiterinnen und Mitarbeiter geeignet, die Interesse an einer beruflichen Weiterentwicklung haben, sich aber nicht für Führungsaufgaben interessieren und/oder eignen. Angesprochen sind auch Führungskräfte, die sich z. B. gegen Ende ihres Arbeitslebens aus der Führung herausentwickeln möchten. Auch in Bewerbungsgesprächen wird zunehmend nach weiteren Optionen zur Führungslaufbahn gefragt. Alternative Entwicklungsmöglichkeiten werden daher zu einem zentralen Kriterium für die Attraktivität als Arbeitgeber – und ob wir Talente für uns begeistern und langfristig an uns binden können.

Führung? Nein danke!

Die zunehmende Komplexität und Dynamik des Arbeitsumfeldes, bei weniger Struktur und geringerer Planbarkeit, stellt Führungskräfte und die Führung an sich vor immer neue und wachsende Herausforderungen (Blessin und Wick 2014). Zugleich findet ein starker kultureller Wandel in der Gesellschaft statt. Darunter fällt u. a.

- die Suche nach dem Sinn des eigenen Handelns und Strebens sowie der Sinn in der Arbeit,
- (Work-)Life-Balance und/oder Führung,
- Generation Y und Generation Z suchen bewusst nach Alternativen zur Führung, und die Babyboomer und Generation Golf wollen teilweise raus aus der Führung.

Die Karriereleiter als alleiniger handlungsleitender Anreiz scheint endgültig passé. Zugleich suggeriert die Leiter, dass es nur ein attraktives Ziel gibt. Das Erreichen dieses Ziels ist aber zugleich das Karriereende. Daneben sind es vor allem die Hierarchie und die vertikale Uniformität, die Karriere zunehmend uninteressant erscheinen lassen. Bedeutsamer werden hingegen Arbeitsinhalte und Entwicklungsmöglichkeiten. Die Vereinbarkeit von Beruf und Karriere sowie Beruf und Familie/Leben wird von Bewerberinnen und Bewerbern und jungen Mitarbeitenden zunehmend eingefordert. Aber auch ältere Mitarbeitende, die schon auf den Austritt aus dem Berufsleben blicken, wünschen sich Alternativen. Bei Fachkräftemangel und dünneren Personaldecken sowie steigender Komplexität der Aufgaben zeigt sich deutlich die Notwendigkeit, den Mitarbeitenden auch horizontale Beweglichkeit und Entwicklungsmöglichkeiten anzubieten (Gebhardt 2015).

Ferner offenbart sich, dass sich die gesellschaftlichen, organisationalen und individuellen Bedingungen des Führens derart grundlegend gewandelt haben, dass das Konzept „Führung" selbst inzwischen Erosionserscheinungen aufweist. Was also ist zu tun? Können Laufbahnmodelle Alternativen und neue attraktive Inhalte bieten?

2 Die HR-Strategie als Grundlage für unsere Laufbahnmodelle

Die im vorigen Abschnitt aufgezeigten Impulse greifen wir auch in unserer HR-Strategie auf. Diese haben wir aktuell mit Blick auf das Jahr 2020 überarbeitet.

Unser Umfeld ist durch eine steigende Dynamik und Komplexität gekennzeichnet. Veränderungen der Märkte, der Technologien und das Entstehen neuer, immer leistungsfähigerer Produkte und Dienstleistungen vollziehen sich mit hoher Geschwindigkeit. Der demografische, ökonomische, technische und kulturelle Wandel führt zu komplexeren Rahmenbedingungen, mit denen sich Führungskräfte und Mitarbeitende auseinandersetzen müssen. Die für Finanzdienstleistungsunternehmen zunehmenden regulatorischen Anforderungen sind besonders für mittelständische Unternehmen große Herausforderungen. Die Digitalisierung und die damit einhergehenden Veränderungen der Produktions- und Arbeitstechnologien verändern einerseits die Formen der Leistungserbringung und damit der Arbeitsteilung. Sie bietet andererseits jedoch auch neue und bessere Möglichkeiten der Kollaboration. Parallel dazu entsteht der Wunsch nach mehr Autonomie und Entscheidungsfreiheit, nach Sinn in der Arbeit und Selbstverwirklichung. Interdisziplinäre Projektarbeit in sich selbst organisierenden Teams ist bereits und wird noch stärker die Arbeitsform der neuen Arbeitskultur. Der Wunsch nach steigender Zeitsouveränität von Mitarbeitenden und Projektteams führt zum Wechsel von der Anwesenheits- zur ergebnisorientierten Zeitkultur.

Notwendige Voraussetzung der neuen Arbeitsformen sind leistungsfähige Abstimmungs- und Kommunikationstechnologien, aber auch die Fähigkeit im Umgang mit diesen. Daneben entscheiden über die Zukunft eines Unternehmens immer häufiger auch

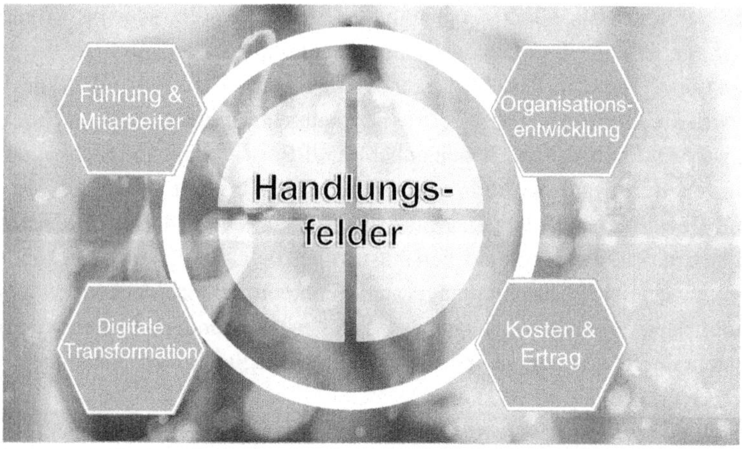

Abb. 1 Handlungsfelder HR-Strategie@2020 der VPV

betriebliche Fähigkeiten wie Agilität, also Flexibilität und Reaktionsgeschwindigkeit, aber auch Lernvermögen und die Fähigkeit des Unternehmens, für Beschäftigte und Bewerber attraktiv zu bleiben.

Hier setzt unsere HR-Strategie@2020 an. In den kommenden Jahren wollen wir unser Augenmerk auf die folgenden Handlungsfelder richten (Abb. 1).

Entlang dieser Handlungsfelder wollen wir für die vielfältigen externen und internen Herausforderungen proaktiv Lösungen und Konzepte erarbeiten. Dazu gehören auch unsere Laufbahnmodelle. Alle vier Handlungsfelder der HR-Strategie@2020 werden bei der Konzeption und Weiterentwicklung unserer Laufbahnmodelle aufgegriffen und verankert. Das spiegelt sich auch in den Zielen wieder, die wir mit den einzelnen Laufbahnen verfolgen:

- Entwicklung von Führung und Fachlichkeit,
- Bindung von Leistungstragenden und Wissensmanagement,
- Bildung einer Kultur der Neugier durch mit- und voneinander lernen,
- Schaffung einer Innovations- und Dialogkultur.

Die breite Akzeptanz von Laufbahnmodellen ist eine andauernde Herausforderung. Erfolge werden gerne den beteiligten Mitarbeitenden und Führungskräften zugeschrieben, wohingegen für Misserfolge das Konzept verantwortlich gemacht wird. Auch Ausnahmen und Sonderregelungen sind sorgfältig zu prüfen und dürfen nicht zur „Verwässerung" der jeweiligen Laufbahn führen. Für das Funktionieren und die Nachhaltigkeit der Laufbahnmodelle gibt es eine Reihe von Erfolgsfaktoren:

- Das Konzept: Gemeinsam mit Fach- und Führungskräften erarbeitet, regelmäßig überprüft und transparent für alle Mitarbeitende z. B. im Intranet einsehbar. Es ist für alle verbindlich.
- Das Auswahlverfahren: Einzelauswahlverfahren und maßgeschneiderte Praxisstudien für die entsprechende Stelle.
- Der gemeinsame Plan: Erstellung eines individuellen Entwicklungsplans und nachhalten durch Feedbackgespräche zwischen Führungskraft, Mitarbeiter bzw. Mitarbeiterin und der Personalentwicklung während und nach Abschluss der individuellen Maßnahmen.
- Die Kultur: Eine Unternehmenskultur, in der ein Nichtaufstieg oder der Verzicht auf eine Führungsposition nicht als Versagen gelten, und in der Expertise, persönliche Entwicklung und Projekterfahrung einen hohen Stellenwert haben.

3 Laufbahnmodelle als Entwicklungs- und Bindungsinstrumente

Der Begriff alternativer Laufbahn- oder Karrieremodelle versteht gleichwertige, in einem Unternehmen nebeneinander stehende Modelle, die eine vertikale oder horizontale Entwicklung der Mitarbeitenden ermöglichen und unterstützen sollen. Üblicherweise finden sich in Unternehmen drei Laufbahnmodelle: die Führungslaufbahn, die Fachlaufbahn und die Projektlaufbahn. Die Laufbahnmodelle werden im Folgenden beschrieben. Ein besonderer Fokus wird dabei auf die Fachlaufbahn gelegt, und es werden mögliche Erweiterungen der Laufbahnmodelle aufgezeigt.

3.1 Die Führungslaufbahn

Die klassische Managementkarriere verläuft nach oben, also vertikal. Mit jeder Stufe der Führungslaufbahn sind in der Regel höhere materielle und immaterielle Anreize (Privilegien) sowie mehr Verantwortung, ggf. auch für Budgets, Zugang zu Informationen und damit mehr Macht verbunden. Karriere ist in diesem Sinn der Wandel vom Spezialisten bzw. der Spezialistin mit Fach- und Methodenkompetenz zum Generalisten bzw. der Generalistin mit Führungs- und Personalverantwortung sowie entsprechenden Vollmachten. Nicht zuletzt die Vergabe von Titeln spielt eine besondere, nicht zu unterschätzende Rolle. Es lassen sich gesetzliche und interne Vollmachten und Titel unterscheiden, auf deren nähere Ausführungen aber an dieser Stelle verzichtet werden soll.

Die Führungslaufbahn steht vielfach im Zusammenhang mit Personalentwicklungsmaßnahmen. Sie soll den Beschäftigten den Aufstieg in eine hierarchisch übergeordnete Organisationsstufe ermöglichen. Dies verhält sich auch bei der VPV so. Unser Karriereweg führt beginnend von den Team-/Gruppenleitungen über die Abteilungsleitungen, die Bereichsleitungen bis zum Vorstand. Der Einstieg in diese Laufbahn beginnt bei der VPV mit einem systematischen Lern-AC zur Potenzialanalyse der Kandidatinnen und Kandidaten. Bereits hier werden die Grundlagen für einen persönlichen Entwicklungsplan festgelegt.

Die Weiterbildungsprogramme für alle unsere Laufbahnen sind modular aufgebaut. Sie orientieren sich an den entsprechenden Anforderungs- und Skillprofilen sowie an den jeweiligen Aufgaben der entsprechenden Stufe und werden durch individuelle Entwicklungspläne gestützt. Auch thematisch decken sie sich bzw. greifen ineinander. Wie das konkret für die Führungslaufbahn aussieht, wird am Beispiel der fünf Module für die Abteilungsleitungen, der „AL Leadership Werkstatt" aufgezeigt (vgl. ausführlich Abb. 2).

Die Module erstrecken sich über einen Zeitraum von ca. 16 Monaten. So ist ausreichend Transferzeit zum Vorbereiten, Nachbereiten und Üben des Gelernten in der Praxis gegeben.

Lange Zeit konnte eine Führungskraft in Unternehmen nur entlang der Führungslaufbahn Karriere machen oder gar nicht. In den letzten Jahren ist ein Bewusstseinswandel festzustellen: Führung bzw. Führungspositionen werden zunehmend kritisch betrachtet und als zentraler und alleiniger Karriereweg infrage gestellt. Zudem finden sich in

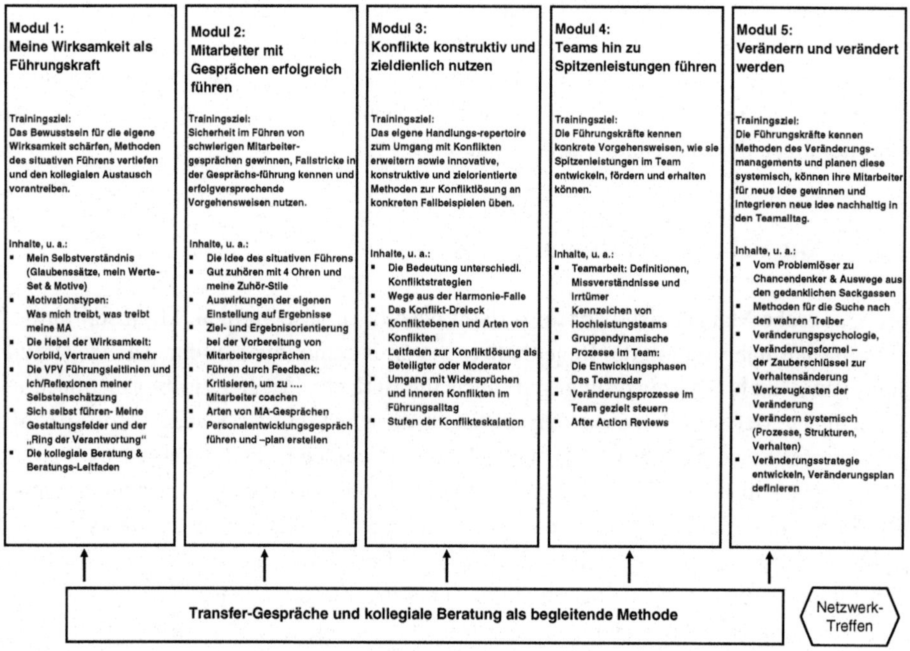

Abb. 2 Führungslaufbahn – Grundlagen „Leadership Werkstatt"

Unternehmen zunehmend flachere Strukturen und somit auch geringere Karrierechancen. Im Gefolge von prozessorientierten Organisationsformen, zunehmender Projektarbeit und Matrixorganisationen sind neue Aufstiegsmodelle notwendig geworden. Auch ist der spätere Eintritt in den Ruhestand als Begrenzungsfaktor für die Aufstiegsmöglichkeiten von Nachwuchskräften zu sehen. Um auch für Nachwuchskräfte und Potenzialtragenden glaubwürdige Karriereperspektiven anzubieten, haben viele Unternehmen alternative Karrieremodelle als zusätzliche Anreize eingeführt. Ziel dabei ist, sowohl die Steigerung der Arbeitgeberattraktivität für Bewerberinnen und Bewerber und Mitarbeitende als auch die Chance für die Beschäftigten, sich generationenübergreifend und entlang persönlicher Bedürfnisse im Beruf verwirklichen zu können.

3.2 Die Fachlaufbahn

Fachlaufbahnen oder -karrieren zeigen sich ebenfalls schon früh in der Verwaltung und beim Militär. Dabei steht eine Fachaufgabe oder eine Experten- bzw. Expertinnenposition und nicht personelle Verantwortung im Mittelpunkt. Sie kann jedoch mit oder ohne Führungsaufgaben ausgestaltet sein. Analog zur Führungslaufbahn sind auch hier vertikale Entwicklungen möglich. In der Regel sind mehrere Stufen definiert, die jeweils charakteristische Kennzeichen aufweisen und ein Pendant in der Führungslaufbahn haben.

Die Fachlaufbahn ist für Beschäftigte sinnvoll, die entweder kein Interesse an einer Führungsposition haben, die für eine solche nicht infrage kommen oder die sich aus einer Führungsposition heraus anders entwickeln wollen. Sie wendet sich also an Beschäftigte, die einen Karriereanspruch haben, sich aber lieber mit fachspezifischen Themen auseinandersetzen, ohne Führungsverantwortung tragen zu müssen (u. a. BMWi 2012). Auch erkennen immer mehr Unternehmen, dass sie Alternativen brauchen, um wettbewerbsentscheidende Mitarbeitende und Potenziale zu gewinnen und zu halten. Die Fachlaufbahn ist daher eine Alternative, um für Schlüsselpersonen ein Signal der Wertschätzung und Anerkennung zu setzen – mit dem Ziel, Know-how-Tragende zu motivieren und weiterhin an das Unternehmen zu binden (DGFP 2012, 2013). Sie entwickelt sich somit zunehmend weg von der Karriere zweiter Wahl, hin zu einer attraktiven Alternative für hochgeschätzte und erfahrene Wissenstragende.

Die Umsetzung von Fachlaufbahnkonzepten ist in der Praxis sehr heterogen. Nahezu jedes Unternehmen entwickelt seine eigene Fachlaufbahn mit spezifischen Auswahlprozessen, Karrierestufen, Ausgestaltungen und Ablaufprozessen (Domsch und Ladwig 2011).

Auch die VPV hat, neben der bereits bestehenden Führungslaufbahn, 2008 eine Fachlaufbahn eingeführt (Schorp-Leipkutsch und Saturno 2009). Die guten Erfahrungen und die zielgerichteten Anpassungen und Weiterentwicklungen haben dazu geführt, dass diese beiden Laufbahnmodelle fest in unserem Unternehmen verankert sind. Die Fachlaufbahn der VPV besteht aus vier Stufen. Für unsere Referentinnen und Referenten und Sachbearbeitenden beginnt der Einstieg mit der ersten Stufe als Senior-Referent bzw.

Senior-Referentin. Über die Junior-Experten bzw. Junior-Expertinnen und die Experten bzw. Expertinnen geht es bis zur vierten Stufe, den Senior-Experten bzw. Senior-Expertinnen. Die beiden Laufbahnmodelle greifen über die Stufen hinaus ineinander. So sind etwa die Grundgehälter und Boni der Abteilungsleitungen und Senior-Experten bzw. Senior-Expertinnen miteinander vergleichbar sowie die der Team- und Gruppenleitungen mit denen der Junior-Experten bzw. Junior-Expertinnen. Unsere Expertinnen und Experten sind dazwischen positioniert. Das erlaubt uns eine gute Durchlässigkeit zwischen diesen beiden Karrierewegen. Eine besondere Herausforderung liegt in der transparenten und nachvollziehbaren Definition der Kriterien der einzelnen Stufen. Dazu ist es notwendig, sich bereits bei der Konzeption der Fachlaufbahn und der einzelnen Stufen gründlich über die Ziele, die erreicht werden sollen, Gedanken zu machen. Folgende Ziele lassen sich beispielsweise mit Fachlaufbahnen verbinden (dazu ausführlich DGFP 2013):

- Anziehung, Bindung – die Arbeitgeberattraktivität steigern
- Wertschätzung ausdrücken – echte Beteiligung
- Anerkennung – auch in der Bezahlung
- Zufriedenheit der Schlüsselpersonen und Bindung durch individuelle Karrieremöglichkeiten
- organisatorischen Erfordernissen Rechnung tragen
- demografische Entwicklungen und die Anforderungen verschiedener Generationen und Lebensmodelle berücksichtigen

Darüber hinaus lassen sich auf die unternehmensspezifische Situation weitere oder andere Ziele definieren. Entlang der gesetzten Anforderungs- und Skillprofile sowie Bedarfe werden die einzelnen Stufen der Fachlaufbahn ausgestaltet und durch individuelle Entwicklungspläne ergänzt. Wie bereits vorstehend bei der Führungslaufbahn aufgezeigt, sind auch die Weiterbildungsprogramme für die Stufen unserer Fachlaufbahn modular aufgebaut. Der Einstieg in die Fachlaufbahn erfolgt über den Junior-Experten bzw. die Junior-Expertin. Exemplarisch für die Junior-Experten bedeutet dies: Fünf Module über zwölf Monate verteilt. Die Module richten sich nach der Rolle und den Aufgaben dieser Stufe aus und bestehen aus folgenden Themen

1. Meine Wirkung als Junior-Experte(in)
2. Konzepte bedarfs- und zielgruppengerecht entwickeln
3. Mit Präsentationen Menschen gewinnen
4. Veranstaltungen erfolgreich moderieren

Eine Hospitation im Kundenservice bzw. Vertrieb rundet das Programm ab.

Abb. 3 zeigt die Inhalte ausführlicher auf.

Der Einstieg als Junior-Experte bzw. Junior-Expertin ist gleichermaßen interessant für Mitarbeitende, die über lange Jahre hinweg fachspezifisches Wissen gesammelt haben

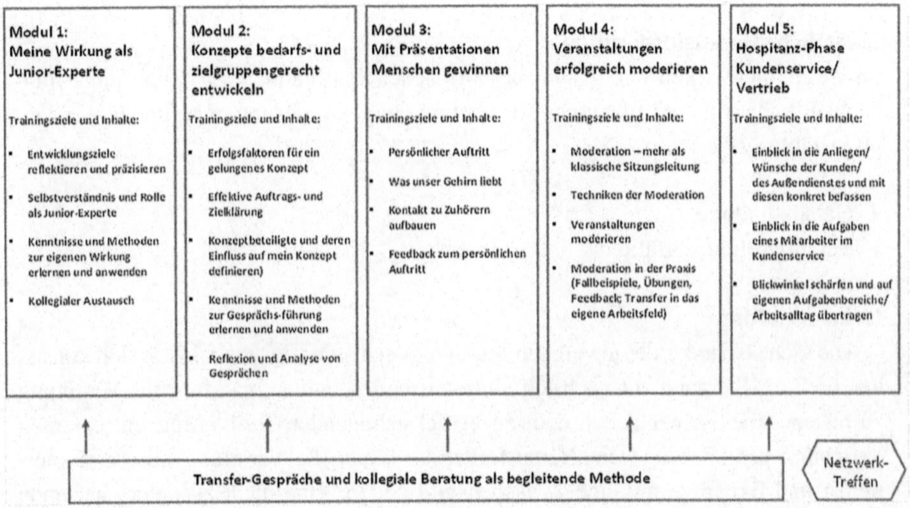

Abb. 3 Fachlaufbahn – Förderprogramm Junior Experten. (Eigene Darstellung, Rechte beim Autor)

und nun in eine Fachkarriere einsteigen wollen, wie auch für Berufseinsteigende die von einer Hochschule ins Unternehmen eintreten. Für beide bieten sich attraktive Inhalte und Perspektiven.

Laufbahnmodelle sind Bindungs- und Entwicklungsinstrumente. Wesentlich für die Attraktivität bzw. Nachhaltigkeit von Laufbahnmodellen ist u. a. auch deren Durchlässigkeit. Der Wechsel zwischen den Laufbahnen sollte also möglich sein. Dies ist für bestimmte Entwicklungsschritte oder in verschiedenen Lebensphasen von Fach- und Führungskräften von besonderer Bedeutung. Dabei gibt es einige Punkte zu beachten: Grundlegend ist, dass v. a. ein Wechsel von der Führungs- in die Fachlaufbahn „gesichtswahrend" möglich ist, also die Fachlaufbahn eben kein „Verschiebebahnhof" oder „Elefantenfriedhof" für gescheiterte Führungskräfte ist. Hilfreich ist, bereits bei der Einführung der Modelle ausdrücklich auf die Wechselmöglichkeit zu verweisen und dies auch in der operativen Karriereberatung immer wieder zu verankern. Hilfreich ist auch, erfolgreiche Wechsel intern offensiv und als Vorbilder zu kommunizieren. Darüber hinaus sollten die Vergütungsmodelle der Laufbahnen aufeinander abgestimmt sein. Bei der VPV sind die Gehaltsbänder der Abteilungsleitungen und der Senior Expertinnen und Senior Experten sowie die der Gruppen-/Teamleitungen und der Junior-Expertinnen und Junior-Experten gleichlaufend. Das Gehaltsband der Experten und Expertinnen liegt dazwischen. Eine weitere Voraussetzung ist, dass bei einem Wechsel die notwendigen Kompetenzen oder Potenziale der jeweils anderen Laufbahn nachgewiesen werden. Hierzu findet vor dem Wechsel in die andere Laufbahn ein Assessment-Center statt, ggf. mit einem sich anschließenden Entwicklungsprogramm.

Zusätzliche Herausforderungen
Im Zusammenwirken der beiden beschriebenen Laufbahnen, also Führungs- und Fachlaufbahn, müssen Lösungen für weitere Herausforderungen gefunden werden. Dazu zählen z. B.:

- Gehaltsfindung
- Verantwortungsgefälle

Gehaltsfindung

Die Gehaltsbänder der jeweiligen Stufen müssen stimmig sein, also in sich konsistent und im Übergang zur nächsten Stufe passend. Um eine marktübliche Vergütung zu bieten, arbeiten wir neben dem zu berücksichtigenden Tarifvertrag mit externen Vergütungsvergleichen. Eine Herausforderung bleibt die Verortung unserer Expertinnen und Experten, die eine Zwischenstufe bilden. Eine nicht zu unterschätzende Problematik liegt im Missbrauch der Fachlaufbahn als „einfacher" Weg zur Begründung von Gehaltserhöhungen oder als Karrierebeschleuniger. Hier ist das besondere Zusammenspiel der Personalberatung/Personalreferenten bzw. -referentinnen und der Personalentwicklung in der Abstimmung untereinander und bei der Beratung der Führungskräfte und Fachlaufbahnkandidaten und -kandidatinnen gefordert.

Verantwortungsgefälle

Entscheiden und Verantworten ist zentrale Aufgabe der Führung. Üblicherweise hängen die dafür notwendigen Kompetenzen an der Hierarchie, also an den Führungskräften. Die Fachlaufbahn wäre somit der einfachere Karriereweg: Bei gleicher Vergütung muss weniger Verantwortung getragen und müssen weniger Spannungen ausgehalten werden. Das gilt es aktiv anzugehen, einerseits durch Klärung und Veränderung der jeweiligen Rollen sowie andererseits durch entsprechende Hinterlegung in der Entscheidungs- und Kompetenzmatrix des Unternehmens. Die Entscheidungs- und Kompetenzmatrix der VPV ist ein Dokument, das festlegt, wer was bis zu welcher Höhe mit wem oder alleine entscheiden darf (Entscheidung) bzw. wer unterzeichnen darf (Kompetenzen).

Damit lässt sich beides erreichen: Entlastung der Führung und stärkere Einbindung sowie auch Wertschätzung der Fachkraft.

Wie eingangs bereits aufgezeigt, werden die Anforderungen an Beschäftigte und Unternehmen komplexer und dynamischer. Projekte und Veränderungen nehmen zu. Auch stellen wir fest, dass einige unserer Beschäftigten weitergehende Interessen und Stärken über Führung und Fachlichkeit hinaus haben. Das lässt sich miteinander verbinden. Die Verbindung sehen wir in weiteren Laufbahnmodellen. Dazu gehören die Projektlaufbahn, die Coachinglaufbahn (hier starten wir mit der Ausbildung zum Transformationscoach) sowie die Agenturlaufbahn.

3.3 Die Projektlaufbahn

In wohl jedem Unternehmen nehmen die Zahl und die Bedeutung von Projekten stetig zu. Vielfach nehmen Projekte befristet oder permanent einen Großteil oder sogar den vollen Umfang der Aufgaben und Arbeitszeit bestimmter Mitarbeitenden(-gruppen) ein. Zur systematischen Vorbereitung auf Projektaufgaben bzw. zur Weiterentwicklung bietet sich die Projektlaufbahn an.

Die zentralen Merkmale von Projekten sind die zeitlich befristete Übernahme von neuartigen Aufgaben sowie im Falle der Projektleitung die Führung ohne Disziplinarbefugnis. Folgende Aspekte sollten somit Eingang in das Curriculum einer Projektlaufbahn finden:

- theoretisches Wissen im Projektmanagement
- Kunden- und Serviceorientierung
- bereichsübergreifendes/unternehmerisches Denken und Handeln
- Übernahme von Verantwortung
- Führung und Arbeit in fachübergreifenden Teams

Mit zunehmender Projekterfahrung kann auch höhere Verantwortung übertragen werden, die sich z. B. in der Größe (Budget, Zeitraum, Mitarbeitende) oder der strategischen Bedeutung des Projektes widerspiegelt. Daraus entsteht auch der Anreiz für Beschäftigte sich weiterzuentwickeln. Die unterschiedlichen Entwicklungsstufen (z. B. Junior-Projektmanager bzw. Junior-Projektmanagerin, Projektmanager bzw. Projektmanagerin, Senior-Projektmanager bzw. Senior-Projektmanagerin) müssen ebenfalls mit jeweils klaren Anforderungen hinterlegt sein. Dann bietet die Projektlaufbahn eine längerfristige Perspektive.

Mit den in der Projektleitung erworbenen Führungskompetenzen wird ggf. ein Wechsel in die Führungslaufbahn möglich. Eine Wechselmöglichkeit zwischen Projekt- und Führungslaufbahn oder umgekehrt ist durchaus sinnvoll und wird auch in der Praxis immer häufiger durchgeführt.

Die Anzahl und Bedeutung der Projekte steigt auch bei der VPV seit Jahren an. Unsere Projekte werden von einer eigenen Organisationseinheit (Projektzentrale) gesteuert und unterstützt. Die Projektleitung wird durch Mitarbeitende der Abteilung Interne Organisationsberatung und/oder Mitarbeitende der Fachbereiche besetzt. Die Qualifizierung von Projektmitarbeitenden und Projektleitungen übernehmen die Interne Organisationsberatung und die Personalentwicklung (beide sind im Personalbereich angesiedelt) gemeinsam. Die Projekte selbst werden von unseren Fach- und Führungskräften geleitet. Projektleitung und -erfahrung ist jeweils ein Bestandteil unserer Weiterbildungsprogramme in der Fach- und Führungslaufbahn. Aufgrund dieser Organisationsstruktur haben wir derzeit (noch) keine Projektlaufbahn eingeführt.

Projekte bieten zugleich die Möglichkeit, Netzwerke im Unternehmen und darüber hinaus zu bilden. Ebenfalls schaffen sie attraktive Anreize, sich über die aktuelle Aufgabe hinaus einzubringen und weiterzuentwickeln, um sich ggf. für weitere oder andere Aufgaben zu empfehlen.

3.4 Transformationscoach – ein neuer Ansatz bei der VPV

Vor dem Hintergrund zunehmender Change- und Veränderungsprojekte initiieren wir auf der Basis unserer HR-Strategie aktuell ein weiteres Laufbahnmodell: die Coachinglaufbahn. Im Rahmen dieser Laufbahn bilden wir interne „Transformationscoaches" aus. Mit der Implementierung des Transformationscoaches verbinden wir folgende Nutzenerwartungen: Diese Mitarbeitenden kommen aus den Organisationseinheiten, in denen eine Veränderung stattfinden soll. Der Transformationscoach bringt somit neben Akzeptanz im Fachbereich zusätzliches Expertenwissen zu Change und Transition in Veränderungsprozesse ein und entlastet somit die Führungskraft beim Vorantreiben der Veränderungen. Er bzw. sie multipliziert das Veränderungs-Know-how im Fachbereich. Darüber hinaus ist er bzw. sie allparteilich, handelt im Sinne der Veränderung und ermöglicht so der Leitung die Wahrung ihrer originären Rolle. Der Transformationscoach bringt Zeitanteile mit in den Prozess ein, die den (Zeit-)Aufwand der Leitung verringern bzw. die verfügbare Zeitressource für ein Gelingen der Transformation vergrößern. Schließlich ist die Ausbildung zum Transformationscoach ein maßgeschneidertes und individuelles Bindungsinstrument für die Mitarbeitenden, die Spaß haben an der Entwicklung und periodisch neue spannende Aufgaben bearbeiten wollen.

Erfolgreiche Veränderungsprozesse brauchen eine ausgewogene Aufmerksamkeit, sowohl im Hinblick auf sichtbare Themen wie Strukturen, Prozesse, Systeme usw. als auch auf nicht so leicht sichtbare Themen wie Verhalten, Glaubenssätze, Erfolgsannahmen usw. Bei Letzteren setzt unsere Ausbildung zum Transformationscoach an. Unsere Ziele sind dabei:

- Nachhaltiges Sensibilisieren und Befähigen der Fachbereiche für den Umgang mit potenziellen Problemfeldern, Schnittstellen und Umsetzungsschwierigkeiten im Rahmen der Veränderungsprozesse.
- Ausbildung eines Transformationscoachs pro Bereich zur Initiierung und professionellen Begleitung von Projekten oder bedeutenden fachlichen Vorhaben im Sinne des Change- und Transformationsmanagements.
- Befähigung der Fachspezialistinnen und -spezialisten zur Gestaltung, Begleitung und Umsetzung von Veränderungsprozessen in ihrem Bereich und engere Verzahnung der fachlichen und der inhaltlichen Arbeit mit dem Change- und Transformations-Know-how.
- Vernetzung sowie bereichs- und hierarchieübergreifende Zusammenarbeit.

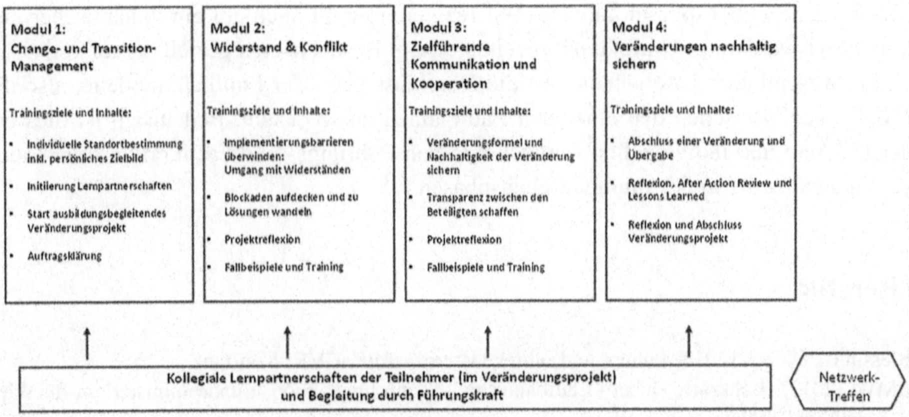

Abb. 4 Transformationscoach – Ausbildungsstufen

Darüber hinaus soll es eine Zertifizierung zum Transformationscoach sowie eine Supervisionsgruppe für aktive Transformationscoaches geben.

Die Laufbahn soll dann als sog. „fluides Laufbahnmodell" gestaltet werden. Das heißt, die Mitarbeitenden, die diese Laufbahn wählen, bleiben weiterhin in ihrem originären Aufgabengebiet und ihrer Funktion aktiv. Darüber hinaus werden sie für bestimmte Zeitphasen in der Organisation als Transformationscoach eingesetzt und dafür freigestellt.

Analog zu unseren anderen Laufbahnmodellen starten wir beim Transformationscoach ebenfalls mit einem Auswahlverfahren, formulieren für jede der geplanten Entwicklungsstufen Entwicklungsziele und hinterlegen die Stufen jeweils mit einem Basisförderprogramm (Abb. 4).

4 Fazit und Ausblick

Die VPV verfügt seit vielen Jahren über zwei gut etablierte Laufbahnmodelle, die Führungs- und die Fachlaufbahn. Aufgrund der hohen bzw. steigenden Projektdichte sowie der damit verbundenen Change- bzw. Veränderungsmaßnahmen haben wir ergänzend mit der Einführung einer Coachinglaufbahn (Transformationscoach) begonnen. Da wir über eine eigene Organisationseinheit verfügen, die Projekte steuert und begleitet (Projektzentrale) haben wir (noch) keine Projektlaufbahn eingeführt. Parallel dazu sind wir in Zusammenarbeit mit dem Vertrieb in der Konzeption einer Agenturlaufbahn, also einem Karrieremodell für unsere Verkäufer und Verkäuferinnen.

Das Angebot alternativer Karrierewege bzw. Laufbahnmodelle ist für uns als mittelständischem Versicherer eine Antwort auf die Bedürfnisse unserer Mitarbeitenden. Wir bieten damit unterschiedliche Karriereoptionen, mit und ohne Führung, über verschiedene Lebensphasen hinweg. Wir reagieren damit auch auf ein dynamischer und komplexer werdendes Umfeld und bereiten unsere Beschäftigten gezielt darauf vor.

Ein wesentlicher Erfolgsfaktor ist die Durchlässigkeit der Laufbahnmodelle, also die Möglichkeit, zwischen den einzelnen Laufbahnen zu wechseln. Bedeutsam ist dies bei der Bindung und individuellen Entwicklung von Führungs- und Fachkräften sowie auch zur Unterstützung in bestimmten Lebensphasen.

Literatur

Blessin B, Wick A (2014) Führen und führen lassen, 7. Aufl. UVK, Konstanz

BMWi (2012) Fachkräfte sichern Laufbahn- und Nachfolgeplanung. Bundesministerium für Wirtschaft und Technologie, Berlin

DGFP (Hrsg) (2012) Fachlaufbahnen als alternative Karrierepfade. Praxispapier 5/2012. Deutsche Gesellschaft für Personalführung e. V., Düsseldorf

DGFP (Hrsg) (2013) Fachlaufbahnen als alternative Karrierepfade in der Praxis. Praxispapier 1/2013. Deutsche Gesellschaft für Personalführung e. V., Düsseldorf

Domsch ME, Ladwig DH (Hrsg) (2011) Fachlaufbahnen – Alternative Karrierewege für Spezialisten schaffen. Luchterhand, Köln

Gebhardt B, Hofmann J, Roehl H (2015) Zukunftsfähige Führung. Die Gestaltung von Führungskompetenzen und -systemen. Bertelsmann Stiftung, Gütersloh

Schorp-Leibkutsch S, Saturno V (2009) Ungewöhnliches wagen. Personalwirtschaft 38(11):27–29

Über den Autor

Dr. Bernd Blessin ist Leiter Personalmanagement und Organisation der VPV Lebensversicherungs-AG in Stuttgart. Er war zuvor als Personalleiter bei der Coca-Cola Erfrischungsgetränke AG und im Gerling-Konzern tätig. Seit 2010 ist er bei der VPV für den Personalbereich verantwortlich sowie im Aufsichtsrat der Vereinigte Post. Die Makler-AG. Daneben ist er im Gesamtvorstand des BPM (Bundesverband der Personalmanager e. V.) sowie als Autor des Führungsklassikers „Führen und führen lassen" aktiv.

Teil III

Vielfalt nutzen

Diversität zur Steigerung der Unternehmens-Performance

Inklusion oder Illusion?

Jutta Rump und Melanie Schiedhelm

Zusammenfassung

Die gesellschaftliche Vielfalt spiegelt sich in vielen Unternehmen in einer steigenden personalen Vielfalt wider, die unser tägliches Zusammenleben und -arbeiten prägt. Potenziale und Risiken, die damit einhergehen nehmen Einfluss auf die Unternehmens-Performance. Welche Rahmenbedingungen notwendig sind, damit eine inklusive Arbeitskultur der Wertschätzung entsteht und alle Mitarbeitenden ihre Fähigkeiten optimal einbringen können, wird im vorliegenden Beitrag anhand von exemplarischen Gestaltungsfeldern erörtert.

1 Einleitung und Ausgangslage

Um den Herausforderungen der heutigen und zukünftigen Arbeitswelt zu begegnen stehen oftmals Personalmanagementstrategien im Fokus, die bisher unterrepräsentierte Beschäftigtengruppen in den Blick nehmen und damit die Diversität im Unternehmen steigern (Froese et al. 2015). Ein wesentlicher Treiber ist hierfür der demografische Wandel. Die Trends in Form von niedriger Geburtenrate, steigender Lebenserwartung und Alterung der Gesellschaft setzen sich auch in Zukunft weiter fort (Statistisches Bundesamt 2015). Für den Arbeitsmarkt und für Unternehmen bedeutet dies, dass sich das Durchschnittsalter von Belegschaften erhöhen und es künftig weniger Berufseinsteiger und Berufseinsteigerinnen

J. Rump (✉) · M. Schiedhelm
Institut für Beschäftigung und Employability IBE,
Ludwigshafen, Deutschland
E-Mail: jutta.rump@ibe-ludwigshafen.de

M. Schiedhelm
E-Mail: melanie.schiedhelm@ibe-ludwigshafen.de

J. Rump und S. Eilers (Hrsg.), *Auf dem Weg zur Arbeit 4.0,* IBE-Reihe,
DOI 10.1007/978-3-662-49746-3_6

geben wird. Zukünftig gilt es sowohl die Bedürfnisse einer alternden Belegschaft als auch Kundschaft zu berücksichtigen (Salmen 2012; Rump und Eilers 2013). Nicht zuletzt sorgt die Demografie dafür, dass Unternehmen stärker als bisher auch unterrepräsentierte Beschäftigtengruppen integrieren. Um die drohende Lücke an Menschen im erwerbsfähigen Alter in den nächsten Jahren schließen zu können, müssen sich Unternehmen darauf einstellen, dass ihre Belegschaft immer vielfältiger wird (Rump et al. 2013).

Unter anderem drängen die fortschreitende Globalisierung und Migrationsprozesse die Unternehmen zum Handeln. Im Jahr 2013 konstatierte das Bundesamt für Migration und Flüchtlinge (BAMF 2013) in seinem Migrationsbericht, dass in Deutschland bereits jeder fünfte Einwohner einen Migrationshintergrund aufweist. Vor dem Hintergrund der aktuellen Flüchtlingswelle wird das Thema Migration und Integration zukünftig auch den Arbeitsmarkt und die Unternehmen vor neue Herausforderungen stellen, denn die in Deutschland lebende ausländische Bevölkerung ist in den vergangenen Monaten deutlich angestiegen. In den nächsten Jahren ist mit einer deutlichen Ausweitung des Arbeitsangebots aufgrund der Flüchtlingsmigration zu rechnen (Institut für Arbeitsmarkt- und Berufsforschung IAB 2015). Angesichts der demografischen Entwicklungen gilt es für Unternehmen vermeintliche Potenziale zu erkennen und zu fördern (Charta der Vielfalt e. V. 2015).

Auch im Bereich Gender und sexuelle Orientierung gibt es vermehrt Änderungen in der Gesellschaftsstruktur. Laut einer Studie der EU fühlten sich in Deutschland 21 % der Befragten bei der Arbeitssuche oder am Arbeitsplatz aufgrund ihrer sexuellen Ausrichtung oder ihrer Geschlechtsidentität diskriminiert (European Union Agency for Fundamental Rights 2013, Abb. 2, S. 17). Trotz einer intensiven gesellschaftspolitischen Diskussion zum Thema Antidiskriminierung und Gleichstellung besteht heute noch für bestimmte Mitarbeitergruppen eine erhöhte Diskriminierungsgefahr (Froese et al. 2015). Die empirische Datenlage in Deutschland zu Diskriminierung und Benachteiligung ist laut der Antidiskriminierungsstelle des Bundes noch gering ausgeprägt und deshalb startete im August 2015 die bislang größte Erhebung zu Diskriminierungserfahrungen aufgrund von beispielsweise Alter, Geschlecht, sexueller Orientierung, Religion oder einer Zuwanderungsgeschichte[1] (Antidiskriminierungsstelle 2015).

Um zukunftsfähig zu bleiben, gilt es nun für Unternehmen, auf die Vorgaben der Arbeitswelt einzugehen (Demografie, Migration, Wertewandel etc.), aber auch auf die Herausforderungen und Ansprüche einer diverser werdenden Kundschaft zu reagieren (Charta der Vielfalt o. J.). Der vorliegende Beitrag beschäftigt sich mit der Arbeitswelt von morgen und der damit einhergehenden Diversität von Belegschaften, der es im Rahmen von Diversitätsmanagement zu begegnen gilt. Beim Diversitätsmanagementansatz handelt es sich im Wesentlichen um ein gleichstellungspolitisches Konzept, das darauf abzielt, Vielfalt im Unternehmen entsprechend der Bedarfe zu steuern (Cox 1993). Dabei

[1]Die erhobenen Daten gehen in den Bericht an den Deutschen Bundestag ein, den die Antidiskriminierungsstelle des Bundes gemeinsam mit den Beauftragten der Bundesregierung 2017 vorlegen wird. In dem Bericht werden auch Handlungsempfehlungen für Politik und Praxis formuliert (Antidiskriminierungsstelle Pressemitteilung vom 31.08.2015).

stehen insbesondere kulturelle Diversität und geschlechterspezifische Sozialkonstruktionen auf dem Prüfstand, jedoch auch vermehrt das Thema Alter bzw. generell Menschen mit gesundheitlichen Einschränkungen. Demnach erfüllt ein Diversitätsmanagement nicht mehr nur gesetzliche Vorgaben, wie das Allgemeine Gleichbehandlungs-Gesetz (AGG) und ethische Ansprüche der Gleichberechtigung, sondern antwortet vermehrt auch auf wirtschaftliche Ansprüche, wie Flexibilität und eine Globalisierung der Märkte (Charta der Vielfalt o. J.).

Es stellt sich daher die Frage, ob Diversität eher Fluch oder Segen im Unternehmen ist. Bisherige Forschungen zum Thema Diversität zeigen zwei Strömungen: Auf der einen Seite wird Diversität als potenzieller Konfliktherd im Unternehmen betrachtet, der die Arbeitsleistung der Belegschaft vermindert. Auf der anderen Seite besteht die Vorstellung von Diversität als Potenzialträger, wodurch Kreativität und Innovationen entstehen, indem alle Talente der verschiedenen Mitarbeitergruppen gewinnbringend eingesetzt werden (Jans 2004). Dabei geht das Diversitätsmanagement über den Aspekt der Diskriminierung und Ausgrenzung hinaus und hat die Einbindung aller Mitarbeitergruppen zum Ziel, um eine inklusive Arbeitskultur und Wertschätzung zu schaffen, bei der alle Potenziale ausgeschöpft werden können (Froese et al. 2015). Ein nachhaltiges Diversitätsmanagement fußt dabei auf einem klug durchdachten Konzept, das alle Mitarbeiterinnen und Mitarbeiter individuell einbezieht und über alle Unternehmensebenen hinweg gewollt und verankert ist.

Der vorliegende Beitrag geht einleitend auf die Begrifflichkeiten, Ansätze und Entwicklungslinien von Diversität bzw. Diversitätsmanagement sowie Inklusion ein und diskutiert anschließend die Potenziale und Risiken von Diversität in Bezug auf deren Auswirkungen auf die Unternehmens-Performance. Ziel dieses Beitrags ist es, eine theoretische Einführung in das Thema Diversität und Diversitätsmanagement zu liefern. Zudem werden exemplarisch Gestaltungsfelder, Maßnahmen und Prinzipien für ein nachhaltiges Diversitätsmanagement aus der Praxis vorgestellt. Diese sollen Unternehmen Anhaltspunkte bieten, wie es gelingen kann, eine inklusive Arbeitskultur der Wertschätzung zu etablieren, um das gesamte Potenzial von Diversität zielgerichtet nutzen zu können.

2 Inklusion, Diversität und Diversitätsmanagement

2.1 Begrifflichkeiten

Diversität bedeutet Vielfalt und beschreibt schlicht Unterschiede zwischen Menschen (Diversity Management e. V.). In der Literatur gibt es hierzu keine einheitliche Definition und Diversität hat häufig aufgrund von unterschiedlichen gesellschaftlichen Entwicklungstendenzen eine unterschiedliche Bedeutung, wobei es gleichzeitig die jeweiligen sozialen Konfliktthemen widerspiegelt. In den USA benennen sowohl Forscher als auch

Praktiker im Zusammenhang mit Diversität die sog. Big 8 („race", „gender", „ethnicity/nationality", „organizational role/function", „age", „sexual orientation", „mental/physical ability", „religion") als die am häufigsten berücksichtigten Dimensionen von Vielfalt (Plummer 2003). In Deutschland hingegen lag lange Zeit der Fokus vermehrt auf den beiden Aspekten Geschlecht bzw. Gender und Kultur (Ditzel 2015). Erst allmählich finden auch weitere Diversitätsdimensionen Beachtung, wie z. B. Generationen/Alter, Behinderung und familiäre Situation sowie die Bedürfnisse hinsichtlich der Vereinbarkeit von Beruf und Privatleben (Work-Life Balance). Schon nicht mehr zum „Standardrepertoire" gehört Krell (2008) zufolge die sexuelle Orientierung als ein Aspekt von Vielfalt. Die Rangfolge der Diversitätsdimensionen in Publikationen, Dissertations- und Habilitationsvorhaben sowie Projekten wurde in einer Studie von Krell et al. (2006) ausgezählt. Die am häufigsten berücksichtigen Diversitätsdimensionen waren zu dieser Zeit an erster Stelle Geschlecht, an zweiter Stelle Kultur und an Dritter mit weiterem Abstand die Dimension Alter. Eine mittlere Rangfolge belegte die Vereinbarkeit von Beruf und Privatleben, wohingegen nur selten die Dimensionen Behinderung und Religion thematisiert wurden. Auch heute noch werden körperliche Schwächen (Behinderung) in der Arbeitswelt selten konkretisiert. Dennoch geht mit der steigenden Anzahl an älteren Mitarbeitenden auch die Zahl von physischen Einschränkungen einher. Seit einiger Zeit beschäftigt sich auch das Netzwerk „Synergie durch Vielfalt" mit der „Schaffung von awareness", d. h., einer „Enttabuisierung durch einen konstruktiven Dialog" (Netzwerk Synergie durch Vielfalt o. J.).

Darüber hinaus differenziert auch der Grad bzw. die Sichtbarkeit von Diversität, und zwar, ob neben den sichtbaren demografischen Merkmalen wie Alter oder Geschlecht auch nicht sichtbare Merkmale wie kulturelle Werthaltungen und Erfahrungen für das Management von Vielfalt von Bedeutung sind. Gerade zu Beginn der Diversitätsdebatte in den USA wurden nur die wahrnehmbaren, d. h., die „sichtbaren Unterschiede" in die Definition von Diversität mit einbezogen. Dazu zählen u. a. die Dimensionen Geschlecht, Nationalität, Alter, etc. (Ditzel 2015). Sepheri und Wagner verweisen hingegen auch auf die Bedeutung der nicht sichtbaren Unterschiede, wie z. B. in Bezug auf Persönlichkeit, Werte, Religion, sexuelle Orientierung usw. Aber auch Wissen und Fertigkeiten, wie Bildung, Sprachen, sozioökonomischer Status etc. gelten als nicht sichtbare Diversitätsdimensionen, die dem heutigen ganzheitlichen Diversitätsverständnis zugrunde liegen (Sepheri und Wagner 2002).

Beim Diversitätsmanagementansatz handelt es sich im Wesentlichen um ein gleichstellungspolitisches Konzept, das darauf abzielt, Vielfalt entsprechend der Bedarfe zu managen. Der Fachliteratur zufolge kann eine „ungemanagte" Vielfalt Produktivitätseinbußen aufgrund von Spannungen, Konflikte und Diskriminierungen zur Folge haben. Sofern Vielfalt in einem Unternehmen „richtig gemanagt" („managing diversity", „diversity management", „Diversitätsmanagement") wird, kann es ökonomisch vorteilhaft sein. In diesem Fall bedeutet „richtig managen", dass Bedingungen geschaffen werden, unter denen alle Beschäftigten ihre Leistungsfähigkeit und -bereitschaft uneingeschränkt entwickeln und entfalten können und unter denen niemand aufgrund bestimmter Merkmale ausgeschlossen oder diskriminiert wird. Eine Organisation, in der dieses Ziel erreicht ist, nennt Cox (1993, S. 229) eine „multikulturelle Organisation". Bolten (2011) hingegen kritisiert die Vorstellung davon, dass Vielfalt im Sinne von Quotenregelungen, politisch korrektem Verhalten und der Berufung auf Gleichbehandlungsgesetze steuerbar werden kann. Er spricht von der zu berücksichtigten Eigendynamik und „Fuzzyness"[2] von Vielfalt, die lediglich im dialogischen Prozess „moderiert" werden kann, um ein kreatives und synergetisches Zusammenspiel unterschiedlichster Akteure zu erreichen.

Die internationale Gesellschaft für Diversity Management e. V. definiert Diversity Management wie folgt: „Diversity Management hat zum Ziel, die in der Vielfalt steckenden Potentiale zu realisieren. Dafür überprüfen Organisationen ihre Strukturen und Prozesse auf Chancengleichheit. Gleichzeitig wird ein Bewusstsein für Vielfalt geschaffen und die notwendige Kompetenz für den erfolgreichen Umgang mit Vielfalt vermittelt" (Internationale Gesellschaft für Diversity Management e. V., o. J.).

Laut Cox (1993) bedeutet das Managen von Vielfalt Folgendes: „planning and implementing organizational systems and practices to manage people so that the potential advantages of diversity are maximized while its potential disadvantages are minimized" (Cox 1993, S. 11).

Das Konzept impliziert dabei auch die Anerkennung der Unterschiede und Gemeinsamkeiten der Menschen, und zwar dahingehend, dass Vielfalt nicht als Problem gesehen wird, sondern als Quelle für Kreativität und Wettbewerbsvorteil gilt (Internationale Gesellschaft für Diversity Management e. V., o. J.).

Oftmals basiert das Diversitätsmanagement auf der Vorstellung, dass eine Organisation zwar vielfältig ist, aber dennoch eine „dominante Gruppe" vorherrscht bzw. ein „homogenes Ideal" besteht:

> Das homogene Ideal wird in Deutschland grundsätzlich durch die dominante Mitarbeitergruppe der weißen, heterosexuellen, nicht-behinderten Männer mittleren Alters mit deutscher Staatsangehörigkeit und christlicher Religion verkörpert, wohingegen Frauen, homosexuelle, behinderte oder ältere Arbeitnehmer sowie Personen ausländischer Herkunft bzw. anderer ethnischer oder religiöser Zugehörigkeit der Minorität in Unternehmen zugeordnet werden können (Schulz 2009, S. 79).

Diese dominante Gruppe besetzt nicht nur die entscheidenden Positionen, sondern bestimmt auch maßgeblich die Werte, Normen und Regeln, die in der Organisation gelten, d. h., sie prägt die Organisationskultur. In diesem Zusammenhang wird auch von einer „monolithischen" (Cox 1993) oder „monokulturellen" (Krell 1996) Organisation gesprochen (vgl. Krell 2008).

Inzwischen stehen nicht nur ökonomische Beweggründe und Antidiskriminierungsstrategien mit dem Diversity-Konzept in Verbindung, sondern Diversität impliziert

---

[2] „Fuzzyness" bedeutet ein nicht eineindeutig festlegbares Konstrukt. Vgl. zur Fuzzylogik in Bezug auf Interkulturelle Kompetenz Bolten (2011).

auch den Inklusionsgedanken. Inklusion in der angloamerikanischen Organisationsforschung beschreibt den Prozess der Entwicklung eines „sense of belonging" (Miller und Katz 2002). In Deutschland im Bereich Pädagogik wird Inklusion als die Ermöglichung sozialer Teilhabe an einer Gruppe gerade durch Wahrnehmung und Wertschätzung von Verschiedenartigkeiten und Differenzen verstanden (Hinz 2002). In Bezug auf die Unternehmenskultur ist der Inklusionsbegriff Rathje (2009) zufolge besonders geeignet, „um den Prozess der gleichzeitigen Aktivierung differenzerhaltender und einheitsfördernder Dynamiken zur Erreichung von Unternehmenszusammenhalt (Kohäsion) zu beschreiben" (Rathje 2009, S. 11). Die Möglichkeit zur Teilhabe fördert die Identifikation mit dem Unternehmen einerseits (Anpassung und Integration). Andererseits wird diese Teilhabe erst durch die Toleranz von abweichenden Denk- oder Verhaltensformen ermöglicht. Dies gilt für jede Zusammenarbeit, bei dem Personen neben ihrer Gemeinsamkeit der Unternehmenszugehörigkeit unterschiedlichen Kollektiven (z. B. Geschlecht, soziale Herkunft, Alter, sexuelle Orientierung, aber auch Branche, Funktion etc.) angehören (Rathje 2009). Dementsprechend impliziert der Diversitätsbegriff auch den Inklusionsgedanken, und zwar die Anerkennung gesellschaftlicher Vielfalt und Individualität. Die geführten Debatten um die Implementierung von Inklusion, insbesondere im Bildungsbereich, haben dazu geführt, dass der Begriff zumeist ausschließlich auf Behinderung bezogen wird. „Grundsätzlich ist Inklusion aber ein Menschenrecht, das für alle gilt. … Inklusion zielt darauf ab, strukturelle (rechtliche) Rahmenbedingungen zu schaffen, die benachteiligende Ausgangslagen ausgleichen können und Partizipation ermöglichen" (Georgi 2015, S. 26).

Aus diesem Grund soll Inklusion im folgenden Beitrag unter einem weit gefassten Blick betrachtet werden. Unter Inklusion wird die soziale Inklusion (Degener und Mogge-Grothjan 2012) verstanden und auf den Unternehmenskontext übertragen. Soziale Inklusion bedeutet, dass jeder Mensch in seiner Einzigartigkeit von der Gesellschaft akzeptiert wird und die Möglichkeit hat, in vollem Umfang an ihr teilzuhaben oder teilzunehmen. Dieses Postulat gilt es auf die Unternehmenswelt zu übertragen. Hierfür sind jedoch bestimmte organisationale Rahmenbedingungen notwendig. Es stellt sich die Frage wie flexibel und transformationsfähig Unternehmensstrukturen auf die Bedürfnisse ihrer verschiedenen Mitarbeiterinnen und Mitarbeiter reagieren können, damit diese aufgrund von Wertschätzung und Möglichkeit zur Teilhabe ihr volles Potenzial entfalten können. Unter einer inklusiven Arbeitskultur wird im Folgenden verstanden, dass Organisationsstrukturen in solchem Maß diversitätssensibel gestaltet werden, sodass die Teilhabe jedes Einzelnen ermöglicht werden kann.

2.2 Entstehung und Entwicklungslinien

Die Entstehung und Verbreitung von Diversitätsmanagement (DM) hat verschiedene Ursprünge im US-amerikanischen und europäischen Kontext. Aufgrund historischer Entwicklungen und demografischer Gegebenheiten verläuft die Auseinandersetzung mit der Vielfaltsthematik und Diversitätsmanagement regional sehr unterschiedlich. Meistens handelt es sich um ein Zusammenwirken von historischen, politischen und rechtlichen Entwicklungen, demografischen Gegebenheiten und ökonomischen Überlegungen (Ditzel 2015).

Die intensive Auseinandersetzung mit dem Thema Vielfalt ist hingegen noch nicht sehr alt. In den USA ist der spätere Diversitätsmanagementansatz aus den ersten Empowerment-Bewegungen entstanden. In den 50er, 60er und 70er Jahren des letzten Jahrhunderts gab es zahlreiche Bürgerrechtsbewegungen der verschiedenen Minderheitengruppen, die eine gleichberechtigte Teilhabe am gesellschaftlichen Leben einforderten. Daraus resultierte die gesetzliche Förderung von Chancengleichheit (Civil Rights Act), und der gesetzliche Kampf gegen Diskriminierung aufgrund von Rasse, Hautfarbe, Religion, Geschlecht oder nationaler Herkunft führte zur Gründung der Equal Employment Opportunity Commission, die bis heute die Chancengleichheit im Arbeitsleben überwacht (Vedder 2006). Abgeleitet aus den Bürgerrechtsbewegungen gab es aus ethisch-moralischen Beweggründen in den USA in den 1980er Jahren anschließend gesetzliche Verpflichtungen für Arbeitgeber, die Chancengleichheit für Beschäftigte zu erhöhen, woraus dann die Entwicklung der ersten Diversitätsmanagementansätze entsprang (Vedder 2006). In Deutschland kam die Thematik Mitte der 1990er Jahre in der Literatur und Forschung auf. Parallel zu den ersten Publikationen in Deutschland, wie dem Beitrag „Mono- oder Multikulturelle Organisation? Managing Diversity auf dem Prüfstand“ von Gertraude Krell (1996), beschäftigten sich auch die DGFP (Deutsche Gesellschaft für Personalführung) und Organisationsberatungen mit dieser aufkommenden personalwirtschaftlichen Thematik. Auf den wissenschaftlichen Diskurs reagierten auch die Unternehmen, beispielsweise nahm Ford mit Unterstützung der amerikanischen Muttergesellschaft ihre Diversity-Arbeit auf (Vedder 2006).

Bolten (2011) verweist aus deutscher Sicht auf zwei Entwicklungsstränge der letzten Jahre, die den Blick auf Diversität und Diversitätsmanagement prägen. Einmal spricht er von „lost in standardization“, d. h., einer Tendenz zur Homogenisierung und dem damit verbundenen homogenen Ideal (Sepheri 2002)[3]. Aus diesem Blickwinkel betrachtet spielt Diversität eine untergeordnete Rolle, denn sie wird lediglich neben einem homogenen Ideal und der kohärenten Struktur eines Kollektivs toleriert, wie z. B. der eines Unternehmens, einer Institution oder Gesellschaft. Es herrscht eine Leitkultur vor und Sepheri (2002) zufolge werden die Potenziale von Diversität nicht erkannt und nicht genutzt, da Vielfalt das „Wir-Gefühl“ (Sepheri 2002, S. 103) gefährdet. Diese „lost in standardization“ ist Bolten zufolge ein Kennzeichen der Globalisierungsbemühungen zu Beginn des letzten Drittels des 20. Jahrhunderts, das sich u. a. durch Marken und Produkte, aber auch in Form von Managementstrategien „im Sinne von McWorld oder der McDonaldisierung“ (Bolten 2011, S. 27) widerspiegelte.

[3]Vgl. hierzu auch Schulz (2009) Kap. 5 zum Transformationsprozess des Diversitätsmanagements in Bezug auf „homogenes Ideal“ vs. „heterogenes Ideal“.

In der Folgezeit kam es zum Zerbrechen der Homogenitätsprämisse, wobei in den 1990er Jahren das Bewusstsein entstand, dass Anpassungs- und Integrationszwänge letztlich nicht wirksam sind. In nahezu allen Lebensbereichen erfolgten Pluralisierungstendenzen. Den zweiten großen Entwicklungsstrang fasst Bolten (2011) unter dem Schlagwort „lost in diversity" zusammen, d. h., vertraute Strukturen brachen auf und Vielfalt wurde zu einer Art „political correctness", die sich auch in der Kommunikation widerspiegelte, wie z. B. durch die Bestrebungen nach einer gendergerechten Sprache (Bolten 2011). Das Diversitätsverständnis und -management hat sich gemäß dem Fairness and Discrimination Approach (Thomas und Ely 1996) dem Gleichberechtigungspostulat verpflichtet. In der Praxis zeigt sich dies beispielsweise noch heute durch die Quotenregelung (Bolten 2011). Aus ökonomischen Beweggründen (vgl. Access and Legitimacy Approach nach Thomas und Ely 1996) galt es bisweilen Diversität wirtschaftlich zu nutzen: Mitarbeiterinnen und Mitarbeiter werden merkmalspezifisch beispielsweise nach Gender, Alter, Nationalität oder Muttersprache strukturiert und marktorientiert eingesetzt. Bolten (2011) zufolge führt dies im Unternehmen jedoch zu einem Nebeneinander von einzelnen Gruppen und er plädiert verstärkt zu einer Neuorientierung im Sinne von Kollaboration. Diversität kann dabei in einem Prozess des Voneinander-Lernens und für den Wissenstransfer genutzt werden, um eine Arbeitskultur zu generieren, in der jeder Einzelne seine individuelle Persönlichkeit mit in den Arbeitsprozess integrieren kann.

3 Betriebswirtschaftliche Überlegungen

Thomas und Ely (2001) differenzieren zwischen unterschiedlichen Beweggründen zur Implementierung von Diversitätsmanagement in Unternehmen:

Als erstes nennen sie solche Unternehmen, die dies aus Gründen der Fairness praktizieren (**„discrimination-and-fairness perspective"**). Hierbei stehen ethisch-moralische Beweggründe im Vordergrund und Ziel ist die Gleichbehandlung aller Mitarbeiterinnen und Mitarbeiter, die in Deutschland auch durch gesetzliche Rahmenbedingungen wie dem Allgemeinen Gleichbehandlungsgesetz (AGG) geregelt ist (Froese et al. 2015). Vertreter und Vertreterinnen des „Market Based Views" hingegen haben mit Hilfe von Diversitätsmanagement den Marktzugang im Blick (**„access-legitimacy perspective"**). Die Belegschaft im Unternehmen soll ein Abbild des demografischen Umfelds sein, in welchem das Unternehmen agiert. Es geht dabei um die Sicherung und Ausweitung von Marktanteilen. Dieser Ansatz bezieht sich auch auf einen immer diverser und globaler werdenden Kundenstamm, den Unternehmen heutzutage im globalen Wettbewerb bedienen müssen. Als letztes benennen Thomas und Ely (2001) solche Unternehmen, die sich durch Diversität Anregung und Lernen innerhalb ihrer Belegschaft erhoffen (**„learning-and-effectiveness perspective"**). Dieser Ansatz versteht Diversität im Unternehmen als wichtige Ressource, die es zu fördern und nutzen gilt (Froese et al. 2015).

Laut einer Studie der Bertelsmann Stiftung spielt der Access-and-Legitimacy-Ansatz für viele deutsche Unternehmen eine gewichtige Rolle (Köppel et al. 2007). Zum einen kann eine heterogene Zielgruppe in ihren Bedürfnissen besser durch Mitarbeiterinnen und Mitarbeiter aus der jeweiligen Kultur vertreten werden. Ebenso können durch Mitarbeiterinnen und Mitarbeiter aus dem Ausland neue Märkte leichter erschlossen werden. Wie die Studie aufzeigt, sind vor allem die Kundenorientierung und der Marktzugang für deutsche Unternehmen von zentraler Bedeutung. Darüber hinaus wird angenommen, dass sich kulturelle Diversität auch auf die Zusammenarbeit und den internationalen Erfolg auswirkt, da sich Unternehmen durch eine kulturell diverse Belegschaft als Global Player auf dem Markt positionieren können (Köppel et al. 2007). Einer Studie von Roland Berger Strategy Consultants (2011) zufolge sehen 80 % der befragten deutschen Großunternehmen Diversitäts- und Inklusionsmanagement als entscheidenden Faktor für den Geschäftserfolg an und benennen dabei gesetzliche Auflagen sowie die zunehmende Heterogenität der Arbeitnehmerschaft als Haupttreiber für dessen Implementierung.

4 Diversität – Chance oder Konfliktherd im Unternehmen?

4.1 Potenziale von Diversität

In der Literatur wird angenommen, dass mit einem strategischen Diversitätsmanagement positive Effekte durch Diversität gefördert werden können. Die Potenziale von Diversität lassen sich in verschiedene Kategorien unterteilen:

Hierunter fallen einmal das **Akquisitions- und Personalmarketingpotenzial**, wobei Diversität im Zusammenhang mit der Arbeitgeberattraktivität und dem Wettbewerb um Talente auf dem Arbeitsmarkt steht. Dabei geht es um Reputations- und Imagevorteile mithilfe eines durchdachten Diversitätsmanagements (Froese et al. 2015). Diversitäts- und Inklusionsmaßnahmen steigern laut einer Befragung der Roland Berger Strategy Consultants (2011) von 40 international agierenden deutschen Großunternehmen die Attraktivität des Unternehmens und ermöglichen den Zugang zu einem größeren Pool an Talenten. Zudem führen solche Maßnahmen zu einer geringeren Mitarbeiterfluktuation und tragen somit auch zur Kostensenkung im Unternehmen bei (Roland Berger Strategy Consultants 2011).

Als zweites ist das **Marketing- und Vertriebspotenzial** von Diversität zu nennen. Das heißt, es wird angenommen, dass eine diverse Belegschaft auch die Bedürfnisse und Wünsche einer diversen Kundschaft kennt, wobei es hauptsächlich darum geht, Produkte kundenorientiert zu entwickeln (Froese et al. 2015). Dies wurde bereits mit dem oben angeführten Access-and-Legitimacy-Ansatz deutlich (Thomas und Ely 2001).

Ein weiterer Nutzen geht aus dem **Kreativitäts- und Innovationspotenzial** von Diversität hervor, und zwar stützt sich dies auf die Annahme, dass heterogene Gruppen bessere und innovativere Ergebnisse im Arbeitsprozess erzielen können als homogene

Gruppen (Froese et al. 2015; Cox 2001). Organisationale Diversität führt zur kognitiven Diversität, was bedeutet, dass es auch eine Vielfalt an impliziten Theorien, Schemata, Skripten und Referenzrahmen sowie Wissensstrukturen gibt, die wiederum bei kreativen und innovativen Problemlösungs- und Entscheidungsaufgaben von Vorteil sind (Jans 2004; Froese et al. 2015). Dies entspricht auch stark der heutigen Arbeitsweise, da immer stärker projektbezogen und ressortübergreifend gearbeitet wird. Temporär werden Projektgruppen gebildet, die gemeinsam an einem Querschnittsthema arbeiten und dabei aus unterschiedlichen Organisationseinheiten stammen. Dabei bringt jeder Einzelne unterschiedliche berufliche Hintergründe, Wissen, Interessen und Werthaltungen mit in den Arbeits- und Gruppenprozess ein (Köppel 2003). Häufig liest man in diesem Zusammenhang auch das Schlagwort „Synergieeffekte", wobei die Wirkungen von Synergieeffekten sowohl theoretisch als auch empirisch noch kaum belegt sind (Köppel 2003). Geht man jedoch vom Learning-and-Effectiveness-Ansatz aus (Thomas und Ely 2001) ist ein wesentlicher Vorteil von diversen Arbeitsgruppen der Aspekt der persönlichen Entwicklung. Durch Interaktion lernen die Gruppenmitglieder voneinander und können einen positiven Nutzen aus gemeinsamen Erfahrungen und geteiltem Wissen ziehen (Köppel 2003). Je vielfältiger und unterschiedlicher dabei die Gruppenmitglieder sind,

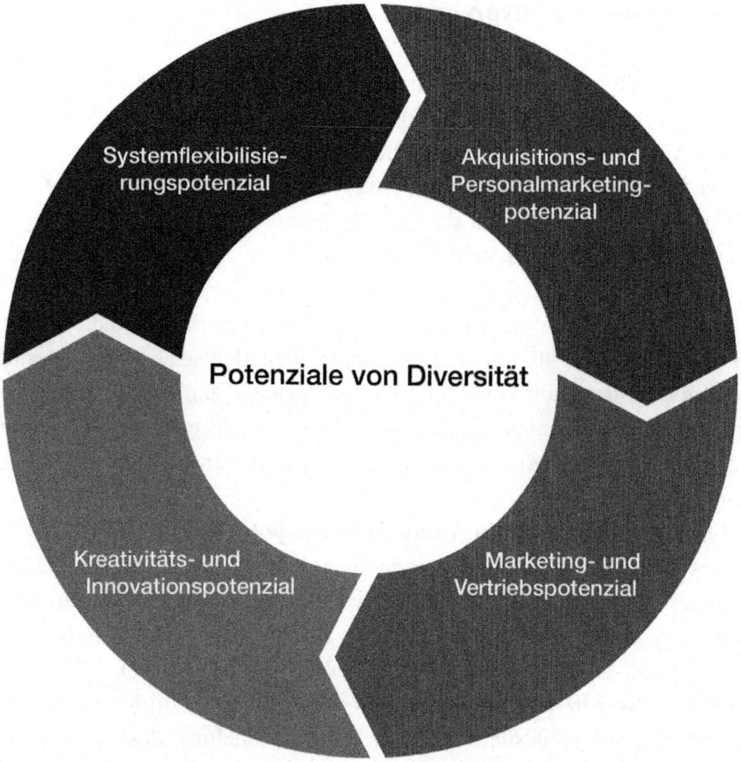

Abb. 1 Potenziale von Diversität im Unternehmenskontext

desto höher ist das Lernpotenzial. Dieser Wissenstransfer kann formal durch ein systematisches Wissensmanagement gefördert werden (Welge und Holtbrügge 2001).

Eine organisationale Vielfalt ist ebenso von Vorteil, sofern es darum geht, sich an wandelnde Situationen anzupassen. Eine Fülle von kognitiven Ressourcen kann auch zu einer größeren Anpassungsfähigkeit und -flexibilität in neuen Wettbewerbs- und Problemsituationen führen, da das Unternehmen auf einen größeren Fundus an Fähigkeiten, Fertigkeiten und Wissen zurückgreifen kann um anstehende Probleme zu lösen (Jans 2004). Dies wird auch als **Systemflexibilisierungspotenzial** bezeichnet, das sich als Konsequenz aus allen genannten Potenzialen von Diversität ergibt. Die Voraussetzung für organisatorische Flexibilität ist das Vorhandensein von Toleranz und einer grundsätzlichen Offenheit gegenüber unterschiedlichen Denkweisen, Einstellungen und Ideen. Dies führt zu einer Steigerung der unternehmerischen Handlungs-, Reaktions- und Anpassungsfähigkeit in einem sich wandelnden Umfeld im globalen Wettbewerb (Froese et al. 2015).

In Abb. 1 werden nochmals die Potenziale von Diversität im Unternehmenskontext aufgezeigt.

5 Risiken von Diversität

Neben den oben genannten positiven Effekten von Diversität zeigt die Unternehmenspraxis jedoch, dass es nicht nur Vorteile im Zusammenhang mit Vielfalt gibt. Sofern keine angemessenen Rahmenbedingungen für die Zusammenarbeit einer diversen Belegschaft vorherrschen, können auch Risiken entstehen. Die Risiken können in Kategorien unterteilt werden:

Einmal das **Integrations- und Inklusionsrisiko,** wobei darunter die gezielte Einbindung von Unterschiedlichkeit innerhalb der Belegschaft verstanden wird (Schulz 2009). Inklusion bedeutet in diesem Fall, dass nicht nur Prozesse für Chancengleichheit stattfinden, sondern der gezielte Einbezug von allen Mitarbeitergruppen gefördert wird. Das Integrations- und Inklusionsrisiko meint nun, dass sich durch eine mangelnde Integration und Inklusion das Wohlbefinden von Mitarbeiterinnen und Mitarbeiter verringert. Das heißt, wahrgenommene Chancenungleichheit und mangelnde Einbindung führen zu Demotivation und Frustration (Schulz 2009).

Als zweites das **Motivations- und Produktivitätsrisiko,** welches mit dem oben genannten Integrations- und Inklusionsrisiko einhergeht, da es diskriminierungsbedingt zum Rückgang der individuellen Leistungsfähigkeit kommt. Diskriminierung wirkt sich negativ auf die Arbeitszufriedenheit und Motivation aus, was wiederum aus ökonomischer Sicht auch die individuelle Arbeitsleistung beeinträchtigt. Folglich wirkt sich die verminderte Produktivität einzelner Arbeitnehmerinnen und Arbeitnehmer auch negativ auf die Gesamt-Perfomance des Unternehmens aus (Froese et al. 2015). In Gruppenprozessen hat man festgestellt, dass diverse Teams nur dann gute Leistungen erzielen, wenn Minderheiten das Gruppenklima als positiv erachten, wohingegen die Wahrnehmung der Mehrheit keinen signifikanten Einfluss hat (Ely et al. 2012).

Als eine Folge der Unzufriedenheit ist das erhöhte **Absentismus- und Fluktuationsrisiko** zu nennen. Mitarbeiter und Mitarbeiterinnen, die sich nicht ausreichend wertgeschätzt fühlen, verlassen tendenziell auch schnell wieder das Unternehmen (Froese et al. 2015). Jedes Jahr wechseln rund 5 % der 40,4 Mio. Arbeitnehmerinnen und Arbeitnehmer in Deutschland freiwillig ihren Arbeitsplatz. Die Personalbeschaffungs-, Aus- und Weiterbildungskosten für neue Arbeitnehmerinnen und Arbeitnehmer betragen dabei rund 52.000 €. Durch die Umsetzung von geeigneten Maßnahmen für eine bessere Integration und Inklusion könnten laut einer Studie von Roland Berger Strategy Consultants (2011) diese Kosten um 10–30 % verringert werden.

In der traditionellen Betriebswirtschaftslehre findet man im Zusammenhang mit Diversität auch immer den Aspekt **Konfliktpotenzial,** wodurch aufgrund von Differenzen in Werten und Überzeugungen, Erwartungen und Arbeitsweisen Reibungsverluste und Produktivitätseinbußen entstehen können. Vielfalt wird in diesem Fall als Störung wahrgenommen (Schulz 2009). Kosten entstehen folgendermaßen aufgrund eines innerbetrieblichen Konfliktmanagements (BMWi 2012).

Die Abb. 2 liefert nochmals einen Überblick über die Risiken von Diversität im Unternehmenskontext.

Abb. 2 Risiken von Diversität im Unternehmenskontext

6 Etablierung einer inklusiven Arbeitskultur

Die Frage lautet nun, welche Rahmenbedingungen können im Unternehmen geschaffen werden, um die Potenziale von Diversität zu heben und um von den Vorteilen von Diversität zu profitieren. Demgegenüber stehen jedoch die Kosten, die es bei der Einführung eines Diversitätsmanagements und der Etablierung von diversitätsorientierten Maßnahmen mit zu bedenken gilt.

6.1 Voraussetzungen

Inzwischen gibt es in der Literatur sicherlich eine Vielzahl von Praxistipps zu Maßnahmen der Gleichbehandlung und eine Fülle von Best-Practice Listen hierzu. Allerdings sollten Ad-hoc Umsetzungen doch besser vermieden werden. Ziel sollte sein, nachhaltige Diversitäts- und Inklusionsmaßnahmen zu entwickeln und mit den jeweiligen Besonderheiten eines Unternehmens und der Unternehmensstrategie in Einklang zu bringen. Zudem reicht es nicht aus, solche Maßnahmen einmalig einzuführen, sondern es gilt diese kontinuierlich zu reflektieren, überprüfen und ggf. an veränderte Bedingungen und Situationen anzupassen (Froese et al. 2015). Um den Erfolg solcher Maßnahmen zu gewährleisten, sind personelle, finanzielle und strukturelle Anpassungen nötig (Vedder 2006).

Bei den Entwicklungen von Maßnahmen, die langfristig und nachhaltig im Unternehmen verankert sind, gibt es laut Kalev, Dobbin und Kelly (2006) folgende Aspekte zu beachten:

1. Verankerung von Verantwortlichkeit
2. Veränderung von Einstellungen
3. Aufhebung von sozialer Isolation

Ohne konkrete Verantwortlichkeiten fällt es schwer das Thema Diversität langfristig in einem Unternehmen zu etablieren (Froese et al. 2015). In der Literatur wird empfohlen, Verantwortlichkeiten auf einer hohen Hierarchieebene anzusiedeln, d. h., auf der Ebene des Topmanagements mit direkter Berichtspflicht (Cox 2001). Dies demonstriert gleichzeitig auch die Relevanz des Themas für die Geschäftsleitung (Jablonski 2006). Die Frage, ob Diversitätsmanagement eine Personalangelegenheit ist, muss daher verneint werden. Dem Netzwerk „Synergie durch Vielfalt" zufolge sollte es sich um einen ganzheitlichen Ansatz handeln, der alle Bereiche, Beteiligten und Wertschöpfungsketten einschließt. Auch hier heißt es: Die Verantwortung liegt beim Topmanagement und die Diversitätsstrategie ist gemäß der Geschäftsstrategie abzuleiten (Netzwerk Synergie durch Vielfalt o. J.). Trotzdem ist die Personalabteilung ein wichtiger strategischer Partner bei der Umsetzung von Diversitäts- und Inklusionsmaßnahmen, da es sich um ein Querschnittsthema handelt, welches es bei der Personalbeschaffung und -entwicklung zu berücksichtigen gilt. In den DAX-30-Unternehmen ist eine zunehmende Institutionalisierung von Diversitätsmanagement zu beobachten. Es steigt die Anzahl der eigens dafür beauftragten Diversity-Manager als zentrale Ansprechperson und zudem bekennen sich immer mehr Unternehmen mit der Unterzeichnung der „Charta der Vielfalt" offiziell und auch nach außen zur Anerkennung, Wertschätzung und Einbeziehung von Vielfalt in ihre Unternehmenskultur (Köppel 2013).

Als zweiter wichtiger Aspekt bei der Implementierung von Diversitäts- und Inklusionsmaßnahmen ist die Veränderung von Einstellungen der Mitarbeiterinnen und Mitarbeiter sowie Führungskräfte (Froese et al. 2015) anzusehen. Führungskräfte gelten hierbei als die wichtigsten internen Stakeholder und ihnen kommt eine entscheidende Rolle zu. Eine Befragung der DAX-30-Unternehmen zeigt, dass die oberen Führungskräfte als interne Stakeholder die oberste Priorität besitzen, denn erst wenn die Topmanager für das Thema Diversität sensibilisiert und von dessen Nutzen überzeugt sind, nur dann kann es über sie auf die nachfolgenden Ebenen getragen werden. Gerade das mittlere Management ist verantwortlich für die Umsetzung der jeweiligen Diversitäts- und Inklusionsstrategie eines Unternehmens, und Führungskräfte agieren in diesem Fall als Vorbilder (Köppel 2013). Hays und das Institut für Beschäftigung und Employability (IBE) befragten Topentscheider und -Entscheiderinnen in einer empirischen Studie nach den Instrumenten, die als besonders gut geeignet erachtet werden, um Diversity zu fördern und nach ihre tatsächlichen Umsetzung im Unternehmen. Gerade beim Thema Führung zeigt sich eine große Diskrepanz zwischen Idealvorstellung und Realität: 55 % geben an, dass die Förderung der Akzeptanz durch Führungskräfte entscheidend ist, um das Thema Diversity im Unternehmen voranzubringen. Allerdings zeigt die Realität, dass dies nur in 27 % der Fälle tatsächlich umgesetzt wird (Rump et al. 2014). Einer Studie zufolge mangelt es vielen Führungskräften häufig am Bewusstsein für die Relevanz der Thematik. Bei der Einstellung von Mitarbeiterinnen und Mitarbeiter kommt es nicht selten zum „self-cloning" (Roland Berger Strategy Consultants 2011). Das heißt, es ist entscheidend Führungskräfte für die jeweiligen Unternehmens- und Diversitätsziele zu gewinnen. Führungskräften sollte der Nutzen von Diversität mit Hilfe von Zahlen und Fakten dargelegt und praktische Vorteile für die eigene Person aufgezeigt bekommen, wie z. B. mobiles Arbeiten, Führen in Teilzeit etc. Wesentlich ist es jedoch die Führungskräfte dahingehend zu motivieren als Vorbild zu agieren und das heißt in diesem Fall „vorleben statt verordnen" (Köppel 2013, S. 11).

Als letzter Punkt zur Förderung einer inklusiven Arbeitskultur ist die Aufhebung der sozialen Isolation speziell von Minderheiten zu nennen (Froese et al. 2015). In der Praxis erfolgt dies häufig durch Netzwerk- und Mentoringprogramme, um die Vernetzung und Einbindung von Mitarbeiterinnen und Mitarbeitern zu steigern. Allerdings gilt es zu berücksichtigen, dass eine Unterteilung in Mitarbeitergruppen bzw. Statusgruppen im Umkehrschluss auch die soziale Isolation und Abgrenzung verstärken kann, sofern die Programme nicht sorgfältig entwickelt und stetig verbessert werden (Froese et al. 2015). Bolten (2011) spricht deshalb von der Notwenigkeit eines kohäsiven Vernetzens: „Es geht gerade darum, das Nebeneinander der Vielen in ein handlungsorientiertes Miteinander zu transformieren – auf der Basis von Reziprozität und Kollaboration" und zwar in Sinne von „Be yourself, but let's collaborate" als „eine aktive Form des Miteinanders" (Bolten 2011, S. 13).

7 Exemplarische Gestaltungsfelder und Maßnahmen aus der Praxis

7.1 Gender als wichtigste Diversitätsdimension

Ein Blick auf die Unternehmenspraxis zeigt: Aufgrund von gesellschaftspolitischen und wirtschaftlichen Gründen zählt Gender noch immer zu den wichtigsten Diversitätsdimensionen (Köppel 2013; Rump et al. 2013). Insbesondere vor dem Hintergrund der demografischen Entwicklungen stellt sich die Frage, ob Unternehmen es sich leisten können, gut ausgebildeten Frauen nicht die gleichen Entwicklungsperspektiven und Karrierechancen zu bieten, wie es im Vergleich zu ihren männlichen Kollegen der Fall ist (Rump et al. 2013). Gerade das Thema Chancengerechtigkeit von Frauen im Beruf ist auch seit Langem ein gesellschaftspolitisches Anliegen, insbesondere in Bezug auf das Thema Frauen in Führungspositionen. Hauptsächlich durch die geplante Mindestquote für börsenorientierte Unternehmen entsteht ein neuer Druck, indem ab 2016 bei Neubesetzungen in den Aufsichtsrat ein Frauenanteil von 30 % erreicht werden soll (FidAR 2015).

Der Verein FidAR – Frauen in die Aufsichtsräte e. V. hat mit dem Women-on-Board-Index eine Grundlage geschaffen, um die Entwicklung des Frauenanteils in Führungspositionen der 160 DAX-Unternehmen transparent zu machen und zu messen. 2015 zeigt der Index eine gemischte Bilanz, d. h., einerseits hat sich der Anteil von Frauen in den Aufsichtsräten erhöht, anderseits ist bei den Vorständen der Frauenanteil zurückgegangen (FidAR 2015). Auch der Mixed-Leadership Barometer zeigt, dass 2015 der Anteil der weiblichen Vorstandsmitglieder gesunken ist und zwar beträgt er aktuell bei DAX-Unternehmen 7,4 %, bei MDAX-Unternehmen gerade mal 2,6 %, bei SDAX-Unternehmen 6,4 % und bei TecDAX-Unternehmen nur 5,5 % (Ernst & Young GmbH 2015). Dies spiegelt sich auch beim Diversitätsmanagement wider. Die Befragung der DAX-30-Unternehmen im Jahr 2014 ergab, dass Gender die mit Abstand am stärksten priorisierte Dimension bleibt (Köppel 2014).

In der Literatur geht es bei konkreten Maßnahmen im Rahmen von „Gender Diversity“ maßgeblich um die Förderung von weiblichen Talenten und um die Vereinbarkeit von Beruf und Privatleben. Der Studie „Women Matter“ zufolge, sind individuelle Entwicklungsprogramme für Frauen notwendig. Dabei setzen Unternehmen auf Trainings-, Coaching- und Mentoring-Programme, um weibliche Nachwuchskräfte zu fördern und um ihnen Perspektiven aufzuzeigen. Als wesentlicher Baustein ist der Aufbau von Netzwerken innerhalb von Unternehmen, die jungen Mitarbeiterinnen Zugang zu Role-Models ermöglichen (McKinsey & Company 2010). In der Studie werden folgende Praxismaßnahmen im Rahmen von „Gender Diversity“ genannt (McKinsey & Company 2010):

1. Vereinbarungen, die zeit- und ortsunabhängiges Arbeiten ermöglichen (wie z. B. Teilzeitprogramme, Telearbeit etc.)
2. Programme und Frauennetzwerke, die Vorbilder befördern
3. Einrichtungen und Möglichkeiten zur besseren Vereinbarkeit von Beruf und Privatleben
4. Einbeziehung von Gender-Diversity-Indikatoren bei den Leistungsbeurteilungen von Führungskräften
5. Spezielle Qualifizierungsprogramme für den weiblichen Nachwuchs
6. Quoten bei der Einstellung, Förderung und Entwicklung von Frauen
7. Monitoring der Erfolge in Gender-Diversity durch den CEO

Die Umfrageergebnisse aus dem HR Report 2013/2014 verdeutlichen, dass die zentralen Maßnahmen zur Frauenförderung die Unterstützung bei der Vereinbarkeit von Beruf und Lebenssituation, flexible Arbeitszeitmodelle und die Verankerung der Thematik in der Geschäftsleitung von den Topentscheidungsträgerinnen und Topentscheidungsträger als am wichtigsten erachtet werden. Allerdings belegt die Studie, dass der Einsatz dieser Maßnahmen nur schleppend vorangeht, vor allem was das Thema Work-Life-Balance betrifft. Hinderlich sind dabei laut der Befragten noch immer klassische Rollenbilder, fehlende Kinderbetreuungsmöglichkeiten und mangelnde Unterstützung im Unternehmen, um Frauen in Fach- und Führungspositionen zu bringen (Rump et al. 2013).

7.2 Lebensphasenorientierung gewinnt im Rahmen von Diversity Management an Bedeutung

Ein Benchmark unter den DAX-30-Unternehmen zeigt, dass die zweithäufigste Diversitätsdimension Kultur bleibt, gefolgt von Alter. Behinderung und sexuelle Orientierung liegen weit zurück und Religion bildet das Schlusslicht (Köppel 2013). Obwohl alle DAX-30-Unternehmen das Thema Gender im Rahmen von Diversity-Maßnahmen beinhalten (Köppel 2013), so zeigen weitere Unternehmensbeispiele aus der Praxis, dass sich inzwischen ein neues Verständnis von Vielfalt entwickelt und nicht nur die

„klassisch-sichtbaren" Themen in Angriff genommen werden. Beispielsweise weist die Bundesagentur für Arbeit sechs Gestaltungsfelder auf: Gender Mainstreaming, die Förderung von Schwerbehinderten sowie von Beschäftigten mit Migrationshintergrund, aber auch sexuelle Orientierung, Work-Life-Balance und lebensphasenorientierte Personalpolitik (Behrens und Hecker 2014). In diesem Fall kommt der Personalentwicklung im Rahmen von Diversity Management eine bedeutsame Funktion zu, da ein Gestaltungsfeld die lebensphasenorientierte Personalpolitik ist, die die unterschiedlichen Erwartungen und Bedürfnisse der Mitarbeiterinnen und Mitarbeiter hinsichtlich ihrer individuellen Lebensphasen und unterschiedlichen Ereignissen in den Blick nimmt (Behrens und Hecker 2014). Auch auf der Internetpräsenz der Commerzbank sind nicht mehr nur die drei häufigsten Dimensionen wie Frauen, Kultur und Alter vertreten, sondern die Handlungsfelder gliedern sich in: Familie und Beruf, Frauen, Väter, Schwule und Lesben, Generationen und Demografie, Behinderte und kulturelle Vielfalt (Commerzbank 2015).

7.3 Maßnahmen für Führungskräfte

Um jedoch das Thema Diversität im Unternehmen voranzubringen und Transformationsprozesse anzutreiben, ist – wie bereits erwähnt – innere Unterstützung notwendig. Eine diversitätssensible und inklusive Arbeitskultur lässt sich nicht anordnen, sondern muss auch von innen akzeptiert und gelebt werden (Bolten 2011; Köppel 2013). Zum einen ist es von entscheidender Bedeutung, dass die angestrebten Diversity-Ziele und Maßnahmen zum jeweiligen Unternehmen passen und nicht bloß etabliert werden, weil sie gerade „en vogue" sind (Köppel 2013). Zum anderen ist es wichtig, dass die Unternehmensziele von den Mitarbeiterinnen und Mitarbeiter mitgetragen werden. Die Einführung eines Diversity Management bedeutet auch immer „Change", d. h. sie geht mit Transformationsprozessen im Unternehmen einher. Es ist daher notwendig, dass dieser Prozess von der herrschenden Unternehmenskultur und den Meinungsführern mit getragen wird: „Es sind Menschen, die den Change-Prozess zu mehr Heterogenität tragen müssen. Daher ist es entscheidend für den Erfolg, dass sie von den Vorteilen überzeugt werden und auf ihre Verunsicherung eingegangen wird. Sie brauchen genügend Zeit und Raum, um die notwendigen Kompetenzen zu entwickeln, die zur Umsetzung der Veränderungen nötig sind" (RKW Berlin 2010, S. 13).

Wie bereits beschrieben, sind Führungskräfte hierbei wichtige Multiplikatoren und haben eine entscheidende Vorbildrolle. Es gilt sie vom Change-Prozess und der Notwendigkeit einer diversitätssensiblen Arbeitskultur zu überzeugen. Obwohl es häufig keine rationalen Gründe zur Ablehnung von Veränderungen gibt, herrschen oftmals interne Widerstände vor (Köppel 2013). Köppel (2013) schlägt deshalb vor, Führungskräfte sowohl über die rationale (Zahlen-Daten-Fakten) als auch emotionale Ebene (Rolle als Vorbild) zu überzeugen.

Für Führungskräfte werden deshalb in der Praxis zahlreiche Maßnahmen angeboten, die u. a. auf Austausch, Mitgestaltung, Training und Beratung abzielen. Über kommunikative Maßnahmen werden Führungskräfte häufig sensibilisiert und zum Thema Diversität beraten. Dazu zählen die Bereitstellung von einschlägigen Studien, Peer-Austausch und eigene Broschüren. Hinzu kommen Diversity-Trainings, Beratungsgespräche und Coaching. Des Weiteren können Führungskräfte dahingehend vom Konzept des Diversity Management überzeugt werden, indem diese selbst zu Nutznießern von Diversity-Angeboten werden. Darunter fallen die Angebote wie Führen in Teilzeit, Vereinbarkeitsangebote oder aber auch flexibler Arbeitsort und flexible Arbeitszeiten. Darüber hinaus existieren für Führungskräfte auch häufig direktive Vorgaben in Form von Anweisungen oder quantitative Zielen. Dadurch werden Führungskräfte aktiv angehalten, Diversitätsmanagement zu praktizieren. Dies richtet sich nach dem jeweiligen Unternehmensleitbild in Form eines Diversity Statements oder einer Diversity Policy (Köppel 2013).

7.4 Prinzipien und Maßnahmen für ein nachhaltiges Diversitätsmanagement

Folgende Prinzipien und Maßnahmen sind aus Sicht von Experten aus Wissenschaft und Praxis zentral für ein nachhaltiges Diversitätsmanagement (in Anlehnung an Köppel 2011, S. 3; Süß und Kleiner 2006, S. 60; RKW Berlin 2010, S. 23):

- **Strategische Verankerung:** Der Einführungs- und Change-Prozess erfolgt top-down und leitet sich von der individuellen Unternehmensstrategie ab.
- **Strukturelle Institutionalisierung:** Für die konzeptionelle Ausgestaltung ist eine zentrale Ansprechperson notwendig, eine Institutionalisierung kann durch die Schaffung einer Stelle oder Abteilung geschehen.
- **Zieldefinition und systematisches Vorgehen:** Ermittlung und Überprüfung des Diversitätsmanagement-Bedarfs, daraus leiten sich Handlungsfelder und Maßnahmen ab.
- **Nachhaltigkeit:** Diversity Controlling, um gegebenenfalls Folgemaßnahmen oder eine Anpassung der vorhandenen Ziele und Maßnahmen vorzunehmen.
- **Paralleles Ansetzen an mehreren Handlungsfeldern:** Verankerung von Diversität in der Unternehmenskultur, Betriebsvereinbarungen, diversitätsorientierte Gestaltung personalwirtschaftlicher Aufgabenfelder, daneben sind auch Führung, Organisationsentwicklung, (interne und externe) Kommunikation etc. als Ansatzpunkte im Rahmen des Change-Prozesses zu berücksichtigen.
- **Bottom-up:** Die Ziele von oben sind mit Bottom-up-Aktivitäten zu ergänzen.
- **Kohärenz der angestrebten Umsetzung:** Entscheidend ist die Zusammenführung der Interessen von Mitarbeiterinnen und Mitarbeiter, von Interessenvertreterinnen und Interessensvertreter sowie der Unternehmensführung.
- **Ressourcen:** Ausreichende Sach- und Personalmittel gilt es zur Verfügung zu stellen.

In der Literatur finden sich zahlreiche Maßnahmen, die sowohl kurz-, mittel- als auch langfristige Planung benötigen. Dazu zählen beispielsweise: Erarbeitung eines Diversity-Statements bzw. einer Diversity-Policy, Kommunikationskampagnen, Beratungsangebote für „Minderheiten-Gruppen“, Mentoringprogramme, Diversity-Trainings zur Kompetenzentwicklung, Etablierung von diversitätsorientierten Einrichtungen (Kindergärten oder Gebetsräumen), flexible Arbeitszeiten, flexibler Arbeitsort, Förderung von gemischten Teams, Evaluation der Maßnahmen, Durchführung von Diversity Audit, Einführung von Diversity Scorecard etc. (Süß und Kleiner 2006; Die Beauftragte der Bundesregierung für Migration, Flüchtlinge und Integration o. J.).

Betrachtet man die Gestaltungsfelder und Maßnahmen muss jedoch auch die jeweilige Besonderheit des Unternehmens berücksichtigt werden. Beispielsweise spielt die Unternehmensgröße eine nicht unerhebliche Rolle. Im Vergleich zu Großunternehmen ist die Frage für kleine und mittlere Betriebe nach Kosten, die bei der Implementierung eines Diversitätsmanagements und der Etablierung von geeigneten Inklusionsmaßnahmen entstehen, nicht unerheblich. Personelle und finanzielle Ressourcen sollten vorher eingeschätzt und ein Budget festgelegt werden. Auch die Hierarchiestrukturen und Unternehmenskultur gilt es bei der Implementierung von Diversitätsmanagement zu berücksichtigen, und zwar inwiefern und in welchem Maße diese eine Einbeziehung der Mitarbeiterinnen und Mitarbeiter sowie Interessensvertreter und Interessensvertreterinnen in wichtige Entscheidungen und Geschäftsprozesse vorsieht. Insgesamt gilt es vorab zu eruieren, wie umfangreich die Maßnahmen sein sollen und welchen Anspruch das Diversitätsmanagement im jeweiligen Unternehmenskontext hat (RKW Berlin 2010; Die Beauftragte der Bundesregierung für Migration, Flüchtlinge und Integration, o. J.).

Wie bereits erörtert, sollten bei der Implementierung des Diversitätsmanagements verschiedene Ebenen und Perspektiven mit einbezogen werden. Zu Beginn gilt es von der Unternehmensführung eine Ist-Analyse der vorliegenden Situation zu erstellen und die konkreten Bedarfe des Unternehmens zu eruieren (RKW Berlin 2010). Zwar werden die Implementierung und der damit verbundene Change-Prozess von „oben“ („top-down“), d. h., von der Geschäftsleitung initiiert, jedoch ist es wissenschaftlich belegt, dass eine frühzeitige Einbindung aller Beteiligten im Unternehmen („bottom-up“) für den Erfolg entscheidend ist (Stuber 2004). Beispielsweise kann dies in Form von Feedback-Schleifen, Fokusgruppen, Diskussionsforen oder Ideen-Wettbewerben geschehen (RKW Berlin 2010).

8 Resümee: Wann führt Diversität zum gewünschten Erfolg?

Das vorliegende Kapitel zeigt die Relevanz von Diversitätsmanagement vor dem Hintergrund der aktuellen gesellschaftlichen und ökonomischen Entwicklungen auf. Die Frage, ob Diversität nun die Unternehmens-Performance steigern kann und ob dies zur Inklusion aller Mitarbeiterinnen und Mitarbeiter im Sinne von Chancengleichheit und

Teilhabe führt oder doch lediglich eine Illusion bleibt, muss abschließend so beantwortet werden: Sofern die entsprechenden Rahmenbedingungen für die Etablierung eines erfolgreichen Diversitätsmanagements berücksichtigt werden, kann eine inklusive Arbeitskultur entstehen. Die Potenziale, die damit einhergehen (Akquisitions- und Personalmarketingpotenzial, Marketing- und Vertriebspotenzial, Kreativitäts- und Innovationspotenzial, Systemflexibilisierungspotenzial) steigern die Unternehmens-Performance, indem alle Mitarbeiterinnen und Mitarbeiter ihre Fähigkeiten optimal einbringen. Zu den Voraussetzungen zählen die Verankerung von Verantwortlichkeiten, Veränderung von Einstellungen und Aufhebung von sozialer Isolation. Dabei gilt es die individuellen Besonderheiten und Bedarfe des jeweiligen Unternehmens und der jeweiligen Unternehmenskultur zu berücksichtigen. Es ist entscheidend, wichtige interne Stakeholder von der Relevanz und dem Nutzen von Diversität zu überzeugen. Gerade Führungskräfte spielen in diesem Zusammenhang eine zentrale Rolle, da diese als Vorbilder und Multiplikatoren agieren, indem über sie das Thema auf die nachfolgenden Ebenen getragen wird. Entscheidend ist auch die Zusammenführung der Interessen von Mitarbeiterinnen und Mitarbeitern, von Interessenvertreterinnen und Interessenvertretern sowie der Unternehmensführung. Alles in allem gilt es zu berücksichtigen, dass Vielfalt weit über Statusgruppen und die sichtbaren demografischen Merkmale hinausgeht. In der Praxis werden häufig Mitarbeitergruppen zusammengefasst („gender", „age", „culture" etc.). Allerdings besteht dabei die Gefahr, dass diese Abgrenzung in Gruppen im Umkehrschluss auch die soziale Isolation verstärken kann. Aus diesem Grund gilt es neben den betriebs- und volkswirtschaftlichen (Demografie, Marktvorteile, Kostenüberlegungen, Fachkräftesicherung, Weiterbildung etc.) und rechtlich-politischen Treibern (Quotenregelungen, Gleichbehandlungsgesetze) zu bedenken, dass Vielfalt von einer Eigendynamik und „Fuzzyness" getrieben ist, die es kontinuierlich zu reflektieren gilt. Ein wesentlicher Beweggrund für Unternehmen bei der Implementierung von Diversitätsmanagement sollte demnach der Learning-and-Effectiveness-Ansatz sein, der Kollaboration fördert und in dem Diversität in einem Prozess des Voneinander-Lernens und für den Wissenstransfer genutzt werden kann.

Literatur

Antidiskriminierungsstelle (31.08.2015) Start der Umfrage „Diskriminierung in Deutschland" – bislang größte Erhebung zum Thema Benachteiligung. Pressemitteilung. http://www.antidiskriminierungsstelle.de/SharedDocs/Pressemitteilungen/DE/2015_/20150831_Umfrage_Start.html. Zugegriffen: 29. Nov. 2015

Behrens B, Hecker H (2014) Förderung von Mitarbeiterengagement in verschiedenen Lebensphasen bei der Bundesagentur für Arbeit. Beschäftigte begeistern und als Partner gewinnen. In: Rump J, Eilers S (Hrsg) Lebensphasenorientierte Personalpolitik. Strategien, Konzepte und Praxisbeispiele zur Fachkräftesicherung. Springer, Berlin, S 239–254

Bolten J (2011) Diversity Management als interkulturelle Prozessmoderation. Interculture J 13:1–14. http://www.interculture-journal.com

Bundesamt für Migration und Flüchtlinge (BAMF) (2013) Migrationsbericht des Bundesamtes für Migration und Flüchtlinge im Auftrag der Bundesregierung. https://www.bamf.de/SharedDocs/Bilder/DE/Cover/Migrationsberichte/migrationsbericht-2013.jpg;jsessionid=7B54003E8B78146EB3A10173220D71D5.1_cid294?__blob=poster&v=5. Zugegriffen: 01. Dez. 2015

Bundesministerium für Wirtschaft und Technologie (BMWi) (2012) Fachkräfte sichern. Diversity Management. http://www.kofa.de/fileadmin/Dateiliste/Publikationen/Handlungsempfehlungen/Handlungsempfehlung_Diversity_Management.pdf. Zugegriffen: 01. Dez. 2015

Charta der Vielfalt e. V. (2015) Flüchtlinge in den Arbeitsmarkt! Praxis-Leitfaden für Unternehmen. http://www.charta-der-vielfalt.de/fileadmin/user_upload/beispieldateien/Bilddateien/Publikationen/Fl%C3%BCchtlinge_in_den_Arbeitsmarkt_-_Charta_der_Vielfalt_2015.pdf. Zugegriffen: 01. Dez. 2015

Cox TH (1993) Cultural diversity in organizations: theory, research and practice. Berret-Koehler, San Francisco

Cox TH (2001) Creating the multicultural organization: a strategy for capturing the power of diversity. Wiley, San Francisco

Degener T, Mogge-Grothjan H (2012) „All Inclusive"? Annäherungen an ein interdisziplinäres Verständnis von Inklusion. In: Balz H-J, Benjamin BB, Kuhlmann C (Hrsg) Soziale Inklusion. Grundlagen, Strategien und Projekte in der Sozialen Arbeit. Springer VS, Wiesbaden

Ditzel U (2015) Das Diversity Management in Deutschland. Igel, Hamburg

Ely R, Padavic I, Thomas DA (2012) Racial diversity, racial asymmetries, and team learning environment: effects on performance. Organ Stud 33(3):341–362

Ernst & Young GmbH (2015) Mixed-Leadership-Barometer Juli 2015. Anteil weiblicher Vorstandsmitglieder in deutschen börsennotierten Unternehmen. http://www.ey.com/Publication/vwLUAssets/EY-Mixed-Leadership-Barometer-Juli-2015/$FILE/EY-Mixed-Leadership-Barometer-Juli-2015.pdf. Zugegriffen: 01. Dez. 2015

European Union Agency for Fundamental Rights (2013) LGBT-Erhebung in der EU unter Lesben, Schwulen, Bisexuellen und Transgender-Personen in der Europäischen Union. Ergebnisse auf einen Blick. http://fra.europa.eu/sites/default/files/eu-lgbt-survey-results-at-a-glance_de.pdf. Zugegriffen: 01. Dez. 2015

FidAR. Frauen in die Aufsichtsräte e. V. (2015) Women-on-Board-Index (WoB 160). Transparente und aktuelle Dokumentation zum Anteil von Frauen im Aufsichtsrat und Vorstand der 160 im DAX, MDAX, SDAX und TecDAX notierten Unternehmen. http://www.fidar.de/webmedia/documents/wob-index/150611_Studie_WoB-Index_XX_end.pdf. Zugegriffen: 01. Dez. 2015

Froese FJ, Hildisch AK, Kemper LE (2015) Von Vielfältigkeit profitieren – wie eine inklusive Arbeitskultur den Unternehmenserfolg steigert. In: Widuckel W, Molina K, Ringlstetter MJ, Frey D (Hrsg) Arbeitskultur 2020. Herausforderungen und Best Practices der Arbeitswelt der Zukunft. Springer, Wiesbaden

Georgi VB (2015) Anmerkungen zu aktuellen Debatten in der deutschen Migrationsgesellschaft. Integration, Diversity, Inklusion. http://zbi-uni-hildesheim.de/wp-content/uploads/2015/11/Integration-Inklusion-Diversity-Georgi-2015.pdf. Zugegriffen: 12. Jan. 2016

Hinz A (2002) Von der Integration zur Inklusion – terminologisches Spiel oder konzeptionelle Weiterentwicklung. Z Heilpädagog 53:354–361

Institut für Arbeitsmarkt- und Berufsforschung IAB (2015) Aktuelle Berichte. Zuwanderungsmonitor. http://doku.iab.de/arbeitsmarktdaten/Zuwanderungsmonitor_1510.pdf. Zugegriffen: 30. Nov. 2015

Jablonski HW (2006) Die Organisation des Diversity Management. Aufgaben eines Diversity Managers. In: Becker M, Seidel A (Hrsg) Diversity Management. Unternehmens- und Personalpolitik der Vielfalt. Schäffer-Poeschel, Stuttgart, S 191–202

Jans M (2004) Empirische Effekte organisationsdemografischer Diversität in Organisationen - Ergebnisse und Erkenntnisse einer Metaanalyse. Essener Beiträge zur Personalforschung Nr. 3 (2004). https://www.uni-due.de/apo/Download/EBPF3.pdf. Zugegriffen: 01. Dez. 2015

Kalev A, Dobbin F, Kelly E (2006) Best practices or best guesses? assessing the efficacy of corporate affirmative action and diversity policies. Am Sociol Rev 71(4):589–617

Köppel P (2003) Synergien in multikulturellen Arbeitsgruppen. Interculture-Online 2003(5) (Sonderausgabe: 4. Interkulturelle Sommerakademie)

Köppel P (2011) Diversity Management in Deutschland 2011: Ein Benchmark unter den DAX 30-Unternehmen. Schwerpunkt: Ganzheitliches Diversity Management und Frauenförderung. http://www.synergyconsult.de/pdf/Benchmark_DM_2011.pdf. Zugegriffen: 12. Jan. 2016

Köppel P (2013) Diversity Management in Deutschland 2013: Ein Benchmark unter den DAX 30-Unternehmen Schwerpunkt: Führungskräfte. http://www.synergie-durch-vielfalt.de/fileadmin/diverse_PDF/Benchmark_DM_2013.pdf. Zugegriffen: 01. Dez. 2015

Köppel P (2014) Diversity Management in Deutschland: Benchmark 2014. Strategie oder Alibi? http://www.charta-der-vielfalt.de/fileadmin/user_upload/beispieldateien/Downloads/2014-10-22_Benchmark.pdf. Zugegriffen: 01. Dez. 2015

Köppel P, Yan J, Lüdicke J (2007) Cultural Diversity Management in Deutschland hinkt hinterher. Studie der Bertelsmann Stiftung. http://www.synergyconsult.de/pdf/Cultural_Diversity_Management_in_Deutschland_hinkt_hinterher.pdf. Zugegriffen: 01. Dez. 2015

Krell G (1996) Mono- oder multikulturelle Organisationen? „Managing Diversity" auf dem Prüfstand. Industrielle Beziehungen 3(4):334–350

Krell G (Hrsg) (2008) Chancengleichheit durch Personalpolitik, 5. Aufl. Gabler, Wiesbaden, S 63–80

Krell G, Pantelmann H, Wächter H (2006) Diversity(-Dimensionen) und deren Management als Gegenstände der Personalforschung in Deutschland, Österreich und der Schweiz. In: Krell G, Wächter H (Hrsg) Diversity Management: Impulse aus der Personalforschung. Hampp, München, S 25–56

McKinsey & Company (2010) Women matter 2010. Women at the top of corporations: making it happen. McKinsey, New York

Miller FA, Katz JH (2002) The inclusion breakthrough: unleashing the real power of diversity. Berrett-Koehler, San Francisco

Plummer DL (2003) Overview of the field of diversity management. In: Plummer DL (Hrsg) Handbook of diversity management. University Press of America, Lanham, S 1–49

Rathje S (2009) Gestaltung von Organisationskultur – Ein Paradigmenwechsel. In: Barmeyer C, Bolten J (Hrsg) Interkulturelle Personal- und Organisationsentwicklung. Methoden, Instrumente und Anwendungsfälle. Wissenschaft & Praxis, Sternenfels

RKW Berlin GmbH (2010) Diversity Management in kleinen und mittleren Unternehmen. Erfolgreiche Umsetzungsbeispiele. http://www.charta-der-vielfalt.de/fileadmin/user_upload/beispieldateien/Downloads/Studien/studie_diversity_management_in_kmu_erfolgreiche_umsetzungsbeispiele.pdf. Zugegriffen: 01. Dez. 2015

Roland Berger Strategy Consultants (2011) Dreamteam statt Quote. Studie zu „Diversity and Inclusion". München from https://www.rolandberger.com/media/pdf/Roland_Berger_Diversity-Inclusion_20110509.pdf. Zugegriffen: 25. Nov. 2015

Rump J, Eilers S (2013) Die jüngere Generation in einer alternden Arbeitswelt: Baby Boomer versus Generation Y. Wissenschaft & Praxis, Sternenfels

Rump J, Schabel F, Eilers S, Möckel K (2013) HR-Report 2013/2014. Schwerpunkt Frauenförderung. Eine empirische Studie des Instituts für Beschäftigung und Employability IBE im Auftrag von Hays für Deutschland, Österreich und die Schweiz. Mannheim/Ludwigshafen. https://www.hays.de/documents/10192/118775/hays-studie-hr-report-schwerpunkt-frauenfoerderung-2013-2014.pdf/29909a74-dfc1-495e-815b-a62ef8735545. Zugegriffen: 01. Dez. 2015

Rump J, Schabel F, Eilers S, Möckel K (2014) HR-Report 2014/2015. Schwerpunkt Führung. Eine empirische Studie des Instituts für Beschäftigung und Employability IBE im Auftrag von Hays für Deutschland, Österreich und die Schweiz. Mannheim/Ludwigshafen. http://www.hays.de/mediastore/pressebereich/Studien/pdf/HAYS-Studie-HRReport-2014-2015.pdf?nid=8bb5a1b0-60b0-4149-a5ddcd88f0a84e7e. Zugegriffen: 01. Dez. 2015

Salmen S (2012) Einleitung – Die Suche von Top-Mitarbeitern im War for Talent! In: Rath BH (Hrsg) Salmen S Recruiting im Social Web. Talentmanagement 2.0 – So begeistern Sie Netzwerker für Ihre Mitmach-Unternehmen!. BusinessVillage GmbH, Göttingen, S 21–55

Schulz A (2009) Strategisches Diversitätsmanagement. Unternehmensführung im Zeitalter der kulturellen Vielfalt. Gabler, Wiesbaden

Sepheri P (2002) Diversity und managing diversity in internationalen organisationen. Hampp, München

Sepheri P, Wagner D (2002) Diversity und Managing Diversity. Verständnisfragen, Zusammenhänge und theoretische Erkenntnisse. In: Peters S, Bensel N (Hrsg) Frauen und Männer im Management. Diversity in Diskurs und Praxis. Gabler, Wiesbaden, S 123–142

Statistisches Bundesamt (2015) Neue Bevölkerungsvorausberechnung für Deutschland bis 2060. Pressemitteilung vom 28. April 2015 – 153/15

Stuber M (2004) Diversity und Emotionen. Persorama 2(6):12–17

Süß S, Kleiner M (2006) Diversity Management. Verbreitung in der deutschen Unternehmenspraxis und Erklärungen aus Neo-Institutionalistischer Perspektive. In: Krell G, Wächter H (Hrsg) Diversity Management: Impulse aus der Personalforschung. Hampp, München, S 57–79

Thomas DA, Ely RJ (1996) Making differences matter: a new paradigm for managing diversity. I Harvard Bus Rev 74(6):79–90

Thomas DA, Ely RJ (2001) Cultural diversity at work. the effects of diversity perspectives on work group processes and outcomes. Adm Sci Q 46(2):229–273

Vedder G (2006) Die historische Entwicklung von Managing Diversity in den USA und in Deutschland. In: Krell G, Wächter H (Hrsg) Diversity Management: Impulse aus der Personalforschung. Hampp, München, S 1–23

Welge MK, Holtbrügge D (2001) Internationales Management. Verlag Moderne Industrie (MI), Landsberg (Lech)

Internetquellen

Charta der Vielfalt e. V. (o. J.) Vorteile. http://www.charta-der-vielfalt.de/diversity/vorteile.html. Zugegriffen: 01. Dez. 2015

Commerzbank (2015) Familie & Beruf. https://www.commerzbank.de/de/hauptnavigation/karriere/arbeiten_bei_der_commerzbank/diversity___/familie_und_beruf_2/familie_beruf.html. Zugegriffen: 12. Jan. 2016

Die Beauftragte der Bundesregierung für Migration, Flüchtlinge und Integration (o. J.)Vielfalt nutzen: Diversity Management in mittleren und großen Unternehmen – Vorschläge aus der Praxis. http://www.charta-der-vielfalt.de/fileadmin/user_upload/beispieldateien/Downloads/Diversity-LeitfadenGrossunternehmen.pdf. Zugegriffen: 12. Jan. 2016

Internationale Gesellschaft für Diversity Management e. V. Diversity Management. http://www.idm-diversity.org/deu/dmanagement.html. Zugegriffen: 01. Dez. 2015
Netzwerk Synergie durch Vielfalt (o. J.) http://www.synergie-durch-vielfalt.de/synergie-durch-vielfalt/diversity-themen/diversity-management/faq.html. Zugegriffen: 01. Dez. 2015
Netzwerk Synergie durch Vielfalt (o. J.) Behinderung. www.synergie-durch-vielfalt.de/synergie-durch-vielfalt/diversity-themen/behinderung.html. Zugegriffen: 18. Juni 2015

Über die Autoren

Dr. Jutta Rump ist Professorin für Allgemeine Betriebswirtschaftslehre, insbesondere Internationales Personalmanagement und Organisationsentwicklung an der Hochschule Ludwigshafen. Sie hat zudem zahlreiche Mandate auf regionaler und nationaler Ebene inne und ist in Unternehmen als Projekt- und Prozessbegleiterin tätig. Darüber hinaus leitet sie das Institut für Beschäftigung und Employability IBE, das den Schwerpunkt seiner Forschungsarbeit auf personalwirtschaftliche, arbeitsmarktpolitische und beschäftigungsrelevante Fragestellungen legt.

Melanie Schiedhelm ist Wissenschaftliche Mitarbeiterin am Institut für Beschäftigung und Employability IBE. Dort arbeitet sie schwerpunktmäßig an den Themenbereichen Diversität und Zukunft der Arbeitswelt. In ihrem noch laufenden Dissertationsprojekt beschäftigt sie sich mit dem „Vertrauen in Führungskräfte" im Rahmen einer geschlechtervergleichenden Studie.

Diversity Management in der Commerzbank

Barbara David

Zusammenfassung

Das Diversity Management der Commerzbank bündelt die Diversity-Aktivitäten der Bank und entwickelt die dafür notwendigen Konzepte. Entstanden ist es aus dem Thema Chancengleichheit. Ende der 1980er Jahre machte eine Mitarbeiterbefragung deutlich, dass weibliche Beschäftigte bessere Karrieremöglichkeiten einfordern. Pilotprojekte, etwa Seminarangebote speziell für Mitarbeiterinnen, ein Frauennetzwerk, die erste betriebliche Kinderausnahmebetreuung in Deutschland oder eine wissenschaftliche Studie, die den Wert von Betreuungsplätzen für die Bank quantifizierte, kennzeichneten die Arbeit der ersten Jahre. Heute wird das Diversity Management am Bedarf der Geschäftseinheiten und Regionen strategisch ausgerichtet und über ein Global Diversity Council gesteuert. Der Fokus liegt auf zentralen Handlungsfeldern wie beispielsweise Frauen in Führungspositionen, Zusammenarbeit der Generationen oder sexuelle Orientierung. Die Bank bietet umfassende Unterstützung bei der Vereinbarkeit von Privatleben und Beruf und begleitet sieben Mitarbeiternetzwerke. Diversity ist zu einem festen Bestandteil der Commerzbank-Unternehmenskultur geworden.

Wer in den frühen 1970er Jahren Mitarbeitende und Führungskräfte zum Thema Frauen in Führungspositionen oder gar zu Männern, die Teilzeit arbeiten, um die Kinder zu betreuen, befragte, sah nicht selten Stirnrunzeln. In den 1990er Jahren erfolgten an diesen Stellen oft politisch korrekte Bemerkungen wie „Frauen in Führungspositionen und Männer in Teilzeit sind mir wichtig“. Es war für diejenigen, die das Thema

B. David (✉)
Commerzbank AG, Frankfurt, Deutschland
E-Mail: Barbara.David@commerzbank.com

J. Rump und S. Eilers (Hrsg.), *Auf dem Weg zur Arbeit 4.0*, IBE-Reihe,
DOI 10.1007/978-3-662-49746-3_7

Gleichstellung in Unternehmen voranbringen wollten, nicht einfach, mit diesen „Lippenbekenntnissen" umzugehen. Heute hat sich – noch nicht überall, aber schon an vielen Stellen – die Erkenntnis durchgesetzt, dass die Förderung von Vielfalt in der Belegschaft (und wir reden dieser Tage nicht mehr ausschließlich über die Gleichstellung von Mann und Frau) und auch die Unterstützung von Mitarbeitenden in unterschiedlichen Lebensphasen ein produktives, für alle Seiten zufriedenstellendes Arbeitsumfeld entstehen lassen kann.

Die Geduld zählt

Was ist zu tun, um Chancengleichheit in der Bank zu fördern und vor allem nachhaltig zu verankern? Diversity Management heißt: Geduld haben, auch kleine Schritte akzeptieren – und gelegentlich in dicke Bretter überkommener Vorstellungen bohren. Dass diese Bretter in der Commerzbank überhaupt Löcher aufweisen, hat viele Gründe und ist einem Prozess zu verdanken, der erst Ende des 20. Jahrhunderts einsetzte. Denn vorher war das Thema Vielfalt in einer Bank nicht existent. Ein Blick zurück: 1870 war das Jahr des deutsch-französischen Krieges und der Gründung zweier Banken: der Deutschen Bank und der Commerzbank. Für die hanseatisch geprägte Commerzbank war das der Beginn einer Tradition, sich ihrer Mitarbeitenden anzunehmen. Das bedeutete damals, die gesellschaftlichen Konventionen auch innerbetrieblich zu stärken. Noch in der ersten Hälfte des 20. Jahrhunderts hatten die Angestellten das Bild zu leben, das die Bank nach außen transportieren wollte. Wer von dem konservativen Wertekanon abwich, hatte mit Nachteilen zu rechnen. Im Jahr 1939 hieß es in den Commerzbank-Richtlinien für den Geschäftsstellenbetrieb: „Veränderungen des Familienstandes eines Angestellten sind der Personalabteilung zu melden. Im Falle einer Scheidung ist das Scheidungsurteil mit Gründen zu den Personalakten zu nehmen. Bei einer weiblichen Angestellten, die sich verheiratet, ist das Dienstverhältnis im Allgemeinen zu lösen."

In der Nachkriegszeit vollzog sich die Wandlung zu einem eher fürsorglichen Arbeitgeber. Die meisten Beschäftigten erwarteten von der Bank mehr Engagement für ihre privaten Belange. Anfang der 1950er Jahre etwa unterstützte die Commerzbank ihre Angestellten dabei, Wohnraum zu finden und Hausrat zu beschaffen. Bankintern wich der patriarchalische Führungsstil allmählich: Betriebliche Leistungen wurden nicht mehr nach Gutsherrenart von Führungskräften vergeben. Das war eine Reaktion darauf, dass sich die Arbeitnehmenden vermehrt gewerkschaftlich organisierten. Die Commerzbank passte sich zwar an veränderte gesellschaftliche und berufliche Verhältnisse an. Bis in die 1960er Jahre reagierte die Bank auf Veränderungen und verzichtete noch weitgehend auf gestaltende Elemente – das Thema Gleichstellung war mehr oder weniger noch nicht vorhanden.

Der Anfang von Diversity Management: „Frauen im modernen Banking"

Frauen waren überwiegend – trotz ihres hohen Anteils an der Belegschaft – in einfacheren Tätigkeiten zu finden. Ende der 1980er Jahre arbeiteten mehr als 50 % Frauen in der

Commerzbank, doch eine Mitarbeiterbefragung 1987 zeigte, dass sich der überwiegende Anteil von ihnen nicht an den Entwicklungsmöglichkeiten in der Bank beteiligt fühlte. Zeit für einen Umschwung. Zeit, vom reagierenden zum gestaltenden Arbeitgeber zu werden.

Frauen in der Bank zu fördern und gleichzustellen – diese Intention war die ursprüngliche Grundlage des Diversity Management. Welche Stellung hatten Frauen in der Bank? Bis hinein in die Nachkriegszeit waren sie in der Regel Hilfskräfte. Ihr Gehaltsniveau lag deutlich unter dem der männlichen Kollegen, Teilzeitarbeit war exotisch, Privatleben und Arbeit wurden strikt getrennt – und eine Frau als Chefin von Männern galt als Affront. Doch das änderte sich, die Frauen forderten mehr Gleichstellung ein. Ende der 1980er Jahre ging es in der Commerzbank erstmals ganz offiziell um Chancengleichheit. „Frauen im modernen Banking" hieß das bankinterne Projekt, das die Berufs- und Karriereaussichten für weibliche Angestellte verbessern sollte. Ein produktives Arbeitsumfeld und eine möglichst hohe Zufriedenheit der Beschäftigten galten als wichtige Voraussetzungen für den Erfolg der Bank. Daher initiierte die Commerzbank Ende der 1980er Jahre – wie andere Unternehmen – erste Programme zu den Themen Wiedereinstieg nach dem Erziehungsurlaub, flexibles Arbeiten oder betrieblich geförderte Kinderbetreuung.

Wen begeistert „klein anfangen und hocharbeiten" noch?

Heute geht es um einen deutlich breiteren Ansatz. Viele Mitarbeitende wünschen das partnerschaftliche Miteinander im Unternehmen, die Wertschätzung für den eigenen Lebensentwurf und die Möglichkeit, Individualität zu entfalten. Das Streben nach Chancengleichheit und Work-Life-Balance ist längst als eines der stärksten Elemente identifiziert worden, wenn es um berufliche Zufriedenheit geht – und oft eine größere Motivation, bei einem Unternehmen anzufangen, als das Gehalt.

Fakt ist: Mit der Maßgabe „klein anfangen, fleißig arbeiten und dann die Belohnung bekommen", lässt sich die Generation Y nicht begeistern. Die nach 1980 Geborenen, auch „Millennials" genannt, zielen auf eine ausgeglichene Balance zwischen Privat- und Berufsleben, verbunden mit dem Wunsch einer inhaltlich getriebenen Selbstverwirklichung. Sie kennen ihren Wert in Zeiten des demografischen Wandels und formulieren frühzeitig ihre „Forderungen". Bereits in Vorstellungsgesprächen fragt die Generation Y nach Sabbaticals, Elternzeit oder betrieblicher Kinderbetreuung.

Zugleich zeigt sich, dass Personalarbeit dann erfolgreich ist, wenn sie die Mitarbeiter in ihrer jeweiligen Lebensphase „abholt". Der 50-Jährige mit einem pflegebedürftigen Vater muss sich ebenso wiederfinden wie die 35-jährige Führungskraft mit Nachwuchs oder der Mittvierziger, der vor dem nächsten Karriereschritt ins Ausland steht. So wie sich die Menschen auf das jeweils zum Lebensmodell passende Arbeitsmodell fokussieren, flankiert dies eine vorausschauende Personalarbeit mit Teilzeitarbeit, flexiblen Karrierewegen und Kinderbetreuung – und macht ein Unternehmen sowohl für Frauen als auch für Männer interessant.

Geht es dem Kind gut, sind die Eltern produktiv

Ein zentrales Handlungsfeld war und ist eine gute Kinderbetreuung. Vor allem dort, wo die Infrastruktur öffentlicher Einrichtungen nach wie vor als unzureichend empfunden wird. Denn das verhindert eine schnelle Rückkehr gut ausgebildeter Eltern in eine vollzeitnahe Beschäftigung. Ein weiteres Manko: Wer lange aus dem Beruf heraus ist, muss erst mit hohem (zum Teil finanziellem) Aufwand wieder eingegliedert werden. Fehlende oder unzureichende Kinderbetreuung hatte in der Bank ferner negative Folgen für den Arbeitsalltag der Eltern: Um Betreuungsengpässe abzudecken, kam es zu Fehlzeiten. Zudem berichteten Mitarbeitende, die sich Gedanken um das Wohlergehen ihres Nachwuchses machen mussten, dass die Konzentrationsfähigkeit leidet (Abb. 1).

Das Diversity Management der Commerzbank schuf als Lösung ein eigenes Betreuungsangebot: 1999 eröffnete die Bank am Hauptstandort in Frankfurt am Main Deutschlands erste betriebliche Kinderausnahmebetreuung „Kids & Co.", gemeinsam mit dem Partner pme Familienservice. Wenn die reguläre Betreuung ausfiel, hatten die Eltern die

Abb. 1 Eine Boschüre informierte 1998 Eltern der Commerzbank über Angebote rund um das Thema „Betrieblich unterstützte Kinderbetreuung"

Option, ihr Kind dorthin zu bringen – für sie kostenfrei an 25 frei wählbaren Tagen im Jahr. Abzüglich der Aufwendungen für die Kinderbetreuung ersparte das der Commerzbank einen sechsstelligen Betrag an Mitarbeiterausfallkosten pro Jahr, denn ohne das Betreuungsangebot hätten 50 % der Nutzenden nicht zur Arbeit kommen können.

Auch dieser messbare Erfolg der Ausnahmebetreuung sorgte dafür, dass die Kinderbetreuung ausgebaut wurde. Im Juli 2004 wurde der Aufbau einer Kindertagesstätte in Frankfurt beschlossen, an der die Bank Belegrechte für Betreuungsplätze hält. Auch dieses Projekt startete gemeinsam mit dem bundesweiten Anbieter pme Familienservice. Zunächst bot er 76 Betreuungsplätze an, dank eines Platzsharing-Modells ließen sich zusätzlich Teilzeitplätze zur Verfügung stellen. Eröffnet wurde die Kindertagesstätte Kids & Co. im Juli 2005. Die Kita überzeugte mit umfassenden Öffnungszeiten und einem großzügigen Personalschlüssel für die pädagogische Betreuung.

Mut zur Lücke: Wie ein Hort Schule macht

Inzwischen wurde daraus eine Regelbetreuung mit 300 Plätzen im Krippen- und Kindergartenbereich an mehreren Standorten bundesweit sowie 20 Hortplätzen in Frankfurt. Darüber hinaus ist an 19 Standorten bundesweit eine Kinderausnahmebetreuung verfügbar, in ganz Deutschland vermittelt der Familienservice Kinderbetreuung „vor Ort" und bietet Ferienbetreuung an. Die Bank übernimmt einen Teil der Kosten, für die Regelbetreuung müssen von den Beschäftigten Elternbeiträge gezahlt werden. Generell unterstützt die Commerzbank Eltern mit geringerem Familieneinkommen mit individuellen Zuschüssen zu ihren Kinderbetreuungskosten.

Seit Juli 2011 deckt das Unternehmen mit einem betriebsnahen Schülerhort am Hauptstandort Frankfurt ein weiteres Bedürfnis ab: Wenn Kinder schulpflichtig werden, fehlt es vielerorts an guter und zuverlässiger Nachmittagsbetreuung. Gestartet wurde die nachschulische Betreuung mit zehn Plätzen. Die Kinder werden an der Schule abgeholt, essen im Schülerhort, werden pädagogisch betreut und machen dort ihre Hausaufgaben. Bis 19 Uhr können sie bleiben und auf Wunsch im Hort zu Abend essen. Auch in den Ferien sind die Schüler bei Kids & Co. gut untergebracht und nehmen an interessanten Projekten und Ausflügen teil.

Das alles unterstützt die Bank, weil es sich lohnt. Immer wieder prüft die Commerzbank, ob das betriebliche Betreuungskonzept noch den Anforderungen der Eltern entspricht und sich trägt. Erstmals in Deutschland ließ das Unternehmen deshalb die pädagogische Qualität und den wirtschaftlichen Nutzen hochflexibler Betreuungslösungen systematisch untersuchen. 2009 belegte die Evaluationsstudie der Frankfurter Agentur für Innovation und Forschung (FAIF) und der Prognos AG, dass sowohl die Kinder als auch deren Eltern mit dem Angebot der betrieblichen Kinderbetreuung sehr zufrieden sind. Damals betraten die Forscher mit einer Kosten-Nutzen-Analyse der Kinderbetreuung Neuland. Sie wiesen nach, dass Eltern dank des Betreuungsangebotes schneller wieder in den Beruf zurückkehren bzw. mehr Stunden in der Woche arbeiten. Bereits nach 20 Monaten waren 29 % der Eltern wieder in Vollzeit tätig, Teilzeitrückkehrende arbeiten durchschnittlich 25,6 h pro Woche. Die Evaluation zeigte auch, dass sich die familienbedingten Fehlzeiten durchschnittlich um 4,5 Tage pro Familie und Jahr verringerten. Ein weiterer positiver Effekt war, dass die Arbeitgeberattraktivität zunahm und damit die Fluktuation sank. Das sparte Kosten. Wer in der Bank bis dato Kinderbetreuung für „nice to have" gehalten hatte, wurde mit der Studie eines Besseren belehrt: Der „return on investment" lag bei 23 %.

Weibliche Führungskultur in der Commerzbank

Die Kinderbetreuung war ursprünglich für Frauen gedacht, damit sie Nachwuchs und Berufsleben vereinbaren konnten. Auch wenn sich die Zielgruppe geändert hat, ist das Thema Frauen eines der treibenden Kräfte des Diversity-Gedankens gewesen. Während zu Beginn des 20. Jahrhunderts gerade einmal 5 % der Angestellten weiblich waren, sind es heute mehr als die Hälfte. Ihr Anteil an Führungspositionen liegt inzwischen bei über 29 %. Das Diversity Management der Commerzbank ist bankintern die Stelle, die das Projekt „Frauen in Führungspositionen" steuert. 2009 startete es als Pilotprojekt und wird seit 2010 bankweit umgesetzt. „Frauen in Führungspositionen" bündelt zahlreiche Aktivitäten für mehr Chancengleichheit. Inzwischen hat sich die Zahl weiblicher Beobachter in den Audits erhöht. In den Potenzialpools der Bank steigt der Frauenanteil stetig. Um den Anteil weiblicher Führungskräfte signifikant zu steigern, geht es – ganz pragmatisch – u. a. um Zielquoten und deren Analyse, Besetzungsverhältnisse der Führungsebenen und Kandidatenquoten in Auswahlverfahren.

Im Zuge des Projekts „Frauen in Führungspositionen" wurden Gesamtbankmaßnahmen initiiert wie beispielsweise regelmäßige Karrieretage, innovative Teilzeitmodelle und der Ausbau des Mentorings. Die Commerzbank war 1998 eines der Gründungsunternehmen für das erste Cross-Mentoring-Programm auf betrieblicher Ebene in Deutschland. Hier werden weibliche Mentees firmenübergreifend gefördert. Zusätzlich sorgt ein „Self Mentoring System" für Frauen dafür, ihre Stärken weiterzuentwickeln. Mit Programmen wie „Keep in Touch" werden Eltern unterstützt, während der Elternzeit Kontakt zum Team und zur Bank zu halten. Zudem gibt es die Rückkehrgarantie nach Elternzeit oder die Option, sich in Führungspositionen „auszuprobieren" (Programm: „Management Experience").

Einen wichtigen Beitrag leisten auch Workshops speziell zur Karriereförderung und Qualifizierung von weiblichen Mitarbeitern. Sie gehören zur Vortrags- und Seminarreihe des Diversity Management, dem „Forum Diversity", mit jährlich etwa 50 Angeboten, z. B. Verhandlungstrainings oder Seminare wie „Überzeugen und Durchsetzen in verantwortungsvollen Positionen".

Frauen stärken bedeutet, ihnen Raum zu geben – auch zur Vernetzung. Eine Reihe von Mitarbeiterinnen engagieren sich aktiv in einem internen Frauennetzwerk. Seit 1998 existiert das Commerzbank Frauennetzwerk „Courage", gegründet in Frankfurt am Main. Die Frauen agieren bundesweit, zusätzlich gibt es Frauennetzwerke in den USA, Großbritannien, Asien und an mehreren west- und osteuropäischen Standorten. Mehr als

450 Frauen von Courage setzen sich für Mitarbeiterinneninteressen ein. Das Netzwerk betreibt Lobbyarbeit in eigener Sache und ermutigt Frauen in der Bank, Positionen zu übernehmen, in denen Verantwortung und Entscheidungskompetenz vorhanden sind.

Out im Office – niemand soll sich verstecken müssen

Frauen setzen sich für Frauen ein – und manche lieben Frauen. In weiten Teilen der Gesellschaft werden heute Homo-, Trans- und Bisexualität akzeptiert. Die Commerzbank setzt sich aktiv dafür ein, dass jede bzw. jeder so respektiert wird, wie er bzw. sie ist – auch in sexueller Hinsicht. Das bedeutet in der Praxis, dass bei der Commerzbank eingetragene Partnerschaften bei den betrieblichen Zusatzleistungen gleichgestellt sind – von der Altersversorgung bis hin zu Mitarbeiterkonditionen. Mit „Out im Office" hat die Bank ein bundesweites Workshopangebot für alle Beschäftigten etabliert. Thema sind Hilfestellungen für Frauen und Männer im Outing-Prozess. Die Teilnehmer können sich über die eigene Situation im geschützten Raum austauschen und gegenseitig unterstützen.

Seit 2002 gibt es das „Gay Lesbian Bisexual & Transgender-Netzwerk Arco". Die homo-, bi- oder transsexuellen Mitarbeitenden organisieren mit Arco das bundesweit größte firmeninterne Schwulen- und Lesbennetzwerk mit über 500 Mitgliedern. Präsent ist Arco sowohl innerhalb der Bank mit eigenen deutsch- und englischsprachigen Intranetseiten sowie zahlreichen Veranstaltungen als auch außerhalb, beispielsweise mit Auftritten bei Christopher-Street-Day-Aktionen in ganz Deutschland. Einmal jährlich wird ein überregionales Treffen organisiert, zu dem jeweils ein Vorstand Grußworte spricht – regionale Gruppen treffen sich zudem mehrmals im Jahr. Dass Arco und die Maßnahmen der Bank erfolgreich sind, beweist der Max-Spohr-Preis 2010 für die Commerzbank. Der Völklinger Kreis würdigt mit ihm das herausragende Engagement von Unternehmen für die Vielfalt in der Belegschaft – insbesondere für schwule und lesbische Mitarbeitende.

Vater sein dagegen sehr …

Ein weiteres Mitarbeiternetzwerk ist „Fokus Väter". Es wurde 2004 gegründet, wurzelt indes in einer Entwicklung, die die Commerzbank bereits Mitte der 1990er Jahre verzeichnete. Immer mehr Väter wollten mehr Zeit für ihre Familie haben. Anfangs waren es wenige, doch die Zahl derer, die nach einem ausgewogenen Verhältnis von Beruf und Familienleben suchten und dies auch einforderten, stieg kontinuierlich. Die Commerzbank reagierte. In Kooperation mit dem Bundesfamilienministerium richtete die Bank im Jahr 2000 eine Fachtagung zum bundesweiten Programm „Mann und Familie" aus. Unter dem Motto „Mehr Leben ins Männerleben" wurden zahlreiche Modelle und Initiativen vorgestellt, um Männer zu ermutigen, ihre Familienorientierung stärker in die Praxis umzusetzen. Ein Jahr später beteiligte sich die Bank an dem Projekt „Mehr Spielraum für Väter".

Hinzu kamen externe Faktoren wie das Teilzeitgesetz, das 2001 in Kraft trat. Es motivierte einige Männer in der Bank, Teilzeit mit Elternzeit zu verbinden. 2007 zeigte die interne Väterstudie „Die Väterthematik im Unternehmen: salonfähig, aber nicht betriebsfähig?", dass auch Männer ihre individuellen Lebensentwürfe leben wollen. Sie forderten einen kulturellen Wandel, der z. B. sowohl Frauen als auch Männern flexible Arbeitszeiten ermöglicht. Das Diversity Management und das Mitarbeiternetzwerk „Fokus Väter" entwickelten erste Strategien. Ihre Ziele: Aktive Vaterschaft vorleben, Vorurteile abbauen, Unsicherheiten nehmen, auf die Bedeutung von Familienkompetenzen hinweisen und Führungskräfte vom Nutzen einer individuellen Lebensplanung überzeugen.

In Vorträgen, Workshops, externen Fachveranstaltungen sowie Treffen des Netzwerks werden Themen aufgegriffen, die Väter interessieren. Etabliert wurden regelmäßige Veranstaltungen wie beispielsweise der Vater-Kind-Treffpunkt, auf dem u. a. erziehungsorientierte, aber auch Themen aus der Bank aufgegriffen wurden, beispielsweise flexibles Arbeiten. Inzwischen gibt es Arbeitsgruppen des Netzwerks Fokus Väter, die weiterführende Konzepte zu „Elternzeit für Väter" oder „Familienkompetenzen als Potenzial für eine innovative Personalpolitik" entwickeln. Das Netzwerk betreibt bankinterne Lobbyarbeit und trägt im Unternehmen zu einer positiveren Wahrnehmung von Vätern bei, die sich in der Familie engagieren.

Abb. 2 Viel beachtet innerhalb der Commerzbank: Die 2015 durchgeführte interne Väter-Studie

Wie sich die Väter in der Bank tatsächlich fühlen, wurde jüngst in einer internen Studie ermittelt, in der u. a. rund 750 Väter befragt wurden, die Elternzeit genommen hatten. In der „Commerzbank Väter-Studie 2015" sagen beispielsweise 81 % der Befragten: Das, was die Bank bisher für Väter tut, wirkt sich positiv auf die Leistung aus.

Gute Netzwerkarbeit strahlt auch über das Unternehmen hinaus: Im Jahr 2012 wurde das von der Commerzbank initiierte, mit Axel Springer pilotierte und von der Väter gGmbH implementierte firmenübergreifende „Väter-Netzwerk" gegründet. Es bietet Vätern Informationen an und ermöglicht einen firmenübergreifenden Austausch. Mittlerweile gehören dem Netzwerk 15 Unternehmen an. Die Veranstaltungen des Väter-Netzwerks berücksichtigen die unterschiedlichen Lebenssituationen von Vätern und das Alter der Kinder. Verschiedene Formate und unterschiedliche Veranstaltungszeiten sorgen u. a. in Frankfurt am Main, Hamburg und Berlin dafür, dass sich Väter zum Austausch treffen können, so wie es zeitlich für sie passt (Abb. 2).

Kulturelle Vielfalt fördern

Väter können aus den unterschiedlichsten Kulturen kommen. So ist es auch bei der Commerzbank. In Deutschland arbeiten aktuell Menschen aus 85 Nationen für die Großbank, konzernweit sind es 114. Im Jahr 2010 hatte sich zunächst ein Expertenkreis, später ein Mitarbeiternetzwerk gegründet, das sich mit den Anforderungen unterschiedlicher Kulturen befasst. Heute beraten Mitarbeitende des Netzwerks CrossCulture das Team des Diversity Management bei Fragen rund um das Thema kulturelle Vielfalt. Entstanden sind in der Bank Workshops wie „Global Player – kulturelle Unterschiede erkennen und nutzen", ein breiter Erfahrungsaustausch und gegenseitige Unterstützung. Ebenso wie die deutschen Beschäftigten sich für ihre ausländischen Kundinnen und Kunden, sowie Kolleginnen und Kollegen interessieren, möchten Mitarbeitende aus anderen Kulturen wissen, wie das Leben in Deutschland funktioniert – die Mitglieder von CrossCulture begleiten dabei. Die Sprache ist ein wichtiger Schlüssel mit Blick auf gute und produktive Zusammenarbeit: Das Netzwerk bietet u. a. Sprachtandems sowie Frühstücks- oder Lunch-Formate an, bei denen Englisch, Französisch, Deutsch, Spanisch, Italienisch, Chinesisch oder Japanisch erlernt oder aufpoliert werden kann (Abb. 3).

Generationenmanagement für einen guten Altersmix

Vielfalt geht über die Internationalität hinaus. Ein weiteres Handlungsfeld ist das Thema „Generationen", das die Zusammenarbeit unterschiedlicher Altersgruppen in der Bank zum Inhalt hat. Hier setzt die Commerzbank auf alters- und geschlechtergemischte Teams. Sie fördert den Austausch zwischen den Generationen und sensibilisiert für die Interessen der jeweiligen Altersgruppen. Es werden Workshops, um die persönliche Lebens- und Berufssituation zu reflektieren sowie Trainings zum Nutzen von Diversity oder zur optimalen Zusammenarbeit in altersgemischten Teams angeboten.

Zum Thema Generationen gehören theoretische Grundlagen, etwa die quantitativen Analysen zur Altersstruktur oder die Ergebnisse von Befragungen zur

Abb. 3 „Banker sind alle gleich": Eine Imagekampagne veranschaulichte 2001 die Vielfalt der Mitarbeitenden in der Commerzbank

Generationenzusammenarbeit innerhalb der Bank. Der durchschnittliche Commerzbank-Angestellte ist knapp 44 Jahre alt, doch die Altersbandbreite der Beschäftigten ist groß. Über eine konsequente Gesundheitsförderung und den Ausbau der individuellen Angebote zur Vereinbarkeit von Beruf und Privatleben soll die Motivation und Leistungsfähigkeit von Mitarbeitenden jedweden Alters so gut wie möglich erhalten werden. Dazu gehören flexible Arbeitszeiten und Arbeitszeitmodelle ebenso wie Beratung und Unterstützung bei der Verwirklichung der persönlichen Work-Life-Balance oder Karrierewege.

Wer pflegen möchte, braucht Unterstützung

Die Pläne und Bedürfnisse der Mitarbeiter sind ebenso individuell wie die Menschen selbst. In den vergangenen Jahren registrierte die Bank ein verstärktes Interesse von Mitarbeitenden, sich um pflegebedürftige Angehörige zu kümmern. Die Commerzbank hat eine breite Palette an Angeboten entwickelt, die diese Mitarbeitenden im Fokus haben. Mit Betriebsvereinbarungen zur kostenlosen Beratung und Vermittlung von unterstützenden Dienstleistungen und zur Umsetzung der Pflegezeitgesetze hat die Bank frühzeitig auf die sich bereits heute abzeichnenden Folgen der demografischen Entwicklung reagiert. Einhergehend mit dem wachsenden Altersdurchschnitt der Belegschaft konnte eine verstärkte Nachfrage nach Beratung und Vermittlung registriert werden. Während die Kennzahlen im Bereich der Kinderbetreuung auf hohem Niveau stagnieren, verdoppeln sich seit 2012 die Zahlen in der Elder-Care-Beratung jährlich.

Die von den betroffenen Mitarbeitern erlebte hohe Qualität in der Beratung ist in der Auswahl qualifizierter Partner begründet, die z. B. über die „Homecare-Helpline" eine telefonische Erreichbarkeit an sieben Tagen in der Woche rund um die Uhr gewährleisten. Um pflegenden Mitarbeitern auch fachliche Kompetenz im Thema Pflege zu vermitteln, wurde gemeinsam mit anderen Unternehmen im Rahmen des Frankfurter Bündnisses für Familie die Workshopreihe „Kompetenztraining Pflege" initiiert.

Mit der Umsetzung der „lebensphasenorientierten Personalarbeit" in der Commerzbank, wurde die Situation pflegender Mitarbeiter noch einmal neu beleuchtet. Im Ergebnis wurden zunächst pilothaft für die Frankfurter Zentrale innovative Pflegeangebote entwickelt, die zu einer direkten Entlastung betroffener Beschäftigter beitragen sollten. So können Mitarbeiter pflegebedürftige Angehörige in eine Tagesbetreuung bringen, sie zu einem geriatrischen Check-up in der altersmedizinische Abteilung der Frankfurter Diakonie Kliniken anmelden oder im Notfall eine Pflegekraft nach Hause anfordern, wenn die reguläre Pflege ausfällt. Ziel ist eine physische und psychische Entlastung der Mitarbeitenden und damit die Stärkung ihrer Leistungsfähigkeit.

Dass dies der Bank wichtig ist, zeigt sich auch darin, dass Tagespflege und Check-up bezuschusst werden. Diese neuen Angebote wurden von einer intensiven Kommunikation in den internen Medien begleitet, und schon heute ist zu spüren, dass die Sensibilität bei den Mitarbeitenden und vor allem auch bei den Führungskräften stark zugenommen hat. Das im Jahr 2013 gegründete Mitarbeiternetzwerk „Pflege" bietet zudem pflegenden Mitarbeitenden eine wichtige Lern- und Austauschplattform an. Hier zeigt sich ebenso wie in den Workshops, dass die Anzahl der männlichen Kollegen, die sich in der Pflege und Betreuung engagieren, genauso hoch ist, wie die der Frauen.

Auf Basis der Erfahrungen mit den diversen Pflegebausteinen hat die Bank Verträge mit einer Klinikgruppe geschlossen und 2015 begonnen, die Angebote bundesweit an verschiedenen Standorten anzubieten.

Die Handlungsfelder des Diversity Management der Commerzbank

- Frauen in der Bank
- Vereinbarkeit von Privatleben und Beruf
- Zusammenarbeit der Generationen
- Sexuelle Orientierung
- Kulturelle Vielfalt
- Unterstützung der Mitarbeiternetzwerke
- Kommunikation/Training/Evaluation

So individuell wie der Mensch und seine Lebensphase

So wie das Thema Pflege gehören viele Aspekte zum Konzept eines lebensphasenorientierten Personalmanagements. Der Commerzbank geht es darum, die individuellen Lebensentwürfe mit einer beruflichen Entfaltung der Potenziale in jeder Lebensphase zu verbinden. Diese Form des Personalmanagements, die zugleich Chancengleichheit und Potenzialentfaltung ermöglicht, macht ein Unternehmen sowohl für Berufseinsteiger als auch für erfahrene Leistungstragende attraktiv.

Diese Attraktivität muss nicht verschwiegen werden. Um den Diversity-Gedanken langfristig zu etablieren und mit Leben zu füllen, ist das Handlungsfeld „Kommunikation/Training/Evaluation" wichtig. Hier werden die Aktivitäten, die Mitarbeitende und Führungskräfte für die Diversity-Themen sensibilisieren, gebündelt. Regelmäßig wird über neue Diversity-Produkte und -Prozesse informiert – die Angebote wie die Kinderbetreuung werden regelmäßig von externen Experten evaluiert. Für die Führungskräfte aller Ebenen sind Diversity-Trainings fester Bestandteil ihrer Qualifikation.

Über das Intranet der Bank finden Mitarbeiter im Forum Diversity zahlreiche Angebote zu Workshops und Vorträgen rund um das Thema Vielfalt. So können sich beispielsweise Beschäftigte in Tagesworkshops persönlich und beruflich weiterentwickeln. Eltern haben die Möglichkeit, sich über Erziehungsthemen, Schule oder Lernmethoden zu informieren und auszutauschen. Pflegende Angehörige erhalten Hinweise zu Pflegeeinrichtungen, rechtlichen und finanziellen Möglichkeiten – oder können an einem Entlastungscoaching teilnehmen. Weitere Zielgruppen sind Schwule und Lesben, Väter und Menschen, die an kulturellen Unterschieden interessiert sind. Die Veranstaltungen des Forum Diversity sind kostenfrei und werden meist außerhalb der Arbeitszeit angeboten.

Mit einem Klick zum Thema Vielfalt

Ohnehin ist das Intranet der Commerzbank – neben zahlreichen Flyern, Broschüren und anderem Infomaterial – der Ort, an dem sich das Diversity Management grundsätzlich und mit aktuellen Bezügen darstellt. Seit 2010 gibt es ferner ein eigenes Diversity-Portal im Internet mit inzwischen über 8000 registrierten Nutzern. Zugangsgeschützt kann es von jedem Rechner außerhalb der Bank aufgerufen werden. Es ist für die Mitarbeiter vorgesehen, die sich außerhalb ihres Arbeitsplatzes über die Bank informieren wollen. In dem Portal sind sämtliche Informationen zu den Themen des Diversity Management zu finden. Darüber hinaus ist dort „Comeback-Info" eingestellt, ein Newsletter, der regelmäßig relevante Informationen aus allen Bereichen der Commerzbank zusammenfasst. Es gibt einen Link zur internen Jobbörse, zudem sind die Netzwerke der Commerzbank vertreten. Ein weiterer Link führt zum Familienportal des pme Familienservice.

Im Diversity-Portal ist auch eine interne „Börse" für Dienstleistungen und Gegenstände zu finden, im „Forum" können sich Mitarbeiter über alle Themen rund um Familie und Beruf austauschen. Ein weiterer Service sind Veranstaltungstipps, u. a. zu den jährlich rund 50 Angeboten des Forum Diversity. Schließlich gibt es einen Link zum betrieblichen Gesundheitsmanagement der Bank und den kurzen Draht zum Betriebssport. Weitere Inhalte sind Infos zu allgemeinen Diversity-Themen, Veranstaltungshinweise und „Flimmo" (tagesaktuelle Tipps für kindgerechtes Fernsehen).

Der Tag, an dem es nur um Diversity geht
Um das Thema Vielfalt in die Bank zu tragen, beteiligt sich die Bank einmal im Jahr am Diversity-Tag, der über die Charta der Vielfalt initiiert wurde. Der erste wurde 2013 angeboten. Neben einem Diversity-Frühstück und einer flankierenden Abendveranstaltung fanden Workshops aller Netzwerke an unterschiedlichen Orten in Frankfurt statt, an denen zahlreiche Mitarbeitende teilnahmen. Der zweite Diversity-Tag 2014 setzte auf eine zentrale Veranstaltung, während der dritte Diversity-Tag 2015 erstmals an mehreren Commerzbank-Standorten angeboten wurde. Das Motto: „Talk to me". Mit Smartphones, Tablets und Notebooks ausgerüstet entführten Nachwuchskräfte Kolleginnen und Kollegen, sowie Kundinnen und Kunden in die digitale Bankwelt.

Oft mit dabei: Vertreter des Top- Managements der Commerzbank. Ein wichtiges Signal nach innen, das die Bedeutung des Themas in der Bank belegt. Die Vielfalt im Unternehmen wird als ein authentischer Top-down-Prozess vom (Top-)Management unterstützt und als Bottom-up-Prozess von den Beschäftigten gelebt und getragen. Sichtbar wird das mit dem Global Diversity Council. Mit ihm wird seit März 2012 das Diversity Management konzernweit als Business-Strategie umgesetzt. Unter der Leitung des Personalvorstands und hochkarätig besetzt sorgt das Council für die strategische Ausrichtung des Themas. In Deutschland und über die „Regional Diversity Councils" in Asien, New York, London, Ost- und Westeuropa werden damit einerseits konzernweite Themen – wie beispielsweise das Thema „Frauen in Führungspositionen" – andererseits regionalspezifische Themen vorangebracht.

So funktioniert Diversity Management bei der Commerzbank

- Ein klarer Top-down- wird mit einem starken Bottom-up-Prozess kombiniert.
- Die einzelnen Segmente übernehmen Verantwortung für ihr Diversity Management und gestalten je nach Ausgangssituation und Bedarf.
- Umsetzungsfortschritte werden über Management-Reports überprüft.
- Über Gesamtbankmaßnahmen werden attraktive Rahmenbedingungen für Mitarbeiter geschaffen und die Unternehmenskultur verbessert.
- Der Nutzen des Diversity Management wird transparent gemacht, die Führungskräfte werden sensibilisiert und die gesamte Belegschaft umfassend und kontinuierlich informiert.
- Die Beschäftigten werden aktiv in den Diversity-Prozess mit einbezogen.

Diversity Management lebt von Kontinuität
Ist also alles vielfältig perfekt? Richtig ist: Nach all den Jahren ist eine Kulturveränderung hin zu mehr Vielfalt in der Bank spürbar. Die Erkenntnis, dass Mitarbeitende ein familienbewusstes Arbeits- und Betriebsklima sowie eine damit korrespondierende Unternehmenskultur brauchen, die gemeinsam entwickelt wird, hat sich durchgesetzt. Grundlage ist die zentrale strategische Entscheidung, Frauen und Männern

gleichberechtigt Chancen zu geben. Nur wer seine Lebenspläne verwirklichen kann und dabei im Einklang mit den Zielen des Unternehmens steht, wird erfolgreich seine Aufgaben erfüllen.

Um langfristig motivierte Mitarbeitende an die Bank zu binden, sind Lösungen gefragt, die sich an den jeweiligen Lebensphasen orientieren und das überkommene Geschlechterbild egalisieren. Lebensphasenorientierte Personalarbeit bedeutet, den Menschen in jedem Abschnitt des Arbeitslebens individuelle Lösungen zu bieten, um Beruf und Privatleben tatsächlich bestmöglich zu vereinen. Dafür werden Unternehmen und Beschäftigte auch Kompromisse eingehen müssen, beispielsweise bei Arbeitszeitregelungen. Die Commerzbank geht dabei Schritt für Schritt den Weg, aktuelle ökonomische Veränderungen am Arbeitsplatz mit individuellen und gesellschaftlichen Aspekten der Karriere für Frauen und Männer zu verknüpfen. Wichtig ist, dass die Personalarbeit fair und effizient als Partner der Menschen im Unternehmen sichtbar wird. Ein leistungsfähiges, langfristig angelegtes und von allen relevanten „Playern" getragenes Diversity Management ist eines der zentralen Mittel dafür.

Seit Ende der 1980er Jahre befasst sich die Commerzbank mit Diversity: Eine Chronologie

1989: „Frauen im modernen Banking" (Schwerpunkt „Vereinbarkeit von Familie und Beruf"; erste Ausgabe der Elterninfoschrift „Comeback-Info")

1990: Betriebsvereinbarung „Wiedereingliederung von Eltern"

1991: Erstes internes Symposium für Mitarbeiterinnen „Die Zukunft der Bank – nach Schema ‚F …'"

1991: Betriebsvereinbarung „Teilzeit"

1992: Betriebsvereinbarung „Kinderbetreuung"

1993: Teilnahme an der Frauenmesse „TOP 93"

1995: Zweites Symposium „Come together – Wie Frauen und Männer in der Commerzbank zusammenarbeiten"

1996: Erste Seminarangebote für Mitarbeiterinnen „Erfolgreiche Berufs- und Lebensplanung" für a) Mitarbeiterinnen, b) weibliche Führungskräfte

1997: Erstes TOTAL E-QUALITY Prädikat (2015 Erhalt zum 7. Mal)

1998: Einführung des Projekts „Consens" (Thema wird auf Chancengleichheit ausgeweitet)

1998: Pilot für erstes Cross-Mentoring-Programm für Frauen in Deutschland (entwickelt von Commerzbank, Deutsche Bank, Telekom, Lufthansa)

1998: Gründung des internen Frauennetzwerks „Courage"

1999: Commerzbank pilotiert als erstes Unternehmen in Deutschland eine betriebliche Kinderausnahmebetreuung

2000: Erste Evaluation zur Kinderausnahmebetreuung „Kids & Co." mit Kosten-Nutzen-Betrachtung

2000: Erstes Zertifikat Audit Beruf und Familie (2013 Erhalt zum 5. Mal)

2001: Start „Diversity Management“
2002: Gründung Netzwerk „Arco – homo-, bisexuelle- und transidente Mitarbeitende“
2002: Drittes Symposium in Kooperation mit dem Frauennetzwerk Courage „Neue Technologien – Chance für die Chancengleichheit?“
2004: Gründung Mitarbeiternetzwerk „Fokus Väter“
2005: Eröffnung der Kindertagesstätte „Kids & Co.“ mit Krippen- und Kindergartenplätzen; Start der Veranstaltungsreihe „Forum Diversity“
2007: Start „Self Mentoring System“, internes Mentoring-Angebot für Mitarbeiterinnen
2007: Interne Studie „Neue Wege für Väter“
2008: Integration der Diversity-Aktivitäten der Dresdner Bank
2009: Evaluationsstudie zum Nutzen der Kindertagesstätte „Kids & Co.“
2010: Start Diversity-Portal
2010: Start des bankweiten Projekts „Frauen in Führungspositionen“
2011: Eröffnung des Schülerhorts „Kids & Co.“
2012: Einführung des Global Diversity Management
2012: Mitgründung des firmenübergreifenden Väter-Netzwerks
2013: Erster Diversity-Tag in Frankfurt (findet seit 2013 jährlich statt)
2013: Betriebsvereinbarung „Rückkehrgarantie nach Elternzeit“
2013: Pilot „Pflege naher Angehöriger“
2013: Web-Based-Training „Diversity & Inclusion“ für Führungskräfte der Bank
2013: Gründung Netzwerk „CrossCulture“
2013: Gründung Netzwerk „Pflege“
2015: Commerzbank Väterstudie 2015

Über die Autorin

Barbara David absolvierte zunächst eine Bankausbildung in der Commerzbank, studierte Germanistik und kehrte 1986 in die Bank zurück. Es folgten zwei Stationen in der Abteilung für Öffentlichkeitsarbeit. Nach einer Weiterbildung zur Personalfachkauffrau wechselte sie 1993 in den Personalbereich. Dort leitete sie das Projekt „Chancengleichheit“. Sie baute 2001 mit ihrem Team das konzernweite Diversity Management der Bank auf. Zu den Handlungsfeldern gehören die Vereinbarkeit von Privatleben und Beruf, Frauen in der Bank, Zusammenarbeit der Generationen, sexuelle Orientierung und kulturelle Vielfalt.

Integration von Flüchtlingen in den deutschen Arbeitsmarkt

Ein Stimmungsbild aus deutschen Unternehmen und Beispiele guter Praxis

Jutta Rump und Silke Eilers

Zusammenfassung

Die Integration von Flüchtlingen in die deutsche Gesellschaft und insbesondere in den Arbeitsmarkt stellt angesichts der massiven Zuwanderungsströme seit dem Jahr 2015 eine der größten Herausforderungen für Unternehmen dar. Von großem Interesse ist dabei, welche Erfahrungen die Betriebe bereits gemacht haben, woran sich ihre Bereitschaft zur Integration festmacht und welche Chancen und Hemmnisse sie erkennen. Darüber hinaus empfiehlt es sich, den Blick auf solche Initiativen und Projekte zu richten, die aktiv die Herausforderung annehmen und den Weg für eine gelungene Integration ebnen.

1 Vorbemerkung

Kaum ein Thema beherrscht derzeit die deutsche Medienlandschaft so intensiv wie das der Integration von Flüchtlingen in die deutsche Gesellschaft und den deutschen Arbeitsmarkt. Seit dem sprunghaften Anstieg der Zahl Schutzsuchender im Jahr 2015 besteht die zentrale Aufgabe von Staat, Wirtschaft und Gesellschaft darin, diese Menschen möglichst schnell und möglichst umfassend zu integrieren. Dabei kommen neben der Sicherung der qualifikatorischen Anschlussfähigkeit auch der Förderung der Sprachkenntnisse

J. Rump (✉) · S. Eilers
Institut für Beschäftigung und Employability IBE,
Ludwigshafen, Deutschland
E-Mail: jutta.rump@ibe-ludwigshafen.de

S. Eilers
E-Mail: silke.eilers@ibe-ludwigshafen.de

J. Rump und S. Eilers (Hrsg.), *Auf dem Weg zur Arbeit 4.0,* IBE-Reihe,
DOI 10.1007/978-3-662-49746-3_8

und der Überwindung kultureller Hürden eine immense Bedeutung zu wie bereits in Kap. 1 beschrieben wurde.

Diese Aufgabe wird auch das Personalmanagement in Unternehmen auf absehbare Zeit stark fordern. Nachfolgend wird daher zunächst ein Stimmungsbild in deutschen Unternehmen und Organisationen gezeichnet, die zu Beginn des Jahres 2016 in einer repräsentativen Studie zu unterschiedlichen Schwerpunktthemen rund um die Integration von Flüchtlingen befragt wurden.

Um aufzuzeigen, dass bereits vielerorts vorbildliche Initiativen, gerade auch auf überbetrieblicher Ebene, bestehen, um Flüchtlinge in Ausbildung und Arbeit bringen und die Integration in den drei vorab genannten Dimensionen voranzutreiben, werden darauf aufbauend einige ausgewählte Beispiele guter Praxis vorgestellt.

2 Umfrage „Integration von Flüchtlingen in den deutschen Arbeitsmarkt" der Hays AG und des Instituts für Beschäftigung und Employability IBE[1]

Im Januar und Februar 2016 befragte das Institut für Beschäftigung und Employability IBE im Auftrag der Hays AG Entscheiderinnen und Entscheider in Deutschland zu ihrer Meinung bezüglich Chancen und Herausforderungen sowie bereits gemachten Erfahrungen im Zusammenhang mit der Integration von Flüchtlingen in ihre Unternehmen. Dabei wurden bewusst sowohl Menschen, die noch nicht ihr Asylverfahren beendet haben, als auch solche, die bereits das Verfahren durchlaufen haben und denen Asyl gewährt wurde, in die Betrachtung mit einbezogen.

An der Befragung nehmen insgesamt 354 Entscheiderinnen und Entscheider teil. Davon kommen 57 % aus dem Dienstleistungsbereich, 24 % gehören dem Industriesektor an und 19 % dem Öffentlichen Sektor. Unter den Befragten sind 70 % Vertreterinnen und Vertreter von kleinen und mittelständischen Betrieben mit weniger als 1000 Beschäftigten, 15 % der beteiligten Unternehmen haben zwischen 1000 und 4999 Mitarbeitende und 16 % sind Großunternehmen mit mehr als 5000 Beschäftigten.

Was die Position der Teilnehmenden in ihren Unternehmen anbelangt, so gehören 29 % von ihnen der Unternehmensleitung an, 29 % sind Führungskräfte im HR-Bereich, 15 % Führungskräfte in einer Fachabteilung. Mitarbeitende ohne Führungsverantwortung sind zu 17 % vertreten. Mit 49 % männlichen und 46 % weiblichen Befragten ist das Geschlechterverhältnis nahezu ausgeglichen. Die am stärksten vertretene Altersgruppe

[1]Die nachfolgenden Ausführungen beziehen sich auf die Studie „Integration von Flüchtlingen in den deutschen Arbeitsmarkt" des Instituts für Beschäftigung und Employability IBE und der Hays AG (Rump et al. 2016). Einige zusätzliche Auswertungsbereiche entstammen einem internen Arbeitspapier (Hays und IBE 2016).

stellen unter den Befragten die ab 50-Jährigen mit 50 % dar, gefolgt von den 40- bis unter 50-Jährigen mit 30 %. Unter 40 Jahre alt sind 15 % der Teilnehmenden.

Der Fragebogen adressiert die folgenden Themenbereiche:

- Möglichkeiten der Integration von Flüchtlingen im Unternehmen/der Organisation (Bereiche, Beschäftigungsformen, Rekrutierungswege, Erfahrungen)
- relevante staatliche/gesetzliche Rahmenbedingungen für eine gelungene Integration
- relevante organisatorische Rahmenbedingungen für eine gelungene Integration
- relevante individuelle Rahmenbedingungen für eine gelungene Integration
- Potenzial der Flüchtlinge
- Stolpersteine bei der Integration
- erwartete Veränderungen im Unternehmen/der Organisation durch die verstärkte Integration von Flüchtlingen
- Befürchtungen/Ängste im Zusammenhang mit der Integration von Flüchtlingen

2.1 Möglichkeiten der Integration von Flüchtlingen im Unternehmen bzw. in der Organisation

Die Teilnehmenden an der Studie werden zunächst danach befragt, inwieweit sie Möglichkeiten sehen, Flüchtlinge in ihre Unternehmen bzw. ihre Organisation zu integrieren. 19 % von ihnen geben an, bereits Flüchtlinge zu beschäftigen. Dabei zeigt sich deutlich ein Anstieg mit der Unternehmensgröße. Sie tun dies vor allem in Hilfs- und Unterstützungstätigkeiten, in handwerklichen und in technischen Tätigkeiten. Kaum zum Einsatz kommen Flüchtlinge in anspruchsvollen administrativen Tätigkeiten. Immerhin 9 % der Befragten geben an, Flüchtlinge in Fach- und Führungspositionen zu beschäftigen (Abb. 1).

Was die Beschäftigungsformen anbelangt, werden in nahezu der Hälfte der Fälle Praktikumsverhältnisse gewählt, in nahezu gleichem Umfang handelt es sich jedoch auch um befristete Festanstellungen. Die geringfügige Beschäftigung spielt mit 21 % der Nennungen ebenfalls noch eine Rolle. Darüber hinaus geben einige Teilnehmende unter dem Aspekt „Sonstige" an, Flüchtlinge auszubilden[2] oder zu qualifizieren (Abb. 2).

Die Rekrutierung findet primär über die Agentur für Arbeit (54 %) statt, jedoch auch über private Initiativen (40 %), über das Jobcenter (35 %) und über Flüchtlingseinrichtungen (21 %). Web-Portale und kirchliche Institutionen sind hier weniger beteiligt.

[2]Hier wird beispielsweise die sog. Einstiegsqualifizierung (EQ) genannt. Dabei handelt es sich um ein Arbeitsmarktinstrument, das es Betrieben u. a. ermöglicht, Asylbewerberinnen und -bewerber oder geduldete Menschen in einem Zeitraum von 6–12 Monaten an eine Ausbildung heranzuführen. Hierzu muss eine Genehmigung der Ausländerbehörde beantragt werden, ebenso wie eine finanzielle Förderung der Betriebe durch die örtliche Agentur für Arbeit.

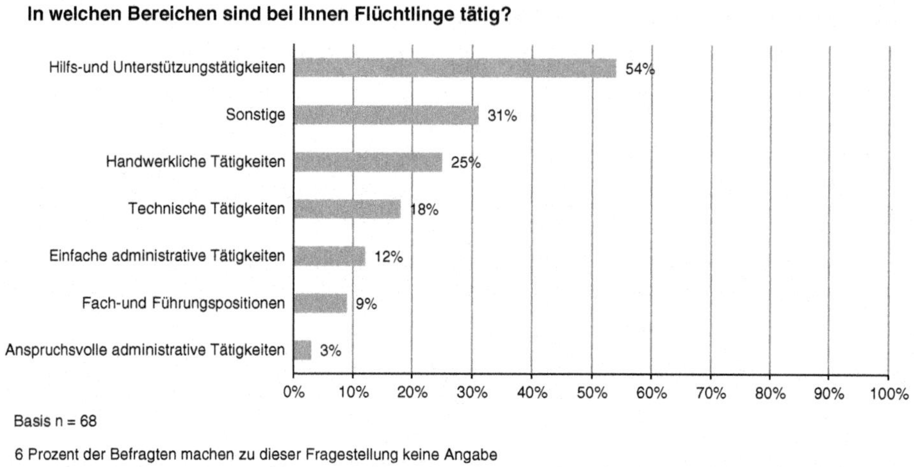

Abb. 1 Bereiche, in denen Flüchtlinge bereits tätig sind. (Hays und IBE 2016)

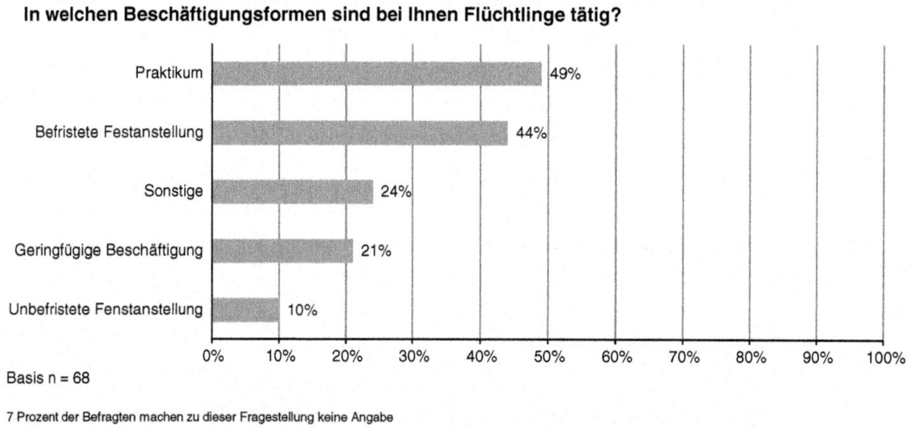

Abb. 2 Beschäftigungsformen, in denen Flüchtlinge bereits tätig sind. (Hays und IBE 2016)

Befragt nach den Erfahrungen, die sie bislang beim Einsatz von Flüchtlingen im eigenen Unternehmen bzw. der Organisation gemacht haben, geben nahezu drei Viertel der Teilnehmenden an, diese seien sehr positiv oder überwiegend positiv. Lediglich 6 % berichten von (überwiegend) negativen Erfahrungen. Diese beziehen sich neben bürokratischen Hemmnissen und Verständigungsproblemen auch auf unterschiedliche Werte und Verhaltensweisen, beispielsweise in Bezug auf Zuverlässigkeit und Disziplin sowie auf die Akzeptanz der Gleichstellung der Geschlechter. Für 24 % der Befragten ist derzeit eine Einschätzung noch nicht möglich (Abb. 3). Zudem wird konstatiert, dass es schwierig sei, eine pauschale Aussage zu positiven oder negativen Erfahrungen zu machen, da man unter den Flüchtlingen – ebenso wie unter deutschen Arbeitnehmenden – auf sehr unterschiedliche Menschen treffe.

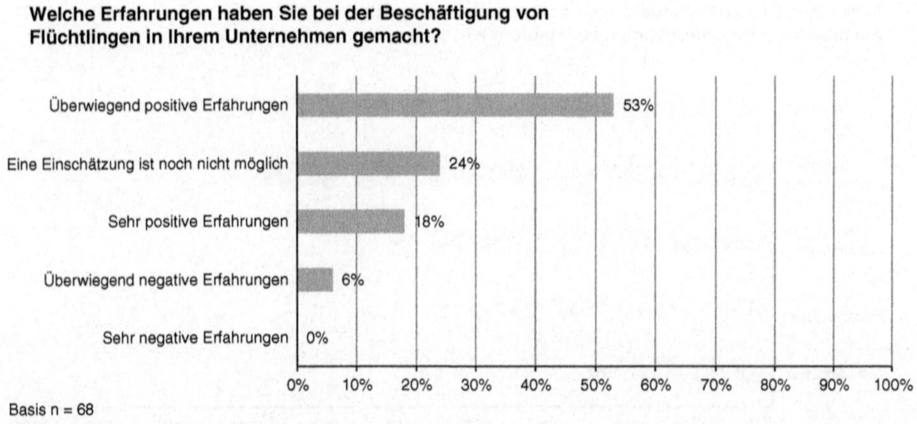

Abb. 3 Erfahrungen bei der Beschäftigung von Flüchtlingen im Unternehmen bzw. in der Organisation. (Rump et al. 2016)

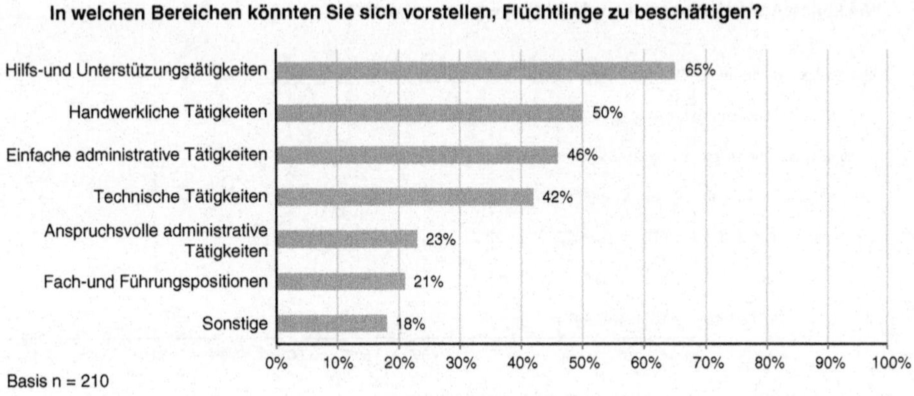

Abb. 4 Bereiche, in denen eine Beschäftigung vorstellbar wäre. (Rump et al. 2016)

59 % der Entscheiderinnen und Entscheider können sich für die Zukunft vorstellen, Flüchtlinge zu beschäftigen, und zwar vor allem für Hilfs- und Unterstützungstätigkeiten, handwerkliche Tätigkeiten, einfache administrative Tätigkeiten und technische Tätigkeiten. Für jeweils mehr als 20 % der Befragten ist allerdings durchaus auch ein Einsatz in anspruchsvollen administrativen Tätigkeiten sowie in Fach- und Führungspositionen denkbar (Abb. 4). Als Beispiele werden hier Einsätze in Bereichen wie Programmieren, Dolmetschen und Beratung zu Diversity-Themen ebenso genannt wie Tätigkeiten in Wissenschaft und Lehre sowie in medizinischen Berufen.

Als potenzielle Beschäftigungsformen ziehen die Teilnehmenden insbesondere Praktika sowie befristete Festanstellungen in Betracht, in etwas geringerem Maße auch geringfügige Beschäftigungsverhältnisse und unbefristete Festanstellungen (Abb. 5).

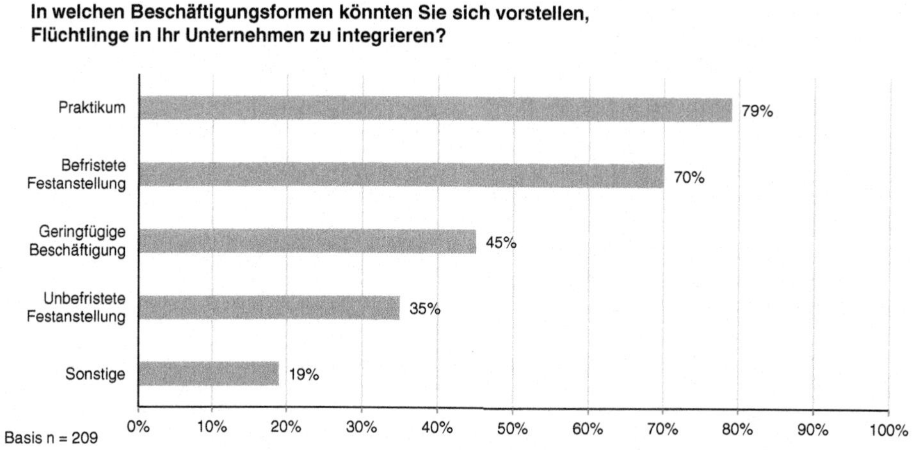

Abb. 5 Formen, in denen eine Beschäftigung vorstellbar wäre. (Rump et al. 2016)

Abb. 6 Rekrutierungswege, die vorstellbar wären. (Rump et al. 2016)

Zusätzlich werden Ausbildungsverhältnisse, projektbezogene Einsätze und Tätigkeiten im Rahmen des Bundesfreiwilligendienstes genannt.

Mögliche Rekrutierungswege wären für die Befragten neben der Agentur für Arbeit auch das Jobcenter, private Initiativen, Flüchtlingseinrichtungen, kirchliche Institutionen und Web-Portale (Abb. 6). Weitere Einzelnennungen beziehen sich auf die Vermittlung über Bildungsträger, persönliche und betriebliche Netzwerke oder städtische Initiativen.

22 % der Befragten sehen keine Möglichkeiten, Flüchtlinge in ihr Unternehmen bzw. ihre Organisation zu integrieren, darunter insbesondere kleine und mittelständische Betriebe. Befragt nach den drei Hauptgründen geben die Unternehmensvertreterinnen und -vertreter insbesondere sprachliche Barrieren sowie mangelnde Fachkompetenzen

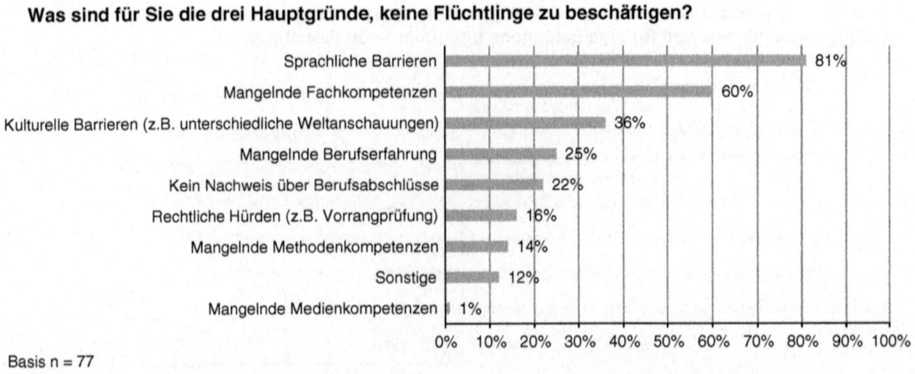

Abb. 7 Drei Hauptgründe, keine Flüchtlinge zu beschäftigen. (Rump et al. 2016)

an. Doch auch kulturelle Barrieren spielen eine nicht unerhebliche Rolle, ebenso wie mangelnde Berufserfahrung und kein Nachweis über Berufsabschlüsse (Abb. 7).

2.2 Relevante staatliche/gesetzliche Rahmenbedingungen für eine gelungene Integration

Bei dieser Fragestellung sind die Teilnehmenden aufgefordert, aus einer Auswahl an staatlichen/gesetzlichen Rahmenbedingungen die für sie wichtigsten Punkte zu selektieren. Am häufigsten werden dabei ein öffentlich gefördertes Angebot an berufsbegleitender sprachlicher sowie fachlicher Weiterbildung und die Vereinfachung der Aufnahme einer Arbeitstätigkeit genannt. Ebenso hoch relevant werden die Aufklärung über rechtliche Grundlagen und Transparenz bezüglich der Anerkennung von Kompetenzen eingestuft. Der letztgenannte Aspekt ist vor allem Großunternehmen sehr wichtig. Immerhin 43 % der Betriebe – darunter besonders viele Vertreterinnen und Vertreter des Öffentlichen Sektors – wünschen sich eine Begleitung der Aufnahme von Flüchtlingen durch Dritte. Eher weniger relevant scheinen für die Entscheiderinnen und Entscheider verkürzte Ausbildungsgänge zu sein (Abb. 8).

Bei der ebenfalls möglichen Freitextangabe zu sonstigen staatlichen und gesetzlichen Rahmenbedingungen, die als relevant erachtet werden, nennen die Befragten verpflichtende staatliche geförderte Angebote zur kulturellen Integration bzw. zur Aufklärung über deutsche Werte und auch Gesetze. Darüber hinaus wird eine schnellere Entscheidung darüber, ob eine Person in Deutschland verbleiben darf oder nicht, gewünscht.

2.3 Relevante organisatorische Rahmenbedingungen für eine gelungene Integration

Auch die organisatorischen Rahmenbedingungen spielen eine große Rolle im Hinblick auf eine gelungene Integration. Für die Entscheiderinnen und Entscheider sind dabei

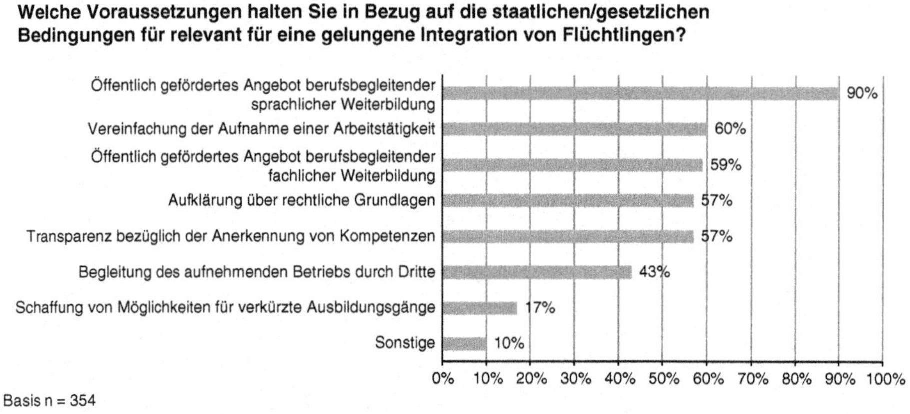

Abb. 8 Staatliche/gesetzliche Rahmenbedingungen für eine gelungene Integration. (Rump et al. 2016)

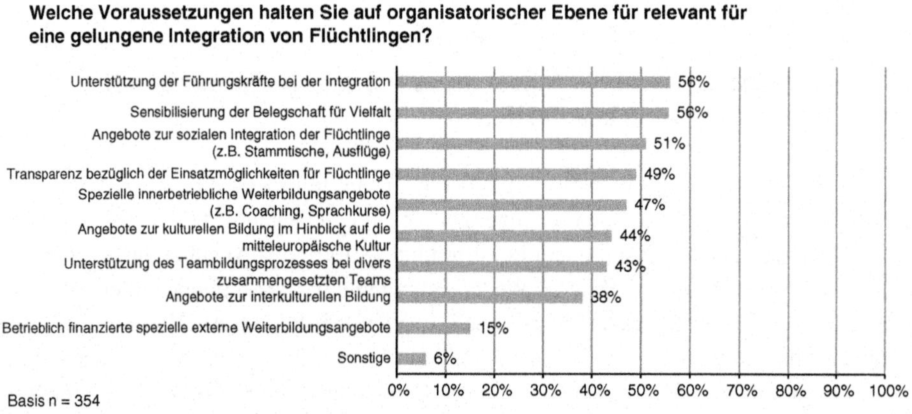

Abb. 9 Organisatorische Rahmenbedingungen für eine gelungene Integration. (Hays und IBE 2016)

nahezu alle zur Auswahl gestellten Aspekte gleichermaßen relevant mit Ausnahme von betrieblich finanzierten speziellen externen Weiterbildungsangeboten (Abb. 9). Zusätzlich zu den angegebenen Aspekten nennen die Teilnehmenden noch die Notwendigkeit, eine „Ghettobildung" im Unternehmen zu verhindern. Zudem wird deutlich, dass Hilfestellungen zur Eingliederung, beispielsweise im Zusammenhang mit Angeboten zur Erlangung von Kompetenzen und zur kulturellen Bildung, eher seitens des Staates erwartet werden.

Die Einschätzungen der Vertreterinnen und Vertreter der unterschiedlichen Sektoren (Industrie, Dienstleistung sowie Öffentlicher Sektor) unterscheiden sich im Hinblick auf diese Fragestellung vergleichsweise stark, wie Abb. 10 veranschaulicht.

Abb. 10 Organisatorische Rahmenbedingungen nach Sektoren. (Hays und IBE 2016)

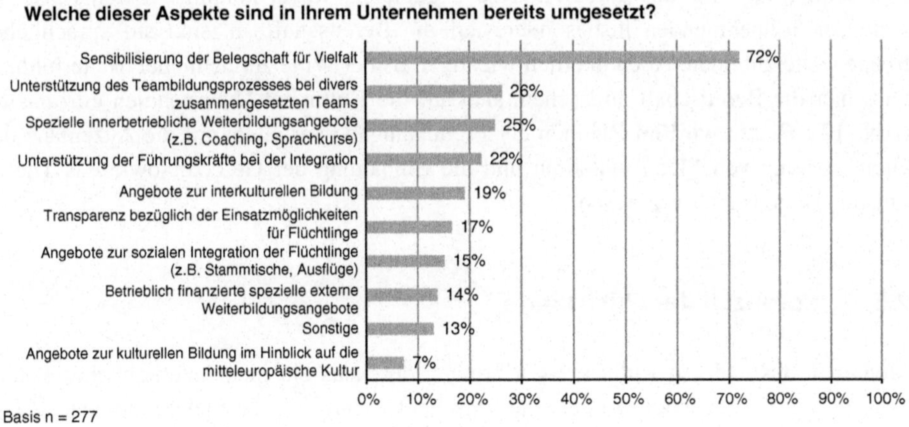

Abb. 11 Bereits umgesetzte organisatorische Rahmenbedingungen für eine gelungene Integration. (Hays und IBE 2016)

Im zweiten Teil der Fragestellung wird erhoben, inwieweit bestimmte organisatorische Rahmenbedingungen bereits in den Unternehmen und Organisationen gegeben sind. Dabei zeigt sich, dass die Sensibilisierung der Belegschaften für Vielfalt in den teilnehmenden Unternehmen und Organisationen aus Sicht der Befragten schon weit vorangeschritten ist, jedoch im Hinblick auf die übrigen genannten Aspekte noch Nachholbedarf besteht (Abb. 11).

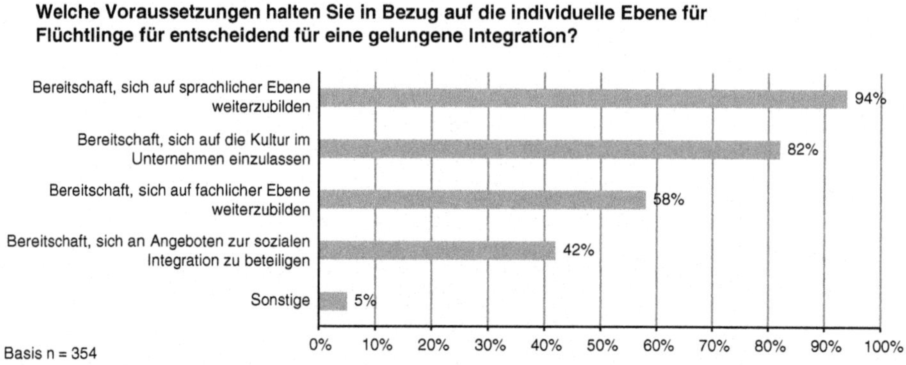

Abb. 12 Individuelle Voraussetzungen für eine gelungene Integration. (Hays und IBE 2016)

2.4 Relevante individuelle Rahmenbedingungen für eine gelungene Integration

Nicht zuletzt bestehen bestimmte Erwartungen, inwieweit die Flüchtlinge selbst bereit sein sollten, sich für ihre Integration zu engagieren. Dabei kommt es nach Einschätzung der Teilnehmenden insbesondere auf die Bereitschaft an, sich auf sprachlicher Ebene weiterzubilden. Noch deutlich wichtiger als der Wille zu fachlicher Weiterbildung wird hier die Bereitschaft angesehen, sich auf die Kultur im Unternehmen einzulassen (Abb. 12). Hierzu wird im Rahmen der Freitextangabe vor allem auf die Akzeptanz der Gleichstellung von Mann und Frau und die Einhaltung der Gesetze sowie das Thema Leistungsbereitschaft verwiesen.

2.5 Potenzial der Flüchtlinge

Menschen aus anderen Kulturkreisen bringen durchaus ein nicht unerhebliches Potenzial mit. Für die Entscheiderinnen und Entscheider sind es insbesondere die neuen Perspektiven, von denen Arbeitgeber profitieren können. Zurückhaltender äußern sie sich im Hinblick auf das Potenzial durch sprachliche und kulturelle Vorteile im internationalen Kundenkontakt, interkulturelle Kompetenzen und die Sensibilisierung der Belegschaft für die Vorteile von Vielfalt sowie bezüglich des spezifischen Know-hows. Hierzu ist anzumerken, dass dem letztgenannten Aspekt in Großunternehmen ab 5000 Mitarbeitenden eine deutlich höhere Bedeutung beigemessen wird als in den übrigen Unternehmensgrößen. Des Weiteren werden im Bereich der sonstigen Nennungen eine hohe Motivation zu lernen und zu arbeiten sowie das Potenzial, den Arbeitskräftemangel in Deutschland auszugleichen, angeführt (Abb. 13). Die freien Kommentierungen machen zudem deutlich, dass sich – ähnlich wie bereits bei der Frage nach den gemachten Erfahrungen – die Teilnehmenden mit pauschalen Einschätzungen sehr schwer tun und für eine differenzierte Sichtweise plädieren.

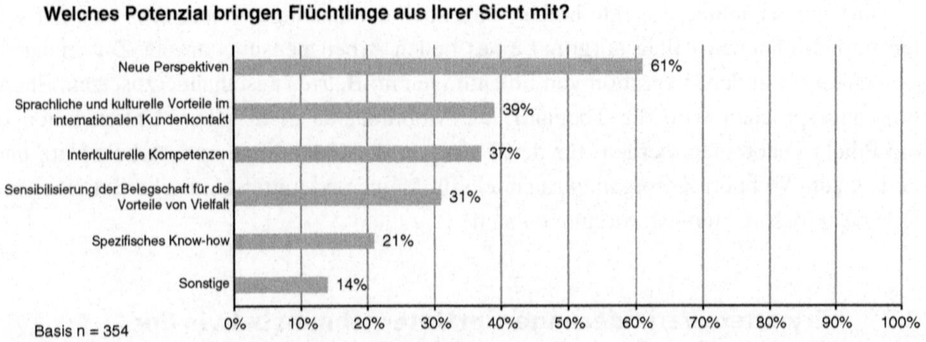

Abb. 13 Potenzial der Flüchtlinge. (Hays und IBE 2016)

2.6 Stolpersteine bei der Integration

Es ist nicht von der Hand zu weisen, dass Integration nicht frei von Hemmnissen und Hürden ist. Der entscheidendste „Stolperstein" sind dabei aus Sicht der Teilnehmenden sprachliche Barrieren, wie bereits im Zusammenhang mit vorangegangenen Fragestellungen deutlich wurde. Mangelnde Fach-, Methoden-, Medien- oder Sozialkompetenzen halten die Entscheiderinnen und Entscheider hingegen kaum für hinderlich. Für sie spielen kulturelle Barrieren, beispielsweise verursacht durch unterschiedliche Weltanschauungen, eine sehr viel bedeutsamere Rolle. Ebenso sind es formale Kriterien, die Schwierigkeiten bereiten, wie die Unsicherheit bezüglich der Dauer der Verfügbarkeit, mangelnde Transparenz bezüglich der rechtlichen Voraussetzungen, Beschäftigungseinschränkungen oder fehlende bzw. nicht anerkannte Qualifikationsnachweise (Abb. 14).

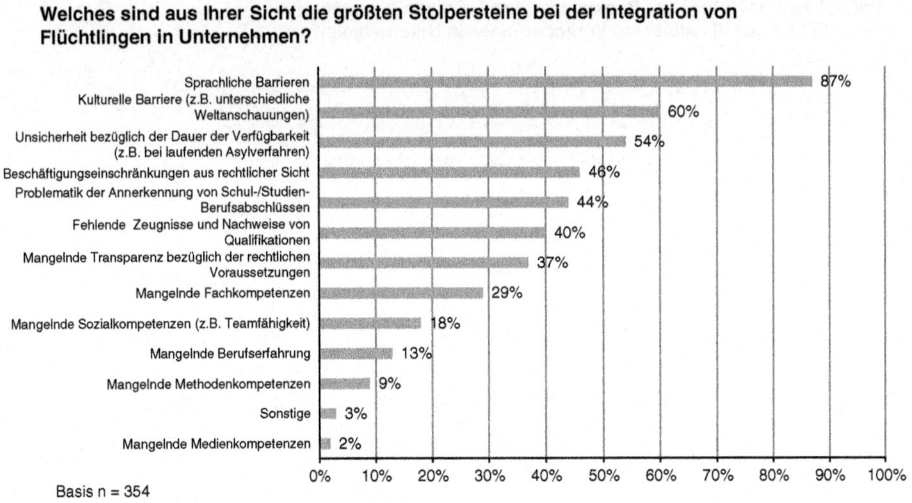

Abb. 14 Stolpersteine bei der Integration. (Rump et al. 2016)

Über die genannten Aspekte hinaus wird auch darauf hingewiesen, dass es nicht selten im betrieblichen Alltag aufgrund eines hohen Arbeitspensums an der Zeit mangelt, sich adäquat mit der Integration von Flüchtlingen im Betrieb auseinanderzusetzen. Ebenfalls angesprochen wird die Thematik der Mobilität, da nicht selten Unternehmen in die Pflicht genommen werden, für den Transport der Flüchtlinge zum Arbeitsplatz und zurück zum Wohnort zu sorgen, was gerade für kleine und mittelständische Betriebe eine teils nicht lösbare Herausforderung darstellt.

2.7 Erwartete Veränderungen im Unternehmen bzw. in der Organisation durch die verstärkte Integration von Flüchtlingen

Befragt danach, inwieweit sie durch eine stärkere Integration von Flüchtlingen Veränderungen in ihrem Unternehmen bzw. ihrer Organisation erwarten, nennen die Teilnehmenden – vor allem aus den Großunternehmen ab 5000 Beschäftigten – insbesondere Konsequenzen für die Zusammensetzung einzelner Teams, Abteilungen oder Bereiche. Nahezu ebenso häufig werden die Art der Zusammenarbeit sowie die Unternehmenskultur genannt. In geringerem Ausmaß rechnen die Befragten mit Veränderungen im Hinblick auf die Personalentwicklung, die Führungskultur oder die Chancengleichheit (Abb. 15). Unter den sonstigen Nennungen findet sich auch die Notwendigkeit, sich auf die Bedürfnisse von Muslimen einzustellen, indem beispielsweise Gebetsräume oder eine Anpassung der Speisenauswahl in der Kantine erforderlich werden.

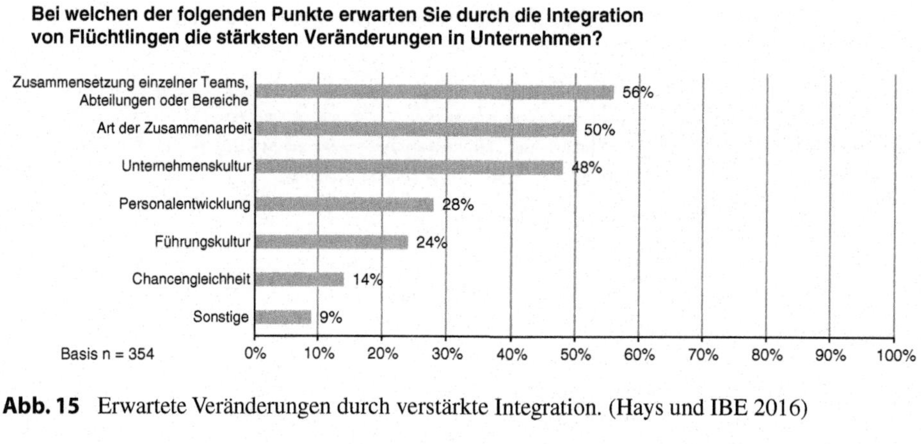

Abb. 15 Erwartete Veränderungen durch verstärkte Integration. (Hays und IBE 2016)

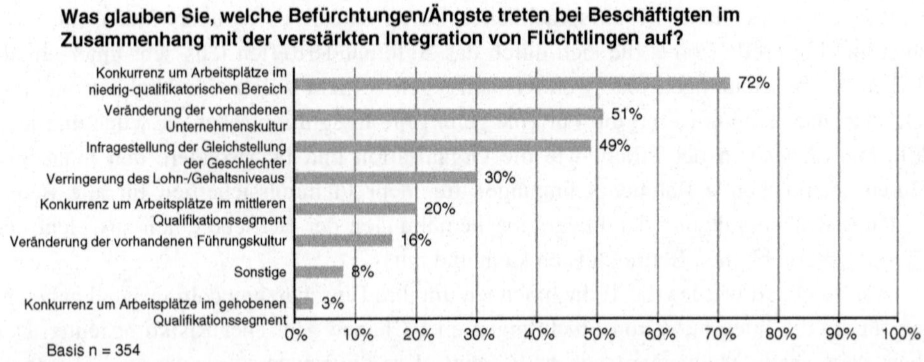

Abb. 16 Befürchtungen und Ängste der Belegschaft. (Rump et al. 2016)

2.8 Befürchtungen/Ängste im Zusammenhang mit der Integration von Flüchtlingen

Auch aufseiten derjenigen, die bereits als Mitarbeitende in einem Unternehmen oder einer Organisation tätig sind, können durchaus Befürchtungen und Ängste im Zusammenhang mit einer verstärkten Integration von Flüchtlingen auftreten. In erster Linie steht hier aus Sicht der Entscheiderinnen und Entscheider die Konkurrenz um Arbeitsplätze im niedrigqualifikatorischen Bereich im Fokus. Aber auch im Hinblick auf die Veränderung der vorhandenen Unternehmenskultur und die Infragestellung der Gleichstellung der Geschlechter wird mit nicht unerheblichen Befürchtungen und Ängsten gerechnet. Immerhin 30 % der Befragten befürchten darüber hinaus eine Verringerung des Lohn-/Gehaltsniveaus, und auch die Konkurrenz um Arbeitsplätze im mittleren Qualifikationssegment spielt durchaus eine Rolle. Dahingegen wird die Konkurrenz um Arbeitsplätze im gehobenen Qualifikationssegment nicht als realistisches Szenario erachtet (Abb. 16). Auch hier wird der Zeitmangel aufgegriffen, der mit der Befürchtung der vorhandenen Belegschaft einhergehen kann, durch den erhöhten Aufwand für das Erklären von Aufgaben bzw. die Überwindung von Sprachbarrieren eine zusätzliche Belastung zu erfahren.

2.9 Zusammenfassung

Als Gesamtbild zeigt die Befragung, dass unter den Entscheiderinnen und Entscheidern eine hohe Bereitschaft besteht, heute oder künftig Flüchtlinge in ihr Unternehmen oder ihre Organisation zu integrieren, wenngleich derzeit überwiegend in Form von Praktika. Sie realisieren jedoch durchaus, dass Integration mit gewissen Stolpersteinen und auch mit Befürchtungen seitens der bestehenden Belegschaften einhergehen kann.

Vorherrschend ist dabei neben sprachlichen Barrieren, die es zu überwinden gilt, stets auch die kulturelle Frage, die sich durch das Aufeinandertreffen teils sehr unterschiedlicher Weltanschauungen und Wertevorstellungen – nicht zuletzt im Hinblick auf das Geschlechterverhältnis – ergibt. Für eine gelungene Integration sehen sie jeden und jede Einzelne ebenso in der Pflicht wie die Organisation und insbesondere den Staat, der durch entsprechende Rahmenbedingungen für mehr Planungssicherheit für alle Beteiligten und Unterstützung der Integrationsbemühungen der Betriebe einen aus Sicht der Befragten erheblichen Beitrag leisten kann und muss.

Abschließend werden die Teilnehmenden um ihre Einschätzung dahingehend gebeten, ob für sie die Integration von Flüchtlingen eher Chance oder eher Risiko bedeutet. Der hier entstehende Medianwert von 64 % zeigt, dass die Entscheiderinnen und Entscheider zwar durchaus die gegebenen Herausforderungen erkennen, jedoch etwas stärker von Hoffnung auf die Potenziale der Flüchtlinge geprägt sind (Abb. 17).

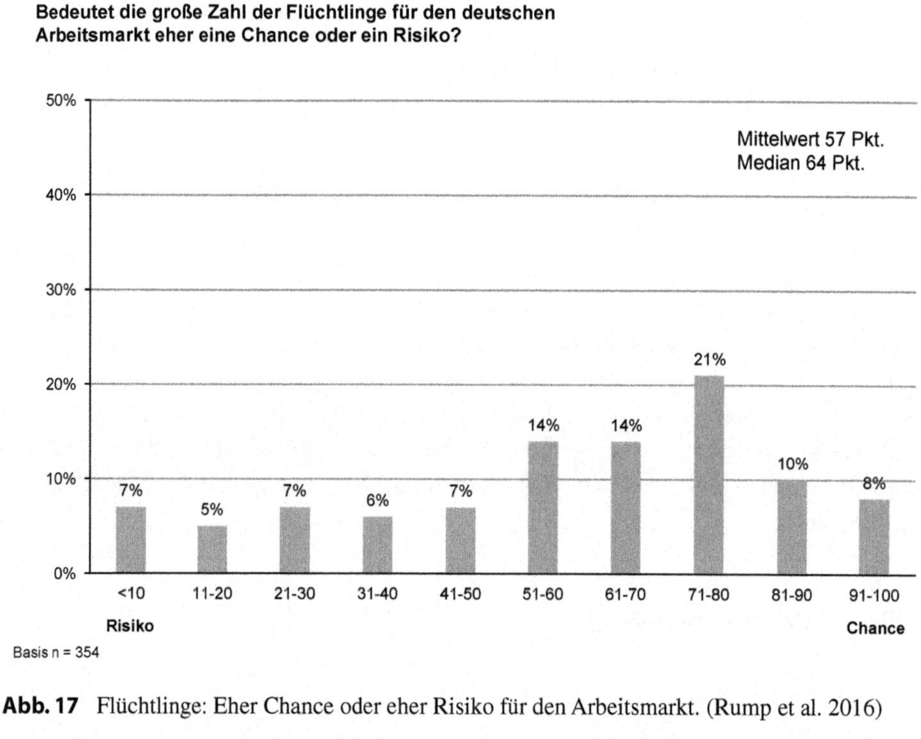

Abb. 17 Flüchtlinge: Eher Chance oder eher Risiko für den Arbeitsmarkt. (Rump et al. 2016)

3 Beispiele guter Praxis: Integration von Flüchtlingen in den Arbeitsprozess bzw. in Unternehmen

Auf Landes- und Bundesebene finden sich durchaus zahlreiche Beispiele, wie die Integration von Flüchtlingen in den Arbeitsprozess bzw. in Unternehmen gelingen kann. Die nachfolgende Übersicht stellt eine Auswahl dar, die keineswegs Anspruch auf Vollständigkeit erhebt. Täglich kommen neue Programme und Initiativen hinzu.

3.1 Initiative „Flüchtlinge in Ausbildung" der Handelskammer Bremen und der Industrie- und Handelskammer Bremerhaven

Die HK Bremen und die IHK Bremerhaven arbeiten in der Initiative „Flüchtlinge in Ausbildung" Hand in Hand zusammen. Bisher werden interessierten Unternehmen Informationen zur Verfügung gestellt, ausländische Bildungsabschlüsse anerkannt und Speed-Datings veranstaltet, bei denen Unternehmen und junge Flüchtlinge in Kontakt kommen können. Diese bisherigen Angebote sollen in der Initiative „Flüchtlinge in Ausbildung" gebündelt und durch weitere Maßnahmen ergänzt werden. Über die eigenen Aktivitäten hinaus haben die beiden Kammern zehn Thesen zur Erleichterung der Integration von Flüchtlingen in Wirtschaft und Gesellschaft formuliert. Besonders hervorzuheben ist an dieser Stelle die These „Integration junger Flüchtlinge in Ausbildung stärken", welche durch die HK Bremen und die IHK Bremerhaven insbesondere durch das Speed-Dating und die Anstrengungen jungen Flüchtlingen und Asylbewerberinnen bzw. -bewerbern eine Ausbildung, eine Einstiegsqualifizierung oder ein Praktikum zu vermitteln, vorangetrieben wird (HK Bremen und IHK Bremerhaven 2015). Im Oktober 2015 folgten bereits mehr als 200 Ausbildungsbetriebe der Initiative und bieten im Land Bremen 305 Ausbildungsplätze, 166 Plätze für Einstiegsqualifikationen (eine Art „Vorlehre") und 231 Praktikumsplätze an (IHK Bremerhaven 2015).

3.2 Programm „Start in den Beruf" der chemischen Industrie

Das Programm „Start in den Beruf" ist ein seit über 15 Jahren bestehendes Eingliederungsprogramm, das junge Menschen darauf vorbereiten soll, eine Ausbildung in der chemischen Industrie oder auch einer anderen Branche aufzunehmen. Bislang richtet sich „Start in den Beruf" an Jugendliche, die sich bisher beispielsweise wegen sozialer Schwierigkeiten oder schlechter Schulabschlüsse nicht für eine berufliche Ausbildung qualifizieren konnten. Die am Programm beteiligten Unternehmen der Chemiebranche möchten in dieses Programm, gemeinsam mit der IG BCE, künftig auch Flüchtlinge aufnehmen, deren Bleiberecht geklärt ist und die über eine Arbeitserlaubnis verfügen. Neben der üblichen Vermittlung allgemeiner Grundlagen, praktischer Arbeit, z. B. im Chemielabor, Berufsschule und individueller Betreuung durch Sozialberaterinnen und

-berater, soll bei den jungen Flüchtlingen vor allem der Spracherwerb im Vordergrund stehen. Finanziell gefördert werden die Eingliederungsverhältnisse durch die Unterstützungskasse der chemischen Industrie (UCI). Zusätzlich zu dem Programm „Start in den Beruf" sollen künftig auch Praktikumsplätze angeboten werden. Für Flüchtlinge, die bereits über eine qualifizierte und gesuchte Ausbildung – beispielsweise im IT-Bereich – verfügen, besteht die Möglichkeit, in Arbeitsverhältnisse übernommen zu werden. Hierzu wird eine enge Zusammenarbeit mit den verantwortlichen Arbeitsagenturen und Ausländerbehörden angestrebt (BAVC 2015; Chur 2015).

3.3 „4FRIENDS – Projekt zur Entwicklung einer Willkommenskultur in Hamburg" der SBB Kompetenz in Hamburg

Das durch das Bundesministerium des Innern geförderte und vom Bundesamt für Migration und Flüchtlinge betreute Projekt „4FRIENDS" des Bildungsträgers SBB Kompetenz gGmbH in Hamburg hatte die Integration von Migrantinnen und Migranten zum Ziel. Hierzu wurden Leitlinien für eine betriebliche Willkommens- und Anerkennungskultur entwickelt. Außerdem wurde eine Befragung bei Hamburger Unternehmen zum Thema Vielfalt durchgeführt und darüber hinaus wurden Practice-Beispiele aus den befragten Unternehmen herausgearbeitet und vorgestellt. Ein Bündnis, u. a. aus der Behörde für Arbeit, Soziales, Familie und Integration, der Hamburger Bürgerschaft, der Helmut-Schmidt-Universität und der Handwerkskammer Hamburg, ermöglichte es die Projektziele zu kommunizieren und somit eine breitere Bekanntheit des Projektes zu erreichen. In einem Expertenarbeitskreis mit Vertreterinnen und Vertretern aus Wissenschaft, Unternehmen und Migrantenorganisationen wurden gemeinsame Grundsätze erarbeitet um Unternehmen eine Hilfestellung im Umgang mit Diversität zu geben. Die Projektergebnisse wurden im September 2015 im Rahmen einer Abschlussveranstaltung in Hamburg vorgestellt (Sabbar-Letaief 2015; SBB Kompetenz gGmbH 2015).

Beispiel

Die im Projekt erarbeiteten Leitlinien für Unternehmen sind als Download verfügbar unter: http://www.sbb-hamburg.de/fileadmin/user_upload/Dateien/PDFs/Fuer_Unternehmen/4Friends-Leitlinien-web-12-10-15.pdf.

3.4 Öffnung des Tarifvertrags zur Integration Jugendlicher in Berufsausbildung (TV IJB) in der Metall- und Elektroindustrie (IG Metall Mitte)

„Der Arbeitgeberverband HESSENMETALL [sowie die Arbeitgeberverbände: Pfalzmetall, VMET und ME Saar] und die IG Metall Mitte vereinbarten ..., dass der Tarifvertrag zur Integration Jugendlicher in Berufsausbildung (TV IJB) in der Metall- und Elektroindustrie ... künftig auch für Flüchtlinge mit hoher Bleibeperspektive gelten soll" (Vereinigung der Hessischen Unternehmerverbände 2015). Dies bedeutet insbesondere, dass freiwillige Integrationsverträge vor allem die Förderung der deutschen Sprachkenntnisse sowie den Erwerb von Kompetenzen in den Bereichen Arbeits- und Sozialverhalten fördern sollen. Ziel dieser Tarifvertragsänderung soll es u. a. sein Flüchtlingen, unabhängig von deren Alter, eine berufliche Perspektive zu bieten ohne sie durch Lohndumping auszunutzen. Dem Betrieb steht es frei, Maßnahmen zur Einstiegsqualifizierung und Berufsvorbereitung, öffentliche Förderprogramme oder auch ergänzende Programme von Bildungsträgern in Anspruch zu nehmen. Die Tarifvertragsöffnung gilt aktuell für die vier Länder der IG Metall Mitte (Hessen, Rheinland-Pfalz, Saarland und Thüringen; Vereinigung der Hessischen Unternehmerverbände 2015).

3.5 Projekt „Flüchtlings-Netzwerker" der Handwerkskammer Koblenz

Primäre Ziele des Projekts „Flüchtlings-Netzwerker" sind die Netzwerkarbeit und die Verknüpfung vorhandener Ressourcen, um Flüchtlinge und Asylbewerberinnen und -bewerber bei der Suche nach einer beruflichen Perspektive im Handwerk zu unterstützen und zu beraten. So werden seit Beginn des Projektes im August 2015 vorhandene Kompetenzen erfasst und in Abstimmung mit den Berufsberaterinnen und -beratern der Arbeitsagentur eine individuelle Beratung zu Berufsbildern, Ausbildungschancen und Fördermöglichkeiten im Handwerk angeboten. Auch bei der Zusammenstellung von Bewerbungsunterlagen und der Vermittlung von Vorstellungsgesprächen wird Hilfestellung geleistet. Kommt es dann beispielsweise zu einem Berufsausbildungsvertrag, kann auch hier unterstützende Hilfe und Beratung in Anspruch genommen werden, um einen frühzeitigen Abbruch zu vermeiden. Die Zielgruppe der „Flüchtlings-Netzwerker" sind nicht mehr schulpflichtige Flüchtlinge mit konkreter Bleibeperspektive bis zu einem Alter von 35 Jahren, die auf der Suche nach einem Ausbildungsplatz sind. Bereits in den ersten 3 Monaten konnten 53 Flüchtlinge in ein Praktikum vermittelt werden, 22 Beratene begannen einen Lehre im Handwerk und weitere 31 Flüchtlinge starteten über eine Einstiegsqualifikation in Handwerksbetrieben in eine handwerkliche Berufsausbildung (Hundwerkskammer Koblenz 2015a, b).

3.6 Projekt „Perspektiven für Flüchtlinge – Potenziale identifizieren, Integration ermöglichen (PerF)" der Bundesagentur für Arbeit

Das im Oktober 2015 gestartete Projekt richtet sich an Asylbewerberinnen und -bewerber sowie in Deutschland „geduldete Menschen" mit hoher Bleibewahrscheinlichkeit, ebenso wie an anerkannte Flüchtlinge, die von den Agenturen für Arbeit oder den Jobcentern betreut werden.

In den ersten vier Wochen erhalten die Teilnehmenden Informationen zum deutschen Ausbildungs- und Arbeitsmarkt und zur Anerkennung ihrer im Ausland erworbenen Abschlüsse. In den darauf folgenden sechs Wochen werden im „Echtbetrieb" Talente, Potenziale und Kompetenzen der geflüchteten Menschen festgestellt. Im Anschluss erhalten die Teilnehmenden für zwei Wochen ein Bewerbungstraining und werden bei Arbeitsplatzsuche unterstützt. Während der gesamten Laufzeit werden berufsbezogene Deutschsprachkenntnisse vermittelt (Bundesagentur für Arbeit 2015).

3.7 Internetplattform „workeer"

Entstanden im Rahmen einer Bachelor-Abschlussarbeit zweier Studierender ist die Internetplattform www.workeer.de nach eigenen Angaben „die erste Jobbörse für Geflüchtete und Arbeitgeber, die ihnen Chancen eröffnen wollen" (Kühn und Jacob 2016). Ziel ist es, einen ersten Kontakt zwischen potenziellen Arbeitnehmenden und Arbeitgebern herzustellen. Sowohl Arbeitssuchende als auch interessierte Unternehmen können ein Profil erstellen, darüber hinaus werden konkrete Jobangebote veröffentlicht. Rechtliche Fragestellungen werden derzeit noch nicht thematisiert, dies ist jedoch geplant, um Unternehmen direkt Einblick in die bestehenden Rahmenbedingungen zu geben (Kirst 2016).

3.8 Aktionsprogramm der Industrie- und Handelskammer Rhein-Neckar zur Integration von Flüchtlingen

Die Industrie- und Handelskammer Rhein-Neckar führt seit Dezember 2015 ein Aktionsprogramm zur Integration von Flüchtlingen durch, das gleich mehrere Schwerpunkte abdeckt. So steht zum einen die Information und Beratung von Betrieben im Blickpunkt. Neben einer rechtlichen Erstberatung gibt hierzu ein eigens aufgelegter „Leitfaden zur Beschäftigung von Flüchtlingen im Unternehmen" einen Überblick über die wichtigsten Rahmenbedingungen. Ebenso zielt das Programm darauf ab, jungen Flüchtlingen eine berufliche Orientierung zu geben, indem in persönlichen Beratungsgesprächen nach passenden Ausbildungsberufen gesucht wird. Auch bei der Vermittlung in Ausbildung bietet das Aktionsprogramm Unterstützung durch ein Matching von Betrieben und Auszubildenden, das erfahrene Ausbildungsberaterinnen und -berater durchführen. Betriebe werden bei der Qualifizierung und Ausbildung von Flüchtlingen begleitet. Ein sog. Kümmerer soll als Mittler zwischen den Unternehmen und den Flüchtlingen in Ausbildung fungieren, um u. a. die Integration in den neuen Kulturkreis zu fördern. Diejenigen Flüchtlinge, die in Deutschland bleiben dürfen und eine Existenzgründung anstreben, können ebenfalls von der Industrie- und Handelskammer Rhein-Neckar und ihrem StarterCenter unterstützt werden (IHK Rhein-Neckar 2016a).

Des Weiteren findet sich auf der Internetpräsenz der Industrie- und Handelskammer Rhein-Neckar eine Sammlung von Best Practices. Unternehmen aus der Region werden dazu aufgerufen, ihre unterschiedlichen Formen der Unterstützung von Flüchtlingen darzustellen. Diese reichen von rein finanzieller Hilfestellung bis hin zum Angebot von Praktikumsplätzen (IHK Rhein-Neckar 2016b).

3.9 Modellprojekte zur Integration von Flüchtlingen in Rheinland-Pfalz: „Die rheinland-pfälzische Integrationskette"

Die „rheinland-pfälzische Integrationskette" umfasst unterschiedliche Modellprojekte und Angebote, mit denen bestehende Lücken geschlossen werden und neue Ansätze erprobt werden sollen. Einige davon sind nachfolgend dargestellt:

Modellprojekt „Kompetenzen erfassen, Chancen nutzen" des Arbeitsministeriums, des Integrationsministeriums sowie der Bundesagentur für Arbeit
Ansatz dieses Modellprojektes ist es, die individuelle Erfassung der Kompetenzen von Flüchtlingen in Erstaufnahmeeinrichtungen mit regelmäßigen (mehrsprachigen) Informationsveranstaltungen zum deutschen Arbeitsmarkt zu kombinieren. Dabei wird insbesondere darauf abgezielt, den Menschen bereits kurz nach ihrer Ankunft in den Erstaufnahmeeinrichtungen einen Überblick über rechtliche Rahmenbedingungen, aber auch ungeschriebene Regeln der deutschen Arbeitskultur zu geben. Damit soll deutlich gemacht werden, welche Voraussetzungen für eine erfolgreiche Integration in den Arbeitsmarkt bestehen und welche Erwartungen ggf. nicht erfüllt werden können, um Enttäuschungen und Konflikten vorzubeugen. An die Informationsveranstaltungen schließt sich ein persönliches Gespräch mit Beraterinnen oder Beratern der Agentur für Arbeit an, in dessen Verlauf die Möglichkeit besteht, schulische und berufliche Daten erfassen zu lassen, die an die Bundesagentur für Arbeit weitergeleitet oder direkt in den Erstaufnahmeeinrichtungen hinterlegt werden können. So kann auch die Einzelberatung durch die örtlich zuständigen Agenturen für Arbeit oder die Jobcenter frühzeitig starten. Bislang wurde das Projekt erfolgreich in den Erstaufnahmeeinrichtungen in Trier und Ingelheim durchgeführt, die Ausweitung auf weitere Standorte ist bereits in der Umsetzung (Ministerium für Soziales, Arbeit, Gesundheit und Demografie des Landes Rheinland Pfalz 2016).

Orientierungskurs Modellprojekt „Ankommen, erklären, verstehen, integrieren"
Auch in diesem Modellprojekt wird auf die Kombination unterschiedlicher Maßnahmen gesetzt. So wird den Flüchtlingen in einem theoretischen Teil eine erste Orientierung zum Leben und Arbeiten in Deutschland vermittelt. Im Modul „Ankommen in Deutschland" geht es insbesondere darum zu verdeutlichen, dass auch für ein wohlhabendes Land wie Deutschland die aktuelle Situation eine Herausforderung darstellt und ggf. unrealistische

Erwartungen, beispielsweise an die Wohnsituation, zu relativieren. Weitere Module beziehen sich auf das Grundgesetz und hier vor allem den Grundsatz der Gleichberechtigung von Mann und Frau, die Religionsfreiheit und den Rechtsstaat, zu ungeschriebenen kulturellen Regeln und zu Unterstützungsmöglichkeiten in der Kommune. Diese Orientierungskurse ergänzen die Kurse „Unsere Werte gemeinsam leben“ des Justizministeriums (https://mjv.rlp.de/en/themen/fluechtlingshilfe/). In einem praktischen Teil werden Hospitationen in regional ansässigen Betrieben angeboten. Start des Programms ist im Frühjahr 2016 in der Erstaufnahmeeinrichtung in Ingelheim mit dem Ziel, das Angebot möglichst flächendeckend in den rheinland-pfälzischen Erstaufnahmeeinrichtungen einzuführen (Ministerium für Soziales, Arbeit, Gesundheit und Demografie des Landes Rheinland Pfalz 2016).

„Beschäftigungspilot“ nach Ankunft in den Kommunen

Da vielfach vor Abschluss eines Asylverfahrens kaum Kontakte zur Bundesagentur für Arbeit und entsprechende Unterstützungsmöglichkeiten bestehen, zielt der „Beschäftigungspilot“ darauf ab, diese Lücke zu schließen, indem den Flüchtlingen vor Ort individuelle Hilfe angeboten wird. Dabei werden die Menschen an ihrem jeweiligen Wohnort aufgesucht. Falls noch nicht geschehen, erfolgt eine Erstinformation und Kompetenzerfassung, vor allem jedoch geht es darum, in einer Art Lotsenfunktion über regional verfügbare Unterstützungsangebote zu informieren und Kontakt zu örtlichen Arbeitsagenturen herzustellen. Finanziert wird dieser Ansatz, der flächendeckend in allen rheinland-pfälzischen Kommunen eingeführt werden soll, aus Mitteln des Europäischen Sozialfonds (ESF) und aus Landesmitteln sowie von der Bundesagentur für Arbeit. Infrastruktur und erforderliche Sachmittel steuern die Kommunen bei (Ministerium für Soziales, Arbeit, Gesundheit und Demografie des Landes Rheinland Pfalz 2016).

Förderansatz „Fit für den Job für Flüchtlinge“

Das in Rheinland-Pfalz bereits etablierte, ESF-geförderte Programm „Fit für den Job“ wurde erweitert um „Fit für den Job für Flüchtlinge“, das im Januar 2016 an acht Standorten startete. Ziel ist es, jungen Flüchtlingen (aus dem Rechtskreis des SGB II) in einem Praxisteil die Möglichkeit zu geben, in Werkstätten Einblick in verschiedene Berufsfelder zu gewinnen, die in begleiteten Betriebspraktika vertieft werden können. Hinzu kommt ein Theorieteil, der eine kultursensible Berufswegeplanung ebenso umfasst wie eine sprachliche, fachliche und überfachliche Förderung. Hinzu kommt eine sozialpädagogische Begleitung (Ministerium für Soziales, Arbeit, Gesundheit und Demografie des Landes Rheinland Pfalz 2016).[3]

---

[3]Das Angebot wird je zur Hälfte aus Mitteln des Landes bzw. ESF-Mitteln und den beteiligten Jobcentern finanziert.

Modellprojekt „Begleitung in Arbeit" in Kooperation mit dem Jobcenter Vorderpfalz Ludwigshafen
Dieses Modellprojekt richtet sich an Unternehmen – insbesondere kleine und mittelständische Betriebe – die geflüchtete Menschen ausbilden und beschäftigen möchten. Hierbei geht es zunächst darum, Arbeitgeber umfassend über Rahmenbedingungen und Herausforderungen im Zusammenhang mit der Beschäftigung von Flüchtlingen zu informieren. In einem zweiten Teil werden Unternehmen und Flüchtlinge zusammengebracht, Unterstützung bei Bewerbung und Vorstellungsgespräch geleistet und interkulturelle Kompetenzen vermittelt. Kommt es zu einer Arbeitsaufnahme, wird die Begleitung des aufnehmenden Unternehmens und des oder der Beschäftigten in der Anfangsphase der Beschäftigung fortgesetzt, um frühzeitig Konflikten und Problemen vorzubeugen (Ministerium für Soziales, Arbeit, Gesundheit und Demografie des Landes Rheinland Pfalz 2016).[4]

4 Ausblick

Es wäre vermessen zu glauben, die Integration der Flüchtlinge, die sich derzeit bereits in Deutschland befinden sowie all derer, die sich bereits auf den Weg gemacht haben und noch machen werden, sei eine kurzfristig zu lösende Aufgabe. Vielmehr wird es einen „langen Atem" und ein konzertiertes Vorgehen aller Akteure in Wirtschaft, Politik und Gesellschaft brauchen, um sicherzustellen, dass niemand verloren geht und die durchaus nicht unerheblichen Potenziale, die viele Menschen mitbringen, für den deutschen Arbeitsmarkt zu nutzen.

Es macht Mut, dass viele Unternehmen diese Potenziale erkennen, jedoch gleichermaßen sensibel dafür sind, welche Herausforderungen in den kommenden Jahren auf sie zukommen, um diese Potenziale optimal zu nutzen. Dabei decken sich die Ergebnisse der oben genannten Untersuchung mit den Einschätzungen aus Wirtschaft und Wissenschaft, wonach die Sprachkompetenz zunächst die entscheidende Einstiegshürde in den Arbeitsmarkt darstellt. Wenn sich der Anteil derer, die mehr als nur Hilfs- und Unterstützungstätigkeiten leisten, vergrößern soll, ist Sprachförderung unabdingbar. Mindestens ebenso entscheidend ist es allerdings, sich mit kulturell bedingten unterschiedlichen Wertvorstellungen auseinanderzusetzen und bei allen Integrationsangeboten auch diesen Aspekt zu berücksichtigen. Darüber hinaus gilt es, Transparenz über die Qualifikationen der Flüchtlinge und deren Anschlussfähigkeit im deutschen Berufssystem zu erhalten. Belastbare Daten hierzu wird es allerdings frühestens im Spätsommer 2016 geben. Hierbei sollten nicht nur die jüngeren Flüchtlinge im Fokus stehen, für die es, wie vorab beschrieben, bereits vielfältige Maßnahmen und Initiativen gibt, sondern gerade auch

[4]Das Projekt findet in Kooperation mit dem Jobcenter Vorderpfalz-Ludwigshafen statt und wird größtenteils aus Landes- bzw. ESF-Mitteln finanziert.

Menschen im mittleren Lebensalter. Nicht zuletzt ist es für Arbeitgeber entscheidend, möglichst schnell Klarheit darüber zu erhalten, ob ein Flüchtling im Land bleiben und damit auch seine Ausbildung oder sein Beschäftigungsverhältnis fortsetzen darf oder nicht.

Integration kann und wird nur dann gelingen, wenn auch mögliche Hürden und Stolpersteine offen thematisiert werden und gerade kleine und mittelständische Betriebe eine angemessene Unterstützung bei ihrem Engagement für Flüchtlinge erfahren. Hier sind viele Kammern, Verbände und Agenturen für Arbeit bereits vorbildlich aktiv.

Literatur

BAVC – Die ChemieArbeitgeber (2015) Integration von Flüchtlingen. IG BCE und Arbeitgeber bündeln ihre Kräfte. https://www.bavc.de/bavc/mediendb.nsf/gfx/D12D08959074E411C1257EC00046B6A5/$file/14-09-2015_Integration_von_Fl%C3%BCchtlingen.pdf. Zugegriffen: 27. Dez. 2015

Bundesagentur für Arbeit (2015) Perspektiven für Flüchtlinge – Potenziale identifizieren, Integration ermöglichen (PerF). https://www.arbeitsagentur.de/web/wcm/idc/groups/public/documents/webdatei/mdaw/mjgz/~edisp/l6019022dstbai785245.pdf?_ba.sid=L6019022DSTBAI785248. Zugegriffen: 27. Dez. 2015

Chur D (2015) Flüchtlinge in der Arbeitswelt. Chemiekonzern Evonik qualifiziert junge Flüchtlinge. http://www1.wdr.de/studio/essen/themadestages/berufsqualifizierung-fuer-fluechtlinge-100.html. Zugegriffen: 27. Dez. 2015

Handelskammer Bremen/Industrie- und Handelskammer Bremerhaven (2015) Resolution der Handelskammer Bremen und der IHK Bremerhaven. Flüchtlinge in Wirtschaft und Gesellschaft integrieren. https://www.handelskammer-bremen.de/blob/hbihk24/Presse/downloads/2777196/592ae7ff64630d3441b634cbb0d112af/Fluechtlinge-in-Wirtschaft-und-Gesellschaft-integrieren-data.pdf. Zugegriffen: 15. Dez. 2015

Handwerkskammer Koblenz (2015a) „Flüchtlings-Netzwerker". http://hwk-koblenz.de/ausbildung/wege-ins-handwerk/projekte/fluechtlings-netzwerker.html. Zugegriffen: 27. Dez. 2015

Handwerkskammer Koblenz (2015b) Initiative der Flüchtlingsnetzwerker trägt Früchte. HwK Koblenz zieht erste Bilanz. http://hwk-koblenz.de/presse/pressemitteilungen/initiative-der-fluechtlingsnetzwerker-traegt-fruechte.html. Zugegriffen: 27. Dez. 2015

Hays AG, Institut für Beschäftigung und Employability (IBE) (2016) Integration von Flüchtlingen in den deutschen Arbeitsmarkt. Internes Arbeitspapier, Mannheim

Industrie- und Handelskammer (IHK) Bremerhaven (2015) Flüchtlinge in Ausbildung. Bremer Wirtschaft bietet jungen Flüchtlingen mehr als 700 Ausbildungs- und Praktikumsplätze an. Resolution „Flüchtlinge in Wirtschaft und Gesellschaft" verabschiedet. http://www.bremerhaven.ihk.de/presse-publikationen/pressemitteilungen/pressemitteilungen-2015/fluechtlinge-in-ausbildung/. Zugegriffen: 15. Dez. 2015

Industrie- und Handelskammer (IHK) Rhein-Neckar (2016a) Aktionsprogramm zur Integration von Flüchtlingen. https://www.rhein-neckar.ihk24.de/standortpolitik/fluechtlinge-integrieren/aktionsprogramm-integration/3123968. Zugegriffen: 12. Febr. 2016

Industrie- und Handelskammer (IHK) Rhein-Neckar (2016b) Best Practice: Flüchtlingen helfen. https://www.rhein-neckar.ihk24.de/standortpolitik/fluechtlinge-integrieren/Best_Practice/2999944. Zugegriffen: 12. Febr. 2016

Kirst V (2016) So funktioniert die Online-Jobbörse für Flüchtlinge. http://www.welt.de/wirtschaft/article144600703/So-funktioniert-die-Online-Jobboerse-fuer-Fluechtlinge.html. Zugegriffen: 11. März 2016

Kühn P, Jacob D (2016) www.workeer.de. Zugegriffen: 11. März 2016

Ministerium für Soziales, Arbeit, Gesundheit und Demografie des Landes Rheinland-Pfalz (2016) Arbeitsmarktintegration von Flüchtlingen. Modellprojekte zur Integration von Flüchtlingen. Die rheinland-pfälzische Integrationskette, Mainz

Rump J, Schabel F, Möckel K, Eilers S (2016) Integration von Flüchtlingen in den deutschen Arbeitsmarkt. Eine Studie des Instituts für Beschäftigung und Employability IBE und der Hays Mannheim

Sabbar-Letaief R (2015) Hamburg: Mehr Vielfalt in Unternehmen. https://www.bamf.de/SharedDocs/Projekte/DE/ProjekteDesMonats/20150723-juli-projekt-des-monats.html. Zugegriffen: 10. Dez. 2015

SBB Kompetenz gGmbH (2015) Mehr Vielfalt in Hamburger Unternehmen. http://www.sbb-hamburg.de/ueber-uns/erfolgsgeschichten/mehr-vielfalt-in-hamburger-unternehmen-projekt-4-friends.html. Zugegriffen: 10. Dez. 2015

Vereinigung der Hessischen Unternehmerverbände (2015) Integration der Flüchtlinge in die Metall- und Elektroindustrie. http://vhu.de/vhu/home/presse/newsticker/integration_der_fluechtlinge_in_die_metall-_und_elektroindustrie.de.html. Zugegriffen: 27. Dez. 2015

Über die Autoren

Dr. Jutta Rump ist Professorin für Allgemeine Betriebswirtschaftslehre, insbesondere Internationales Personalmanagement und Organisationsentwicklung an der Hochschule Ludwigshafen. Sie hat zudem zahlreiche Mandate auf regionaler und nationaler Ebene inne und ist in Unternehmen als Projekt- und Prozessbegleiterin tätig. Darüber hinaus leitet sie das Institut für Beschäftigung und Employability IBE, das den Schwerpunkt seiner Forschungsarbeit auf personalwirtschaftliche, arbeitsmarktpolitische und beschäftigungsrelevante Fragestellungen legt.

Silke Eilers war während ihres berufsintegrierenden Studiums der Betriebswirtschaftslehre an der Hochschule Ludwigshafen im Vertrieb und im Personalmanagement der Koenig & Bauer AG in Frankenthal tätig. Seit dem Jahr 2003 ist sie wissenschaftliche Mitarbeiterin und Projektleiterin am Institut für Beschäftigung und Employability IBE. Ihre Arbeitsschwerpunkte liegen in den Themenbereichen Demografie, Trends der Arbeitswelt, Employability sowie Llebensphasenorientierte Personalpolitik.

Von der Pionierarbeit zum Gestalter des Demografiewandels: Das Seniorexperten-Modell der Bosch-Gruppe

Georg Hanen

Zusammenfassung

Steigende Lebenserwartung und geringe Geburtenzahlen führen zu einer Alterung der Gesellschaft. Verstärkt wird dies dadurch, dass die so genannten „Babyboomer" in den kommenden Jahren in Ruhestand gehen. Gleichzeitig ist zu beobachten, dass ältere Menschen gerne bereit sind, Ihre Erfahrungen auch im Rentenalter noch produktiv einzubringen. Mit der Bosch Management Support GmbH schuf Bosch bereits 1999 eine Plattform, über die Pensionäre (wegen der besseren Lesbarkeit wird die männliche Form verwendet; jedoch verstehen sich darunter sowohl Frauen als auch Männer) für zeitlich begrenzte Aufgaben an interessierte Stellen im Konzern vermittelt werden können. Zwischenzeitlich hat sich daraus eine internationale Organisation entwickelt, die im letzten Jahr weltweit rund 60.000 Manntage an Beratungs- und Unterstützungsleistung vermitteln konnte.

1 Demografischer Wandel: Herausforderung und Chance für Unternehmen

Der demografische Wandel bewegt Europa. Auch in Deutschland sind die Geburtenzahlen in den letzten Jahrzehnten deutlich gesunken und die Lebenserwartung der Menschen steigt. Beides führt zu einer „Alterung der Gesellschaft". Verschärfend kommt hinzu, dass die Generation der so genannten „Babyboomer" künftig zunehmend in den Ruhestand

G. Hanen (✉)
Bosch Management Services GmbH,
Leonberg, Deutschland
E-Mail: georg.hanen@de.bosch.com

J. Rump und S. Eilers (Hrsg.), *Auf dem Weg zur Arbeit 4.0,* IBE-Reihe,
DOI 10.1007/978-3-662-49746-3_9

geht. Doch gleichzeitig belegen Studien, dass sich viele ältere Menschen fit zum Arbeiten fühlen und ihre Erfahrungen gerne auch im Rentenalter noch einbringen würden. Auch das große ehrenamtliche Engagement Älterer zeigt das Bedürfnis nach sinngebender Beschäftigung über die Altersgrenze hinaus. Doch wie können Unternehmen oder öffentliche Einrichtungen diese Entwicklung für sich nutzen, etwa um vor allem wichtiges Wissen länger in ihrer Organisation zu erhalten?

Die Bosch-Gruppe ist ein international führendes Technologie- und Dienstleistungsunternehmen mit weltweit rund 375.000 Mitarbeiter (Stand: 31.12.2015). Sie erwirtschaftete im Geschäftsjahr 2015 einen Umsatz von 70,6 Mrd. EUR. Die Aktivitäten gliedern sich in die vier Unternehmensbereiche Mobility Solutions, Industrial Technology, Consumer Goods sowie Energy and Building Technology. Die Bosch-Gruppe umfasst die Robert Bosch GmbH und ihre rund 440 Tochter- und Regionalgesellschaften in rund 60 Ländern. Inklusive Handels- und Dienstleistungspartnern erstreckt sich der weltweite Fertigungs- und Vertriebsverbund von Bosch über rund 150 Länder. Basis für künftiges Wachstum ist die Innovationskraft des Unternehmens. Bosch beschäftigt weltweit 55.800 Mitarbeiter in Forschung und Entwicklung an 118 Standorten. Strategisches Ziel der Bosch-Gruppe sind Lösungen für das vernetzte Leben. Mit innovativen und begeisternden Produkten und Dienstleistungen verbessert Bosch weltweit die Lebensqualität der Menschen. Bosch bietet „Technik fürs Leben".

Das Unternehmen wurde 1886 als „Werkstätte für Feinmechanik und Elektrotechnik" von Robert Bosch (1861–1942) in Stuttgart gegründet. Die gesellschaftsrechtliche Struktur der Robert Bosch GmbH sichert die unternehmerische Selbstständigkeit der Bosch-Gruppe. Sie ermöglicht dem Unternehmen langfristig zu planen und in bedeutende Vorleistungen für die Zukunft zu investieren. Die Kapitalanteile der Robert Bosch GmbH liegen zu 92 % bei der gemeinnützigen Robert Bosch Stiftung GmbH. Die Stimmrechte hält mehrheitlich die Robert Bosch Industrietreuhand KG; sie übt die unternehmerische Gesellschafterfunktion aus. Die übrigen Anteile liegen bei der Familie Bosch und der Robert Bosch GmbH.

2 Arbeiten als Rentnerin oder Renter: Das Seniorexperten-Modell von Bosch

Bosch setzt bereits seit vielen Jahren auf altersgemischte Teams als Teil seiner Diversity-Strategie: Die Zusammenarbeit von Älteren und Jüngeren schafft eine Arbeitsatmosphäre mit unterschiedlichen Sichtweisen, die wichtige Impulse für Kreativität und Ideenreichtum liefert. Für sein heutiges Seniorexperten-Modell stellte Bosch vor mehr als 15 Jahren die Weichen und leistete Pionierarbeit in Deutschland: Die Bosch Management Support

GmbH (BMS) wurde 1999 als 100 %ige Tochtergesellschaft der Robert Bosch GmbH mit Sitz in Leonberg bei Stuttgart gegründet. Dahinter stand einerseits der Wunsch des Unternehmens, im Bedarfsfall noch einmal für begrenzte Zeit auf das Können und die Erfahrung von pensionierten Fach- und Führungskräften zurückgreifen zu können. Andererseits gab es das zunehmende Interesse der neuen Pensionäre, auch im Ruhestand fachliche Herausforderungen für begrenzte Zeit anzunehmen.

Aus den Anfängen mit 30 ehemaligen Bosch-Führungskräften entwickelte sich eine Organisation, die 2015 rund 60.000 Manntage Beratungs- und Unterstützungsleistungen vermittelte. Dafür stehen weltweit rund 1700 Experten vom Tarifmitarbeiter bis zum Bereichsvorstand zur Verfügung. Der Schwerpunkt der Vermittlungen liegt heute im Gegensatz zu den Anfängen längst nicht mehr im oberen Führungsbereich, sondern zu mehr als 75 % bei Spezialisten. Die durchschnittliche Auftragsdauer liegt bei etwa 40 Tagen, es handelt sich also keinesfalls um Dauerbeschäftigungen. BMS hat sich von einer rein deutschen zu einer internationalen Organisation entwickelt mit Niederlassungen in den USA, Mexiko, Brasilien, Indien, Japan, Großbritannien, Österreich und der Türkei.

Die Geschäftsidee ist so einfach wie einleuchtend: Seniorexperten sind überall dort gefragt, wo es bei Engpässen kurzfristigen oder sehr professionellen Bedarf gibt. Die vermittelten Leistungen betreffen alle Funktionsbereiche des Unternehmens: Unterstützung bei Entwicklungsaufgaben, Markt- und Geschäftsfeldanalysen, Hilfe beim Hochlauf neuer Erzeugnisse oder Werke, Erzeugniskostensenkungen, IT-Beratungen, Unterstützung bei Controlling-, Buchhaltungs- oder Personalthemen gehören ebenso dazu wie Schulungen, Coachings, Mentoring oder die Übernahme von Interimsfunktionen als Fachspezialist oder im Management, wenn ausgeschriebene Stellen vorübergehend nicht besetzt werden können. Kurz gesagt: Seniorexperten können heute für alle kaufmännischen, technischen und Unterstützungsfunktionen des Unternehmens eingesetzt werden, sogar Werkärzte sowie Umweltschutzspezialisten stehen zur Verfügung.

Das Besondere an den Seniorexperten: Es handelt sich ausschließlich um ehemalige Bosch-Mitarbeiter und -Führungskräfte. Der große Pool an Experten ist so schlagkräftig, weil jeder Einzelne jahrzehntelang spezifisches Bosch-Know-How gesammelt und die internen Arbeitsabläufe verinnerlicht hat. Und jeder hat die Besonderheiten und Kultur des Unternehmens Bosch nicht nur erlebt, sondern selbst mitgeprägt. Damit sind diese Experten ohne wesentliche Einarbeitungszeit sofort wirksam, wenn sie zum Einsatz kommen. Ihr Einsatz ist freiwillig, auch eine Begründung für die Ablehnung eines Auftrags ist nicht erforderlich. Wer einen Auftrag annimmt, ist dem entsprechend lösungsinteressiert und hoch motiviert für die jeweils anstehende Aufgabe.

Die Freiwilligkeit ist wechselseitig: Auch die Bosch-Fachabteilungen sind nicht verpflichtet, Aufträge an Seniorexperten zu vergeben. Jeder Auftraggeber ist frei, statt BMS auch andere Beratungsfirmen zu beauftragen. Das spornt auch die Seniorexperten an. Sie wollen durch Leistung und die Qualität ihrer Arbeit überzeugen. Dass dies gelingt, belegt neben dem Wachstum der Gesellschaft auch die Kundenzufriedenheit. Wenn ein Einsatz abgeschlossen ist, werden die Auftraggeber anhand eines einfachen Fragebogens um eine Bewertung des Experten und der BMS-Verwaltungsprozesse gebeten. Der Experte erhält eine Kopie. Von einer Maximalpunktzahl von 100 wurden in den letzten Jahren jeweils durchschnittlich mehr als 90 Punkte erreicht. Die Seniorexperten genießen ein hohes Ansehen in der Bosch-Gruppe.

2.1 Wertschätzung, Freiwilligkeit, Qualität: Erfolgsfaktoren des Seniorexpertenmodells

Grundvoraussetzung ist eine Unternehmenskultur, die auf Vielfalt setzt sowie die Erfahrung und Lebensleistung von Mitarbeitern verschiedenen Alters wertschätzt. Der Erfolg des Modells hängt ab von der fachlichen und persönlichen Qualifikation der Experten. Ebenso müssen genügend Experten zur Verfügung stehen, um ausreichend viele Aufträge zu bearbeiten und auf diese Weise Leistungsfähigkeit zu demonstrieren. Vor allem beim Start ist es entscheidend, dass die Organisation erkennt, dass der Vorstand bzw. die Geschäftsführung hinter der Idee steht. Das gelingt zum einen durch Kommunikation und zum anderen mit der Beauftragung von Seniorexperten. Die Abwicklung muss einfach und ohne große Genehmigungsverfahren ablaufen. Das „Matching" von Qualifikationsnachfrage und -angebot muss effektiv sein, die Abrechnung zügig und transparent erfolgen. Auftraggeber und Experte müssen sich darauf verlassen können, dass die Vorschriften des Arbeits-, Sozialversicherungs- und Steuerrechts beachtet werden.

BMS lebt von motivierten und einsatzfreudigen Experten. Bei einer Befragung einer repräsentativen Gruppe von Experten wurden als Hauptgründe für eine Tätigkeit als Pensionär genannt: Die Freude daran, Wissen und Erfahrung weitergeben zu können, die Befriedigung, noch wertgeschätzte Arbeit abliefern zu können und der Wunsch, sich damit körperlich und geistig fit zu halten. Auf die Frage, was sie an der Arbeit speziell für BMS schätzen, antwortete die große Mehrheit: die Möglichkeit, frei über ihre Aufträge entscheiden zu können, das flexible und ihre Bedürfnisse einbeziehende Zeitmanagement inklusive der Möglichkeit auch von zu Hause aus arbeiten zu können, wenn es die Aufgabe zulässt und den Kontakt zu den alten Kollegen halten zu können.

Die Entlohnung wurde von den wenigsten zu den wichtigsten Kriterien gezählt, sie muss dennoch nachvollziehbar und fair sein. Bei BMS richtet sie sich nach dem Grundeinkommen der Entgeltgruppe, in der der Experte vor seiner Pensionierung eingestuft war. Für jede Entgeltgruppe gibt es einen Honorarsatz, den der Experte als Bruttoentgelt erhält. Damit wird sichergestellt, dass die Kosten, die BMS verrechnet, sich an den Gesamtpersonalkosten vergleichbarer aktiver Mitarbeiter orientieren und im externen Quervergleich mit Beratungsunternehmen wettbewerbsfähig sind.

2.2 Steigendes Auftragsvolumen: Professionelle Abwicklung für Kunde und Seniorexperte

Aufgrund der weiteren Internationalisierung und vor allem des gestiegenen Geschäftsvolumens wurde Anfang 2013 ein maßgeschneidertes und leistungsfähiges System zur

Abbildung des Vermittlungsprozesses eingeführt. Das spezialisierte und prozessoptimierte System zur Expertenverwaltung bildet alle Kernprozesse der Expertenvermittlung vollständig ab und bietet dabei schwerpunktmäßig eine bedienerfreundliche und qualitativ leistungsfähige Matching-Plattform für Kunden und auftragswillige Experten. Auch alle relevanten betriebswirtschaftlichen Prozesse der Expertenverwaltung und -vermittlung sind in diesem IT-System abgebildet (Zeit-, Abwesenheit- und Reisekosten der Experten, Dokumentation der Zufriedenheit der Auftraggeber, kaufmännische Prozesse wie Auftragsabwicklung, Faktura sowie diverse Reporting-Funktionen). Das System ist verfügbar in Deutsch und Englisch, so dass es weltweit über das Bosch-Intranet anwendbar ist.

Für einen Seniorexperten gibt es drei Wege zu BMS: Er kann sich selber dort bewerben, er kommt auf Empfehlung seiner zuständigen Personalabteilung oder seines ehemaligen Vorgesetzten oder BMS spricht ihn direkt an. Die Aufnahme in die Expertendatei erfolgt in Absprache zwischen dem Experten und BMS. Hierzu erhält er Zugang zur BMS-Vermittlungssoftware und kann damit seine Qualifikationen auf Basis hinterlegter Funktions- und Rollenprofile eingeben. Damit steht er für Vermittlungen zur Verfügung.

Jeder Kostenstellenverantwortliche mit freiem Budget kann eine Beauftragung vornehmen. Sobald eine Bosch-Abteilung eine Beratungsanfrage an BMS heranträgt, wird über das IT-System ein Programm zur Auftragsabwicklung gestartet. Zunächst wird präzise geklärt, wie das Anforderungsprofil des Einsatzes aussieht: Wie lautet die konkrete Aufgabenstellung, welche Ziele verfolgt der Einsatz, welche Qualifikationen sind erforderlich, welche Bereiche des Unternehmens sind involviert, wo und in welchem Zeitraum findet der Einsatz statt und wie viele Tage innerhalb dieses Zeitraums werden voraussichtlich benötigt. Für die Ermittlung eines geeigneten Experten stehen dem Auftraggeber danach verschiedene Wege offen:

Er kann selber in den anonymisierten Expertenprofilen nach geeigneten Kandidaten suchen und sie über das System anfragen, er kann seine Anfrage im Expertenkreis öffentlich ausschreiben oder er übergibt seine Suchanfrage an die BMS-Koordinierungsstelle in Leonberg oder die jeweilige BMS-Niederlassung in einem anderen Land, von wo aus dann geeignete Kandidaten angesprochen werden. Erklären Experten Interesse an einem Auftrag, stellen sie damit dem Auftraggeber ihre Kontaktdaten zur Verfügung. Dieser trifft eine Auswahl und beauftragt BMS.

2.3 Erfahrungen nutzen – Innovationskraft steigern

Die zunehmende Volatilität der Märkte erfordert immer flexiblere Organisationsformen und wird zu wachsendem temporären Bedarf an qualifizierter Unterstützung führen. Mit BMS sind schnelle, zuverlässige und effektive Lösungen möglich. Die steigende interne Vernetzung bei Bosch und projektorientiertes Arbeiten sind die ideale Basis für das Zusammenspiel zwischen Wissen und Erfahrung der Älteren und den frischen Ideen und dem Können der Jüngeren; aktive Seniorexperten erfahren Wertschätzung nach ihrer Pensionierung. Daraus entsteht ein generationsübergreifender Austausch im Sinne gemeinsamen Lernens. Während die Jungmanager den Älteren etwa neue Software besser vermitteln können („Reverse Mentoring"), haben die erfahrenen Senioexperten oft jahrelange Routine in Führungs-, Motivations- und Fachfragen. Bei der täglichen Zusammenarbeit können die Senioren intern Brücken bauen, zumal sie frei von persönlichen Karrierezielen arbeiten und somit kein Konkurrenzdenken entsteht. Bosch kann das Erfahrungswissen älterer Fachkräfte auch nach deren Pensionierung weiter nutzen, ehemalige Mitarbeiter können auch weiterhin ihr Wissen und Know How aktiv einbringen. Damit stärkt die Bosch-Gruppe ihre Innovationskraft. Denn altersgemischte Teams sind letztendlich erfolgreicher, schaffen Kreativität und Impulse für neue Ideen. Deshalb will Bosch den Internationalisierungskurs seiner Seniorexperten weiter fortsetzen. Dabei wird Bosch auch seiner gesellschaftlichen Verantwortung Rechnung tragen und seine Erfahrungen an interessierte Unternehmen und Organisationen weitergeben. Bereits viele namenhafte Arbeitgeber haben im Austausch mit BMS für sich Ansätze gefunden, mit einem Seniorexperten-Modell die Chancen des demografischen Wandels zu nutzen.

Über den Autor

Dr. Georg Hanen ist Geschäftsführer der Bosch Management Support GmbH. Zuvor war Hanen in verschiedenen Managementfunktionen der Bosch-Gruppe tätig.

Teil IV

Personal strategisch planen

Personal strategisch planen: Bestandsaufnahme und Handlungsansätze

Jutta Rump, Lisa-Marie Kreis und René Schmoll

Zusammenfassung

Um auf zentrale Megatrends und die mit ihnen einhergehenden Konsequenzen schnell reagieren zu können, benötigen Unternehmen eine strategische Personalplanung. Dabei geht es nicht nur darum, den heutigen Personalbestand und -bedarf in den Blick zu nehmen. Vielmehr sind auch zukünftige Entwicklungen mitzudenken, die die Verfügbarkeit des Personals in quantitativer und qualitativer Hinsicht tangieren. Damit auch langfristig gesehen das notwendige Personal zur richtigen Zeit, am rechten Ort und mit der richtigen Qualität zur Verfügung steht, bedarf es einer strukturierten Vorgehensweise. Ausgehend von der Bildung von Jobfamilien bis hin zur Ableitung von Folgeplanungen zeigt der Beitrag bewährte Methoden und Vorgehensweisen, die Umsetzung der Unternehmensstrategie durch eine weitsichtige strategische Personalplanung sicherzustellen.

J. Rump (✉) · L.-M. Kreis · R. Schmoll
Institut für Beschäftigung und Employability IBE,
Ludwigshafen, Deutschland
E-Mail: jutta.rump@ibe-ludwigshafen.de

J. Rump und S. Eilers (Hrsg.), *Auf dem Weg zur Arbeit 4.0*, IBE-Reihe,
DOI 10.1007/978-3-662-49746-3_10

1 Grundlagen der strategischen Personalplanung

1.1 Einführung

Der demografische Wandel als einer der zentralen Megatrends führt in Deutschland zu einem Rückgang der Bevölkerung im Erwerbsalter.[1] Wohingegen dieser Altersgruppe im Jahr 2013 49,2 Mio. Menschen angehörten, wird sie durch das Ausscheiden der Babyboomer aus dem Erwerbsleben ab 2020 deutlich zurückgehen. In Folge werden 2030 etwa 44–45 Mio. im Erwerbsalter sein, wobei sich die Zahl bis 2060 auf etwa 38 Mio. Menschen reduziert, was einem Rückgang von 23 % entspricht (Statistisches Bundesamt 2015).[2] Hinzu kommen technologische und ökonomische Entwicklungen, die bedingen, dass die Anforderungen an die schrumpfende Gruppe der Erwerbstätigen immer weiter steigen.

Angesichts dieser Veränderungen gewinnt die langfristige Planung von unternehmerischen Aktivitäten zunehmend an Bedeutung. Vor diesem Hintergrund steigt auch die Erwartungshaltung an HR-Verantwortliche, das Personalwesen strategisch auszurichten (Nitschke 2012). Dennoch zeigt sich in der Praxis, dass betriebliche Entscheidungen im personellen Bereich häufig noch immer stärker intuitiv als vorausschauend getroffen werden (Kador und Pornschlegel 2004; Althauser et al. 2008). Laut der Untersuchung „Arbeitsqualität und wirtschaftlicher Erfolg" des Bundesministeriums für Arbeit und Soziales in Kooperation mit dem Institut für Arbeitsmarkt- und Berufsforschung verfügen zwar zwei Drittel der befragten Betriebe über einen Personalplan, jedoch planen davon nur 22 % länger als 3 Jahre in die Zukunft [Geschäftsstelle Initiative Neue Qualität der Arbeit (INQA) 2014]. Eine der zentralen Aufgaben der unternehmerischen Personalarbeit – das notwendige Personal zur richtigen Zeit, am rechten Ort und mit der richtigen Qualität zur Verfügung zu stellen – läuft damit Gefahr, nicht erfüllt werden zu können (Mag 2004; Berendes et al. 2011).

Es gilt daher, ein passendes Instrumentarium zu finden, mittels dessen auch in der Zukunft die notwendigen Personalressourcen gesichert werden können. Das wichtigste Instrument dafür stellt die strategische Personalplanung dar. Sie ist eine an der Unternehmensstrategie ausgerichtete Planung, die deren Umsetzung unterstützt bzw. sicherstellt (Berendes et al. 2011). Durch eine strategische Personalplanung können Unternehmen ihre mittel- bis langfristigen Veränderungen hinsichtlich ihres Mitarbeiterflusses gestalten und damit verbundene Risiken beherrschen (Sattelberger und Strack 2009). Dabei werden auch die treibenden Kräfte der Veränderungen berücksichtigt, die mithilfe der

[1] Als Erwerbsalter wird die Spanne von 20 bis 64 Jahren betrachtet (Statistisches Bundesamt 2015).

[2] Annahme hierbei ist, dass das Wanderungssaldo – Differenz zwischen Zu- und Fortzügen – von rund 500.000 im Jahr 2014 stufenweise bis 2021 auf 200.000 sinkt und danach konstant bleibt (Statistisches Bundesamt 2015). Diese Zahlen berücksichtigen nicht die aktuellen Flüchtlingsströme.

strategischen Personalplanung quantifiziert sowie systematisiert werden können und Zusammenhänge zur Unternehmensentwicklung erkennen lassen (Schulte 2012).

Auf einen Nenner gebracht hat die strategische Personalplanung zum Ziel, alle mit den Trends der Arbeitswelt einhergehenden Personalrisiken, -chancen und -strukturen zu steuern. Durch eine an der Unternehmensstrategie ausgerichtete Planung können wesentliche Einflussgrößen der Personalarbeit unter besonderer Berücksichtigung der zukünftigen Anforderungen an Kompetenzen, Qualifikationen und Kapazitäten der Belegschaft einer Organisation externalisiert werden (Niedermayr-Kruse et al. 2014). Dadurch gelingt es, eine ausreichende Anzahl an Personalressourcen zur benötigten Zeit in der erforderlichen Qualität und am richtigen Ort des Unternehmens bereitzustellen.

Um sich dem Kontext zu nähern, wie eine strategische Personalplanung im Unternehmen durchgeführt werden kann, erfolgt zunächst eine Betrachtung ihrer wesentlichen Eigenschaften und Voraussetzungen. Im Anschluss daran wird geprüft, inwiefern das Thema bereits Verbreitung in der unternehmerischen Praxis gefunden hat. Da gerade die kleinen und mittelständischen Unternehmen (KMU) häufig noch über keine an der Unternehmensstrategie ausgerichtete Planung verfügen, wird auf Durchführungsmöglichkeiten im zweiten Teil dieses Beitrages näher eingegangen. Daraus ergeben sich bereits erste Ansätze für Handlungsempfehlungen, die schließlich im dritten Teil ausgeführt sind.

1.2 Eigenschaften

Möchte ein Betrieb sein Personal strategisch planen, reicht eine alleinige Gegenüberstellung des Personalbedarfs und -bestands zu einem beliebig gewählten Zukunftszeitpunkt nicht aus. Im Folgenden werden keine weiteren Definitionsversuche unternommen, sondern vielmehr die zentralen Eigenschaften der strategischen Personalplanung skizziert (Berendes et al. 2011).

Als erstes Charakteristikum der strategischen Personalplanung lässt sich festhalten, dass diese nicht auf Basis von Einzeldatensätzen über Mitarbeiter und Mitarbeiterinnen, sondern als Potenzialplanung auf Basis von Jobfamilien erfolgt. Dafür werden gleichartige Funktionen in einem Betrieb zusammengefasst (vgl. Abschn. 2.2). Neben der Eingruppierung von Beschäftigten in Jobfamilien berücksichtigt die strategische Personalplanung auch Bewegungen zwischen den gebildeten Clustern, denn sie wirken sich wiederum auf die Abweichung zwischen Personalbedarf und -bestand aus (Berendes et al. 2011).

Eine weitere Eigenschaft der strategischen Personalplanung ist die Verbindung zwischen quantitativen („Wie viele Mitarbeiter haben wir?“) und qualitativen Aussagen („Über welche Qualifikationen verfügen diese?“) (Sinclair 2004; Sattelberger und Strack 2009; Berendes et al. 2011; Berendes und Werner 2015). Die qualitative Dimension der strategischen Personalplanung entsteht auch durch die Betrachtung von Jobfamilien. Dabei sind auch die zukünftig benötigten Kompetenzen der Mitarbeiter und Mitarbeiterinnen in der jeweiligen Jobfamilie zu analysieren. Werden demnach im Rahmen der strategischen Personalplanung Aussagen zu Mitarbeiterkapazitäten getroffen, beziehen sich diese nicht nur auf die bloße Quantität, sondern betrachten immer auch qualitative Aspekte (Berendes et al. 2011). Dadurch ist auch eine Abkehr von unmittelbaren Leistungszielen hin zu zukünftigen Potenzialzielen gewährleistet (Scholz 1982).

Zu beachten ist, dass bei Kapazitätsbetrachtungen nicht die Anzahl der verfügbaren Mitarbeiterköpfe, sondern die tatsächliche Kapazität im Vordergrund steht. Die Basiseinheit für weitere Planungsbetrachtungen bildet der englische Begriff „full time equivalent" (FTE) (Scholz 1982). Die Einheit wird auf Mitarbeiterebene gebildet, indem die tatsächlich geleisteten Arbeitsstunden durch die Vollzeitwochenarbeitsstunden des Betriebes geteilt werden (Losbichler et al. 2015).

Überdies betrachtet die strategische Personalplanung eine Entwicklung über einen längeren Zeitraum (Berendes et al. 2011; Berendes und Werner 2015). Sie steht damit im Gegensatz zur operativen Personalplanung, die einen Planungshorizont von bis zu 3 Jahren aufweist (Maasch 1996). Wichtig dabei ist, dass es bei der strategischen Personalplanung nicht darum geht, Altbekanntes mit dem Zusatz „strategisch" zu schmücken, sondern die strategischen Impulse, die sich aus der Personalplanung heraus ergeben, im Personalbereich zu verarbeiten und als Personalbereich auch selbst strategische Impulse zu generieren (Scholz 1984). Als Orientierungsgröße für den Planungshorizont der strategischen Personalplanung kann die strategische Unternehmensplanung gesehen werden. Weitere Einflussfaktoren bilden Qualifizierungszeiten der Belegschaft. Daher sollte der gewählte Planungshorizont es ermöglichen, Qualifizierungs- und Zuführungsmaßnahmen aufzuzeigen und somit Wirkungsverzögerungen zu berücksichtigen (Berendes et al. 2011).

Da die strategische Personalplanung zum Ziel hat, die Umsetzung der Unternehmensstrategie zu unterstützen bzw. sicherzustellen, findet neben der Entwicklung des Personalbestands auch die Nachfrage der Fach- und Geschäftsbereiche im Rahmen der Personalbedarfsplanung Berücksichtigung. Ferner werden auch hier Kompetenzänderungen bei den Jobfamilien bedacht, die einen Mehr- oder Minderbedarf an Personal zur Folge haben können (Berendes et al. 2011). Zusammengefasst findet die strategische Personalplanung nicht in einem „luftleeren Raum" statt (Berendes et al. 2011). Sie unterliegt ebenfalls wie der Personalbereich eines Unternehmens einer Vielzahl von Treibern. Dadurch bedingt ist es unmöglich, mit der strategischen Personalplanung ein exaktes Zukunftsbild zu generieren. Hinzu kommt, dass sie sich vordergründig auf ein spezielles Segment konzentriert, d. h. das gesamte Planungspotenzial fokussiert sich auf ein wichtiges Planungsproblem (Scholz 1982). Zudem findet eine Komplexitätsreduzierung statt: Die planungsrelevanten Informationen werden modellartig aufbereitet (Scholz 1982). Somit kann mithilfe einer strategischen Personalplanung die Wirkung von heutigen Maßnahmen in der Zukunft aufgezeigt werden. Da es sich bei der strategischen Personalplanung um eine wiederkehrende, langfristig ausgelegte Planung handelt, ist es empfehlenswert, zentrale Prämissen jährlich auf den Prüfstand zu stellen und ggf. anzupassen (Scholz 1982).

1.3 Voraussetzungen

Um als Betrieb seinen derzeitigen Personalbestand in den Blick nehmen und Aussagen über den zukünftigen Personalbedarf treffen zu können, erfordert es einiger Vorbereitungen.

Einer der ersten Schritte umfasst die Institutionalisierung der strategischen Personalplanung. Denkbare Alternativen sind die Etablierung der Personalplanung in die Personalabteilung, in Linieninstanzen oder Stabstellen bzw. -abteilungen. Eine weitere Möglichkeit besteht in der Bildung eines strategischen Personalplanungsteams (Mag 1998). Dabei ist darauf zu achten, dass die Teammitglieder mit den Grundzügen einer strategischen Planung vertraut sind (Scholz 1984). Es gilt, neben den einzubeziehenden Personen die Verantwortlichkeiten zu bestimmen ebenso wie die Inhalte der strategischen Personalplanung. Dafür bietet sich die Erstellung eines Projektplans an, der im Rahmen der Implementierungsphase turnusmäßig auf seine zeit- und anforderungsgemäße Ausgestaltung überprüft werden sollte (Scholz 1984). Ein Blick in die Empirie zeigt bei der Institutionalisierung der strategischen Personalplanung ein uneinheitliches Bild auf. Bei jedem zweiten mittelständischen Unternehmen in Deutschland (52 %) liegt die Zuständigkeit der strategischen Personalplanung bei der Geschäftsleitung. Lediglich bei jedem dritten Mittelständler (35 %) ist die Personalabteilung die impulsgebende Instanz (Wickel-Kirsch et al. 2009). Nach einer im Jahr 2012 veröffentlichten Studie von PricewaterhouseCoopers und der Universität St. Gallen wiederum haben die meisten der befragten Unternehmen ihre strategische Personalplanung in der Personalabteilung angesiedelt (Donkor et al. 2012). Was zudem erstaunt: Jeder dritte Fachbereich fühlt sich nach einer Studie der HAYS AG mit Pierre Audoin Consultants bei Personalfragen in der Hauptverantwortung, jedoch beteiligen nur 13 % der befragten Personalleiter und Personalleiterinnen die Fachbereiche im Rahmen der strategischen Personalplanung am Entwicklungsprozess einer Personalstrategie (Stiehler et al. 2014).

Nach der Institutionalisierung der strategischen Personalplanung sind die unternehmensspezifischen Rahmenbedingungen zu fokussieren. Beispielsweise gilt es zu klären, welche Planungsmethoden Anwendung finden sollen oder ob EDV-Unterstützung notwendig ist (Niedermayr-Kruse et al. 2014). Darüber hinaus ist eine solide Datengrundlage sicherzustellen, die Informationen zu den Personalstammdaten und strategischen Zielsetzungen des Unternehmens enthält (vgl. Abschn. 2.3 und 2.4). Hierfür sind gezielte und aktive Informationssuchprozesse zu fördern. Es gilt demnach festzulegen, welcher Mitarbeiter bzw. welche Mitarbeiterin im Planungsteam für welche Daten zuständig ist, sie beobachtet und in die entsprechenden Listen einpflegt (Scholz 1984). Eine weitere Vorbereitung umfasst die Definition des Planungshorizontes der strategischen Personalplanung, der meist 3–5 Jahre beträgt (Niedermayr-Kruse et al. 2014). Dies ist angesichts der aufgezeigten Charakteristika der strategischen Personalplanung im vorherigen Abschn. 1.2 nur bedingt zielführend, da so zukünftige Kompetenzanforderungen und Qualifizierungszeiten der Belegschaft ggf. unberücksichtigt bleiben. Empfehlenswert wäre daher eher ein

Planungshorizont von mindestens 5–10 Jahren (Naylor 1979; Greenlaw und Kohl 1986; Stopp 1989; Reddy 2004; DGFP 2009).

Ist die Vorbereitungsphase soweit abgeschlossen, gilt es, den Nutzen einer strategischen Personalplanung zu verdeutlichen. Denn anders als der Tenor der zu Kapitelbeginn aufgezeigten Studien ist die strategische Personalplanung kein Selbstzweck der Geschäftsleitung oder des Personalbereichs, sondern entfaltet ihren Mehrwert in der Interaktion mit den unterschiedlichen Anspruchsgruppen (Deller et al. 2008; Krebs et al. 2010; Berendes et al. 2011; Punke und Strack 2013). Dazu zählen neben der Geschäftsleitung, Personalabteilung und den Fachbereichen auch die Mitarbeiter und Mitarbeiterinnen selbst, ebenso wie die betriebliche Interessensvertretung. Sie sind im Rahmen der Bildung des strategischen Personalplanungsteams zwingend zu berücksichtigen, auch deshalb, da sie unterschiedliche Erwartungen an die Ergebnisse einer strategischen Personalplanung hegen. Diese reichen von einem stärkenorientierten Einsatz, der Sicherung des Beschäftigungsgrades bis hin zur Umsetzung der Unternehmensstrategie (Berendes et al. 2011). Durch die Fokussierung der Anspruchsgruppen kann eine einseitige Betrachtung der Personalressourcen während des Personalplanungsprozesses – z. B. nach ihrem Beitrag zur Umsetzung der Unternehmensstrategie – vermieden werden. Die Einbindung und Berücksichtigung der Anspruchsgruppen liefert folglich wichtige Impulse für den weiteren Personalplanungsprozess (Berendes et al. 2011).

Für die kommenden Schritte ist es vor diesem Hintergrund unabdingbar, dass Personalverantwortliche Zugang zu den strategischen Zirkeln des Unternehmens bekommen (Sattelberger und Strack 2009; Krebs et al. 2010; Punke und Strack 2013) bzw. die strategischen Zirkel – worunter häufig die Geschäftsleitung und Führungskräfte fallen – einen Teil des Planungsteams bilden. Denn nur dadurch wird es möglich, die Vielzahl an Anspruchsgruppen bedienen und strategische Optionen umfassend aus der Sicht des Personals bewerten zu können. Darüber hinaus ist somit gewährleistet, dass die benötigten Kompetenzen zur Erreichung der Unternehmensziele ausreichend zur Verfügung stehen. Dies fußt auf dem tiefer gehenden Verständnis der Anspruchsgruppen über die zukünftigen quantitativen und qualitativen Anforderungen an die Personalressourcen (Reddy 2004; Berendes et al. 2011).

Weiterhin kann durch ein diverses Planungsteam Transparenz und ein gemeinsames Verständnis über die Planungsziele der strategischen Personalplanung geschaffen werden, was wiederum die Akzeptanz und Qualität der abgeleiteten Personalmaßnahmen aus der strategischen Personalplanung erhöht (Berendes et al. 2011; Berendes und Werner 2015).

Verdichtet man die Ausführungen, lassen sich vier Grundvoraussetzungen der strategischen Personalplanung feststellen (Scholz 1984). Demnach bedarf es zur erfolgreichen Einführung

- eines mit Grundzügen der strategischen Planung vertrauten Personals;
- der Erstellung eines konzeptionellen Rahmens (Projektplans) ausgehend von der Bestandsaufnahme der individuellen Erfordernisse und Ausgangskomponenten des Unternehmens;

- des Aufbaus einer soliden Datengrundlage;
- eines neuen Verständnisses für den Personalbereich, dass er die Maßnahmen, die aus der strategischen Personalplanung resultieren, entsprechend umsetzen kann.

1.4 Bestandsaufnahme

Wenngleich die Notwendigkeit einer strategischen Ausrichtung der Personalplanung zunehmend auf verschiedenen Ebenen innerhalb von Wirtschaft und Wissenschaft diskutiert wird, lässt sich der aktuelle Implementierungsgrad strategischer Personalplanungssysteme als defizitär bezeichnen. Zu diesem Ergebnis kommt eine aktuelle Kienbaum-Studie (Bethkenhagen 2014), die besagt, dass nur etwa jedes fünfte Unternehmen seinen Fokus im Bereich der Personalarbeit auf die Thematik der strategischen Personalplanung legt. Darüber hinaus beklagen 40 % der befragten Unternehmen einen Mangel an definierter Methodik und Expertise. Gerade auf Unternehmensebene, wo strategisches Denken und Handeln bekanntlich als elementarer Faktor gilt, um das wirtschaftliche Überleben langfristig zu sichern, fehlt somit oftmals der strategische Weitblick in Personalfragen. Zu einem anderen Resümee kommt wiederum die Studie der Boston Consulting Group und der World Federation of People Management Associations (Strack et al. 2012). Sie zeigt, dass die strategische Personalplanung von deutschen (ebenso wie von russischen, finnischen und rumänischen) Unternehmen, hinter dem Talentmanagement, als zweitwichtigstes HR-Handlungsfeld angesehen wird. Weltweit wird sie lediglich durch die Führungskräfteentwicklung auf den dritten Platz verdrängt. Während die Thematik in Asien und Afrika gar als kritischstes Handlungsfeld angesehen wird, spielt sie auf dem amerikanischen Kontinent eine etwas untergeordnete Rolle.

Nichtsdestotrotz finden strategische Personalplanungssysteme ihren Ursprung im angloamerikanischen Raum, wo sie bereits Ende der 1980er-Jahre erfolgreich in Unternehmen (Bulla und Scott 1987) und US-Regierungsorganisationen (Teigland 1991) implementiert wurden. Ein Meilenstein der strategischen Planung war die Gründung der Strategic Management Society im Jahr 1980, welche seither das renommierte *Strategic Management Journal* herausgibt. Auch in einigen deutschen Unternehmen fand bereits in selbigem Jahrzehnt eine – eher auf vertikale Integrationsprozesse ausgelegte – Personalplanung statt (Drumm und Scholz 1988). Wenngleich sich die strategische Personalplanung bis dato im HRM-Vokabular etabliert hat, ist deren praktische Anwendung gegenwärtig nicht sehr verbreitet (Armstrong 2006; Krebs et al. 2010; Scholz 2014b; Bundesverband Deutscher Unternehmensberater e. V. 2015; Fratričová und Rudy 2015).

Wie bei vielen HR-Thematiken klafft auch hier eine große Lücke zwischen Wissenschaft und Praxis (Deadrick und Gibson 2007). Führende Personalwissenschaftler wiesen bereits 1988 auf die mangelnde Akzeptanz formaler Planungsmethoden hin (Drumm und Scholz 1988). Auch aktuelle Studien verdeutlichen, dass eine strategische Personalplanung längst noch kein fester Bestandteil der Personalarbeit geworden ist.

Die repräsentative Erhebung „Personalplanung 2009“ der Hochschule RheinMain und der Haufe Akademie bestätigt diesen Umstand explizit für den deutschen Mittelstand (Wickel-Kirsch et al. 2009). Umfassende Studien zeigen auf, dass Unternehmen generell zwar die Bedeutung einer strategischen Planung erkennen, das Potenzial dieses Instruments aber selten voll ausschöpfen. Hierzu zählen beispielsweise die Studien „Personalbedarfsplanung und -beschaffung in Unternehmen“ der Hays AG in Kooperation mit Pierre Audoin Consultants (Stiehler et al. 2014), die „HR-Trendstudie 2014“ von Kienbaum (Bethkenhagen 2014), „Unternehmenserfolg nachhaltig sichern durch strategische Personalplanung“ von PricewaterhouseCoopers (Donkor et al. 2012), sowie „Creating People Advantage 2012“ von der Boston Consulting Group in Zusammenarbeit mit der World Federation of People Management Associations (Strack et al. 2012).

2 Handlungsansätze zur Durchführung einer strategischen Personalplanung im Betrieb

2.1 Ausgangspunkt

Wurde in den vorangegangenen Ausführungen der Fokus darauf gelegt, was eine strategische Personalplanung auszeichnet, welche Voraussetzungen dafür erforderlich sind und wie es um das Thema in der unternehmerischen Praxis bestellt ist, zielen die folgenden Abschnitte darauf, Handlungsansätze zur Durchführung einer strategischen Personalplanung im Betrieb aufzuzeigen.

In einschlägiger Fachliteratur finden sich hierzu unterschiedliche Vorgehensweisen (z. B. Scholz 1982; Drumm 2008; Berendes et al. 2011; Niedermayr-Kruse et al. 2014). Dabei handelt es sich jeweils um spezielle Personalplanungsmodelle, die ausgewählte Methoden zur Formulierung und Lösung einzelner personeller Fragestellungen beinhalten (Mag 1998).

Im Folgenden wird dabei auf den entwickelten Personalplanungsprozess im Rahmen des Projektes „Strategische Personalplanung für KMU“[3] verwiesen, das seit 2014 kontinuierlich entwickelt und in Modellunternehmen erprobt wird. Der Prozess der strategischen Personalplanung gliedert sich dabei in fünf Schritte (Abb. 1).

[3]Weitere Informationen sind auf der Homepage des Projektes zu finden: http://strategische-personalplanung-kmu.dgfp.de/. Die entwickelten Instrumente zur strategischen Personalplanung umfassen zwei Leitfäden – einen für Unternehmens- und Personalleitungen und einen für Betriebsräte – sowie ein Planungsinstrument, mit dem Personalbestand, -bedarf und die Altersstruktur eines Unternehmens simuliert und Abweichungen analysiert werden können. Dem Projektkonsortium gehören das Institut für Beschäftigung und Employability IBE, die Deutsche Gesellschaft für Personalführung e.V. (DGFP), die Dynaplan AG, wmp consult – Wilke Maack GmbH sowie die Zukunftsallianz Arbeit & Gesellschaft e.V. an. Das Projekt wird vom Bundesministerium für Arbeit und Soziales im Rahmen der Initiative „Neue Qualität der Arbeit (INQA)“ gefördert.

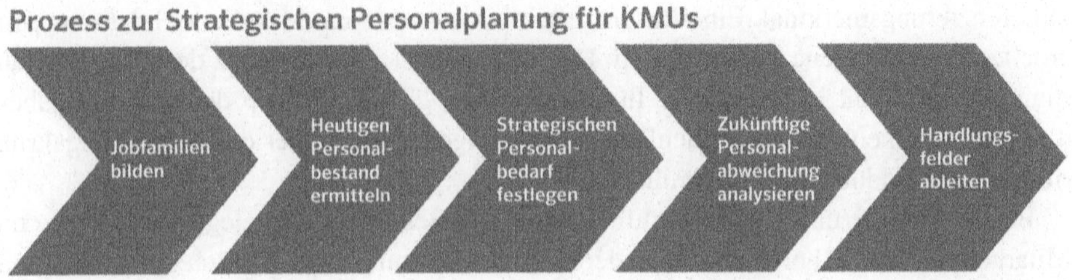

Abb. 1 Prozess der strategischen Personalplanung im Rahmen des Projektes „Strategische Personalplanung für KMU"

Vorgelagert sind jeweils die Vorbereitungen, die zur Implementierung einer strategischen Personalplanung im Betrieb erforderlich sind (vgl. Abschn. 1.3). Inhalt und Vorgehensweise der weiteren Schritte werden nachfolgend in leicht abgeänderter Form beleuchtet.

2.2 Bildung von Jobfamilien

Die Formierung von Jobfamilien bildet einen wichtigen Prozessschritt im Rahmen der strategischen Personalplanung. Hierfür werden Tätigkeiten im Unternehmen – unabhängig von Strukturen und Hierarchien – zusammengefasst, die ähnliche Aufgaben und Anforderungen aufweisen (Krebs et al. 2010; Berendes et al. 2011; Berendes und Werner 2015). Im Ergebnis entstehen Gruppierungen von Funktionen, Arbeitsplätzen und Kompetenzen zu weitgehend homogenen Gruppen (Scholz 2014a).

Damit die gebildeten Jobfamilien zur Ermittlung von Personalüber- bzw. -unterdeckungen durch die Gegenüberstellung des Personalbedarfs und -bestands beitragen können, lassen sich bestimmte Anforderungen ableiten (Scholz 2014a).

Dazu zählt zum einen, dass ihre Formierung nicht auf Basis der individuellen Qualifikationen des einzelnen Stelleninhabers erfolgen sollte. Vielmehr können Stellenbeschreibungen zur Bildung von Jobfamilien herangezogen werden, die nach einheitlichen Kriterien definiert wurden und Informationen zu den jeweiligen Tätigkeiten beinhalten. Dabei sind auch die hierfür benötigten Qualifikationen und erforderlichen Kompetenzen im Jobfamilienkonzept eines Betriebes abzubilden (Strack et al. 2009; Krebs et al. 2010; Berendes et al. 2011; Berendes und Werner 2015).

Neben den skizzierten Anforderungen sollten bestimmte Gliederungskriterien beachtet werden. Sie konkretisieren, wie die einzelnen Mitarbeiter und Mitarbeiterinnen in Jobfamilien eingruppiert werden können. Das erste Kriterium bildet der zeitliche Entwicklungshorizont zwischen zwei Stellen (Berendes et al. 2011). Alle Stellen, bei deren Wechsel untereinander nur mit einer kurzen Entwicklungs- sowie Einarbeitungszeit (≤1 Jahr) zu rechnen ist, können zu einer Jobfamilie zusammengefasst werden. Zum anderen bietet das erforderliche Qualifikationsniveau ein weiteres

Differenzierungsmerkmal. Eine Besonderheit bildet, wenn ein Mitarbeiter oder eine Mitarbeiterin verschiedene Tätigkeiten im Betrieb innehat (z. B. Assistenz der Geschäftsführung und Mitarbeit in Projekten). In diesen Fällen gilt das Prinzip der Hauptaufgaben, d. h. die Tätigkeit, der hauptsächlich nachgegangen wird, bildet das Gliederungskriterium bei der Bildung von Jobfamilien.

Bei der Formierung von Jobfamilien sollte von Beginn an festgelegt werden, wie mit Mitarbeitern und Mitarbeiterinnen, deren Arbeitsleistung dem Unternehmen temporär nicht oder nur teilweise zur Verfügung steht, umgegangen werden soll. Dazu zählen u. a. Mitarbeiter und Mitarbeiterinnen in Elternzeit oder Auszubildende.

Sind die Jobfamilien einmal definiert und als Merkmal in den Personalstammdaten ergänzt, lassen sie sich in Unterfamilien und Jobfelder unterteilen. So kann beispielsweise die Jobfamilie „Supply Chain" in die Unterfamilien „Einkauf" und „Logistik" differenziert werden, wobei „Lager" und „Transport" wiederum Jobfelder der Logistik darstellen (Haekel 2013).

Die Entscheidung zur Detaillierungstiefe der Jobfamilien ist dabei abhängig von der bestimmten Fragestellung, die mit der strategischen Personalplanung beantwortet werden soll. Von einer zu starken Detaillierungstiefe ist insbesondere bei kleinen und mittelständischen Unternehmen abzuraten. Denn je mehr Jobfamilien gebildet werden, desto schwieriger lässt sich der künftige Bedarf der einzelnen abschätzen. Auch andere Forschungsprojekte kommen zu dem Ergebnis, dass vor diesem Hintergrund nicht mehr als 12 Jobfamilien gebildet werden sollten (Großheim 2015).

Zusammengefasst gelingt es der strategischen Personalplanung durch die Formierung von Jobfamilien neben der rein quantitativen Ebene („Wie viele Mitarbeiter hat das Unternehmen?") auch die qualitative Entwicklung des Personalbestands („Über welche Qualifikationen verfügen die Beschäftigten?") in den Blick zu nehmen (Haekel 2013). Durch die Bündelung von Tätigkeiten wird der Fokus dabei von der Mitarbeiter- auf die Tätigkeitsebene gelenkt und Komplexität reduziert (Scholz 2014a). Dies schafft die nötige Transparenz sowie eine anonymisierte Datenbasis für weitere Planungsaktivitäten (Suder et al. 2011; vgl. auch Abschn. 1.3).

2.3 Erfassung und Analyse des betrieblichen Umfeldes

Nach der Bildung von Jobfamilien folgt die Erfassung und Analyse des betrieblichen Umfeldes. Denn um als Unternehmen mithilfe einer strategischen Personalplanung Veränderungen vorausschauend gestalten und die damit verbundenen Risiken beherrschen zu können, bedarf es genauer Kenntnisse ihrer treibenden Kräfte in Markt, Wettbewerb und Technologie (Drumm 2008; Sattelberger und Strack 2009).

Bei der Erfassung des betrieblichen Umfeldes werden somit verschiedene Treiber in den Blick genommen. Dazu zählen neben markt-, wettbewerbs- und technologiebedingten Entwicklungen prinzipiell all diejenigen, die einen Einfluss auf den

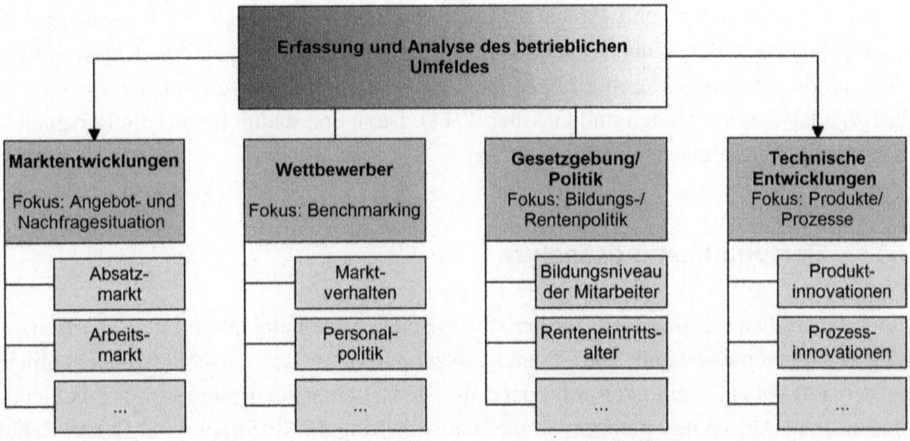

Abb. 2 Erfassung und Analyse des betrieblichen Umfeldes. (Nach Maasch 1996, S. 47)

zukünftigen Personalbedarf des Unternehmens in den jeweiligen Jobfamilien haben (Maasch 1996). Sie sind in der obigen Abb. 2 skizziert und erheben keinen Anspruch auf Vollständigkeit.

Wichtig bei der Analyse des betrieblichen Umfeldes ist, einen Bezug zu den Strategien des Unternehmens herzustellen. Dadurch können auch interne Entwicklungen und Einflussfaktoren berücksichtigt werden. Es finden sich hierzu unterschiedliche Vorgehensweisen (Drumm 2008; Scholz 2014a). Im sogenannten sukzessiven Modell führt die als Produkt- und Marktstrategie definierte Unternehmensstrategie zu einer strategischen Bestimmung des Personalbedarfs. Im Gegenzug manifestiert sich im integrierten Modell die Personalstrategie als Teil der Unternehmensstrategie, woraus sich Vernetzungen und Rückkopplungen für den Personalbedarf ergeben (Scholz 2014a). Im Rahmen des Projektes „Strategische Personalplanung für KMU" wird auf das sukzessive Modell zurückgegriffen. Betriebe sollen in diesem Prozessschritt bewerten, inwiefern Entwicklungen ihrer Märkte, Produkte, Dienstleistungen, Technologien und Produktivität Auswirkungen auf die Quantität sowie Qualität (erforderliche Kompetenzen, Qualifikationen) der Personalressourcen in den jeweiligen Jobfamilien haben.

Weitere Ausführungen zur Bestimmung des Personalbedarfs folgen in Abschn. 2.5.

Zusammengefasst findet die Ausrichtung des strategischen Personalmanagements an der Unternehmensstrategie in der Literatur einen breiten Diskurs (Schuler und Jackson 1987; Becker und Gerhart 1996; Delery und Doty 1996; Guest 1997; Ulrich 1997a; Becker und Huselid 1998; Drumm 2008; Krebs et al. 2010; Scholz 2014a). So kommen Schuler und Jackson bereits 1987 zu dem Ergebnis, dass HR-Praktiken, die sich an der Unternehmensstrategie ausrichten, einen größeren Gesamterfolg erzielen (Schuler und Jackson 1987).

Vor diesem Hintergrund ist es für eine erfolgreiche strategische Personalplanung essenziell, neben der Einbeziehung und Berücksichtigung von externen Umweltdaten auch interne Einflussfaktoren zu benennen und ihre Auswirkungen auf den Personalbedarf zu analysieren (Münch und Gassner 2014). Denn erst dadurch wird die Personalplanung zu einer strategischen (Maasch 1996).

2.4 Personalbestandsanalyse

Einer der nächsten Prozessschritte der strategischen Personalplanung bildet die Betrachtung des Personalbestands zum Planungsbeginn (t_0). In der einschlägigen Fachliteratur herrscht dabei Uneinigkeit, ob zuerst der Bedarf oder der Bestand in den Fokus der planerischen Aktivitäten genommen werden soll (Mag 1998; Strack et al. 2009; Scholz 2014a, c). Die Grenzen verlaufen häufig fließend, da im Rahmen der Analyse des Unternehmensumfeldes bereits erste Auswirkungen der Treiber auf den Personalbedarf in den jeweiligen Jobfamilien bewertet werden.

Bei der Verwendung von rechnergestützten Personalplanungsmodellen empfiehlt es sich allerdings, noch vor der Betrachtung des Personalbedarfs das Planungsinstrument mit den Personalstammdaten[4], ergänzt um die Jobfamilien des Betriebes, zu initialisieren. Denn erst dadurch können quantitative, qualitative, zeit- und raumbezogene sowie wertmäßige Aussagen zum aktiven Personalbestand getroffen werden, welcher wiederum das Herzstück der Personalbestandsanalyse bildet (Berendes et al. 2011; Scholz 2014a). Der aktive Personalbestand enthält die gesamte Menge an Mitarbeitern und Mitarbeiterinnen, die Arbeit für das Unternehmen verrichten, und wird durch Zu- und Abgänge verändert, die sich weiter differenziert darstellen lassen. Abgänge können demnach arbeitgeber- oder arbeitnehmerbedingt, z. B. im Fall von Kündigungen, erfolgen. Im Vordergrund der Analyse des Personalbestands stehen jene Abgangsarten, welche bereits heute einen hohen Anteil an der gesamten Fluktuation ausmachen, und solche, für die in Zukunft große Veränderungen angenommen werden können, wie beispielsweise Renteneintritte. Zu den Zugangsarten zählen u. a. die Einstellung neuer Mitarbeiter und Mitarbeiterinnen sowie Auszubildenden (Berendes et al. 2011). Dabei ist zu beachten, dass während der Ausbildung die Auszubildenden häufig nicht zum aktiven Personalbestand gezählt werden. Generell sollte ein Unternehmen für sich festlegen, ob Zuführungsbetrachtungen im Rahmen der Personalbestandsanalyse Berücksichtigung finden. Die Entscheidung ist dabei

[4]Eine für die strategische Personalplanung zentrale Rolle spielt hierbei vor allem die Erfassung des Alters der einzelnen Mitarbeiter und Mitarbeiterinnen, da dies die Grundlage für notwendige Altersstrukturanalysen darstellt.

immer abhängig von der Fragestellung, die mit der strategischen Personalplanung beantwortet werden soll. Hervorzuheben ist, dass durch die alleinige Betrachtung der Austritte zwar Komplexität reduziert, die Lücke zwischen Personalbedarf und -bestand allerdings erhöht wird.

Welche Personen letztlich zum aktiven Personalbestand gezählt werden, ist häufig eng verbunden mit der Frage, wie viel Arbeitsleistung dem Unternehmen durch seine Mitarbeiter und Mitarbeiterinnen tatsächlich zur Verfügung steht. Hierbei müssen kapazitätsreduzierende Faktoren beachtet und deren Bedeutung für die strategische Personalplanung im Einzelnen bewertet werden (Berendes et al. 2011). Dabei ergibt sich beispielsweise die effektive Arbeitszeit aus der Differenz der vertraglich festgelegten Arbeitszeit und der tatsächlichen Arbeitszeit. Wie eingangs skizziert werden außerdem die vertraglichen Arbeitszeiten aller Mitarbeiter und Mitarbeiterinnen auf Vollzeitbeschäftigung (FTE) umgerechnet (Scholz 2014c).

Sobald der aktive Personalbestand gebildet, in Jobfamilien gruppiert und auf Vollzeitbeschäftigung umgerechnet ist, erfolgt die eigentliche Analysephase. Hierfür können aktuelle und historische Daten betrachtet werden. Unter Zuhilfenahme eines Planungsinstruments sind häufig Angaben zum erwarteten Renteneintrittsalter zu treffen, ebenso wie zu der Fluktuationsquote des Betriebes, die oftmals auf historischen Daten basiert. Dafür werden alle Austritte erfasst, die durch natürliche Fluktuation, betriebsbedingte oder freiwillige Kündigungen entstanden sind (Berendes et al. 2011). Die Quote beziffert das Verhältnis der Personalabgänge (in FTE) zu der Mitarbeiteranzahl (in FTE). Sie kann prozentual entweder für die Gesamtbelegschaft oder pro Jobfamilie gebildet werden. Bei kleinen und mittelständischen Unternehmen bietet sich durch die geringe Mitarbeiteranzahl häufig eher die Erfassung einer FTE-Zahl als einer Quote an. Auch dies kann durch Planungsinstrumente abgebildet werden.

Dadurch wird bereits deutlich, dass die Personalbestandsanalyse nicht nur eine entscheidungsvorbereitende Funktion für die Personalbedarfsplanung innehat. Sie bildet auch die Grundlage zur Berechnung etlicher Personalkennzahlen und somit das Fundament für ein erfolgreiches Personalcontrolling (Schulte 1990; Martina und Hartung 2005; Schwarz 2010) sowie Reporting (Nagels und Da-Cruz 2007; Schwarz 2010; Scholz 2014a).

2.5 Personalbedarfsanalyse

Die Aufgabe der strategischen Personalbedarfsplanung besteht in der Ermittlung des zur Erfüllung der zukünftigen Unternehmensaufgaben erforderlichen Soll-Personalbedarfs (Mag 1998).

Hintergrund ist, dass es erst durch die Konkretisierung des zukünftigen Personalbedarfs möglich wird, im Abgleich mit dem ermittelten Personalbestand langfristige Über- oder Unterdeckungen in verschiedenen Szenarien zu erkennen und die passenden

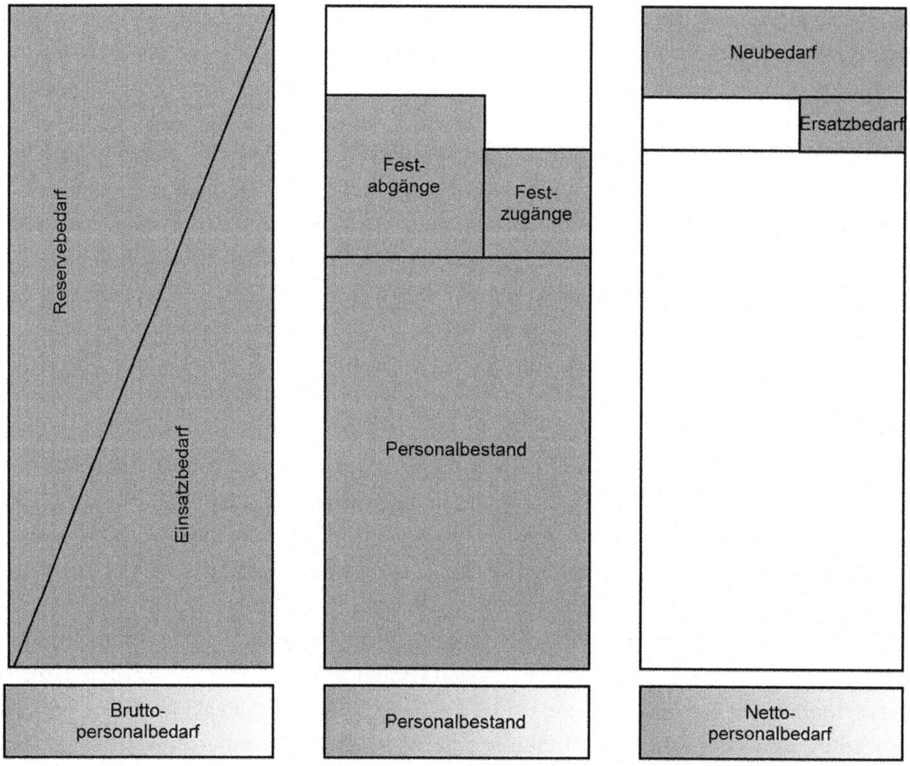

Abb. 3 Brutto- und Nettopersonalbedarf im Zusammenhang. (Nach Scholz 2014c, S. 96)

personalwirtschaftlichen Maßnahmen abzuleiten (Berendes et al. 2011). Theoretische sowie praxisorientierte Veröffentlichungen belegen den Ausdruck des Personalbedarfs mit zwei unterschiedlichen Inhalten. Einerseits geht es darum, wie viele Personen überhaupt zur Realisation des geplanten Produktions- und Leistungsprogramms eines Unternehmens erforderlich sind (Bruttopersonalbedarf), andererseits drückt der Personalbedarf aus, wie viele Personen aufgrund von bereits feststehenden Änderungen zusätzlich einzustellen sind (Nettopersonalbedarf) (Drumm 2008). Abb. 3 zeigt den Unterschied der genannten Begrifflichkeiten auf.

Dabei setzt sich der Bruttopersonalbedarf aus dem Einsatzbedarf, der sich hauptsächlich aus der Arbeitsmenge ergibt, sowie dem Reservebedarf als Konsequenz aus Fehlzeiten, Urlaub und Abwesenheiten – z. B. aufgrund der Teilnahme an Weiterbildungsveranstaltungen – zusammen. Dieser Bruttopersonalbedarf wird im nächsten Schritt mit dem Personalbestand verglichen. Die Differenz aus bereits feststehenden Abgängen und bereits feststehenden Zugängen ergibt den Ersatzbedarf; der Vergleich zwischen Personalbestand und Personalbedarf den Neubedarf. Beide Komponenten ergeben zusammen den Nettopersonalbedarf (Scholz 2014c). Zu beachten ist, dass sich alle nachfolgenden Ausführungen zum Personalbedarf auf den Bruttopersonalbedarf beziehen.

Um diesen ermitteln zu können bieten sich beispielsweise Simulationsmodelle, Szenarioanalysen, Expertenbefragungen (Delphi-Methode) und strategische Planungsgespräche an (Maasch 1996; RKW 1996). Sie alle haben gemein, dass sie verschiedene Bedarfstreiber (vgl. Abschn. 2.3) in den Blick nehmen und deren Auswirkungen auf den zukünftigen Personalbedarf operationalisieren (Berendes et al. 2011).

Im Rahmen der Szenarioanalyse erfolgt dies in einem schrittweisen Vorgehen. Neben der Analyse der relevanten Einflussfaktoren bzw. Treiber (Schritt 1) sowie der Bestimmung ihrer möglichen Entwicklungen (Schritt 2) werden in der dritten Phase in sich schlüssige Szenarien gebildet (Stock-Homburg 2013). Die denkbaren Entwicklungen des zukünftigen Personalbedarfs werden durch vier Kernszenarien erfasst und reichen von einer Nullvariante, einem Best-Case- und Worst-Case-Szenario bis hin zu einem Most-Likely-Case-Szenario (Stock-Homburg 2013). Letzteres beschreibt den Mittelweg zwischen dem Best-Case- und dem Worst-Case-Szenario. Für die strategische Personalplanung kann ein denkbares Most-Likely-Case-Szenario sein, dass bei konstanter Fluktuation und einem Renteneintrittsalter von 63 Jahren der Personalbedarf des Unternehmens durch die Übernahme von Auszubildenden und die Einstellung neuer Mitarbeiter und Mitarbeiterinnen gedeckt werden kann. Das Exempel verdeutlicht, dass in diesem Szenario sowohl positive (konstante Fluktuation) als auch negative Entwicklungen (frühes Renteneintrittsalter) der Einflussgrößen erwartet werden (Stock-Homburg 2013). Ebenso zeigt sich der hohe Komplexitätsgrad der strategischen Personalbedarfsermittlung.

Daher ist es vonnöten, sich zu Beginn dieses Prozessschritts seiner möglichen Stolpersteine bewusst zu werden. Dazu zählt zum einen, eine Vielzahl an Einflussfaktoren auf den zukünftigen Personalbedarf im Detail erfassen zu wollen. Dies gestaltet sich insofern als schwierig, da die strategische Personalbedarfsermittlung über mehrere – idealerweise 5 bis 10 – Jahre erfolgt, was eine genaue Vorausschaubarkeit der Bedarfstreiber unmöglich macht (Berendes et al. 2011). Es muss daher den mit der strategischen Personalplanung beauftragten Personen immer wieder klar gemacht werden, dass es sich bei dem auf Basis von Prognosen, Simulationen und Expertenannahmen externalisierten Personalbedarf um ein qualitativ beschriebenes Szenario handelt, das starken Schwankungen unterliegen kann (Maasch 1996).

Zusammengefasst kann mithilfe der genannten Verfahren zur Personalbestands- und Personalbedarfsanalyse sowie den zuvor gebildeten Jobfamilien bestimmt werden, wie viele Mitarbeiter und Mitarbeiterinnen mit welcher Qualifikation zur Realisation des geplanten Produktions- und Leitungsprogramms erforderlich sind. Darüber hinaus sollte ein Unternehmen seinen Personalbestand und -bedarf zeitlich („zu welchen Zeitpunkten"), räumlich („an welchen Orten") und wertmäßig („mit welchem Wert") differenzieren. Einen guten Überblick über verschiedene Instrumente und Verfahren geben beispielsweise die Publikationen von Scholz (2014a,c), Drumm (2008), Mag (1998) und die des RKW (1996), auf die für tiefer gehende Informationen verwiesen wird.

2.6 Abweichungen zwischen Personalbedarf und -bestand – Gap-Analyse

Sind alle Planungsprämissen definiert und der zukünftige Personalbedarf bestimmt erfolgt die Visualisierung der Planungsergebnisse. Hierfür bietet sich die Verwendung eines Simulationsmodells an (vgl. Abschn. 2.1; Maasch 1996; Donkor et al. 2012). Das Planungsinstrument, das im Rahmen des Projektes „Strategische Personalplanung für KMU" entwickelt wurde, basiert auf einem solchen Modell. Dabei stehen die Analysekategorien Kapazität, Alter und Qualifikation im Fokus der Betrachtung (Berendes et al. 2011). Alle Auswertungen lassen sich jobfamilienspezifisch differenzieren. Die Ergebnisse eines Simulationslaufes können in unterschiedlichen Tabellen und Graphen am Bildschirm angezeigt und ausgedruckt werden. Es haben sich folgende Ausgabeformate bewährt (Berendes et al. 2011; Berendes und Werner 2015):

1. Zeitgraph zur Beschreibung der Kapazitätsentwicklung
Durch diese Darstellungsform lassen sich die Entwicklung von Bruttopersonalbedarf und Personalbestand über den gewählten Planungshorizont gegenüberstellen. Der Nettopersonalbedarf zeigt dabei als Differenz der beiden Größen die unmittelbare Lücke auf.

2. Tabelle Personalbestand und -bedarf
Mittels dieser Tabellen kann der jobfamilienspezifische Personalbestand und Bruttopersonalbedarf über die vorher festgelegten Planungsjahre angezeigt werden. Sie geben somit einen guten Überblick über die Anteile der Mitarbeiterkapazitäten in den einzelnen Jobfamilien.

3. Temperaturkarte
Eine Temperaturkarte eignet sich zur Visualisierung etwaiger Kapazitätsrisiken in den einzelnen Jobfamilien. Sie bildet die ermittelten Nettopersonalbedarfe pro Jobfamilie und Planungsjahr ab. Je nachdem, ob eine Über- oder Unterdeckung vorliegt, färbt sich die ermittelte Bedarfsabweichung verschiedenfarbig ein.

4. Wasserfallschaubild
Anhand eines Wasserfallschaubildes lässt sich die Veränderung der Bestandsgrößen über den gewählten Planungshorizont anhand von verschiedenen Zu- und Abgangsarten darstellen. Empfehlenswert ist die Darstellung des Initialpersonalbestands, der Renteneintritte, Fluktuation und die des Personalbestands zum Zeitpunkt $t_{(x)}$, dem Ende des Planungszeitraumes. Da die Entwicklungen kumuliert angezeigt werden eignet sich diese Grafik bei kleinen Mengengerüsten, da nicht immer der genaue Zeitpunkt des Zu- oder Abgangs beschrieben werden kann.

5. Grafik Altersstruktur
Bei der Darstellung der Altersstruktur hat sich die Visualisierung des originären Altersprofils als wichtiger Bestandteil der Ergebnispräsentation erwiesen. Dieses wird häufig

in einer Linienform dargestellt, während die Entwicklung der Altersstruktur zu einem beliebigen Zeitpunkt des Planungshorizontes durch Balken abgebildet wird.

Neben den ausgewählten Darstellungen sollten darunter befindliche Eingabetabellen ermöglichen, erste Erkenntnisse zur späteren Maßnahmenplanung festzuhalten.

Zusammengefasst bildet der Abgleich zwischen dem Bruttopersonalbedarf und dem Personalbestand den Kern der in diesem Prozessschritt stattfindenden Gap-Analyse (Krebs et al. 2010; Farrell 2010; Berendes et al. 2011; Donkor et al. 2012; Schulte 2012). Daraus ergibt sich der Nettopersonalbedarf – eine Bedarfsabweichung – in Form einer Über- oder Unterdeckung in den einzelnen Jobfamilien. Er hat eine Schlüsselstelle im gesamten Personalplanungsmodell inne, da mit einem Blick die zentralen Herausforderungen für den heutigen und zukünftigen Personalbedarf in der jeweiligen Jobfamilie deutlich werden (Berendes et al. 2011; Schulte 2012).

Durch ein Simulationsmodell gelingt es, das vernetzte System der Personalstrukturen und Personalbewegungen eines Betriebes mit seinen Interdependenzen und komplexen Beziehungen zu durchdringen (Maasch 1996). Im weiteren Verlauf des Prozesses geht es nun darum, die gewonnenen Erkenntnisse mit Handlungsfeldern und Maßnahmen zu adressieren. Dabei wird wiederum nur die Ebene der Jobfamilien, nicht die der einzelnen Mitarbeiterinnen und Mitarbeiter, was die strategische Personalplanung von der operativen unterscheidet. Im Fokus stehen jeweils die Mitarbeiterkapazitäten in den einzelnen Jobfamilien (Berendes et al. 2011; Schulte 2012).

2.7 Der Personalplan – Ableitungen von Maßnahmen

Der Personalplan enthält alle Handlungsfelder und Maßnahmen, die es ermöglichen, Kapazitätsunterdeckungen auszugleichen sowie -überhänge abzubauen (Sattelberger und Strack 2009). Dazu können Personalentwicklungsmaßnahmen wie die Qualifizierung und der Transfer von Beschäftigten aus Überhangs- in Unterdeckungsbereiche, Personalbeschaffungsmaßnahmen wie Ausbildung und Einstellung neuer Mitarbeiter und Mitarbeiterinnen oder die Beendigung von Arbeitsverhältnissen als Ultima-Ratio-Prinzip zählen. Eine Übersicht der Handlungsfelder bietet Abb. 4.

Zur Ableitung von Maßnahmen kann zusätzlich der „Check: Strategische Personalplanung“ verwendet werden. Er steht online unter www.personalplanung.inqa-check.de zu Verfügung und unterstützt Unternehmen dabei, ihr Grundverständnis von personalpolitischen Vorgängen anhand von zehn definierten Bausteinen aufzufrischen und zugleich zu analysieren. Wichtig bei der Ableitung von Handlungsfeldern und Maßnahmen ist, dass die Entscheidungsregeln offenliegen und allen Prozessverantwortlichen und -beteiligten bekannt sind. Aufgrund der individuellen Handlungsfelder eines jeden Betriebes können an dieser Stelle keine Pauschalaussagen zu Folgemaßnahmen getroffen werden. Prinzipiell ist jedoch festzuhalten, dass die abgeleiteten Maßnahmen und Ziele handhabbar,

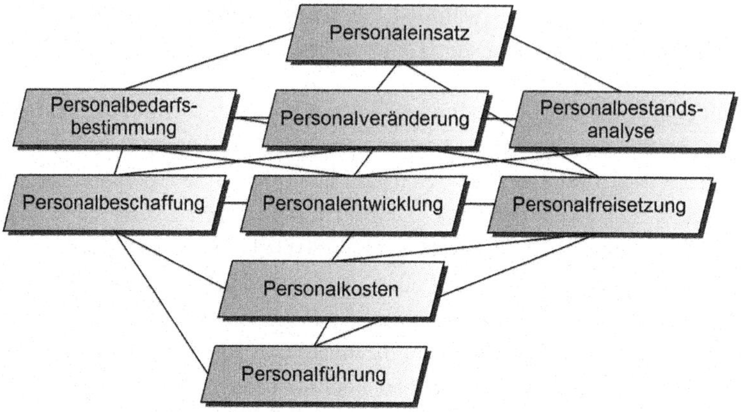

Abb. 4 Personalwirtschaftliche Handlungsfelder. (Nach Scholz 2014a, S. 85)

präzise und messbar sein sollten. Es gilt: Je konkreter sie formuliert sind, desto besser kann die Nachhaltigkeit in der Zielverfolgung gewährleistet werden. Mit der Festlegung von Maßnahmen beginnt die praktische Umsetzung im Sinne der Planung der notwendigen Aktivitäten. Hierzu bietet sich die Erstellung eines Aktivitätenplans an (Rump et al. 2011). Dieser enthält Informationen zu der umzusetzenden Maßnahme, den Zielen, Verantwortlichkeiten, dem Vorgehen und seinen Meilensteinen, der Dauer, dem Zeitfenster sowie der Erfolgsmessung (Monitoring) (Tab. 1).

Wenn alle Vorbereitungen getroffen und die Verantwortlichkeiten definiert sind, kann die Implementierung und Umsetzung der Maßnahmen vor Ort erfolgen (Rump et al. 2011).

Tab. 1 Aktivitätenplan zur Umsetzung der Maßnahmen aus der strategischen Personalplanung. (Nach Rump et al. 2011, S. 61)

Aktivitätenplan	Inhalt
Name der Maßnahme:	Wie lautet der Titel der Maßnahme?
Ziel/Ergebnis:	Welche wesentlichen Ziele werden verfolgt?
Verantwortlich:	Welche Mitarbeiterin, welcher Mitarbeiter oder welche Abteilung ist für die Umsetzung der Maßnahme maßgeblich verantwortlich?
Vorgehen:	Was ist zu tun? In welcher Reihenfolge sollten welche Schritte umgesetzt werden?
Dauer (Monate):	Für welchen Zeitraum ist die Maßnahme angesetzt? Wann soll das Ziel erreicht werden? Wann wird begonnen?
Monitoring:	Wie sollen die Erfolge der Maßnahme gemessen werden?

Um die Akzeptanz dieser bei allen Beschäftigten zu fördern, ist die Durchführung von Kommunikationsmaßnahmen notwendig. Dabei können unterschiedliche Medien wie das Intranet aber auch Betriebsversammlungen genutzt werden (Rump et al. 2011).

Im letzten Schritt ist zu definieren, wie die Erfolge der Maßnahmen gemessen werden sollen. Je nach Art und Umfang der zu implementierenden Maßnahmen können diese erst mittel- oder langfristig realisiert werden, was bei der Erfolgskontrolle (Monitoring) berücksichtigt werden muss. Daher sollte diese idealerweise nicht erst am Ende des Prozesses, sondern von Beginn an begleitend durchgeführt werden. Für die Erfolgskontrolle ist es erforderlich, dass Erfolgskennzahlen für die jeweilige Maßnahme formuliert werden (Schulte 2012). Dafür können alle Datenquellen und sonstige zur Verfügung stehenden Informationen genutzt werden. Es ist auch möglich, zusätzliche Bewertungshilfen wie Mitarbeiterbefragungen einzusetzen. Dabei sollten die Zielwerte über den Beobachtungszeitraum verfolgt und eingeschätzt werden.

Die Ausführungen machen deutlich, dass es sich bei der Ableitung von Handlungsfeldern und Maßnahmen im Rahmen der strategischen Personalplanung um einen höchst individuellen Prozessschritt handelt, bei dem es der Zusammenarbeit aller Beteiligten bedarf. Dabei kann ein gut aufgebautes Planungsmodell den betrieblichen Entscheidern keine Entscheidung abnehmen. Vielmehr ermöglicht es das Durchspielen von Optionen ohne Risiken in der Realität und dient somit als Entscheidungsunterstützung und Impulsgeber bei der Ableitung von Maßnahmen. Um das Für und Wider möglicher Maßnahmen zu bewerten, kann auch eine monetäre Betrachtung hilfreich sein. (Berendes et al. 2011).

An dieser Stelle ist noch hinzuzufügen, dass viele Publikationen von Folgeplanungen statt Maßnahmen sprechen. Zu nennen ist hier beispielsweise die Publikation von Kador und Pornschlegel (2004), die neben der Personalbedarfsplanung die Personalbeschaffungsplanung, Personaleinsatzplanung, Personalentwicklungsplanung und Personalkostenplanung anführen.

2.8 Erfolgsvoraussetzungen für den Prozess und Stolpersteine

2.8.1 Organisatorische Rahmenbedingungen und technische Unterstützung

Bei der Durchführung einer strategischen Personalplanung im Unternehmen sollten bestimmte Erfolgsvoraussetzungen und Stolpersteine beachtet werden. Von besonderer Bedeutung ist, dass der Personalbereich eines Unternehmens ein neues Selbst- und Fremdverständnis entwickelt (Riedl 1995; Krebs et al. 2010). Dies ist in dem strategischen Fokus des Planungsprozesses begründet, der erfordert, dass die Personalabteilung überzeugend als eine strategisch und geschäftsorientiert beratende Einheit agieren kann. Hierzu bedarf es des Auf- und Ausbaus personeller und organisatorischer Rahmenbedingungen, damit dieser Anspruch auch erfolgreich eingelöst werden kann. Dazu zählen die Institutionalisierung der strategischen Personalplanung, die Entwicklung und/oder

Einstellung neuer Beschäftigter sowie der Auf- und Ausbau einer soliden Datengrundlage, wozu professionelle Softwarelösungen hinzugezogen werden sollten.

Seit der Jahrtausendwende erscheinen immer anspruchsvollere Softwarepakete zur Unterstützung einer strategischen Personalplanung (Sinclair 2004). Wie eine belgische Studie der KU Leuven und der HUB beleuchtet gibt es in diesem Bereich dennoch große Defizite. Über die Hälfte der befragten Unternehmen benutzen lediglich Excel als Softwaretool und können somit das Potenzial einer strategischen Personalplanung nicht vollständig ausschöpfen. Je kleiner die Unternehmensgröße, desto mehr nimmt die technische Umsetzung ab. So verwenden kleine Unternehmen mit durchschnittlich 15 Mitarbeitern häufig noch „Stift und Papier" für ihre „strategische" Personalplanung (van den Bergh et al. 2013). Zu einem ähnlichen Bild kommt auch die Studie von PricewaterhouseCoopers und der Universität St. Gallen. Sie zeigt, dass bei der technischen Umsetzung der strategischen Personalplanung die Mehrheit der befragten Unternehmen (rund 70 %) auf Programme wie Microsoft Excel zurückgreifen und nur 28 % ihre strategischen Personalplanungsanalysen in bestehende ERP-Systeme integrieren (Donkor et al. 2012). Dabei gibt es auf dem Markt bereits unterschiedliche Anbieter, die professionelle Softwarelösungen zur Erstellung von Personalplanungsmodellen anbieten. Produkte wie das 4PLAN Workforce Modeling[5] des Unternehmens Software4You sowie Dynaplan SMIA[6] der Firma Dynaplan können hierfür beispielhaft in Erwägung gezogen werden. Letzteres fand bereits Erwähnung und wird auch im Projekt „Strategische Personalplanung für KMU" erfolgreich angewendet. Eine professionelle Softwarelösung zur Abbildung von Personalplanungsmodellen erfordert allerdings auch Spezialisten, die die mit der strategischen Personalplanung einhergehenden anspruchsvollen Analyseaufgaben bewältigen können und über Kenntnisse der strategischen Unternehmensentwicklung verfügen (Scholz 1984; Donkor et al. 2012).

Insofern können mit der Einführung einer strategischen Personalplanung auch Personalentwicklungs- und -gewinnungsmaßnahmen einhergehen (Reilly 1996; Sinclair 2004).

Besonderes Augenmerk sollte abschließend noch auf der Integration der strategischen Personalplanung in den unternehmerischen Planungsprozess liegen. Denn wie bereits in Abschn. 2.3 aufgezeigt, sollten unternehmensinterne Veränderungen simultan im Rahmen der strategischen Personalplanung abgebildet werden. So führt beispielsweise eine Erweiterung des Dienstleistungsangebots zu einer Beschaffung eventuell zusätzlich erforderlicher bzw. zu einer Qualifizierung bestehender Mitarbeiter und Mitarbeiterinnen (Kador und Pornschlegel 2004).

[5]Nähere Informationen hierzu unter http://www.software4you.com/de/unternehmen/item/24-strategische-personalplanung-mit-workforce-modeling/24-strategische-personalplanung-mit-workforce-modeling.

[6]Nähere Informationen hierzu unter https://www.dynaplan.com/software/.

2.8.2 Vertrauensvolle Zusammenarbeit und offene Kommunikation

Neben organisatorischen und technischen Erfolgsvoraussetzungen sollten in der Implementierungsphase der strategischen Personalplanung auch etwaige Widerstände der Belegschaft und betrieblichen Interessensvertretung bedacht werden. Denn personalplanerische Festlegungen und deren Umsetzung können Rückwirkungen auf die private und berufliche Situation von Mitarbeitern und Mitarbeiterinnen nehmen (Kador und Pornschlegel 2004). Dies ist beispielsweise der Fall, wenn Versetzungen der Beschäftigten eines Geschäftsbereichs mit einer Personalüberdeckung in einen Geschäftsbereich mit einer Personalunterdeckung beschlossen werden. Zwar hat der Betriebsrat im Rahmen der strategischen Personalplanung ein Informations- und Mitwirkungsrecht.[7] Das Beispiel macht allerdings deutlich, dass sich die aus der Personalplanung abgeleiteten Maßnahmen bei ihrer Umsetzung direkt oder mittelbar auf Personalbeschaffung, -einsatz und -entwicklung auswirken können. Im Ergebnis kann dies nach § 87 BetrVG zu einer Mitbestimmungspflicht des Betriebsrates führen.

Ohne zu sehr ins Detail gehen zu wollen bleibt festzuhalten, dass vor diesem Hintergrund eine vertrauensvolle Zusammenarbeit zwischen Betriebsrat und Unternehmen auch im Rahmen der strategischen Personalplanung unabdingbar ist. Weiterhin ist sie zudem der raschere Weg zu akzeptablen Lösungen von allen Seiten: zum Wohl von Unternehmensführung, Personalabteilung sowie der Beschäftigten.

Darüber hinaus gilt es, unabhängig von der personalrechtlichen Verfassung eines Betriebes, die Mitarbeiter und Mitarbeiterinnen über die zu erwartenden Entscheidungen, die aus der strategischen Personalplanung resultieren, zu informieren, sodass sie sich darauf einstellen können (Kador und Pornschlegel 2004; vgl. Abschn. 2.7). Wenn die Initiative der strategischen Personalplanung von dem Personalbereich eines Unternehmens ausgeht, sollten auch überzeugende Argumente für die Geschäftsführung vorbereitet werden, die angesichts der aufgezeigten Schwierigkeiten ebenfalls Aversionen gegen eine strategische Personalplanung hegen kann. Primär geht es darum, den betriebswirtschaftlichen Nutzen einer strategischen Personalplanung herauszustellen (Wickel-Kirsch et al. 2008; Krebs et al. 2010; Donkor et al. 2012). In jedem Fall sollte ein konkreter Auftrag der Geschäftsführung zur Einführung einer strategischen Personalplanung vorhanden sein (Krebs et al. 2010). Welche weiteren Handlungsempfehlungen bei der Implementierung einer strategischen Personalplanung hilfreich sein können, fasst der nachfolgende Abschn. 3 zusammen.

[7] Für weitere Informationen wird auf die gesetzlichen Regelungen nach §§ 90, 92 Abs. 1 und Abs. 2, 92a, 96, 106 Abs. 2 und Abs. 3 BetrVG verwiesen. Sofern in einem Unternehmen ein Personalrat vertreten ist, sind differenzierte rechtliche Regelungen zu beachten.

3 Handlungsempfehlungen

1. Ergreifen Sie die Initiative und starten Sie mit der strategischen Personalplanung als Pilotprojekt, um zukünftigen Herausforderungen zu begegnen

Mithilfe einer strategischen Personalplanung wird es für Sie möglich, Veränderungen und Potenziale, die mit den Trends der Arbeitswelt eingehen, gezielt zu antizipieren. Es ist zu empfehlen, die strategische Personalplanung in Form eines Pilotprojekts in einem Unternehmensbereich zu beginnen, der besonders von einem Personalengpass bedroht ist (Donkor et al. 2012). Dabei hilft es aufzuzeigen, welche Auswirkungen ein Fortführen der bisherigen Strategien im schlimmsten Fall haben könnte (Donkor et al. 2012). Beginnen Sie Ihre strategische Personalplanung mit einer Analyse, wie sich die skizzierten Veränderungen auf Ihre Unternehmensstrategie und Personalarbeit auswirken (Donkor et al. 2012). In einem nächsten Schritt sollten Sie entsprechende Kapazitätsengpässe – quantitativ und qualitativ – im Rahmen der Personalbedarfsplanung sowie der Ableitung von Folgemaßnahmen berücksichtigen.

2. Schaffen Sie eine solide Datenbasis

Eine strukturierte Übersicht Ihrer Personalstammdaten bildet das Fundament für weitere Planungsaktivitäten. Sie sollte mindestens Informationen zu der Kapazität (in FTE), dem Geburtsdatum und der jeweiligen Jobfamilie der Mitarbeiter und Mitarbeiterinnen erhalten. Darüber hinaus sind Daten über das durchschnittliche Renteneintrittsalter sowie Fluktuationsquoten zu erheben (vgl. Abschn. 2.4). Hierfür kann während der Implementierungsphase der strategische Personalplanung auf Annahmen und externe Referenzwerte zurückgegriffen werden (Donkor et al. 2012). Für die Zukunft ist es vonnöten, eigene Datenquellen aufzubauen und sie gezielt für Analysen zu benutzen. Dabei ist von Anfang an bedeutsam, die strategischen Unternehmensziele und ihren Einfluss auf die strategische Personalplanung zu berücksichtigen (Donkor et al. 2012).

3. Nutzen Sie innovative Softwarelösungen, um somit das volle Potenzial der strategischen Personalplanung umfassend auszuschöpfen

Wählen Sie eine Softwarelösung zur strategischen Personalplanung, mithilfe derer es Ihnen gelingt, Ihre Personalstammdaten mit strategischen Treibern zu verknüpfen. Sie sollte Ihnen auch ermöglichen, verschiedene Szenarien zu simulieren, um potenzielle Änderungen im Unternehmensumfeld berücksichtigen zu können (Donkor et al. 2012).

4. Nehmen Sie die verschiedenen Anspruchsgruppen „ins Boot“ und kommunizieren Sie die Erkenntnisse Ihrer strategischen Personalplanung mit Kernaussagen und Kennzahlen

Die Ziele, die mit einer strategischen Personalplanung erreicht werden sollen, können je nach Anspruchsgruppe differieren. Getreu dem Motto „Tue Gutes und rede darüber“

sollten Sie daher von Beginn an eine klare Kommunikationspolitik betreiben, die den Nutzen der strategischen Personalpolitik hervorhebt (Deller et al. 2008; Wickel-Kirsch et al. 2008; Krebs et al. 2010; Donkor et al. 2012; Punke und Strack 2013). Vor dem Start der eigentlichen Planungsaktivitäten empfiehlt es sich, einen bereichsübergreifenden Dialog über die künftige Unternehmensstrategie und deren Auswirkungen auf die Personalplanung zu installieren und ein Team zu bilden, das fortan mit der Durchführung der strategischen Personalplanung betraut ist (Donkor et al. 2012). Dabei kommt der vertrauensvollen Zusammenarbeit mit der betrieblichen Interessensvertretung eine besondere Bedeutung zu.

5. Betrachten Sie die strategische Personalplanung als integralen Bestandteil Ihrer Unternehmensplanung

Verlassen Sie das Silodenken und begreifen Sie die strategische Personalplanung nicht nur als bloßes HR-Thema, sondern vielmehr als langfristiges und bereichsübergreifendes Steuerungsinstrument. Fördern Sie vor diesem Hintergrund den angestoßenen Dialog zwischen den Unternehmensbereichen und sorgen Sie für die Unterstützung durch das Topmanagement (Krebs et al. 2010; Donkor et al. 2012; Punke und Strack 2013). Vergessen Sie nicht, Änderungen in der strategischen Unternehmensplanung auch simultan in der strategischen Personalplanung abzubilden.

6. Entwickeln Sie ein neues Selbst- und Fremdverständnis für Ihren Personalbereich

Bereits 1997 proklamierte Dave Ulrich ein neues Selbst- und Fremdverständnis von HR (Ulrich 1997b), indem er ein Aufbrechen von alten Rollenmustern forderte. Fördern Sie das strategische Denken innerhalb des Personalbereichs und beteiligen Sie diesen aktiv während des Prozesses der strategischen Personalplanung (vgl. Abschn. 1.3). Dadurch schaffen Sie eine Win-win-Situation: Einerseits erhalten Sie wichtige Erkenntnisse über die gegenwärtigen und zukünftig erforderlichen Personalressourcen und ihre benötigten Qualifikationen und Kompetenzen, andererseits kann sich Ihre Personalabteilung als kompetenter Partner positionieren und Einfluss auf die Strategie des Unternehmens ausüben (Donkor et al. 2012; Punke und Strack 2013).

7. Messen Sie den Erfolg Ihrer Maßnahmen

Stellen Sie den Erfolg Ihrer aus der strategischen Personalplanung abgeleiteten Maßnahmen sicher, indem Sie Kennzahlen zur Erfolgsmessung festlegen sowie Verantwortlichkeiten und Ziele definieren (Schulte 1990, 2012; Maasch 1996; Martina und Hartung 2005; Schwarz 2010). Letztere sollten darüber hinaus handhabbar und so präzise wie möglich formuliert werden (Sinclair 2004). Der Hintergrund dabei ist, dass erfolgreich umgesetzte Maßnahmen die Akzeptanz der strategischen Personalplanung innerhalb Ihres Unternehmens erhöhen und ein Vorantreiben des Prozesses unterstützen.

8. Betrachten Sie die strategische Personalplanung als einen dauerhaften Prozess und überprüfen Sie regelmäßig Ihre Prämissen und Maßnahmenpläne

Unternehmensinterne sowie -externe Entwicklungen erfordern eine regelmäßige Überprüfung Ihrer gewählten Prämissen und Aktivitätenpläne im Rahmen der strategischen Personalplanung. Dadurch kann deren Aktualität und gleichzeitig Ihre Handlungsfähigkeit gesteigert werden (Berendes et al. 2011). Dabei geht es nicht nur darum, einzelne Annahmen (beispielsweise zum zukünftigen Renteneintrittsalter) anzupassen, sondern auch neue Treiber in das Planungsmodell mit aufzunehmen (Berendes et al. 2011). Setzen Sie sich mindestens einmal jährlich mit Ihrem Team zusammen und gehen Sie die einzelnen Prozessschritte der strategischen Personalplanung erneut durch, um rechtzeitig auf Strategieanpassungen und veränderte Ausgangslagen reagieren zu können (Reilly 1996; Sinclair 2004; Donkor et al. 2012).

4 Fazit und Ausblick

Auch wenn im Beitrag ein beispielhaftes Vorgehen zur Durchführung einer strategischen Personalplanung im Betrieb beschrieben wurde, bleibt festzuhalten, dass es keinen Standard-Planungsprozess gibt, welcher einen universellen Anspruch auf Richtigkeit erheben kann (Berendes et al. 2011). Vielmehr ist die Gestaltung einer strategischen Personalplanung von der Größe und dem Entwicklungsstand eines Unternehmens abhängig und die aufgeführten Aspekte sind als Anregung zu verstehen, sich mit den verschiedenen Instrumenten und Prozessschritten auseinanderzusetzen. Entscheidet sich ein Betrieb für eine strategische Personalplanung, sollte Ziel sein, sie nicht nur als ein Bündel von Maßnahmen, sondern vielmehr als Steuerungsinstrument zu betrachten, das sicherstellt, dass die Unternehmensstrategie durch ein zielgerichtetes Personalmanagement Umsetzung findet (Donkor et al. 2012).

Dabei ist zu bedenken, dass eine strategische Personalplanung keineswegs für jeden einzelnen Bereich eines Unternehmens Planungsvorhaben erstellen muss. Der Fokus sollte stets darauf liegen, erfolgskritische Geschäftsbereiche und damit verbundene Jobfamilien zu identifizieren und für diese die Planung vorzunehmen (Sinclair 2004; Berendes et al. 2011).

Das richtige Personal zur richtigen Zeit am richtigen Ort – durch eine strategische Personalplanung kann sich dieses Mantra des Personalmanagements zur gelebten Realität entwickeln. Alles was es hierfür als Unternehmen braucht, ist eine gründliche Standortbestimmung über die strategischen Zielsetzungen und ihre Verknüpfung mit den zukünftigen Personalbedarfen. Dafür gilt es, als Geschäftsführung und Personalbereich die Initiative zu ergreifen, um das große Potenzial auszuschöpfen, welches eine erfolgreiche strategische Personalplanung mit sich bringt. Schlussendlich können dadurch Überraschungen und reaktive, kostenintensive Großreaktionen vermieden werden (Scholz 1984), was angesichts eines zunehmend volatilen Unternehmensumfelds als Schlüsselfaktor gilt, um das wirtschaftliche Überleben langfristig zu sichern.

Eine strategische Personalplanung ist vor diesem Hintergrund nicht nur für Großunternehmen sinnvoll, vielmehr profitieren auch kleine und mittelständische Unternehmen von ihrem Einsatz (Scholz 1984). Dabei stellen eine mangelnde Verfügbarkeit von nötigen Personalressourcen und Softwarelösungen noch ein Hindernis dar, sich tiefer gehend mit der strategischen Personalplanung im Unternehmen auseinanderzusetzen. Mittlerweile gibt es allerdings eine Vielzahl von Angeboten, die auch kleinen und mittelständischen Unternehmen eine gute Unterstützung bei der Implementierung liefern. Dazu zählen Leitfäden (u. a. Großheim und Hoffmann 2014), Softwarelösungen (beispielsweise Dynaplan SMIA und 4PLAN Workforce Modeling) und Online-Checks, die kostenfrei zur Verfügung stehen. Sie sind nicht als Musterlösungen zu verstehen, sondern vielmehr als Anregung, sich dem Thema der strategischen Personalplanung in einer strukturierten Vorgehensweise anzunähern.

In der Implementierungsphase gilt es von Anfang an, Kommunikationspolitik zu betreiben. Nach dem Motto „Tue Gutes und rede darüber" sind alle Anspruchsgruppen eines Unternehmens von Beginn an „ins Boot" zu holen und es sind gemeinsame Ziele zu entwickeln, die mit einer strategischen Personalplanung realisiert werden sollen. Denn in der Folge sichert die Einbindung der Geschäftsbereiche und der betrieblichen Interessensvertretung auch eine Akzeptanz und Nachhaltigkeit der Maßnahmen, die sich aus der strategischen Personalplanung ergeben. Hierbei gilt es, ein internes Monitoring zu installieren, das ihren Erfolg sicherstellt und gleichzeitig alle Beteiligten dazu anspornt, auch im nächsten Jahr einen erneuten strategischen Personalplanungsprozess aufzusetzen. Denn bei einer strategischen Personalplanung handelt es sich nicht um eine einmalige Sache. Veränderungen im Unternehmensumfeld wie der Trend zur Digitalisierung, wodurch immer mehr Prozesse mithilfe von IT-Anwendungen unterstützt werden, aber auch Reorganisationen innerhalb des Unternehmens haben Auswirkungen auf den zukünftigen Personalbedarf und -bestand (DEKRA Akademie GmbH 2015). Daraus lässt sich schlussfolgern, dass die gesetzten Prämissen im Rahmen der strategischen Personalplanung jährlich angepasst werden müssen.

Die Frage, ob eine strategische Personalplanung im Unternehmen durchgeführt werden soll, stellt sich angesichts der aufgezeigten Vorteile nicht mehr. Vielmehr geht es um das „Wann" und „Wie", was im Rahmen eines mit der strategischen Personalplanung betrauten Teams entschieden werden sollte.

Eine erfolgreiche Durchführung der strategischen Personalplanung ist somit kein unmögliches Unterfangen. Entscheidend dafür sind klar definierte Ziele, die frühzeitige Integration aller Beteiligten, festgelegte Verantwortlichkeiten, eine solide Datenbasis sowie die vertrauensvolle Zusammenarbeit mit der betrieblichen Interessensvertretung.

Literatur

Althauser U, Schmitz M, Venema C (2008) Demografie – Engpass Personal: Antworten, Strategien und Konzepte im Umgang mit knappen Ressourcen. Luchterhand, München
Armstrong M (2006) A handbook of human resource management practice. Kogan Page, London
Becker B, Gerhart B (1996) The impact of human resource management on oraganizational performance: progress and prospects. Acad Manag J 4:779–801
Becker B, Huselid M (1998) High performance work systems und firm performance: a synthesis of research and managerial implications. Res Pers Hum Resour Manag 16:53–101
Berendes K, Werner C (2015) Human Resource Intelligence und Analytics für die Strategische Planung. In: Strohmeier S, Piazza F (Hrsg) Human Resource Intelligence und Analytics. Grundlagen, Anbieter, Erfahrungen und Trends. Springer Fachmedien, Wiesbaden, S 251–274
Berendes K et al (Hrsg) (2011) Strategische Personalplanung. Die Zukunft heute gestalten. Das Demographie Netzwerk NW, Bremerhaven
Bethkenhagen E (2014) HR-Trendstudie 2014. Ergebnisbericht. Kienbaum Communications GmbH & Co. KG. http://www.kienbaum.com/Portaldata/1/Resources/downloads/Ergebnisbericht_HR-Trendstudie2014_Final.pdf. Zugegriffen: 25. Okt. 2015
Bulla DN, Scott PM (1987) Manpower requirements forecasting: a case example. In: Niehaus RJ (Hrsg) Strategic human resource planning applications. Plenum Press, New York, S 145–155
Bundesverband Deutscher Unternehmensberater BDU e. V. (2015) DEMOGRAFIE EXZELLENZ. Herausforderungen im Personalmanagement. Ergebnisse der bundesweiten Studie 2015. http://www.bdu.de/media/18838/demografie-studie_2015.pdf. Zugegriffen: 25. Okt. 2015
Deadrick DL, Gibson PA (2007) An examination of the research–practice gap in HR: comparing topics of interest to HR academics and HR professionals. Hum Resour Manag Rev 17:131–139
DEKRA Akademie GmbH (2015) DEKRA Arbeitsmarkt-Report 2015. Qualifikationsbedarfsanalyse auf der Basis von mehr als 12.600 Stellenangeboten. http://www.dekra-media.de/katalog/arbeitsmarktreport2015/blaetterkatalog/pdf/complete.pdf. Zugegriffen: 22. Dez. 2015
Delery JE, Doty DH (1996) Modes of theorizing in strategic human resource management. Acad Manag J 4:802–835
Deller J, Kolb P, Kern S, Hausmann E, Diederichs Y (2008) Personalmanagement im demografischen Wandel. Ein Handbuch für den Veränderungsprozess mit Toolbox Demografiemanagement und Altersstrukturanalyse (deustche Ausgabe). Springer, Heidelberg
DGFP e. V. (2009) Personalcontrolling für die Praxis: Konzept – Kennzahlen – Unternehmensbeispiele. Bertelsmann, Bielefeld
Donkor C, Lohmann T, Knorr U (2012) Unternehmenserfolg nachhaltig sichern durch strategische Personalplanung. PricewaterhouseCoopers AG Wirtschaftsprüfungsgesellschaft. https://www.pwc.de/de/consulting/business-consulting/assets/pwc-studie-unternehmenserfolg_nachhaltig_sichern.pdf. Zugegriffen: 25. Okt. 2015
Drumm HJ (2008) Personalwirtschaft. Springer, Berlin
Drumm HJ, Scholz C (1988) Personalplanung, Planungsmethoden und Methodenakzeptanz. Haupt, Bern
Farrell BS (2010) Human capital: further actions needed to enhance DoD's civilian strategic workforce plan. United States Governance Accountability Office, Washington DC
Fratričová J, Rudy J (2015) Get strategic human resource management really strategic: strategic HRM in practice. Int J Manag Cases 17:149–155
Geschäftsstelle Initiative Neue Qualität der Arbeit (INQA) (2014) Monitor: Arbeitsqualität und wirtschaftlicher Erfolg. Erste Studienergebnisse. Bundesanstalt für Arbeitsschutz und Arbeitsmedizin (BAuA). http://www.bmas.de/SharedDocs/Downloads/DE/Thema-Arbeitsmarkt/2014-04-04-studie-gewinnung-von-fachkraeften-monitor.pdf?__blob=publicationFile. Zugegriffen: 17. Nov. 2015

Greenlaw PS, Kohl JP (1986) Personnel management: managing human resources. Harper & Row, New York

Großheim K (2015) Der Brückenschlag vom Business zum Personal. Personalwirtschaft 10:33–35

Großheim K, Hoffmann T (2014) FACHKRÄFTESICHERUNG. Leitfaden: Strategische Personalplanung für kleine und mittlere Unternehmen. RKW Kompetenzzentrum. http://www.rkw-kompetenzzentrum.de/fileadmin/media/Dokumente/Publikationen/Strategische_Personalplanung_online.pdf. Zugegriffen: 14. Nov. 2015

Guest DE (1997) Human resource management and performance: a review and research agenda. Int. J Hum Resour 8:263–276

Haekel J (2013) Strategic Workforce Planning für alle. Personalwirtschaft 12:58–59

Kador FJ, Pornschlegel H (2004) Personalplanung. Grundlage eines systemischen Personalmanagements. Eine Handlungsanleitung für die Betriebspraxis. RKW, Eschborn

Krebs A, Peters C, Wild M (2010) Strategische Personalplanung mit Augenmaß und Pragmatismus. Controller-Magazin 4:44–50

Losbichler H, Eisl C, Engelbrechtsmülle C (2015) Handbuch der betriebswirtschaftlichen Kennzahlen: Key Performance Indicators für die erfolgreiche Steuerung von Unternehmen. Linde, Wien

Maasch J (1996) Strategische Personalplanung. Instrumente und Praxisbeispiele. Gabler, Wiesbaden

Mag W (1998) Einführung in die betriebliche Personalplanung. Vahlen, München

Mag W (2004) Personalplanung. In: Gaugler E, Oechsler WA, Weber W (Hrsg) Handwörterbuch des Personalwesens. Enzyklopedie der Betriebswirtschaft, Bd 5. Schäffer-Poeschel, Stuttgart, S 1602–1616

Martina D, Hartung A (2005) Mitarbeiterproduktivität steigt. Personal 57(7/8):14–16

Münch M, Gassner M (2014) Strategische Personalplanung bei den Stadtwerken München. In: Niedermeyer-Kruse R et al (Hrsg) Personalcontrolling-Prozessmodell: Ein Leitfaden für die Beschreibung und Gestaltung von Prozessen des Personalcontrollings. Linde, Wien, S 26–29

Nagels K, Da-Cruz P (2007) Alternde Belegschaften auch aus finanzwirtschaftlicher. Springer Gabler, Wiesbaden

Naylor TH (1979) Corporate planning models. Addison-Wesley, London

Niedermayr-Kruse R, Waniczek M, Wickel-Kirsch S (2014) Personalcontrolling-Prozessmodell: Ein Leitfaden für die Beschreibung und Gestaltung von Prozessen des Personalcontrollings. Linde, Wien

Nitschke U (2012) Herausforderung Strategisches Human Resource Management. HR Consulting Review 1. http://macs2.psychologie.hu-berlin.de/vqp/uploads/HR%20Consulting%20Review_Nitschke_2012_Strategisches%20HR%20Management.pdf. Zugegriffen: 25. Okt. 2015

Punke F, Strack R (2013) Mit Weitblick „on the road". Personalwirtschaft 8:28–30

Rationalisierungs-Kuratorium der Deutschen Wirtschaft (RKW) (1996) RKW-Handbuch Personalplanung. Luchterhand, Neuwied

Reddy RJ (2004) Personnel management. APH, New Delhi

Reilly P (1996) Human resource planning: an introduction. Institute for Employment Studies, Brighton

Riedl J (1995) Strategie und Personal: Ansätze zur Personalorientierung der strategischen Unternehmensführung. Gabler, Wiesbaden

Rump J, Eilers S, Wilms G (2011) Strategie für die Zukunft - Lebensphasenorientierte Personalpolitik 2.0. Ein Leitfaden für Unternehmen zur Bindung und Gewinnung von Mitarbeiterinnen und Mitarbeitern. Ministerium für Wirtschaft, Klimaschutz, Energie und Landesplanung Rheinland-Pfalz. http://ibe-ludwigshafen.de/images/stories/pdf/rlp_brosch_2011_web.pdf. Zugegriffen: 14. Nov. 2015

Sattelberger T, Strack R (2009) Strategische Personalplanung. Personalmagazin 6:54–56

Scholz C (1982) Zur Konzeption einer Strategischen Personalplanung. Z Betriebswirtschaftliche Forsch 34:979–994

Scholz C (1984) Strategische Personalplanung. Personalwirtschaft 11:261–266

Scholz C (2014a) Personalmanagement: Informationsorientierte und verhaltenstheoretische Grundlagen. Vahlen, München

Scholz C (2014b) Strategielosigkeit als zukünftige Strategie? Personalwirtschaft 8:33–35

Scholz C (2014c) Grundzüge des Personalmanagements. Vahlen, München

Schuler RS, Jackson SE (1987) Linking competitive strategies with human resource management practices. Acad Manag Executive 3:207–219

Schulte C (1990) Kennzahlengestützes Personal-Controlling. Ein Planungs- und Steuerungsinstrument für den Personalbereich. Controlling 1:18–25

Schulte C (2012) Personal-Controlling mit Kennzahlen. Controlling competence. Vahlen, München

Schwarz D (2010) Strategische Personalplanung und Humankapitalbewertung. Simulationen anhand der Cottbuser Formel. Springer, Wiesbaden

Sinclair A (2004) Workforce planning: a literature review. Institute for Employment Studies, Brighton

Statistisches Bundesamt (2015) Bevölkerung Deutschlands bis 2060. 13. koordinierte Bevölkerungsvorausberechnung. https://www.destatis.de/DE/Publikationen/Thematisch/Bevoelkerung/VorausberechnungBevoelkerung/BevoelkerungDeutschland2060Presse5124204159004.pdf?__blob=publicationFile. Zugegriffen: 14. Nov. 2015

Stiehler A, Schabel F, Möckel K (2014) Personalbedarfsplanung und -beschaffung in Unternehmen. Hays AG. https://www.hays.de/documents/10192/118775/hays-studie-personalbedarfsplanung-und-beschaffung.pdf/470b812a-3257-4866-9c88-1c34990f6202. Zugegriffen: 25. Okt. 2015

Stock-Homburg (2013) Personalmanagement. Theorien – Konzepte – Instrumente (3. Aufl.). Springer Gabler, Wiesbaden

Stopp U (1989) Betriebliche Personalwirtschaft. Zeitgemäße Personalwirtschaft – Notwendigkeit für jedes Unternehmen. TA, Ehningen

Strack R, Baier J, Dyrchs S (2009) HR-Steuerung in Krisezeiten. In: Wall F, Schröder RW (Hrsg) Controlling zwischen Shareholder Value und Stakeholder Value: Neue Anforderungen, Konzepte und Instrumente. Oldenbourg, München, S 177–196

Strack R, Haen P, Caye JM, Quiros H, Bhalla V, Tollman P, Linde C von der (2012) Creating people advantage 2012: Mastering HR challenges in a two speed world. http://www.bcg.de/documents/file119346.pdf. Zugegriffen: 25. Okt. 2015

Suder K et al (2011) Wettbewerbsfaktor Fachkräfte. Strategien für Deutschlands Unternehmen. McKinsey & Company. http://www.mckinsey.de/sites/mck_files/files/fachkraefte.pdf. Zugegriffen: 25. Okt. 2015

Teigland CL (1991) Workforce analysis and turnover forecasting: building capacity in New York State Government. In: Niehaus RJ, Price KF (Hrsg) Results from strategic human resource planning. Springer, New York, S 287–300

Ulrich D (1997a) Measuring human resource: an overview of practice and a prescription for results. Hum Resour Manag 3:303–320

Ulrich D (1997b) Human resource champion. The next agenda for adding value and delivering results. Acad Manag Rev 22:178–180

Van den Bergh J, Beliën J, Hoskens B (2013) An empirical study on human resource planning in Belgian production companies. KU Leuven Research Paper 10. https://lirias.kuleuven.be/bitstream/123456789/426848/1/13HRP10.pdf.pdf. Zugegriffen: 25. Okt. 2015

Wickel-Kirsch S, Janusch M, Knorr EM (2008) Personalwirtschaft: Grundlagen der Personalarbeit in Unternehmen. Gabler, Wiesbaden

Wickel-Kirsch S, Fetzer H, Knorr EM, Kasemir RK (2009) Personalplanung in der Krise. Studie Personalplanung 2009: Repräsentative Erhebung über die Personalplanung in mittelständischen Unternehmen in Deutschland. http://www.entgeltforum.de/ref_pub/Studie-Personalplanung-2009.pdf. Zugegriffen: 25. Okt. 2015

Über die Autoren

Dr. Jutta Rump ist Professorin für Allgemeine Betriebswirtschaftslehre, insbesondere Internationales Personalmanagement und Organisationsentwicklung an der Hochschule Ludwigshafen. Sie hat zudem zahlreiche Mandate auf regionaler und nationaler Ebene inne und ist in Unternehmen als Projekt- und Prozessbegleiterin tätig. Darüber hinaus leitet sie das Institut für Beschäftigung und Employability IBE, das den Schwerpunkt seiner Forschungsarbeit auf personalwirtschaftliche, arbeitsmarktpolitische und beschäftigungsrelevante Fragestellungen legt.

Lisa-Marie Kreis war während ihres Studiums des Internationalen Personalmanagements und Organisation an der Hochschule Ludwigshafen als wissenschaftliche Hilfskraft im Institut für Beschäftigung und Employability IBE tätig. Durch zusätzliche Praktika bei der juwi Holding AG in Wörrstadt sowie der IKEA Deutschland GmbH und Co.KG in Fürth erhielt sie vertiefte Einblicke in die personalwirtschaftliche Arbeit. Nach ihrem Abschluss des Bachelorstudiums unterstützt sie seit April 2014 als wissenschaftliche Mitarbeiterin das Team des Instituts.

René Schmoll studierte „International Human Resource Management“ sowie „Controlling, Management & Information“ an der an der Hochschule Ludwigshafen am Rhein. Akademische Auslandserfahrungen sammelte er an der Wirtschaftsuniversität Bratislava und der Universität Maribor. In verschiedenen mittelständischen Unternehmen im In- und Ausland arbeitete er eng mit der Geschäftsführung zusammen und fungierte darüber hinaus als Student Consultant für einen DAX-30-Konzern. Derzeit assistiert er am Institut für Beschäftigung und Employability. Seine Interessen- und Forschungsschwerpunkte beziehen sich insbesondere auf Bereiche des strategischen Personalmanagements.

Strategische Personalplanung bei der Zahnen Technik GmbH

Helena Nickels

Zusammenfassung

Als innovativer Mittelständler aus dem rheinland-pfälzischen Arzfeld beschäftigt sich die Firma Zahnen Technik GmbH mit den Zukunftsthemen Energie und Ressourcenschutz. Eine große Herausforderung besteht darin, auch künftig über eine ausreichende Zahl qualifizierter Beschäftigter zu verfügen. Neben der Einführung einer Arbeitgebermarke im Jahr 2011 wird eine strategische Personalplanung als unerlässlich angesehen, um dieses Ziel zu erreichen.

1 Wer wir sind – was wir machen

Im Jahre 1958 wurde die Firma Zahnen als Elektroinstallationsbetrieb mit angegliedertem Handel mit Elektrowaren in Arzfeld gegründet. 1992 übernahm Herbert Zahnen das traditionelle Handwerksunternehmen seines Vaters und wandelte es 1996 in die heutige Zahnen Technik GmbH um. Seit dem Jahr 2000 konzentriert sich das Unternehmen ausschließlich auf die Zukunftsthemen Energie und Ressourcenschutz und entwickelte sich zu einem innovativen Mittelständler, der auf technologische Herausforderungen flexibel reagieren kann. Das Personal der Zahnen Technik GmbH setzt sich aus rund 70 Mitarbeitenden, davon ca. 25 % Auszubildende, zusammen. Es wird überdurchschnittlich viel in sieben Berufsbildern ausgebildet, denn man ist davon überzeugt, mit der Ausbildung junger Menschen einem Teil der Herausforderungen, die der demografische Wandel mit sich bringt, entgegenwirken zu können.

H. Nickels (✉)
Zahnen Technik GmbH, Arzfeld, Deutschland
E-Mail: h.nickels@zahnen-technik.de

J. Rump und S. Eilers (Hrsg.), *Auf dem Weg zur Arbeit 4.0,* IBE-Reihe,
DOI 10.1007/978-3-662-49746-3_11

Abb. 1 Logo der Arbeitgebermarke

ZUKUNFT@zahnen
MITEINANDER ARBEITEN UND LEBEN

2 Personalpolitik zukunft@zahnen

Durch das strategische Wachstum in den letzten Jahren bekam die Zahnen Technik GmbH ab dem Jahr 2008 erstmals den Fachkräfteengpass zu spüren und entschied sich im Jahr 2011 für die Einführung einer Arbeitgebermarke. Da dies zu der Zeit im Mittelstand noch untypisch war, wurde das Thema in einer Bachelorarbeit, speziell für die Zahnen Technik GmbH charakterisiert und weitestgehend im Unternehmen umgesetzt (Abb. 1).

Motto der Arbeitgebermarkenstrategie ist „Wahre Schönheit kommt von innen!“. Das Hauptmerkmal liegt somit auf der vorhandenden Belegschaft. Im Unternehmen ist eine mitarbeiterorientierte Führungskultur etabliert. Durch eine gute Führungskultur werden die Mitarbeitenden an das Unternehmen gebunden. Besonderen Wert legt man bei der Zahnen Technik GmbH auf Offenheit und einen konstruktiven Umgang zwischen Mitarbeitenden und Führungskräften. Zudem spielt eine zielführende Informations- und Kommunikationspolitik eine große Rolle, in der das offene Wort gepflegt wird. Dies bestätigt auch die Zertifizierung als „Familienfreundlicher Arbeitgeber“ durch die Bertelsmann Stiftung, in der Fairness, gute Arbeitsbedingungen, ein sehr konstruktives Betriebsklima und wechselnde Hierarchien je nach Bedarf des Auftrags den Ausschlag geben.

Im zweiten Schritt ging die Zahnen Technik GmbH in die Kommunikation nach außen und schlug dabei auch untypische Wege ein. So werden beispielsweise Stellenanzeigen als Flyer in der regionalen Zeitung verteilt. Des Weiteren pflegt die Zahnen Technik GmbH einen sehr guten Kontakt zu den regionalen Schulen, indem z. B. Schulprojekte durchgeführt werden, man eine Unterrichtsstunde im Bewerbungstraining übernimmt oder eine Teilnahme an Berufsorientierungsmessen der Schulen erfolgt. Damit konnten bisher erfolgreich gute Auszubildende rekrutiert werden.

Bei der Rekrutierung von Fach- und Führungskräften beruht die Strategie der Zahnen Technik GmbH auf einem Drei-Säulen-Modell:

1. Fachkräfte aus der Region in der Region zu halten (überdurchschnittlich viel ausbilden).
2. Fachkräfte, die aus der Region stammen und zurzeit pendeln oder weggezogen sind, wieder in die Region holen.
3. Fachkräfte aus anderen Regionen/Ländern anwerben und integrieren.

Die dritte Säule kann nur gemeinsam in der Region geschafft werden. Daher ist die Zahnen Technik GmbH Mitinitiator der „Arbeitgebermarke EIFEL“. Die EIFEL-Arbeitgeber sind besonders engagierte, ausgesuchte und zertifizierte Unternehmens des Wirtschaftsraums Eifel, die es sich zur Aufgabe gemacht haben Regionalität nachhaltig und zukunftsorientiert zu fördern. Die Regionalmarke EIFEL GmbH übernimmt das Netzwerkmanagement, informiert die passenden Kooperationspartner, gibt Tipps und Anregungen. Die

Unternehmen setzen aktiv Kooperationen um und wissen schnell, wo man nützliche Impulse bekommen kann. So arbeitet man in der Eifel erfolgreich zusammen.

3 Strategische Personalplanung in KMU

Ziel der Zahnen Technik GmbH ist es, Probleme, Bedürfnisse und Engpässe der Kundinnen und Kunden (Zielgruppe) zu erfahren. Daher ist die Aufgabe Nr. 1 aller Mitarbeitenden, hierzu Lösungen zu entwickeln und somit den Menschen der Zielgruppe zu helfen, damit diese ihre Aufgaben leichter, besser und erfolgreicher erledigen können.

Diese Aufgabe lässt sich nur mit einer strategischen und systematischen Personalplanung bewältigen. Ziel einer strategischen Personalplanung ist es, Transparenz über die Entwicklung des aktuellen und zukünftigen Personalbestands und -bedarfs mit einem Planungszeitraum von 3–10 Jahren aufzuzeigen. Des Weiteren geht es um die Sicherstellung einer ausreichenden Anzahl an Mitarbeitenden mit den erforderlichen Qualifikationen, zum richtigen Zeitpunkt, am richtigen Ort zur Sicherung und Umsetzung der Unternehmensstrategie.

Die Zahnen Technik GmbH beteiligte sich zum Aufbau einer solchen strategischen Personalplanung, der für ein Unternehmen eine große Herausforderung darstellt, an einem Forschungsprojekt.[1] Vor dem Projektstart kannte man grob den Personalbedarf und war kurzfristig in der Lage, den operativen Personalbedarf zu decken. Dies sollte für die kommenden Jahre, auch im Hinblick auf den demografischen Wandel, verbessert werden.

Bevor die Prozessbegleitung im Unternehmen startete, fanden zwei Treffen mit vier weiteren Pilotunternehmen zum gegenseitigen Kennenlernen sowie zur Erläuterung der Vorgehensweise in den einzelnen Unternehmen statt.

Die ersten vorbereitenden Arbeiten für die Zahnen Technik GmbH waren die Bildung eines Arbeitsteams, das sich aus der Geschäftsführung und drei weiteren Mitarbeitenden aus dem Personalbereich zusammensetzte. Des Weiteren wurden dem externen Projektteam verschiedene Informationen über das Unternehmen zur Vorbereitung der Unternehmens- und Personalanalyse zugeleitet, wie Organigramm, Personalstammdaten und das Unternehmensleitbild.

Zunächst beschäftigte man sich im Projektverlauf mit der Analyse der Unternehmensstrategie. Dabei wurden die Vision, das Geschäftsumfeld und die Geschäftsstrategie analysiert und in einem ersten Zwischenfazit „Produkte, Märkte und Technik der Zukunft" zusammengefasst. Ein sehr wichtiger Punkt hierbei war es, die Kompetenzen der Zukunft herauszuarbeiten, da es aufgrund der zukünftigen Entwicklung zu veränderten oder neuen Kompetenzanforderungen an die Mitarbeitenden kommen kann, die frühzeitig in der Personalentwicklung berücksichtigt werden sollen. Als weiteres Zwischenfazit wurde dann ein Zukunftsszenario des Unternehmens in Form einer SWOT-Analyse

[1] Nähere Informationen zu diesem Projekt finden sich unter http://strategische-personalplanung-kmu.dgfp.de/.

(Unternehmens- und Umweltfaktoren) dargestellt, in der die Stärken, Schwächen, Chancen und Risiken festgehalten wurden. Zudem wurde als weitere strategische Überlegung und Voraussetzung der strategischen Personalplanung ein Planungshorizont von 7 Jahren festgelegt.

Im nächsten Projektschritt ging es um die Bildung von Jobfamilien. Jobfamilien sind Bündel derselben Aufgaben, Qualifikationen und Anforderungen unabhängig von Personen und Organisationseinheiten. Zur Bildung können Stellen mit gleichen oder ähnlichen Aufgaben aus verschiedenen Fachbereichen zusammengefasst und in Cluster eingeteilt werden. Indem man die Belegschaft in Jobfamilien bündelt, kann man einerseits quantifizieren, wie viele Vollzeitmitarbeiter pro Jobfamilien vorhanden sind. Andererseits schafft man Transparenz hinsichtlich der notwendigen Qualifikationen im Unternehmen. Für die Zahnen Technik GmbH konnten insgesamt neun Jobfamilien (Monteure, Entwickler Engineering, Projektmanagement, Assistenz/Verwaltung etc.) gebildet werden. Die Bildung erfolgte in den folgenden drei Phasen:

1. Funktionen des Unternehmens analysieren
2. Innerhalb der Funktionsbereiche die Stellen fokussieren
3. Stellen nach Aufgaben bündeln
   a. Prinzip der schnellen Umlernzeit
   b. Prinzip der Hauptaufgaben

Im darauffolgenden Arbeitsschritt wurden die Jobfamilien visualisiert, die Kernkompetenzen heute und in der Zukunft betrachtet sowie die Entwicklung des quantitativen Personalbedarfs in den kommenden 7 Jahren prognostiziert. Im letzten Schritt für den ersten Beratungstag, erfolgte die Einschätzung der Jobfamilien nach den Kriterien der Verfügbarkeit am externen Arbeitsmarkt sowie der Relevanz für die Entwicklung des Unternehmens. Es konnte die für die Zahnen Technik GmbH wichtige Erkenntnis gewonnen werden, dass die Jobfamilie „Monteure" eine erfolgskritische Jobfamilie darstellt, der man besondere Aufmerksamkeit in den nächsten Jahren zukommen lassen sollte. Zudem konnten die strategisch wichtigen Jobfamilien für das Unternehmen sowie diejenigen, die in den nächsten Jahren keine nennenswerten Veränderungen zu erwarten haben, aufgezeigt werden.

Bis zum nächsten gemeinsamen Treffen war es Aufgabe der Zahnen Technik GmbH, die definierten Jobfamilien zu überprüfen und die Personalstammdaten hinsichtlich Jobfamilie, Alter und Kapazität anhand einer vordefinierten Excel-Liste anzupassen. Somit konnten die Personalstammdaten in eine spezielle Software eingearbeitet und der Personalbestand und Personalbedarf festgestellt werden. Zur Feststellung des *Personalbestands* werden die Personalstammdaten, das Renteneintrittsalter, die Fluktuationsquote in den jeweiligen Jobfamilien sowie die bereits bekannten Mitarbeiterabgänge (z. B. durch Weiterbildungsmaßnahmen) herangezogen.

Zur Feststellung des *Personalbedarfs* dienen die Wachstumsrate pro Jobfamilie, die Zusatzkapazitäten aufgrund von neuen Produkten sowie die Produktivitätsraten pro Jahr und Jobfamilie. Der Gap, den man durch die Analyse von Personalbestand und

Personalbedarf erhält, zeigt, wie viele Mitarbeitende in den nächsten Jahren rekrutiert werden sollten.

Durch die Analyse, wie viele Mitarbeitende in den nächsten Jahren rekrutiert werden und welche Kompetenzen die aktuellen Beschäftigten erwerben sollten, ergibt sich eine Grundlage, auf der man einen Personalplan erstellen kann mit der Definition von diversen Maßnahmen, die zur Zielerreichung umgesetzt werden sollen.

Da qualifiziertes Personal in den nächsten Jahren auf dem Arbeitsmarkt noch knapper wird, wie heute schon spürbar, wird die Zahnen Technik GmbH zukünftig stärker darauf angewiesen sein, intern qualifizierte Leistungsträgerinnen und Leistungsträger aufzubauen, zu entwickeln und im Unternehmen zu halten.

Über die Autorin

Helena Nickels (geb. 23.05.1986) studierte von 2008 bis 2011 Betriebswirtschaftslehre an der Hochschule Trier. 2011 Bachelorarbeit „Employer Branding – Mit Strategie zum bevorzugten Arbeitgeber“ bei der Zahnen Technik GmbH in Arzfeld. Seit 2012 Angestellte bei der Zahnen Technik GmbH im Bereich Personalwesen/-entwicklung. Einführung einer Arbeitgebermarke im Unternehmen, Mitglied im Prüfungsausschuss der IHK Trier, Weiterbildung zum Diplom-Trainer im Unternehmen EOTE.

Strategische Personalplanung im Modehaus Marx

Ein Interview mit Karin Kaltenkirchen, Geschäftsführerin

Karin Kaltenkirchen, Jutta Rump und Silke Eilers

Zusammenfassung

Das Modehaus Marx in Trier blickt auf eine lange Tradition zurück. Derzeit sind 87 Mitarbeitende in dem Unternehmen des Textil-Einzelhandels tätig. Seit dem vergangenen Jahr setzt sich Karin Kaltenkirchen, die Geschäftsführerin des Modehauses Marx, intensiv mit strategischer Personalplanung auseinander. Im Interview mit den Herausgeberinnen erläutert sie, wie sie sich der Thematik nähert und welche Tipps sie anderen kleinen und mittelständischen Unternehmen gibt, die sich auch auf den Weg machen möchten, auf strukturierte Weise vorausschauend ihre Personalressourcen zu planen.

1 Modehaus Marx: Tradition und Moderne

Im Jahr 1835 gründete Joseph Marx das Ursprungsunternehmen des heutigen Modehauses Marx als Tuchmacherbetrieb in Trier. 1874 entschied sich sein Sohn aufgrund der schlechten wirtschaftlichen Bedingungen, Missernten und zunehmend günstigeren Tuchfabrikationen aus England für den Wandel der Firma zum Tuchhandel. Bis zu den 1960er

K. Kaltenkirchen (✉)
Modehaus Marx GmbH und Co. KG,
Trier, Deutschland
E-Mail: kaltenkirchen@modehaus-marx.de

J. Rump · S. Eilers
Institut für Beschäftigung und Employability IBE,
Ludwigshafen, Deutschland
E-Mail: jutta.rump@ibe-ludwigshafen.de

S. Eilers
E-Mail: silke.eilers@ibe-ludwigshafen.de

J. Rump und S. Eilers (Hrsg.), *Auf dem Weg zur Arbeit 4.0*, IBE-Reihe,
DOI 10.1007/978-3-662-49746-3_12

Jahren war die Firma Marx – inzwischen in dritter und vierter Generation – als Tuchgroßhandel, Tuchgroßversand und im Verkauf von Futterstoffen und Schneiderbedarf tätig und begann 1958 mit dem Verkauf von Konfektionsware, hauptsächlich als Großhandel.

1967 fiel unter dem neuen Geschäftsführer Reinhard Hauser der Entschluss, den Großhandel zu einem Einzelhandels-Fachgeschäft umzugestalten. Nach der Umstellung entwickelte sich das Modehaus Marx zum Spezialgeschäft für Damen- und Herren-Oberbekleidung, das alle von der Industrie produzierten Größen führte. Seit 1986 ist Horst Hauser, Sohn von Reinhard Hauser, als Gesellschafter in der Firma tätig und leitet hauptverantwortlich den Einkauf der Herrenmode. 1998 trat die Tochter, Karin Kaltenkirchen, geb. Hauser, ebenfalls als Gesellschafterin mit in das Unternehmen ein und leitet seitdem die Firma als Geschäftsführerin.

Kundinnen und Kunden verschiedenen Alters und verschiedener Staturen finden in den Räumen des Modehauses Marx ein Sortiment aus klassischer und modischer Ware. Sowohl im Damen- als auch im Herrenbereich werden alle Größen, inklusive aller Sonder- und Zwischengrößen angeboten (Damen: von Größe 34 bis 60; Herren: von 46 bis 75). Von zentraler Bedeutung ist eine große Auswahl und ein ansprechendes Preis-Leistungs-Verhältnis. Auffallend ist die freundliche und kompetente Beratung des Verkäuferteams. Beides wird im Modehaus Marx großgeschrieben, dies gilt sowohl für den Verkauf als auch für den Änderungsservice.

Die 82 Mitarbeiterinnen und 5 Mitarbeiter des Modehauses Marx sind in sehr unterschiedlichen Bereichen wie Einkauf, Verkauf, Buchhaltung, Dekoration, Warenannahme, Schneiderei/Atelier etc. tätig.

2 Interview mit Karin Kaltenkirchen, Geschäftsführerin

Herausgeberinnen
Frau Kaltenkirchen, was hat Sie dazu bewogen, sich mit dem Thema „strategische Personalplanung" auseinanderzusetzen? Welchen Mehrwert versprechen Sie sich?

Karin Kaltenkirchen
Ich stieß mehr oder weniger zufällig auf dieses Thema. Wir wurden gefragt, ob wir uns vorstellen könnten, als Modellbetrieb am Forschungsprojekt „Strategische Personalplanung für KMUs" der Deutschen Gesellschaft für Personalführung in Zusammenarbeit mit dem Institut für Beschäftigung und Employability[1] teilzunehmen. Ich dachte mir: „Es kann nichts schaden, sich mit diesem Thema zu beschäftigen und etwas dazuzulernen". Einen klaren Mehrwert sehe ich in dem langfristig ausgelegten Planungshorizont:

[1]Nähere Informationen zu diesem Projekt finden sich in Kap. 10 sowie unter http://strategische-personalplanung-kmu.dgfp.de/.

Wie verändern sich unsere Absatzmärkte in der Zukunft und welche Qualifikationen und Kompetenzen muss mein Personal haben, um dem Ganzen begegnen zu können?

Herausgeberinnen
Das Modehaus Marx hat derzeit 87 Mitarbeitende. Was macht eine strategische Personalplanung gerade in einem kleinen Unternehmen so wichtig?

Karin Kaltenkirchen
Das ist ein wichtiges Thema, da man gerade bei relativ wenigen Mitarbeitenden eher „aus dem Bauch heraus" plant. Wenn es nur darum geht, wer wann in Rente geht, klappt das auch seit Jahren auf diesem Weg. Aber wenn noch weitere Faktoren hinzukommen, wird es schon schwieriger.

Neu ist die intensive Auseinandersetzung mit den Themen: Wie sieht die Altersstruktur aus? Welche Faktoren müssen noch berücksichtigt werden? Und was den Arbeitsmarkt allgemein anbelangt: In welchen Bereichen sieht man sich selbst auf einer 5- bis 10-Jahres-Achse?

Man muss auch strategisch pro Bereich überlegen, wie sich die Anforderungen an die einzelnen Berufsbilder verändern werden, und sich fragen, ob man dafür schon gerüstet ist. Muss ich vielleicht heute schon anfangen, Dinge in die Wege zu leiten, weil sich gegebenenfalls in 5 Jahren Herausforderungen ergeben, die ich dann nicht mehr bewältigen kann? Und für die ich vielleicht neue Mitarbeitende einstellen oder die vorhandenen Mitarbeitenden anders schulen muss? Gerade in Bezug auf die Qualifikationen für die Zukunft hatte ich mir bislang noch nicht so explizit überlegt, wo die Reise hingeht. Das waren alles Punkte, die im Laufe des strategischen Personalplanungsprozesses „zutage" kamen.

Herausgeberinnen
Wie gehen Sie das Thema an?

Karin Kaltenkirchen
Zunächst einmal erfolgte eine bewusste Auseinandersetzung mit unserer Unternehmens- und Personalstrategie. „Was macht uns als Modehaus aus? Wie gestaltet sich der Wettbewerb?", waren nur ein Auszug der Fragen, die wir bei einem der ersten Beratungsgespräche durchgegangen sind. Auch haben wir bei dem ersten Termin bestimmt, wie weit wir in die Zukunft planen. Ich habe einen Planungshorizont von 5 Jahren gewählt, da der Einzelhandel von ständigen Umbrüchen erfasst wird, deren Auswirkungen auf meinen Personalbedarf schwer absehbar sind. Für den weiteren Verlauf der strategischen Personalplanung wurde uns eine Software zur Verfügung gestellt. Man geht in den nächsten Schritten die Jobfamilien durch und stellt sich Fragen zur Entwicklung in den kommenden 5 Jahren – was wird sich ggf. in den unterschiedlichen Bereichen verändern und was, glaube ich, wird vom Anforderungsprofil her ähnlich bleiben und was wird sich weiterentwickeln?

In das Programm werden vorweg die Stammdaten eingegeben. Ich musste nur noch einige Eingaben zum erwarteten Renteneintrittsalter, der Fluktuation und den zukünftigen Personalbedarfen treffen. Anschließend sieht man, wie die Altersstruktur aktuell aussieht, wie sich die Wahrscheinlichkeit von Austritten darstellt und welche Folgemaßnahmen daraus einzuleiten sind. Man erkennt plötzlich Lücken, mit denen man vielleicht gar nicht gerechnet hat. Wir haben eine sehr hohe Betriebszugehörigkeit, aber das bedingt natürlich auch, dass die Leute zusammen alt werden. Daher ist es wichtig, sich diese Verschiebungen ein paar Jahre nach vorne anzuschauen.

Ich habe auch festgestellt, dass es in den letzten 2 oder 3 Jahren schwieriger geworden ist, die richtigen Mitarbeitenden zu finden. Dafür muss man mehr Energie aufwenden als in der Vergangenheit.

Die strategische Personalplanung zeigte, dass wir in bestimmten Bereichen Mitarbeiter benötigen, diese aber gleichzeitig sehr schwierig zu finden sind. Daraufhin wurde überlegt, auf welchen Wegen – vielleicht auch eher ungewöhnlichen Wegen – man heute Personal rekrutieren kann. Früher schaltete man einfach eine Anzeige in der Tageszeitung. Heute reicht das nicht mehr. Zum Beispiel ist auch gezielte Mund-zu-Mund-Propaganda wichtig oder soziale Netzwerke, um nur zwei Beispiele zu nennen. Auch das muss strategisch und langfristig angegangen werden.

Eine solche strukturierte Vorgehensweise bei der strategischen Personalplanung nimmt auch die Führungskräfte mit auf den Weg. Denn diesen Weg muss man gemeinsam mit ihnen gehen. Durch die strukturierte Aufbereitung kann man die Situation ganz anders weitergeben und kommunizieren und bekommt auch einen entsprechenden Input vom Führungsteam.

Herausgeberinnen
Welche Tipps würden Sie anderen kleinen Unternehmen geben, die sich auf den Weg machen möchten, um ihr Personal strategisch zu planen?

Karin Kaltenkirchen
Das Zauberwort ist „Systematik" – die muss einfach frühzeitig gegeben sein. Wie der Begriff „strategische" Personalplanung schon sagt, sollte man sich vor allem Gedanken darüber machen, wie die Ausrichtung des Unternehmens in X Jahren aussehen soll und welche Weichen man heute schon stellen muss, um dann die richtigen Mitarbeitenden an den richtigen Stellen zu haben. Um mit Ruhe und Bedacht – ohne Not – bestimmte Dinge anzugehen. Das ist gerade bei kleinen Unternehmen bzw. Familienunternehmen sehr wichtig.

Man sollte auch offen sein für Neues. Es macht Arbeit, sich damit auseinanderzusetzen, keine Frage, aber es lohnt sich. Man sollte den Mut haben, sich an Projekten zu beteiligen – davon kann man sehr profitieren, weil man neue Herangehensweisen kennenlernt. Man macht vielleicht selbst schon vieles richtig, aber der Erfahrungsaustausch und das strukturierte Vorgehen sind ein großer Mehrwert.

Herausgeberinnen
Herzlichen Dank, Frau Kaltenkirchen, für dieses informative Interview!

Über die Autoren

Karin Kaltenkirchen war zunächst für LIDL Lebensmittel als Bezirksleiterin in Dresden und Verkaufsleiterin in Heilbronn tätig, bevor sie im Jahr 1998 Geschäftsführerin und Mitinhaberin der Modehaus Marx GmbH & Co. KG in Trier wurde. Sie ist zudem in zahlreichen Gremien aktiv. So war sie über mehrere Jahre Vorstandsmitglied im Kreis Junger Unternehmer Trier (KJU) der Wirtschaftsjunioren Deutschland, erste Vorsitzende der City-Initiative Trier e. V. und Geschäftsführerin der „Elephant Expo Trier-Luxemburg GmbH". An der IHK Trier ist Karin Kaltenkirchen sowohl Vize-Präsidentin als auch Mitglied der Vollversammlung und des Handelsausschusses. Daneben engagiert sie sich als ehrenamtliche Richterin am Arbeitsgericht Trier.

Dr. Jutta Rump ist Professorin für Allgemeine Betriebswirtschaftslehre, insbesondere Internationales Personalmanagement und Organisationsentwicklung an der Hochschule Ludwigshafen. Sie hat zudem zahlreiche Mandate auf regionaler und nationaler Ebene inne und ist in Unternehmen als Projekt- und Prozessbegleiterin tätig. Darüber hinaus leitet sie das Institut für Beschäftigung und Employability IBE, das den Schwerpunkt seiner Forschungsarbeit auf personalwirtschaftliche, arbeitsmarktpolitische und beschäftigungsrelevante Fragestellungen legt.

Silke Eilers war während ihres berufsintegrierenden Studiums der Betriebswirtschaftslehre an der Hochschule Ludwigshafen im Vertrieb und im Personalmanagement der Koenig & Bauer AG in Frankenthal tätig. Seit dem Jahr 2003 ist sie wissenschaftliche Mitarbeiterin und Projektleiterin am Institut für Beschäftigung und Employability IBE. Ihre Arbeitsschwerpunkte liegen in den Themenbereichen Demografie, Trends der Arbeitswelt, Employability sowie lebensphasenorientierte Personalpolitik.

Teil V

Zeitpolitik neu denken

Zielkonflikte in der Zeitpolitik

Wie betriebliche Arbeitszeitgestaltung helfen kann, Zeitreserven zu mobilisieren und Konflikte zu entschärfen

Jutta Rump, Silke Eilers und Katharina Scherer

Zusammenfassung

Die Trends und Entwicklungen der Arbeitswelt bringen einen nicht zu unterschätzenden Zielkonflikt in der Zeitpolitik mit sich. Während aus betrieblicher und volkswirtschaftlicher Sicht die Notwendigkeit besteht, alle Zeitreserven zu heben, steigt gleichzeitig das Bedürfnis nach Entschleunigung und Balance in einem immer länger werdenden Erwerbsleben an. Dieser Zeitkonflikt lässt sich durch innovative Arbeitszeitmodelle entschärfen. Zu nennen sind vor allem Vertrauensarbeitszeit und Langzeitkonten sowie vollzeitähnliche Teilzeitmodelle und die Kombination flexibler Zeitmodelle mit mobilem Arbeiten. Einen ganzheitlichen Ansatz, der sich auf das gesamte Erwerbsleben bezieht und unterschiedliche Handlungsfelder umfasst, stellt das Konzept der sog. lebensphasenorientierten Personalpolitik dar. Es wird dem Wandel der Lebens- und Berufsphasen und der damit einhergehenden sehr stark schwankenden Zeitbedarfe/-potenziale der Beschäftigten über den gesamten Erwerbszyklus hinweg gerecht.

J. Rump (✉) · S. Eilers
Institut für Beschäftigung und Employability IBE,
Ludwigshafen, Deutschland
E-Mail: jutta.rump@ibe-ludwigshafen.de

S. Eilers
E-Mail: silke.eilers@ibe-ludwigshafen.de

K. Scherer
EWR AG, Worms, Deutschland
E-Mail: katharinascherer@gmx.net

J. Rump und S. Eilers (Hrsg.), *Auf dem Weg zur Arbeit 4.0,* IBE-Reihe,
DOI 10.1007/978-3-662-49746-3_13

1 Der Zielkonflikt in der Zeitpolitik

Es ist nicht von der Hand zu weisen, dass Arbeit nach wie vor einen entscheidenden „Taktgeber" im Leben der meisten Menschen darstellt (BMAS 2015). Allerdings verschwimmen die Grenzen zwischen beruflicher und privater Sphäre zusehends, und die Möglichkeiten, Zeit und Ort des Arbeitens zu bestimmen, werden immer flexibler – nicht zuletzt bedingt durch die Digitalisierung. Dies gilt für beide Seiten, Arbeitnehmende wie Arbeitgeber, gleichermaßen (vgl. dazu auch Kap. 1).

Auf Unternehmensseite kommt es vermehrt darauf an, Personal- und Zeitreserven zu mobilisieren, um sich den Anforderungen der Märkte nach Flexibilität und Veränderungsgeschwindigkeit zu stellen und insbesondere Fachkräfteengpässen angemessen zu begegnen. Dafür gibt es eine volkswirtschaftliche und betriebliche Notwendigkeit. Gleichzeitig zeigt sich allerdings ein ebenso starker Gegentrend auf gesellschaftlicher und individueller Ebene nach einer Balance zwischen privaten und beruflichen Belangen angesichts der zunehmenden Komplexität und Beschleunigung des Lebens und Arbeitens. Es kommt zu einem Spannungsfeld zwischen Stabilität und Flexibilität, das es auf beiden Seiten auszutarieren gilt. Dieses geht einher mit einem nicht zu unterschätzenden Zielkonflikt in der Zeitpolitik zwischen betrieblichen und individuellen Zielen.

Wilhelm Bauer vom Fraunhofer Institut für Arbeitswirtschaft und Organisation (IAO) unterscheidet das arbeitnehmerseitige Ziel der privaten Flexibilität sowie das unternehmensseitige Ziel der dispositiven Flexibilität. Getrieben wird die Zielsetzung auf Arbeitnehmerseite von Aspekten wie Work-Life-Balance, Gesundheit, Erholung, Lebensqualität, Freizeitangebot, Familie, sozialen Aktivitäten, medizinischen Terminen, Reisen, „höheren" Bedürfnissen, Kommunikationsmedien, Spontaneität und Aktivität als Lifestyle, Pflegefällen und Info-Verfügbarkeit. Treiber auf Unternehmensseite sind z. B. die Differenzierung von Kundenanforderungen, Variantenvielfalt, Ausgleich von Produktionsschwankungen, Volatilität der Märkte, Anpassung an die Nachfrage, flexible Technologie, optimierter Ressourceneinsatz und die JIT-Produktion. Zur Erreichung dieser beiden Zielsetzungen ist als Enabler die Technik zu betrachten, und hier insbesondere die IT-Technologie sowie CPS/Industrie 4.0. Hinzu kommen als Rahmenbedingungen die Aspekte Demografie und Diversity im Hinblick auf den Arbeitsmarkt und die gesellschaftlichen Werteveränderungen, insbesondere im Hinblick auf Flexibilisierung und Selbstoptimierung (Bauer 2015; vgl. dazu auch Kap. 1). Eine Konsequenz dieser zunehmenden Flexibilitätsbedürfnisse ist ein ebenfalls für beide Seiten ansteigender Druck.

Wie mit Entgrenzung, Verfügbarkeit und Erreichbarkeit künftig umgegangen wird und wo die Grenzen zwischen Beruf- und Privatleben verlaufen werden, ist noch offen (vgl. dazu auch Kap. 1). Ziel muss es sein, die unterschiedlichen Flexibilisierungsanforderungen miteinander in Einklang zu bringen und die Zeitkonflikte durch eine entsprechende Ausgestaltung der Arbeitsorganisation zu vermindern oder gänzlich zu vermeiden. Dabei gilt es festzuhalten, dass vom heutigen Stand aus noch nicht erkennbar ist, inwieweit die Digitalisierung dazu beitragen kann, diesen Konflikt zu entschärfen oder ihn ggf. noch befördern wird.

Die Initiative für Beschäftigung! formuliert es in der Ergebnisdarstellung des Fachdialogs „Arbeit der Zukunft gestalten" wie folgt:

> Zwischen Arbeitgebern und Beschäftigten müssen auch mögliche Zielkonflikte offen diskutiert werden können. Denn bei aller Vereinbarkeitswilligkeit sind Unternehmen und Organisationen (und hier insbesondere die Führungskräfte) mit einer Reihe von Herausforderungen, Anforderungen und einer steigenden Komplexität konfrontiert, die individuell gewünschte Flexibilisierungen der Arbeitszeit und Arbeitsorganisation erschweren können … Gleichzeitig muss die Arbeitszeit bei aller Flexibilität für die Beschäftigten kalkulierbar bleiben (IfB! 2012, S. 28).

Im Folgenden werden die beiden Spannungsfelder näher beleuchtet.

1.1 Die betriebliche und volkswirtschaftliche Perspektive: Alle Potenziale heben

Aus betriebswirtschaftlicher und volkswirtschaftlicher Perspektive erhöht sich stetig die Notwendigkeit, alle Zeitpotenziale bestmöglich auszuschöpfen, um so bereits bestehenden und künftig drohenden Fachkräfteengpässen entgegenzuwirken. Diese entstehen insbesondere aus dem Zusammenspiel der demografischen Entwicklung mit ihrer Konsequenz einer sinkenden Verfügbarkeit vor allem qualifizierter Kräfte sowie technisch-ökonomischer Trends, die gleichzeitig den Bedarf an Fachkräften ansteigen lassen. Zu nennen sind hier insbesondere die Entwicklung zur Wissens- und Innovationsgesellschaft und die digitale Transformation. Hinzu kommt der Druck, immer flexibler auf steigende Kundenanforderungen und die zunehmende Volatilität von Produkten und Dienstleistungen zu reagieren. Darüber hinaus gilt es, den steigenden Anforderungen an Flexibilität, Leistungs- und Beschäftigungsfähigkeit sowie Veränderungsbereitschaft gerecht zu werden.

Die Studien „Arbeitswelt 2030" der Robert Bosch Stiftung und „Arbeitslandschaft 2040" der Prognos AG identifizieren die Erhöhung des Arbeitsvolumens als einen der zentralen Hebel zur Sicherung einer ausreichenden Fachkräftebasis für die Zukunft (Klös et al. 2013; Prognos 2015). So wurden in der erstgenannten Studie in einer Szenarienbetrachtung neben den Szenarien „Erwerbsbeteiligung" und „Produktivität" im „Szenario Arbeitszeit" verschiedene Maßnahmen mit dem Ziel einer steigenden Jahresarbeitszeit pro Erwerbstätigen bzw. einer sinkenden Erwerbslosenquote berechnet. Als Referenz wurde ein Szenario mit konstanten Erwerbslosen- und Teilzeitquoten sowie einer konstanten Arbeitszeit pro Kopf zugrunde gelegt. Durchgerechnet wurden eine Erhöhung der Arbeitszeit von Teilzeitbeschäftigten um 50 %, eine Halbierung der Erwerbslosenquote, eine Senkung der Teilzeitbeschäftigtenquote um ein Drittel sowie Kombinationen dieser Maßnahmen. Insgesamt deutete sich dabei eine große Hebelwirkung insbesondere durch die Erhöhung der Arbeitszeit je Teilzeitbeschäftigten an. Hierzu ist anzumerken, dass sich die dem Szenario zugrunde liegenden statistischen Daten der 12. koordinierten

Bevölkerungsvorausberechnung sowie die Annahmen insbesondere zum langfristigen Wanderungssaldo (das Referenzszenario ging von 150.000 Personen ab dem Jahr 2017 sowie einer linearen Annäherung an diesen Wert vom Ausgangsjahr 2009 aus; vgl. Raffelhüschen et al. 2013) durch die massiven Flüchtlingsströme des Jahres 2015 verändert haben. Nichtsdestotrotz wird nach wie vor deutlich, dass sich durch arbeitszeitpolitische Maßnahmen enorme Potenziale heben lassen. Dies vor allem vor dem Hintergrund, dass kurz- bis mittelfristig nicht damit zu rechnen ist, dass sich in qualitativer Hinsicht durch die Zuwanderer Fachkräfteengpässe merklich reduzieren lassen (vgl. hierzu auch Kap. 1).

1.2 Die individuelle Perspektive: Zeit für Beruf UND Privatleben[1]

Auf den ersten Blick scheint es, als sei es ein „Wohlstandsphänomen", sich mehr Zeit für das Privatleben zu wünschen. Dem ist nicht so. In Anbetracht eines immer längeren Erwerbslebens mit einer zunehmenden Arbeitsverdichtung, Veränderungsgeschwindigkeit und Komplexität ist es nahezu unerlässlich, Phasen der „Entschleunigung" zu realisieren, um über eine Lebensarbeitszeit von 40 oder gar 45 Jahren „durchzuhalten". Denn nicht selten äußern sich dauerhafter Stress und Überlastung früher oder später in psychischen ebenso wie in physischen Krankheitssymptomen. Überlastungssituationen treten dabei besonders häufig am Arbeitsplatz auf. Doch auch das Gefühl, in der Freizeit möglichst viel und möglichst ständig etwas Neues erleben und dank mobiler Endgeräte stets vernetzt und informiert sein zu müssen, führt Menschen zunehmend an ihre Grenzen. Immer häufiger entsteht daraus beim Einzelnen das gegenläufige Bedürfnis nach Entschleunigung. Infolgedessen verweigern sich zunehmend Menschen der fortwährenden Beschleunigung ihres Lebens, kehren ihrem Beruf und Lebensumfeld den Rücken und schalten „einen Gang zurück", da sie mit dem Tempo, das ihnen abverlangt wird, nicht zurechtkommen. Andere verspüren nach Jahren „auf der Überholspur" keine Motivation mehr, in der gleichen Weise ihr Leben fortzusetzen. Zudem gilt: „Arbeitnehmer, die das Maximum als Norm betrachten, sind auf Dauer nicht belastbar – überdies weder loyal noch verlässlich" (Sennet 2014).

Dies hat vor allem die jüngere Generation verinnerlicht und verleiht der Forderung nach einem ausbalancierten Lebenskonzept Nachdruck – in Anbetracht absehbarer Fachkräfteengpässe ein Anliegen, dem durchaus Gehör geschenkt werden sollte, wenn man die gut qualifizierten Jüngeren für sich gewinnen und an sich binden möchte. Nicht zuletzt gilt es zu bedenken, dass Beschäftigte ihre privaten Belange nicht „an der Werkspforte"

[1]Da in Kap. 1 bereits dezidiert auf die Notwendigkeit der Fachkräftesicherung und die Aspekte der Grenzziehungen zwischen Beruf und Privatleben sowie der sich wandelnden gesellschaftlichen Werte eingegangen wurde, soll an dieser Stelle nur eine stark verkürzte und fokussierte Betrachtung erfolgen.

abgeben, sondern ein Ungleichgewicht erhebliche Auswirkungen auf ihre Motivation und ihr Wohlbefinden nehmen kann. Bei diesen Belangen kann es sich gleichermaßen um Zeit für Weiterbildung, die Ausübung eines Ehrenamtes oder Hobbys, die Betreuung oder Pflege von Angehörigen oder weitere außerberufliche Verpflichtungen handeln.

Im Kontext der Zeitpolitik steht hierbei besonders die Zeit für Familie im Fokus, die bereits der Achte Familienbericht vehement einforderte (BMFSFJ 2012). Und auch im Grünbuch Arbeiten 4.0 des Bundesarbeitsministeriums heißt es: Die betrieblichen Anforderungen an Flexibilität laufen zum Teil quer zu den individuellen Flexibilitätsbedürfnissen der Beschäftigten in unterschiedlichen Lebensphasen. Gerade die Takte und Flexibilitätsanforderungen in Familien lassen sich mit denen der Arbeitswelt oft nur schwer in Einklang bringen. Da inzwischen in vielen Familien beide Elternteile erwerbstätig sind, häufen sich Zeitkonflikte im Alltag von Familien (BMAS 2015, S. 49).

Aktuelle Zahlen des Robert Koch Instituts zeigen Anstieg psychischer Auffälligkeiten bei Kindern seit den 1990er Jahren. Dieser ist sicherlich zum Teil durch eine erhöhte Aufmerksamkeit gegenüber psychischen Erkrankungen allgemein und insbesondere gegenüber Kindern begründet. Allerdings werden nicht zuletzt der zunehmende Zeitdruck und der Verlust an gemeinsamer Zeit in den Familien mit dieser Entwicklung in Zusammenhang gebracht (bkjpp 2011; Aktionsbündnis Seelische Gesundheit 2015).

Eine entscheidende Rolle dabei, in welchem Maße Zeitpotenziale von Eltern für das Arbeitsleben verfügbar gemacht werden (können), spielt auch die Betreuungsinfrastruktur. So hängt die Bereitschaft und Möglichkeit, frühzeitig und in einem zeitlichen Umfang, der über „kleine Teilzeit" hinausgeht, wieder in den Beruf einzusteigen, zweifelsohne in hohem Maße von der Quantität der zur Verfügung stehenden Betreuung vor allem für die unter 3-Jährigen ab. Die Qualität spielt jedoch auch eine nicht zu unterschätzende Rolle, wie jüngst erstmals für Deutschland vom Deutschen Institut für Wirtschaftsforschung (DIW) untersucht. Dabei macht die Studie die Qualität einer Einrichtung daran fest, dass diese umso höher ist, je geringer der Personalschlüssel, je kleiner die Gruppen und je geringer der Anteil der Fachkräfte ohne Fachschulabschluss ist. Vor allem die ersten beiden Aspekte, die für Eltern beobachtbar sind, sind gerade für Elternteile mit gehobenem Bildungshintergrund von einer nicht zu unterschätzenden Relevanz, sodass gilt: „Auch in qualitativen und nicht nur quantitativen Verbesserungen der frühkindlichen Betreuungsinfrastruktur kann somit ein Ansatzpunkt zur Gewinnung von Fachkräften liegen, der bisher allerdings nur wenig diskutiert wird" (Schober und Spieß 2014, S. 470). Ebenfalls weniger im Fokus der Diskussion steht, dass auch das deutsche Schulsystem – trotz des massiv voranschreitenden Ausbaus von Ganztagsschulen – noch immer in hohem Maße darauf ausgerichtet ist, dass Eltern den schulischen Erfolg ihrer Kinder fördern und unterstützen – was naturgemäß eine zeitliche Investition mit sich bringt und nicht selten dazu führt, dass das Arbeitszeitvolumen mit Schuleintritt der Kinder nicht erhöht, sondern vielmehr reduziert wird. Ein deutsch-schwedischer Vergleich zeigt, dass sich 81 % der deutschen, jedoch nur 32 % der schwedischen Eltern spätestens mit Schuleintritt der Kinder in der Pflicht sehen, zur Vermittlung einer guten Allgemeinbildung beizutragen (IfD-Allensbach 2012b). Dass diese Einstellung durchaus ihre Berechtigung hat, belegen seit Jahren Studien, die von einem engen Zusammenhang zwischen dem Bildungshintergrund der Eltern und dem Bildungserfolg der Kinder ausgehen und die Notwendigkeit zur Unterstützung durch die Eltern hervorheben. In der aktuellen Shell Jugendstudie heißt es: „Fällt diese Unterstützung schwach aus, ist die Schullaufbahn von Anfang an gefährdet“ (Leven et al. 2015, S. 67).

1.3 Das Zusammenspiel von betrieblicher und individueller Ebene: Status quo

Flexible Arbeitszeit- und Arbeitsortsmodelle existieren bereits in vielfältigen Formen. Es fehlt aber noch an innovativen Modellen, die bewusst den Zeitkonflikt in den unterschiedlichen Dimensionen thematisieren und seine Implikationen in der praktischen Umsetzung angemessen berücksichtigen. Dies gilt sowohl für die Autonomie von Arbeitszeit als auch für deren Lage, Länge und Verteilung.

1.3.1 Dimensionen des Zielkonflikts und zeitpolitische Ziele

Der Zielkonflikt manifestiert sich in vier Dimensionen der Zeitpolitik, die der Achte Familienbericht identifiziert (BMFSFJ 2012):

- Zeitsouveränität (im Sinne der Überwindung von Zeitknappheit)
- Zeitumverteilung (im Lebensverlauf, zwischen den Generationen und Geschlechtern)
- Zeitsynchronisation (zur Abstimmung von Zeitstrukturen auf betrieblicher und privater Ebene) und
- Zeitkompetenz (zum kompetenten Umgang mit der knappen Ressource Zeit)

Im Hinblick auf diese Handlungsdimensionen ist Folgendes festzustellen: Flexible Arbeitszeiten können die Zeitsouveränität, Zeitsynchronisation und Zeit(um)verteilung in idealer Weise verbessern – allerdings nur, wenn sich die tatsächliche Lage, Länge und Verteilung der Arbeitszeiten überwiegend nach den Zeitpräferenzen bzw. der individuellen, im Lebensverlauf veränderlichen Situation der Beschäftigten richtet (Bellmann et al. 2012; BMFSFJ 2011; BMFSFJ 2012). Dann können sie sogar als „teilweises Substitut eines umfänglichen Angebots an Kinderbetreuung und der Elternzeitregelung“ (Eichhorst und Thode 2010, S. 25) dienen. Eine entscheidende Rolle nimmt auch die Zeitkompetenz ein: „Wenn Arbeitswelten flexibler und weniger fassbar werden, dann gilt es, den MitarbeiterInnen Kompetenzen an die Hand zu geben, mit denen sie sich unter den neuen flexibleren Bedingungen orientieren und produktiv sein können“ (Bartz und Schmutzer 2015).

Seifert (2014) formuliert folgende Schwerpunktthemen für zeitpolitische Ziele:

Arbeitszeiten im Lebenslauf
Entscheidend ist, dass die Arbeitszeitgestaltung offen ist für sich ändernde Zeitpräferenzen und -anforderungen im Lebensverlauf.

Gendergerechtigkeit
Ziel muss es sein, ein zwischen den Geschlechtern egalitärer aufgeteiltes Zeitarrangement über die Lebenszeit zu erreichen, um so insbesondere die Potenziale von Frauen besser auszuschöpfen.

Zeit für Beruf und Familie[2]
In diesem Kontext sind insbesondere die oben genannten Dimensionen der Zeitpolitik als Handlungsziele im Fokus.

Alternsgerechte Arbeitszeiten
Ziel ist es, quantitative und qualitative Engpässe zu vermeiden und die Voraussetzung für einen längeren Verbleib im Erwerbsleben bei nachhaltiger Sicherung der Beschäftigungsfähigkeit zu schaffen.

Weiterbildungszeiten
Zur Sicherung der Beschäftigungsfähigkeit ist es unerlässlich, dem steigenden Bedarf an beruflicher Weiterbildung durch zusätzliche Zeitbudgets gerecht zu werden.

Beschäftigungssichernde Arbeitszeiten
Arbeitszeitkonten können helfen, in Boomphasen Guthaben auf den Zeitkonten zu bilden, sodass in Abschwungphasen mit den vorhandenen Reserven Beschäftigung gesichert werden kann.

1.3.2 Arbeitszeitgestaltung – Wunsch und Realität

Die Bestandsaufnahme zur Zeitverwendung des Achten Familienberichts zeigt deutlich, wie sich Präferenzen, Bedürfnisse und Zwänge von Beschäftigten in Bezug auf ihre Zeitgestaltung im beruflichen und privaten Bereich mit den Lebensphasen und Lebenslagen verändern. Als entscheidende Übergänge werden dabei die soziale und ökonomische Verselbstständigung in und nach der Jugendphase, die Familiengründung, die Aufnahme einer Erwerbstätigkeit und schließlich der Übergang in die Altersphase identifiziert (BMFSFJ 2012). Nicht immer halten die Rahmenbedingungen bezüglich der Arbeitszeitgestaltung „Schritt" mit diesen Veränderungen und es stellt eine enorme

[2]Hier wurde die Begrifflichkeit der Originalquelle übernommen. Anzustreben ist jedoch eine weitere Definition im Sinne von Zeit für Beruf und Privatleben.

Herausforderung für Arbeitgeber dar, ihre betrieblichen Zeitbedarfe mit diesen individuellen und veränderbaren arbeitnehmerseitigen Präferenzen, Bedürfnissen und Zwängen zu „matchen". In der Folge kann es zu erheblichen Reibungsverlusten nicht nur bei dem bzw. der Einzelnen, sondern auch im Unternehmen kommen, wenn es nicht gelingt, beiden Seiten gerecht zu werden. Arbeitgeberseitig stehen hier insbesondere Probleme bei der Gewährleistung ausreichender Personalressourcen sowie der erforderlichen Flexibilität im Fokus, aber auch die Konsequenzen von Überlastungssituationen bei den Arbeitnehmenden, die sich vor allem in Einschränkungen in den Bereichen Gesundheit, Leistungsfähigkeit und Motivation manifestieren.

Flexible Arbeits(zeit)modelle finden seit Jahren eine zunehmende Verbreitung in deutschen Unternehmen und gehören mittlerweile nahezu zum Standard. So gibt der Unternehmensmonitor Familienfreundlichkeit 2013 Arbeitszeitflexibilisierung und flexible Formen der Arbeitsorganisation von Betrieben als die am häufigsten praktizierten Maßnahmen zur Förderung der Vereinbarkeit von Beruf und Familie an (BMFSFJ 2013b). 87 % der Befragten mit einem höheren Bildungsabschluss konstatieren im Rahmen einer repräsentativen forsa-Umfrage, dass sie flexible Arbeitszeiten für ein sehr wichtiges bzw. wichtiges Angebot ihres Arbeitgebers halten (XING AG 2015). Eine standardisierte Befragung des WZB von 5300 Mitarbeitenden eines großen Dienstleistungsunternehmens kommt zu dem Ergebnis, dass es den befragten männlichen und weiblichen Beschäftigten zu jeweils 47 % gleichermaßen wichtig ist, dass sie „möglichst jeden Tag eine gute Balance von Arbeit und Leben erreichen". Die restlichen Befragten bevorzugen als Zeiteinteilung: „Auch kurze Zeit mal mehr arbeiten für kurzfristigen Zeitausgleich" (Frauen: 38 %; Männer: 31 %); „Längere Zeit mehr arbeiten und dafür längere Auszeiten nehmen" (Frauen: 11 %; Männer: 13 %); „Längere Zeit mehr arbeiten und dafür vorzeitig in den Ruhestand gehen" (Frauen: 4 %; Männer: 8 %; Wotschak et al. 2008, S. 622). Gerade die Digitalisierung bietet ein breites Feld für neue und vielfältigere Modelle der Arbeits(zeit)flexibilisierung. Dabei ist es insbesondere Büro- und Wissensarbeit, die nach Ansicht von Fachleuten vor einem fundamentalen Wandel in Bezug auf die Nutzung von Infrastrukturen und Orten steht. Dieser wird allerdings nicht alleine getrieben von den Möglichkeiten durch Informations- und Kommunikationstechnologien, sondern ebenso durch die zunehmende Forderung der Beschäftigten nach zeitlichen Freiräumen für die Betreuung von Kindern und älteren Mitmenschen (Fraunhofer IAO 2013; Gratton 2011; Millard 2012).

Doch handelt es sich bei der Arbeitszeitflexibilität um ein „ambivalentes Instrument", da die betrieblichen Maßnahmen und die Bedürfnisse der Beschäftigten sich nicht immer im Einklang befinden (Bellmann et al. 2012). Zudem „besteht die Gefahr, dass eine Flexibilisierung der Arbeitszeiten dazu eingesetzt wird, Mängel in der Arbeitsorganisation aufzufangen. Diese sollten durch andere Mittel aufgearbeitet und beseitigt werden" (Grzech-Sukalo und Hänecke 2010, S. 8). Es soll daher nachfolgend eine differenzierte Betrachtung in Bezug auf die Dauer, Lage bzw. Verteilung der Arbeitszeiten und eine Differenzierung in unternehmens- und mitarbeiterorientierte Flexibilisierung vorgenommen werden.

1.3.2.1 Dauer der Arbeitszeit

Deutschland gehört im europäischen Vergleich zu den Ländern mit der kürzesten tariflichen Wochenarbeitszeit (37,7 h) und der kürzesten tariflichen Jahresarbeitszeit (1659 h), während es gleichzeitig einen Spitzenplatz in Bezug auf die Länge des Jahresurlaubs (30 Tage) einnimmt (Eurofound 2014). Im zunehmend globalen Wettbewerb stellt dies Arbeitgeber vor große Herausforderungen dahingehend, den steigenden Ansprüchen an „Just-in-time"-Produktion, Flexibilität und Verfügbarkeit gerecht zu werden. Allerdings sollte hierbei die „Überstundenkultur" nicht außer Acht gelassen werden, denn es ist auch belegt, dass in Deutschland die Differenz zwischen vereinbarter und tatsächlicher Wochenarbeitszeit von allen Ländern der Euro-Zone am größten ist. Im Schnitt werden 40,3 h geleistet (Cabrita 2015). Eine enorme Kluft zeigt sich dabei zu denjenigen, die in Teilzeit oder in Minijobs beschäftigt sind und deren Arbeitszeit eher sinkt. Sie liegt derzeit durchschnittlich bei 18,2 h pro Woche. Eine Polarisierung in Bezug auf die Dauer der Arbeitszeit ist auch zwischen Männern und Frauen zu beobachten. So arbeiten mehr als 65 % der Männer, aber nur 33 % der Frauen 40 h und mehr pro Woche – der geschlechtsspezifische Abstand hat sich im Vergleich zum Jahr 1992 nicht verringert, sondern vielmehr vergrößert. Bei Paaren mit Kindern fallen die Unterschiede noch gravierender aus. Auch nach dem Qualifikationsgrad und den Berufsbereichen lassen sich erhebliche Divergenzen feststellen: Hoch Qualifizierte arbeiten im Durchschnitt 3 h pro Woche mehr als An- und Ungelernte. Bei den Berufsbereichen sind solche mit hohen Anteilen kurzer bzw. sehr kurzer Arbeitszeiten zu identifizieren sowie solche mit hohen Anteilen überlanger Arbeitszeiten und dazwischen Bereiche mit einer gestauchten Verteilung der Arbeitszeitdauer – d. h., die Mehrheit der Beschäftigten arbeitet weder extrem lang noch extrem kurz. Kurze bzw. sehr kurze Arbeitszeiten leisten insbesondere Angestellte in Reinigungsberufen sowie Frauen in Hauswirtschaftstätigkeiten, in den Bereichen Verkehr/Logistik/Schutz/Sicherheit sowie in der Gastronomie. Überlange Arbeitszeiten (45 h und mehr) finden sich vor allem bei Geschäftsführerinnen und Geschäftsführern und/oder bei Vorstandsmitgliedern, aber auch in der Human- und Zahnmedizin, im Einkauf und Vertrieb sowie im Objekt-, Personen- und Brandschutz und auch in der Arbeitssicherheit. Ein typischer Bereich für eine gestauchte Verteilung der Arbeitszeiten ist die Produktion/Fertigung bzw. Rohstoffgewinnung (Seifert 2014).

In der Konsequenz verwundert es nicht, dass sich in der Erwerbstätigenbefragung 2012 des Bundesinstituts für Berufsbildung und der Bundesanstalt für Arbeitsschutz und Arbeitsmedizin 20,1 % der befragten abhängig Beschäftigten ab 15 Jahren mit ihrer derzeitigen Arbeitszeit weniger zufrieden oder nicht zufrieden äußern (Wittig et al. 2013) und Wunsch und Realität in Bezug auf das Arbeitsvolumen vielfach auseinanderklaffen. Dies liegt zum einen an betrieblichen Erfordernissen und Abläufen sowie zum Teil auch an gewachsenen Traditionen. So verharren beispielsweise auch Personen auf Teilzeitstellen, deren Lebenssituation sich zwischenzeitlich so verändert hat, dass sie ihr Arbeitsvolumen ausdehnen könnten und dies auch gerne tun würden. Zum anderen lässt bei vielen Eltern und Menschen mit Pflegeverantwortung das vorhandene Betreuungsangebot die Flexibilität, die sie sich wünschen, nicht uneingeschränkt zu. Die Wünsche bezüglich der Arbeitszeiten differieren zwischen Müttern und Vätern, aber auch bei Menschen in unterschiedlichen Lebenssituationen, Lebenslagen und Lebensformen. Durchführung und Teilnahme an Weiterbildungsaktivitäten z. B. scheitern nicht selten – sowohl seitens der Betriebe als auch der Beschäftigten – an mangelnder Zeit (Seifert 2006; Demary et al. 2013). Vor allem vollzeitarbeitende Väter wünschen sich eine Reduzierung ihrer Wochenarbeitszeit, während teilzeitarbeitende Mütter vielfach ihr Arbeitsvolumen aufstocken möchten, darunter auch viele Alleinerziehende. Bei Vätern liegen gewünschte und tatsächliche Arbeitszeit weiter auseinander als bei Müttern. So lag die reale Wochenarbeitszeit berufstätiger Väter von Kindern unter 18 Jahren 2012 bei durchschnittlich 44 h, gewünscht war jedoch eine durchschnittliche Arbeitszeit von 36 h pro Woche (IfD-Allensbach 2012a). Auch viele Beschäftigte in Minijobs sind an einer deutlichen Aufstockung (plus 5,4 h) ihrer Arbeitszeit interessiert. Zu den Vollzeitbeschäftigten ist anzumerken, dass deren vertraglich vereinbarte Arbeitszeiten in der Regel auch ihren Wunscharbeitszeiten entsprechen, die tatsächlichen Arbeitszeiten jedoch – wie oben beschrieben – meist darüber liegen. Insgesamt bewegen sich die Arbeitszeitwünsche aufeinander zu und pendeln sich beim Modell einer „vollzeitnahen Teilzeit“ bzw. „kurzen Vollzeitarbeit“ ein, d. h. etwa zwischen 25 und 35 h, um außerberuflichen Belangen und Erwerbsarbeit gleichermaßen gerecht werden zu können (BMFSFJ 2012; Seifert 2014). Problematisch stellt sich in diesem Zusammenhang auch der Umstand dar, dass im Rahmen des Teilzeit- und Befristungsgesetzes zwar Anspruch auf eine Reduzierung der Arbeitszeit, nicht jedoch auf eine spätere Wiederaufstockung besteht, sodass nicht selten eine geringumfängliche Teilzeitbeschäftigung deutlich länger ausgeübt wird als dies erforderlich wäre (BMFSFJ 2012).

Der Zeitbedarf, der durch die Erwerbstätigkeit entsteht, umfasst allerdings nicht nur die reine Arbeitszeit. Vielmehr sind auch Arbeitswege häufig mit einem großen Zeitaufwand verbunden, was gerade bei Menschen mit ausgeprägten privaten Verpflichtungen (Elternschaft, Pflege) eine Einschränkung der verfügbaren Arbeitsstunden bedeutet. Sogenannte Fernpendlerinnen und Fernpendler sind durch ihren täglichen Arbeitsweg in der flexiblen Arbeitszeitgestaltung besonders eingeschränkt. Für den Arbeitgeber geht durch das Pendeln faktisch Arbeitszeit verloren. Nach Definition des Bundesministeriums für Familie, Senioren, Frauen und Jugend sind „Fernpendler dadurch gekennzeichnet, dass sie einfach mindestens eine Stunde für den Weg zur Arbeitsstelle benötigen“ (Schneider et al. 2002). Die überwiegende Mehrzahl der Pendlerinnen und Pendler benötigte im Jahr 2012 für ihren Arbeitsweg bis zu 30 min (Frauen: 77 %; Männer: 68 %), 22 % der Frauen und 19 % der Männer mehr als eine halbe Stunde jedoch weniger als eine Stunde. 3 % der weiblichen und 5 % der männlichen Arbeitnehmenden legen einen Arbeitsweg von mehr als 60 min zurück und gelten damit als Fernpendler (Statistisches Bundesamt 2014). Beschäftigte, die regelmäßig einen Arbeitsweg von über einer Stunde zurücklegen, fühlen sich häufiger krank als andere. Sie leiden besonders stark und häufig unter Erschöpfungszuständen (BiB 2013).

1.3.2.2 Lage und Verteilung der Arbeitszeit

Nicht nur der Umfang, sondern auch die Lage bzw. Verteilung der Arbeitszeit hat großen Einfluss darauf, inwieweit sich Zeitpotenziale optimieren lassen. Grundsätzlich lassen sich die Normalarbeitszeit, die sich auf die Arbeitstage Montag bis Samstag erstreckt und tagsüber stattfindet, sowie die „atypischen" Formen unterscheiden. Zu diesen gehört die Arbeit in der Nacht, im Schichtrhythmus und an Sonn- und Feiertagen. Dabei ist zu konstatieren, dass Samstagsarbeit je nach Wirtschaftsbereich als Normalarbeitszeit oder Ausnahme von der Regelarbeitszeit zählt (Seifert 2014).

Die zunehmenden technischen Möglichkeiten, Zeit und Ort des Arbeitens flexibel zu gestalten, verändern auch massiv die Lage und Verteilung der Arbeitszeit. Dies wird vor allem unter dem Schlagwort der „Entgrenzung" (vgl. hierzu auch Kap. 1) diskutiert. In vielen Berufsfeldern ist es theoretisch möglich, zu jeder Zeit zu arbeiten, und tatsächlich erledigt auch jeder bzw. jede zweite Arbeitnehmende bereits heute gelegentlich Berufliches außerhalb der regulären Arbeitszeit (SUGA 2012). Lage und Verteilung lösen sich damit in zunehmendem Maße von starren Regularien und sind immer mehr an aktuelle Bedarfe – sowohl seitens des Arbeitgebers als auch der Arbeitnehmenden – anpassbar. Wie ebenfalls bereits in Kap. 1 aufgezeigt, ergeben sich hieraus zum einen erhebliche Potenziale – aus Arbeitgebersicht vor allem im Hinblick auf die verbesserte Anpassung an Kundenbedarfe, die Erhöhung der Flexibilität in den Arbeitsprozessen und die Ausschöpfung von Zeitreserven, aus Arbeitnehmehmendensicht in erster Linie für die bessere Vereinbarkeit beruflicher und privater Belange. Jedoch birgt dies auch nicht unerhebliche Risiken. Wenn Zeit umverteilt wird, dann nicht selten zuungunsten des Privatlebens. Dies gilt in besonderem Maße für Führungskräfte – auch für solche in Teilzeitarbeitsverhältnissen – und qualifizierte Beschäftigte (Sachverständigenkommission zur Erstellung des Ersten Gleichstellungsberichtes der Bundesregierung/Fraunhofer-Gesellschaft zur Förderung der angewandten Forschung e. V. 2011). Es bedarf eines „Aushandlungsprozesses", in den jede bzw. jeder Einzelne mit sich selbst und seinem oder ihrem sozialen Umfeld sowie Arbeitgeber und Arbeitnehmende miteinander treten müssen.

Lage und Verteilung der Arbeitszeit stellen vor allem im Schichtbetrieb eine besondere Herausforderung dar. Hier muss einerseits die optimale Auslastung der Anlagen und/oder die ununterbrochene Bereitstellung von Dienstleistungen, beispielsweise im Pflegebereich oder im Hotel- und Gastronomiegewerbe, gewährleistet sein. Andererseits bestehen auch bei den Beschäftigten in Schichtmodellen entsprechende Bedürfnisse und Präferenzen in Bezug auf die Arbeitszeitgestaltung. Folgende Schichtarbeitsmodelle finden traditionell in der Praxis Anwendung: permanente Schichtsysteme (Dauerfrüh-, Dauerspät- und Dauernachtschicht); Wechselschicht (Rotation): ohne Nachtarbeit (2 Schichten mit Überlappung; 2 Schichten ohne Überlappung), mit Nachtarbeit (3 Schichten mit 3 Schichtbelegschaften; 3 Schichten mit mehr als 3 Schichtbelegschaften, regelmäßig oder unregelmäßig) sowie Schichtmodelle mit und ohne Wochenendarbeit (Langhoff und Satzer 2013). „Im Jahr 2011 arbeiteten 58 % aller Erwerbstätigen mindestens gelegentlich in Abend- oder Nachtarbeit, in Wechselschicht oder auch zu sogenannten atypischen Arbeitszeiten, also samstags, sonntags oder feiertags“ (Leser et al. 2013, S. 1). Wobei dem Mikrozensus zufolge nach der Abendarbeit die Wechselschicht die zweithäufigste Form der Schichtarbeit darstellt (14 % der Erwerbstätigen; Leser et al. 2013). Im Rahmen einer Zusatzerhebung zum Mikrozensus 2013 konnte festgestellt werden, dass 4,2 % der Personen in Schichtarbeit mindestens einen Arbeitsunfall erlitten, wohingegen Erwerbstätige, die nicht in einem Schichtsystem arbeiteten lediglich zu 2,7 % einen Unfall im Zusammenhang mit ihrer Arbeit hatten (Liersch 2014).

1.3.2.3 Unternehmensorientierte versus mitarbeiterorientierte Flexibilität

In der Praxis erfolgt in zwei Dritteln der deutschen Unternehmen, die Arbeitszeitflexibilität anbieten, eine Ausrichtung dieser Flexibilität an den betrieblichen Erfordernissen (BMFSFJ 2010) bzw. zur Anpassung der Arbeitszeit an den jeweiligen Arbeitsanfall (BMFSFJ 2009). Auch eine europäische Befragung weist darauf hin, dass in den meisten Staaten, darunter auch Deutschland, eher die Flexibilitätsanforderungen des Arbeitgebers als die der Beschäftigten dominieren (Eichhorst und Thode 2010). Dies macht deutlich, dass Unternehmen enormen Zwängen unterliegen, den an sie im globalen Wettbewerb gestellten Flexibilitätsanforderungen gerecht zu werden, und es vielfach noch an adäquaten Mitteln fehlt, diese Zwänge mit dem Bedarf an mitarbeiterorientierter Flexibilität in Einklang zu bringen. Eine Auswertung des SOEP 2009 zeigt, dass der überwiegende Teil der Arbeitnehmenden (57 % der Männer und 64 % der Frauen) keinen Einfluss auf die Lage ihrer Arbeitszeiten hat (BMFSFJ 2012). Eine multivariate Analyse basierend auf den Daten der Jahre 2005 und 2007 des Sozio-oekonomischen Panels (SOEP) kommt allerdings zu dem Ergebnis, dass ein signifikant positiver Effekt auf die Arbeitszufriedenheit von Vollzeitbeschäftigten erkennbar ist, wenn diese ihre Arbeitszeiten selbst bestimmen können. Ebenso konnte eine Studie über ehrenamtliche Aktivitäten zeigen, dass es selbst Beschäftigten mit langen Arbeitszeiten durch die Nutzung variabler Arbeitszeitmodelle und eine dadurch entstehende Zeitsouveränität besser gelingen kann, ein Ehrenamt auszuüben (Seifert et al. 2012). Dies zeigt, dass hierdurch Zeitreserven mobilisiert werden. Experten merken auch an, dass in Arbeitsbereichen, in denen flexible Arbeitszeiten und Arbeitsorte nicht oder nur begrenzt möglich sind, die Autonomie über die Art und Weise der Arbeitserledigung bereits zu mehr Produktivität führen kann (Maitland und Thomson 2011). Nicht zuletzt entspricht eine höhere Autonomie über die Arbeitszeitgestaltung dem steigenden gesellschaftlichen Bedürfnis nach Selbstbestimmtheit und Individualisierung (vgl. hierzu auch Kap. 1).

2 Betriebliche Ansatzpunkte zur Entschärfung des Zielkonflikts

Die vorangegangenen Ausführungen machen deutlich, dass durchaus Potenziale bestehen, den vier Dimensionen der Zeitpolitik – Zeitsouveränität, Zeitumverteilung, Zeitsynchronisation und Zeitkompetenz – gerecht zu werden und zu Lösungen zu gelangen, die gleichermaßen dem arbeitgeberseitigen Bedürfnis nach einer Mobilisierung von Zeitreserven als auch dem Bedürfnis aufseiten der Arbeitnehmenden nach einem ausbalancierten Lebenskonzept entsprechen.

Es sei vorausgeschickt, dass dieses Kapitel sich mit den betrieblichen Rahmenbedingungen auseinandersetzt, die zur Nutzung dieser Potenziale und somit zur Entschärfung des Zielkonflikts in der Zeitpolitik beitragen. Gesetzliche Rahmenbedingungen wie z. B. das Eltern- oder Pflegezeitgesetz sowie die Arbeitszeitgesetzgebung tragen jedoch ebenso wie die infrastrukturelle Gegebenheiten außerhalb der Unternehmen (hier vor allem im Kontext familienunterstützender Dienstleistungen und lokaler Zeitpolitik, z. B. in Bezug auf den öffentlichen Personennahverkehr oder die Öffnungszeiten öffentlicher Institutionen) ebenfalls in erheblichem Maße dazu bei, ob und wie der Zielkonflikt gelöst werden kann.

Grundsätzlich empfiehlt es sich, Menschen zu den Zeiten und an den Orten arbeiten zu lassen, die ihre Produktivität am besten fördern. Dies erfordert jedoch ein hohes Maß an Vertrauen. Nicht in allen Berufsbildern ist zudem eine gleichermaßen flexible Gestaltung von Arbeitsort und Arbeitszeit möglich. Dennoch ist festzuhalten, dass zahlreiche Berufsbilder sehr viel mehr Flexibilisierungsmöglichkeiten bieten als derzeit ausgeschöpft werden. In einem Bericht der British Equal Opportunities Commission (heute ein Teil der Equality and Human Rights Commission) werden vier mögliche Typen von Arbeitsplätzen in Bezug auf die Flexibilität von Arbeitsort und Arbeitszeit identifiziert (Equal Opportunities Commission 2007).

Es zeigt sich dabei, dass man auch Menschen, die nicht die Dauer oder den Ort ihrer Arbeit variabel gestalten können, dennoch eine gewisse Souveränität über die Einteilung ihrer Arbeitszeiten gewähren kann, wenn beispielsweise eine Team von Krankenschwestern in Eigenregie die Schichtaufteilung gestaltet. Diese Gruppe wird im Modell als „Shift-shapers“ bezeichnet. Des Weiteren ist festzuhalten, dass auch die typischerweise im Schichtbetrieb bei vergleichsweise strikter Zuteilung von Arbeitszeit und Arbeitsort ausgeführten Tätigkeiten durchaus Bestandteile aufweisen, die nicht zwangsläufig am Arbeitsort erbracht werden müssen, wie beispielsweise das Schreiben von Berichten oder sonstige administrative Pflichten. Beschäftigte, die sowohl über Arbeitszeit als auch über Arbeitsort völlig flexibel verfügen können, sind laut Modell „Timelords“. Bezieht sich die Flexibilität nur auf den Arbeitsort, nicht aber auf die Arbeitszeit, wird von „Remote-controllers“ gesprochen, im umgekehrten Fall von „Time-stretchers“. Die Studie überprüfte 353 Berufsbilder anhand des Modells und kam zu dem Ergebnis, dass 60 % von ihnen den „Shift-shapers“ zuzuordnen waren. In diesen Berufsbildern finden sich traditionell etwas mehr Frauen als Männer, und nahezu die Hälfte von ihnen ist eher dem unteren Qualifikations- und Entgeltniveau zuzuordnen. Dahingegen zeigte sich, dass „Timelords“ sich besonders häufig in sehr gut bezahlten Berufen mit hohem Ansehen finden (Maitland und Thomson 2011; Equal Opportunities Commission 2007).

Auch die Entgeltfindung kann einen Unterschied machen: Wenn Resultate zählen anstatt Anwesenheit und wenn nicht eine möglichst lange Arbeitszeit mit möglicherweise niedriger Produktivität, sondern eine hohe Produktivität in einer vergleichsweise

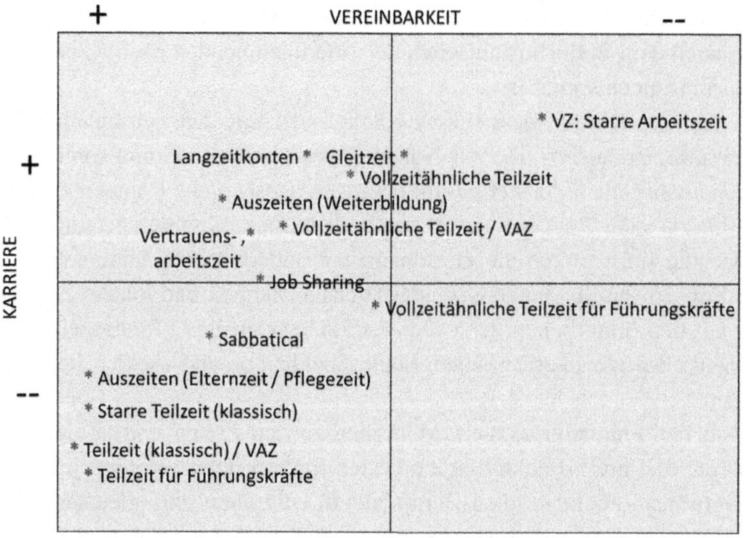

Abb. 1 Individuelle Perspektive im Kontext von Arbeitszeitmodellen. (Klös und Rump 2014)

kurzen Arbeitszeit belohnt wird, kann ein Umdenken einsetzen (Maitland und Thomson 2011). „Paying people by the hour is the opposite of rewarding productivity. If you work slowly to perform a task, you will get paid more than if you work quickly" (ebd., S. 7).

2.1 Zeitmodelle

Eine Möglichkeit, den Zielkonflikt auf betrieblicher Ebene zu entschärfen, besteht in der Realisierung innovativer Arbeitszeitmodelle. Hierfür gilt es zunächst, sich vor Augen zu führen, welchen Zieldimensionen solche Modelle gerecht werden müssen. Auf **individueller Seite** besteht eine Zieldimension in der Vereinbarkeit beruflicher und privater Belange. Diese manifestiert sich in den drei Dimensionen Zeitsouveränität, Zeit(um)verteilung und Zeitsynchronisation. Eine weitere Zieldimension des Individuums besteht in Bezug auf die Karriere[3] und die damit verbundenen Aspekte der Zeit-/Präsenzkultur sowie der Leistungskultur. Die **Unternehmenssicht** ist gekennzeichnet von betrieblichen Faktoren und Zwängen. Hier stehen sich Geschwindigkeit und Komplexität als Zieldimensionen gegenüber (Klös und Rump 2014). Ordnet man nun gängige Arbeitszeitmodelle diesen unterschiedlichen Dimensionen zu, so zeigt sich das in Abb. 1 und 2 wiedergegebene Bild.

[3]Bei der Begrifflichkeit der „Karriere" handelt es sich eher um vielfältige Gestaltungsformen von Werdegängen als um die klassische „Kaminkarriere". Nähere Ausführungen hierzu finden sich auch in Kap. 3.

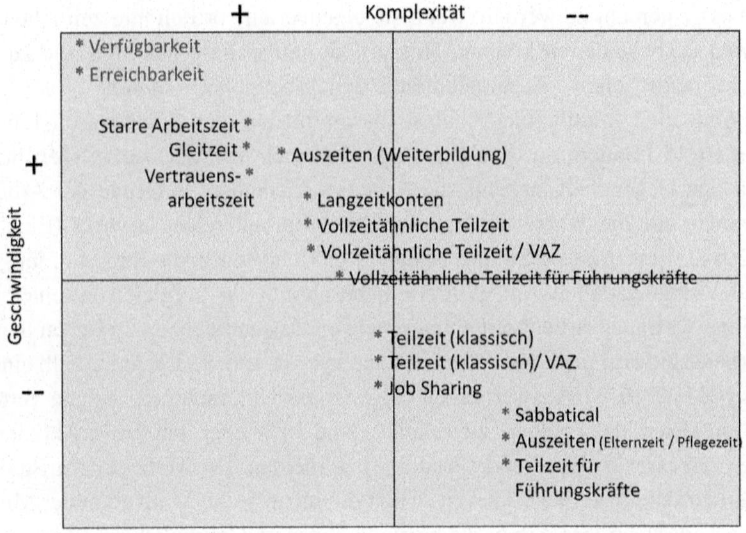

Abb. 2 Betriebliche Perspektive im Kontext von Arbeitszeitmodellen. (Klös und Rump 2014)

Es wird deutlich, dass es nur einige wenige Modelle gibt, die sowohl den individuellen Anforderungen nach Vereinbarkeit und Verlässlichkeit als auch den Unternehmensbedürfnissen nach einem angemessenen Umgang mit Komplexität und Geschwindigkeit gerecht werden. Zu nennen sind hier insbesondere die Vertrauensarbeitszeit und Langzeitkonten sowie vollzeitähnliche Teilzeitmodelle. Hinzu kommt die Kombination flexibler Zeitmodelle mit mobilem Arbeiten. Diese sollen nachfolgend einer näheren Betrachtung unterzogen werden.

2.1.1 Vertrauensarbeitszeit

Vertrauensarbeitszeit ist dadurch gekennzeichnet, dass die Arbeitnehmenden für ihre vertraglich festgelegte Arbeitszeit selbst verantwortlich sind, es erfolgt keine Erfassung der Arbeitsstunden, wichtig ist die Erreichung der vereinbarten Ziele (BMFSFJ 2013a).

Der Unternehmensmonitor „Familienfreundlichkeit 2013" stellt fest, dass 51,2 % der befragten Unternehmen ihren Mitarbeitenden Vertrauensarbeitszeit anbieten. Dies entspricht, im Vergleich zum Jahr 2003, einer Steigerung um 29,1 % (Institut der deutschen Wirtschaft 2013).

Die Abweichung von starren Arbeitszeiten erlaubt es aufseiten der Arbeitnehmenden, verschiedene zeitliche Alltagsroutinen besser miteinander zu vereinbaren und die eigenen Arbeitszeiten an teilweise unüberwindbare Zeitkonflikte (Öffnungszeiten von Betreuungseinrichtungen, Behörden etc.) anzupassen (Klein-Schneider 1999). Für Arbeitgeber bedeutet Vertrauensarbeitszeit die Möglichkeit, Leerlaufzeiten reduzieren oder ganz vermeiden zu können. Zudem profitieren sie von der höheren Flexibilität der Mitarbeitenden, insofern als es diesen gelingt, den zeitlichen Anforderungen ihres

Berufes besser gerecht zu werden, wenn sie eigenverantwortlich ihre zeitlichen Ressourcen optimal ausbalancieren können. Hinzu kommen weitere Faktoren, die zu positiven Effekten für beide Seiten – Arbeitnehmende und Arbeitgeber – führen:

So kommt eine multivariate Analyse basierend auf den Ergebnissen EWCS 2010 unter den EU15-Ländern zu dem Ergebnis, dass sich Vertrauensarbeitszeit hoch signifikant auf den Gesundheitszustand, die Arbeitszufriedenheit aufgrund der Arbeitsbedingungen sowie auf die Work-Life-Balance der Mitarbeitenden auswirkt (Eichhorst und Tobsch 2014). Eine weitere Studie, in der zwei Kohorten beobachtet wurden, die 2008 und 2010 Vertrauensarbeitszeit einführten, beschreibt im Vergleich zu einer Kontrollgruppe ohne Vertrauensarbeitszeit einen positiven Zusammenhang zwischen dem Einsatz dieser Arbeitszeitform und kreativen Aktivitäten, z. B. Innovation, innerhalb eines Unternehmens (BMWi 2013). Auswertungen zeigen, dass Unternehmen, welche Vertrauensarbeitszeit einführen, dazu neigen, zwischen 11 und 14 % eher innovative Aktivitäten (d. h. neue oder verbesserte existierende Produkte) zu melden. Die Verfasser der Studie führen dies darauf zurück, dass diese Art von Arbeit die intrinsische Motivation der Mitarbeitenden stärkt, sodass sie ihre Arbeit als befriedigender und erfreulicher wahrnehmen. Weiterhin stellen sie fest, dass Vertrauensarbeitszeit dazu führen kann, dass die Beschäftigten empfänglicher für die Entwicklung neuer Ideen sind (Godart et al. 2014). Dabei steht allgemein der Aufbau einer gegenseitigen Vertrauenskultur im Mittelpunkt. Beschäftigte, die davon ausgehen können, dass ihr Arbeitgeber sie in ihrem Wirken so wertschätzt, dass er bereit ist, ihnen Arbeitszeitsouveränität zu garantieren, werden in der Regel ihr Verantwortungsbewusstsein als Teil des Unternehmens erhöhen. Dies führt damit nicht nur zu einer Steigerung der Arbeitszufriedenheit, sondern auch zu positiven Effekten in Bezug auf Leistungsbereitschaft, Identifikation und Motivation (BMWi 2013). Laut einer Umfrage der Haufe-Lexware GmbH & Co. KG 2014 wünschen sich 84 % der Befragten, sich frei in das Unternehmen einbringen zu können und Verantwortung zu übernehmen. Selbstbestimmung wird dabei vermehrt als zentraler Faktor der Arbeitszufriedenheit genannt. Diese Form der Motivation und Unternehmenstreue ist essenziell als soziales Kapital eines jeden Unternehmens zur Effizienzsteigerung. Arbeitnehmende verstehen diese Art der Vertrauens-Betriebskultur auch als erhöhte Anforderung an die eigenen Kompetenzen, was zu einer Reduzierung bis sogar zur Vermeidung von gesundheitlichen oder anderen Leerlaufzeiten und Ausfällen führt (Haufe-Lexware GmbH & Co. KG 2014) und damit nicht unerheblich dazu beiträgt, Zeitpotenziale optimal auszuschöpfen.

Die Einführung von Vertrauensarbeitszeiten kann demnach nicht nur den Arbeitsalltag und die Flexibilisierung von Arbeitszeiten für Beschäftigte erleichtern, sondern hat auch klare unternehmerische Vorteile.

2.1.2 Langzeitkonten

Eine besondere Form der Arbeitszeitkonten stellen Langzeit- und Lebensarbeitszeitkonten dar. Es werden Guthaben über einen längeren Zeitraum angespart (mindestens über ein Jahr), und mittel- bis langfristig durch spezielle Verwendungszwecke bei fortlaufendem Entgelt wieder ausgeglichen. Die Begriffe Langzeit- und Lebensarbeitszeitkonten werden oft synonym verwendet. Dabei sollen Langzeitkonten die Arbeitszeit innerhalb des gesamten Erwerbslebens flexibilisieren, während Lebensarbeitszeitkonten fast ausschließlich auf eine Verkürzung der Arbeitszeit bis zum Ruhestand ausgerichtet sind. Zunehmend wird auch von Lernzeitkonten gesprochen, deren ausschließlicher Zweck eine längerfristige Weiterbildung und Qualifizierung ist (Zeitbuero FOM o. J.).

Das IAB-Betriebspanel unterscheidet zwischen optionalen und altersbezogenen Langzeitkonten, wobei bei optionalen Langzeitkonten die angesparten Guthaben während der Erwerbstätigkeit abgebaut werden. In 35 % der Unternehmen dienen sie einer Langzeitfreistellung (Sabbaticals), in 12 % werden sie für Weiterbildungszeiten genutzt. 31 % der Unternehmen sehen sie für Familienzeiten vor und verfolgen neben den eben genannten „sonstige" Zielsetzungen (Ellguth et al. 2013). Dazu kann beispielsweise gehören, Belastungsspitzen bzw. konjunkturelle Schwankungen abzufedern. Eine aktuelle empirische Erhebung unter mehr als 300 Befragten zum Thema „Länger arbeiten, flexibel aussteigen" kommt zu dem Ergebnis, dass sich 77,4 % der Teilnehmenden die Möglichkeit wünschen, Lebensarbeitszeitkonten für einen flexiblen Ausstieg aus dem Erwerbsleben zu nutzen. 42,9 % der Befragten schätzen diese Möglichkeit als realistisch ein (Rump und Eilers 2015). Insofern kann die Einrichtung von Langzeitkonten durchaus als ein Attraktivitätsfaktor im Hinblick auf die Gewinnung und langfristige Bindung von Fachkräften betrachtet werden.

Fachleute weisen in Bezug auf den Einsatz von Langzeitkonten allerdings auch auf eine Reihe von Schwierigkeiten und Einschränkungen hin. So ist in der Praxis u. a. die Akzeptanz und aktive Nutzung des Langzeitkontos durch die Beschäftigten problematisch. Personen, die am ehesten auf ein Guthaben angewiesen sind, da sie Kinder betreuen oder Angehörige pflegen, haben danach fast keine Möglichkeit, Guthaben anzusparen. Grundsätzlich wird angemerkt, dass der Bedarf, den Alltag zu entlasten, die Erwerbsdauer zu verkürzen sowie die immer neuen Unsicherheiten des Erwerbslaufes zu bewältigen, für viele Menschen das langfristige Ansparen auf Langzeitkonten als nicht attraktiv und ungeeignet erscheinen lässt (Wotschak et al. 2008).

Viele Vollzeitbeschäftigte wünschen sich zudem eher kürzere Arbeitszeiten, sodass fraglich ist, inwieweit ein nennenswerter Anteil vollzeitbeschäftigter Arbeitnehmer „bereit sein wird, über längere Phasen hinweg länger zu arbeiten, um größere Zeitguthaben zu akkumulieren, die erforderlich wären, um z. B. ein Jahr früher die Erwerbsarbeit beenden zu können oder über einen längeren Zeitraum verkürzt arbeiten zu können. Alternativ besteht natürlich die Möglichkeit, Einkommensbestandteile zu sparen" (Seifert et al. 2013, S. 142). Ein weiterer Kritikpunkt bezieht sich darauf, dass es in Bezug auf Langzeitkonten zu „wachsende[n] Belastungen aufgrund verlängerter Arbeitszeiten [kommen kann], die dem Ansparen von Zeitguthaben dienen; dies vor allem dann, wenn überlange Arbeitszeiten über einen längeren Zeitraum geleistet werden. Das Risiko vorzeitiger Erwerbsminderung steigt. Kommen eine ungünstige Lage der Arbeitszeit (Wechselschicht- und Nachtarbeit) oder andere Erschwernisfaktoren hinzu, kumulieren die

Belastungen. In diesem Fall wird das genaue Gegenteil von alternsgerechter Arbeitszeitgestaltung erreicht“ (ebd.). In einer Mitteilung des WSI[4] der Hans-Böckler-Stiftung wird thematisiert, dass Langzeit- sowie Lebensarbeitszeitkonten hauptsächlich für Besserverdienende interessant sind. Für Normal- und Geringverdienende erscheinen sie aus einer Reihe von Gründen eher unattraktiv. Zum einen konkurriert das Ansparen von Freistellungen mit anderen Verwendungszwecken des Einkommens. Des Weiteren geht der Aufbau von Guthaben in Lebensarbeitszeitkonten zulasten anderer Altersvorsorge, insbesondere in Bezug auf die Einbringung in die betriebliche Altersversorgung. Es wird als empfehlenswerter angesehen, in die betriebliche Altersversorgung einzuzahlen und die zusätzliche Rente für einen früheren Renteneintritt zu nutzen. Überdies sei ein Langzeit- bzw. ein Lebensarbeitszeitkonto für abhängig Beschäftigte unterhalb der Beitragsbemessungsgrenze der gesetzlichen Krankenversicherung finanziell „kein gutes Geschäft“ (Hoff 2007, S. 1). Auch für den Arbeitgeber stellen Fachleute bestimmte Risiken im Zusammenhang mit Langzeitkonten heraus. So kann es sein, dass insbesondere Mitarbeitende, die aufgrund des drohenden Fachkräftemangels benötigt werden, Zeitguthaben aufbauen und dadurch das Unternehmen früher verlassen. Auch die komplexen rechtlichen Rahmenbedingungen können sich – gerade für kleine und mittelständische Betriebe – als Nachteil darstellen. Für beide Seiten können Langzeit- bzw. Lebensarbeitszeitkonten dazu führen, dass gesundheitsverträgliche Arbeitsbedingungen aus den Augen verloren werden (Hoff 2007).

Im Hinblick auf den Kritikpunkt der eingeschränkten Möglichkeit, Zeit für Langzeitkonten überhaupt anzusparen, stellt sich im Gegenzug die Frage, welche Zeitbelastung Beschäftigte haben und ob diese im Rahmen der täglichen Arbeitsaufgaben „auszahlbar“ wäre, ohne dass die Produktivität des Unternehmens davon belastet würde (Hildebrundt et al. 2009). Im Hinblick auf die primären Nutzergruppen wird deutlich: „Die stärksten Nutzer/innen von Langzeitkonten finden sich … in den hoch qualifizierten wissensbasierten Berufen, in denen hohe Einkommen, starke Arbeitszeitschwankungen und kontinuierliche Mehrarbeit einerseits (Ansparen) und hohe Planungs- und Steuerungskompetenzen andererseits (Entsparen) zusammenfallen“ (Fröhler et al. 2013, S. 570, 212).

Im Schichtbetrieb geben hingegen in einer Umfrage des Wissenschaftszentrums Berlin für Sozialforschung nur 18 % der Befragten an, Langzeitkonten zu nutzen (Wotschak et al. 2008). Dabei bleibt zu beachten, dass das Nutzungsinteresse an Langzeitkonten mit dem Alter ansteigt. Während junge Beschäftigte in der Regel Arbeit noch stärker als Einkommensquelle und Karriereort verstehen, so zeigt sich mit dem Alter ein vermehrtes Bewusstsein für den Eintritt in die Rente. Geht man parallel davon aus, dass mit dem Alter und fortschreitender Karriere auch das Arbeitsentgelt steigt, so bedeutet Mehrarbeit für junge Angestellte insbesondere ein höheres Entgelt, während ältere Beschäftigte eher den Wert der Zeit schätzen. Problematisch an dieser Feststellung ist, dass das Interesse an Langzeitkonten dem Ansparpotenzial entgegensteht. Oftmals

[4]WSI = Wirtschafts- und Sozialwissenschaftliches Institut

sind die Ansparmöglichkeiten zu diesem Zeitpunkt schon stark begrenzt (Fröhler et al. 2013). „Ruhestandsorientierte Nutzerinnen und Nutzer" sind somit in erster Linie ältere Beschäftigte, die sich bereits dem Ruhestand nähern. Gleichzeitig sind die jüngeren Beschäftigten eher der Gruppe der „passiven Nutzerinnen und Nutzer" zugehörig (Hildebrundt et al. 2009). Der Übergang von der einen Gruppe zur anderen ist jedoch keinesfalls rein an das Interesse des Beschäftigten gebunden. Es ist notwendig, dass Beschäftigte überhaupt in die Lage versetzt werden, ihre Arbeitszeit biografisch zu gestalten. Eine Prioritätensetzung auf das Ansparen von Zeitguthaben kann nur dann erfolgen, wenn Angestellte im Alltag Mehrarbeit leisten können und diese nicht direkt wieder durch kurzfristige Verpflichtungen, beispielsweise im Rahmen der Kinderbetreuung, ausgeglichen werden. „Ruhestandsorientierte Nutzerinnen und Nutzer" sind daher in der Regel Beschäftigte, die „keine Kinder haben oder an deren Betreuung nur in geringem Maße beteiligt sind, deren Partner/innen ebenfalls beruflich sehr eingespannt sind oder die (quasi) allein leben" (Hildebrundt et al. 2009, S. 2012). Klassische Vollzeitbeschäftigte haben somit nicht nur das größte Ansparpotenzial, sondern nutzen die Zeitkontenmodelle auch besonders oft (Fröhler et al. 2013).

Geht man davon aus, dass höher Qualifizierte über ein höheres Einkommen verfügen, dann geht auch hier das Ansparpotenzial und somit die Nutzung eines Zeitkontos einher mit dem Einkommen der Beschäftigten. Dahingehend bedeutet die Einführung von Langzeitkonten immer noch keine tatsächliche breite Flexibilisierung der Arbeitszeiten für alle Angestellten. Gleichzeitig gibt es aber auch nur sehr wenige langfristige Studien, da erst wenige Unternehmen Zeitkontenmodelle eingeführt haben. Lediglich 2 % der Betriebe in Deutschland bieten ihren Beschäftigten separate Langzeitkonten an (meist neben Arbeitszeitkonten mit einer Ausgleichsdauer von bis zu 2 Jahren). Dies spiegelt sich insbesondere in einer geringen Nachvollziehbarkeit von Zeitentnahmen wider. Aus diesem Grund müssen viele Unternehmen davon ausgehen, dass die aktuell angesparte Zeit für den späteren Renteneintritt genutzt wird (Fröhler et al. 2013; Hildebrundt et al. 2009). Auf der anderen Seite kann das Einkommen auch Hindernis bei der Einführung von Arbeitszeitkonten sein, wenn das betriebliche Einkommen die finanzielle Sicherheit im Alltag stark dominiert. So können Beschäftigte das Einzahlen in ein Zeitkonto als unsichere Wertanlage sehen, deren Entgeltumwandlung nicht garantiert werden kann. Steuern und Beiträge auf die Wertkonten scheinen dabei von privaten Geldanlagen oder Rentensicherungen ausgestochen zu werden (Fröhler et al. 2013). In der Tat entspricht eine „gearbeitete" Stunde Arbeitszeit nicht unbedingt einer „angesparten" Stunde Arbeitszeit. Arbeitszeitkonten sind Wertkonten, wobei der Wert in der Einheit Geld gemessen wird. Der Stundenverdienst wird also auf das Konto eingezahlt. Bei der Auszahlung wird der Stundenverdienst wieder in Zeit zurückgerechnet und passend verzinst. Bei einer Insolvenz können Firmen somit die Zeitwerte in Geld auszahlen, auch wenn keine Arbeitszeit mehr benötigt wird. Gleichzeitig gibt es genug Beispiele, bei denen dieses Geld niemals ausgezahlt wurde. Die Abhängigkeit von finanzieller Sicherheit ist also ein Misstrauensfaktor vieler Beschäftigter im Hinblick auf die Nutzung von Zeitkonten (Stiftung Warentest 2005). Es ist für jedes Unternehmen somit essenziell, dass mit der Einführung von Langzeitkonten enge betriebliche Vereinbarungen getroffen werden, die den „Ernstfall“ im Detail vorausschauend erläutern und klären.

Entscheidend für eine erfolgreiche Einführung von Langzeitkonten ist es also insbesondere:

- bei der Einführung frühzeitig die Rahmenbedingungen abzustecken: Mitarbeitende brauchen klare Informationen über die Entnahme- und Einzahlungsmöglichkeiten in die Konten.
- im Vorhinein zu klären, welche Verzinsung die Konten beinhalten (auch bei Einführung in die betriebliche Rentenversicherung bzw. Insolvenzfall und Jobwechsel).
- Kommunikation zu fördern: Die Anwesenheit der Mitarbeitenden muss miteinander koordiniert und Fachwissen ausgetauscht werden.

Trotz der durchaus begründeten Skepsis gegenüber Langzeitkonten, bleibt festzuhalten: Die Ansprüche an eine flexible Handhabung von Belastungsspitzen auf Arbeitgeberseite sowie eine gleichmäßige Auslastung der Mitarbeitenden (inklusive Prävention von gesundheitlicher Belastung), an die Regulierung von Überstunden und Fehlzeiten und auch die Anpassung an demografische Herausforderungen im Sinne einer lebensphasenorientierten Entzerrung des Zielkonflikts in der Zeitpolitik kennen derzeit kein vergleichbares Mittel. Die Ergebnisse einer Studie zum Thema Flexibilisierung durch Arbeitszeitkonten im IAB-Forschungsbericht 2014 zeigen zudem, dass sich die Anpassung der Arbeitszeiten durch Ein- oder Ausbezahlen von Arbeitsstunden an den Arbeitsanfall im Jahresverlauf positiv auf die Personalpolitik eines Unternehmens auswirkt. Ebenso ermöglichen Langzeitkonten flexiblere Einplanungen von Teilzeit- bzw. bedarfs- und projektbezogener Arbeit (Zapf 2014). Und auch bei Arbeitnehmendenvertretungen erhält das Thema Langzeitkonten durchaus Zuspruch. Dabei stehen nicht nur individuelle Flexibilisierungsmöglichkeiten im Vordergrund. Auch weitreichende konjunkturell bedingte Entlassungen können mit dem Instrument des Zeitkontos abgefedert werden. Die IG Metall bewertet daher das Konzept weithin positiv: „Durch die Arbeitszeitkonten können betriebliche Auslastungsschwankungen besser abgefedert und Beschäftigung in den Betrieben stabilisiert werden. Langzeitkonten dienen einer persönlichen Planung der Lebensarbeitszeit und bieten die Möglichkeit, sich tarifliche Ansprüche auf Freistellung etwa für persönliche Qualifizierung oder ein früheres Ausscheiden aus dem Arbeitsleben zu erwerben“ (IG Metall o. J.).

2.1.3 (Vollzeitähnliche) Teilzeitmodelle

Eine Reduzierung der Arbeitszeit kann auf verschiedene Arten erreicht werden. „Nach § 2 TzBfG ist ein Arbeitnehmer teilzeitbeschäftigt, dessen regelmäßige Wochenarbeitszeit kürzer ist als die eines vergleichbaren vollzeitbeschäftigten Arbeitnehmers“ (Hentze und Graf 2005, S. 323). Teilzeitarbeit kann sowohl stunden-, tage- oder wochenweise zu leisten sein, außerdem kann sie kontinuierlich oder in festgelegten Intervallen geleistet werden. Ebenso kann das Arbeitszeitvolumen dabei stark variieren. Eine Form der

Reduktion von Arbeitszeit, die eher selten diskutiert wird, ist die Begrenzung von Überstunden. Diese Möglichkeit ist insofern interessant, da – wie bereits an anderer Stelle ausgeführt – lediglich 38 % der Arbeitnehmenden die vereinbarte Stundenzahl pro Woche arbeiten, wohingegen 59 % länger als vereinbart arbeiten (kürzer als vereinbart: 3 %). 35 % leisten bis einschließlich 5 Überstunden pro Woche, 15 % zwischen 6 und 10 Überstunden pro Woche und 9 % der Arbeitnehmer arbeiten sogar mehr als 10 Stunden wöchentlich über ihre vertraglich festgelegten Arbeitszeit hinaus (DGB-Index Gute Arbeit 2014a). Arbeitnehmende beider Geschlechter liegen hierbei recht nahe beieinander, so leisten 64 % der Männer und 59 % der Frauen zumindest gelegentlich Überstunden. Bei den männlichen Beschäftigten betragen diese durchschnittlich 22 Stunden, bei den weiblichen Beschäftigten 15 Stunden im Monat (BMFSFJ 2012).

Im Schichtbetrieb ist das Arbeiten in Teilzeit meist schwierig realisierbar, da es einen großen organisatorischen Aufwand bedeutet. Eine Möglichkeit der Einführung von Teilzeitbeschäftigung in der Schichtarbeit ist es, die Anzahl der Schichten zu reduzieren, z. B. durch die Gewährung einer größeren Anzahl an Freischichten. Hierbei arbeiten die Teilzeitbeschäftigten in der Regel die komplette Dauer einer Einzelschicht, wodurch die bestehenden Schichtmodelle nicht verändert werden müssen. Um Personalengpässe durch Krankheit und Urlaub abzufedern können, kommen Springer zum Einsatz. Auch das Jobsharing kann in der Schichtarbeit Anwendung finden (Meissner und Stockfisch 2011; Grzech-Sukalo und Hänecke 2010).

Im Hinblick auf die optimale Ausschöpfung von Zeitreserven bei gleichzeitiger Berücksichtigung der privaten Belange von Beschäftigten wird dem Prinzip der „vollzeitnahen Teilzeit" ein besonders hohes Potenzial zur Entschärfung von Zeitkonflikten bescheinigt. „Die Schlagwörter vollzeitnahe Teilzeit, kleine Vollzeit oder große Teilzeit bezeichnen Arbeitszeitmodelle unterhalb einer Vollzeit von 40 Wochenstunden jedoch oberhalb einer Teilzeit von 20 h. Derartige Arbeitszeitmodelle ermöglichen es Arbeitnehmerinnen und Arbeitnehmern ihre privaten und beruflichen Anforderungen besser miteinander in Einklang zu bringen" (BMAS 2015, S. 50).

Solche vollzeitnahen Teilzeitmodelle „dienen einer besseren finanziellen Absicherung und wirken Altersarmut entgegen. Aber auch die Vereinbarkeit von Führungsaufgaben und Familienverantwortung wird dadurch gefördert." (BMFSFJ 2012, S. XVII). Dem letztgenannten Punkt kommt gerade aus Arbeitgebersicht eine besondere Bedeutung zu. Im Zuge zunehmender Engpässe in Bezug auf Fach- und Führungskräfte braucht es Modelle, die es auch Menschen in verantwortlichen Positionen ermöglichen, privaten Belangen gerecht zu werden ohne dass dies eine massive Einschränkung oder Aufgabe ihrer ursprünglichen Tätigkeiten nach sich zieht. Mit „kleinen" Teilzeitlösungen ist dies in der Regel nur schwer umsetzbar, vielmehr bedarf es eines vollzeitnahen Ansatzes, um Verantwortlichkeiten weiter aufrechterhalten und so für das Unternehmen eine Kontinuität gewährleisten und den Verlust von Kompetenzen abwenden zu können.

Einer Studie zufolge sind 21 % der erwerbstätigen Mütter mit minderjährigen Kindern an einer vollzeitnahen Teilzeit interessiert (IfD-Allensbach 2012a). Hier liegen enorme Zeitreserven verborgen, da gerade viele Frauen aus dieser Gruppe nur mit einem geringen Arbeitsvolumen tätig sind. Auch eine zunehmende Zahl von Vätern präferiert vollzeitnahe Teilzeitmodelle, die oftmals im Bereich von 90 % einer Vollzeitstelle liegen (vgl. hierzu auch Abschn. 2.1.3 „Lage und Verteilung der Arbeitszeit"). Für Beschäftigte mit Fürsorgetätigkeiten – Männer wie Frauen – könnte sich die vollzeitnahe Teilzeit daher als neuer Arbeitsstandard etablieren (Meissner und Stockfisch 2014).

Eine Sonderform der flexiblen Teilzeitarbeit mit vergleichsweise hohem Arbeitszeitvolumen stellt das Jobsharing dar, bei dem eine Stelle auf mindestens zwei Arbeitnehmende aufgeteilt wird, statt von nur einer Person ausgeführt zu werden (Schuh et al. 2001). Aus diesem Grund wird das Jobsharing oftmals auch als Partner-Teilzeitarbeit, Arbeitsplatzteilung und Stellenaufteilung bezeichnet. Im Gegensatz zur traditionellen Teilzeitarbeit können sich beim Jobsharing die Jobsharingpartnerinnen bzw. -partner die Arbeitszeiten, sowie den Arbeitsumfang in Absprache miteinander einteilen (Hentze und Graf 2005). Jobsharing soll besonders für höher und hoch qualifizierte Arbeitnehmende den Teilzeitarbeitsmarkt öffnen, indem es ihnen eine bessere Vereinbarkeit von Beruf und Lebenssituation ermöglicht (Schuh et al. 2001). Das Spezielle beim Jobsharing stellt dabei die enge Bindung im Team dar. So erlaubt hier das Einspringen eines Mitarbeitenden, den Arbeitsaufwand zu reduzieren und abzunehmen bzw. die Stelle zeitweise durch Mehrarbeit freizuhalten. Deshalb gehört auch die Reaktivierung von Personengruppen, die aus dem Arbeitsleben teilweise ausgeschieden waren, zum Jobsharing untrennbar dazu. Jedoch entstehen insbesondere bei diesem Modell durch einen erhöhten Planungsaufwand zusätzlicher Personalaufwand und dadurch mehr Kosten (Dorniok 2014). Dennoch hat das Jobsharing auch für Arbeitgeber große Vorteile, da es das Modell trotz erhöhten Planungsaufwandes ermöglicht, bei Ausfällen ohne Einarbeitungsaufwand einen „Arbeitsplatzteiler" einzusetzen (BMWi 2013).

Wenngleich es vor dem Hintergrund der Reduzierung des Zielkonfliktes in der Zeitpolitik insbesondere die vollzeitnahen Teilzeitmodelle sind, die zur Sicherung der Zeitpotenziale aus Arbeitgebersicht beitragen können, spielen durchaus auch Teilzeitmodelle mit einem geringeren Arbeitszeitvolumen weiterhin eine Rolle. Dies vor allem vor dem Hintergrund, eine Beschäftigung in bestimmten Lebensphasen und -situationen überhaupt zu ermöglichen bzw. langfristige Unterbrechungen mit entsprechenden Kompetenzverlusten und negativen Effekten in Bezug auf die Amortisation von Aus- und Weiterbildungskosten zu verhindern. Führt man sich beispielsweise vor Augen, dass noch immer jede zehnte Frau nach der Geburt eines Kindes dauerhaft aus dem Erwerbsleben ausscheidet und mehr als 30 % der Mütter in einer Umfrage des Instituts für Demoskopie Allensbach angeben, es sei ihnen nicht möglich gewesen, früher in den Beruf zurückzukehren oder länger zu arbeiten, weil dies ihr Arbeitgeber nicht gewünscht habe (IfD-Allensbach 2015), so wird deutlich, dass auch hier durchaus noch Reserven verfügbar sind, die durch angemessene Teilzeitangebote ausgeschöpft werden können. Auch für Beschäftigte, die sich weiterqualifizieren möchten, kann eine Kombination des Studiums oder der Schule mit einer Teilzeitbeschäftigung eine attraktive Bleibeperspektive darstellen und die Bindung an den Arbeitgeber erhöhen.

Ebenfalls eine große Rolle spielen (vollzeitnahe) Teilzeitmodelle in den Jahren vor dem Ruhestand. So kommt eine Repräsentativumfrage zum „DGB-Index Gute Arbeit" für die Teilgruppe der über 55-Jährigen mit einer wöchentlichen Arbeitszeit über 30 Stunden zu dem Ergebnis, dass 49 % der Befragten den Übergang in den Altersruhestand gerne durch eine schrittweise Reduzierung der Arbeitszeit gestalten würden (Frauen: 61 %; Männer: 44 %). Für Beschäftigte des produzierenden Sektors liegt dieser Wert gar bei 54 % (Institut DGB-Index Gute Arbeit 2014b). Eine weitere aktuelle empirische Erhebung unter 310 Befragten zum Thema „Länger arbeiten, flexibel aussteigen" kommt in diesem Zusammenhang zu folgenden Ergebnissen: 60 % sehen ein klassisches Modell der Altersteilzeit (kein Blockmodell) als wünschenswert an; 33,5 % schätzen eine solche Möglichkeit als realistisch ein. 84,8 % der Befragten wünschen sich eine Mitbestimmung bezüglich der Lage und des Umfangs der Arbeitszeit je nach persönlicher Situation (realistisch: 27,7 %). Recht nahe beieinander liegen Wunsch und Realitätsempfinden bei der Möglichkeit Überstunden tageweise abzubauen (wünschenswert: 79 %; realistisch: 64,5 %). Eine hohe Diskrepanz zwischen Wunschvorstellung und der realistischen Einschätzung besteht bei „altersgestaffelten" Arbeitszeiten, bei denen mit zunehmendem Alter bzw. zunehmender Betriebszugehörigkeit eine schrittweise Reduktion der Arbeitszeit ohne Lohneinbußen möglich ist (wünschenswert: 69 %; realistisch: 11 %). Angebote für Jobsharing für ältere Beschäftigte wünschen sich 60 %, während 21 % diese als realistisch einschätzen (Rump und Eilers 2015). Arbeitgeber profitieren von flexiblen Ausstiegsmodellen mit reduzierten Arbeitszeiten, indem das langjährige Know-how der Beschäftigten nicht „auf einen Schlag" verloren geht, sondern eine sukzessive Übergabe von Verantwortlichkeiten möglich ist und aufgrund der reduzierten zeitlichen Belastung vielfach die Tätigkeit letztlich über einen längeren Zeitraum ausgeübt werden kann.

Somit zeigt sich, dass gerade in Phasen, in denen das Privatleben eine vergleichsweise dominante Rolle einnimmt – beispielsweise in Zeiten der Kinderbetreuung, Angehörigenpflege oder Weiterbildung –, aber auch für einen schrittweisen Übergang in den Ruhestand, (vollzeitnahe) Teilzeitmodelle einen entscheidenden Beitrag dazu leisten können, nicht auf das Potenzial qualifizierter Kräfte verzichten zu müssen, sondern mögliche Zielkonflikte in den zeitlichen Verfügbarkeiten flexibel auszubalancieren.

2.1.4 Kombination flexibler Arbeitszeitmodelle mit mobilem Arbeiten

„Mobiles Arbeiten bezeichnet das Arbeiten außerhalb der Betriebsstätte. Es umfasst die Arbeit von zu Hause aus (Telearbeit, alternierende Telearbeit), die Arbeit beim Kunden (z. B. Service oder Vertrieb), die Arbeit von unterwegs (z. B. Flugzeug, Hotelzimmer) und die Arbeit im Rahmen von Dienstreisen (z. B. Messe, Kongress)" (BMAS 2015, S. 87). Mobile Arbeit kann als eine Weiterentwicklung der Telearbeit betrachtet werden. Bei der Telearbeit wird in der Regel von zu Hause aus gearbeitet, wohingegen mobiles Arbeiten von überall aus stattfinden kann. Bei der mobilen Arbeit ist der oder die Arbeitnehmende in Bezug auf die Arbeitszeit und den Arbeitsplatz flexibel. Von mobiler Arbeit kann nur dann gesprochen werden, wenn die außerhalb des Büros verbrachte Arbeitszeit als solche angerechnet wird (u. a. Kissling-Näf und Meissner 2013). Der Schwerpunkt der empirischen Studien bezieht sich auf die heimarbeitsbezogenen und alternierenden Varianten der Telearbeit und verwendet auch diese Begrifflichkeit. Aus diesem Grund sollen in der folgenden Darstellung auch diese Berücksichtigung finden.

Es gilt sich vor Augen zu halten, dass mobiles Arbeiten nicht bedeutet, dass bestimmte Arbeitsplätze komplett außerhalb der Büroräumlichkeiten verlagert werden. Nicht selten wird die Möglichkeit des mobilen Arbeitens aufgrund eben dieser Vorstellung verwehrt. Vielmehr ist es jedoch so, dass die meisten Berufsfelder hybride Formen des Arbeitens zulassen, bei denen ein Teil der Arbeitsaufgaben vor Ort im Unternehmen erledigt werden muss bzw. kann, während eine anderer Teil auch von unterwegs oder von zu Hause erledigt werden kann (Maitland und Thomson 2011). Bei mobilem Arbeiten wird der Arbeitsplatz im Betrieb eher zum Kommunikationsort als zum Ort der Leistungserbringung. Insofern braucht es weniger Einzelarbeitsplätze als vielmehr „kollaborative Zonen" wie Meetingräume oder sog. Social Areas (Bartz und Schmutzer 2015).

Einer BITKOM-Studie aus dem Jahr 2013 nach nutzen 55 % der Befragten, die mobile Endgeräte für die tägliche Arbeit verwenden, diese auch unterwegs (BITKOM 2013). Als Orte an denen mit mobilen Endgeräten außerhalb des Arbeitsplatzes im Unternehmen gearbeitet wird, ist „zu Hause" mit 62 % (Männer: 60 %; Frauen, 65 %) die häufigste Nennung. Mit großem Abstand folgen „im Auto" 22 %, „in der Bahn (Fernzüge)" 20 %, „im Nahverkehr (Busse und Bahnen)" 19 %, „im Hotel" 19 %, „sonstige Orte" 15 %, „im Flugzeug" 15 % sowie „im Café/Restaurant" 14 %. 25 % der Befragten geben an, nicht außerhalb ihres Arbeitsplatzes im Unternehmen zu arbeiten (BITKOM 2013, S. 14). Auf dem Weg zur Arbeit nutzen 50 % ihr mobiles Endgerät für berufliche Tätigkeiten. Am häufigsten, um mit dem Handy zu telefonieren (39 %), E-Mails zu lesen (13 %), im Internet nach beruflich relevanten Inhalten zu suchen oder E-Mails zu schreiben (jeweils 9 %) und eher selten, um Dokumente zu bearbeiten (3 %). Auffallend ist, dass die Gruppe der 16- bis 29-Jährigen ihr mobiles Endgerät zu 60 % nicht nutzt, um auf dem Weg zur Arbeit berufliche Tätigkeiten auszuüben (BITKOM 2013, S. 18).

Als Hauptvorteile mobiler Arbeit aus Sicht des Arbeitgebers sind Faktoren zu nennen, die zu mehr Produktivität beitragen und das Arbeitszeitvolumen erhöhen können: weniger Unterbrechungen, die Möglichkeit, die Arbeit mit anderen Verpflichtungen abzustimmen, sowie die Reduzierung von Pendlerzeiten. Gerade Beschäftigte mit Betreuungspflichten und ihre Arbeitgeber profitieren von letzterem Aspekt und gewinnen eine neue Zeitsouveränität (Roland Berger Strategy Consultants GmbH 2014), da sie die zur Verfügung stehenden Betreuungszeiten in Kindertagesstätten oder Tagespflegeeinrichtungen für Ältere durch den Wegfall von Wegezeiten effektiver nutzen und in vielen Fällen auch ihre Arbeitszeit ausweiten können. Stehen beispielsweise nur 8 Stunden Kinderbetreuung am Tag zur Verfügung, dann macht es einen entscheidenden Unterschied, ob davon täglich 1 oder 2 Stunden an Zeit für das Pendeln verloren gehen. Auch kann das Vertrauen, das denjenigen entgegengebracht wird, die mobil arbeiten, zu einem Motivations- und Produktivitätsschub führen (Maitland und Thomson 2011; Thomson 2010).

Wie in einem der vorangegangenen Abschnitte beschrieben, spielt die mitarbeiterorientierte Flexibilität bei der Arbeitszeitgestaltung eine nicht unerhebliche Rolle.

Beschäftigte, denen es in sehr hohem Maße möglich ist, kurzfristig Arbeit von zu Hause aus zu erledigen, geben im „DGB-Index Gute Arbeit" 2014 zu 94 % an, ihre Arbeit in einem sehr hohen oder hohen Maß selbstständig planen zu können. Beschäftigten, denen es nie möglich ist, von zu Hause aus zu arbeiten, stimmen dieser Aussage lediglich zu 56 % zu. Auch beim Einfluss auf die Arbeitsmenge zeigen sich Unterschiede. Beschäftigte, die zu Hause arbeiten können, schätzen diesen zu 60 % als sehr hoch oder hoch ein. Beschäftigte, denen diese Möglichkeit nicht gegeben ist, geben lediglich zu 29 % an, dass sie in hohem oder sehr hohem Maß Einfluss auf ihre Arbeitsmenge haben. 83 % der Beschäftigten mit der Möglichkeit, kurzfristig von zu Hause zu arbeiten, fühlen sich in hohem oder sehr hohem Maße von ihrem Vorgesetzten wertgeschätzt. Beschäftigte ohne diese Möglichkeit empfinden diese Wertschätzung lediglich zu 63 %. Auf der anderen Seite geben die Befragten, denen es möglich ist, kurzfristig von zu Hause aus zu arbeiten, auch an, dass sie sehr häufig oder oft unbezahlte Arbeit leisten (33 %), dass sie sehr häufig oder oft Arbeitshetze empfinden (63 %) und dass sie sehr häufig oder oft ständig für den Arbeitgeber erreichbar sein müssen (46 %). Insbesondere der letzte Wert unterscheidet sich stark von den Beschäftigten, denen es nie möglich ist von zu Hause zu arbeiten (20 %). Sehr häufig oder oft empfinden in der letztgenannten Gruppe 54 % Arbeitshetze und lediglich 13 % leisten sehr häufig oder oft unbezahlte Arbeit (Institut DGB-Index Gute Arbeit 2014a). Allerdings konnte auch ein Forschungsprojekt mit mehr als 24.000 IBM-Mitarbeitenden zeigen, dass diejenigen, die flexible Arbeitsortslösungen nutzten, 19 Stunden pro Woche mehr arbeiten konnten, bevor sie das gleiche Maß an Work-Life-Konflikt feststellten wie ihre Kolleginnen und Kollegen mit unflexiblen Arbeitsorten (Hill et al. 2010; Maitland und Thomson 2011).

Bei einer entsprechend vorausschauenden Konzeption betrieblicher Angebote für mobiles Arbeiten in Kombination mit flexiblen Arbeitszeiten, die auch die oben genannten Risiken der Überlastung angemessen berücksichtigt, ist diesem Modell innovativen Arbeitens ebenfalls ein enormes Potenzial zu bescheinigen, Zielkonflikte in der Zeitpolitik zu verringern. Denn die Flexibilität für beide Seiten wird in erheblichem Maße erhöht, Arbeitszeiten lassen sich in vielen Fällen durch eine selbstbestimmte Lage und Verteilung sowie den Wegfall von Pendelzeiten erhöhen. Befördert werden die damit verbundenen Möglichkeiten auch und gerade durch die Digitalisierung (vgl. hierzu auch Kap. 1).

2.2 Die Lebensphasenorientierte Personalpolitik als ganzheitlicher Ansatz

Während es im vorangegangenen Kapitel um individuelle Zeitmodelle ging, die helfen können, bestehende Zeitkonflikte zu entschärfen, stellt die nachfolgend dargestellte „Lebensphasenorientierte Personalpolitik" einen ganzheitlichen Ansatz dar, der Zeitkonflikte erst gar nicht entstehen lässt, wenn dieser Weg konsequent beschritten wird. Eine solche Personalpolitik wird gleichermaßen dem Wandel der Lebens- und Berufsphasen und der damit einhergehenden sehr stark schwankenden Zeitbedarfe/-potenziale der

Beschäftigten über den gesamten Erwerbszyklus hinweg als auch den unternehmensseitigen Veränderungen im Hinblick auf die benötigten zeitlichen Potenziale gerecht.

2.2.1 Hintergründe

Im Rahmen eines Dialogprozesses formulierten die Mitglieder der Arbeitskreise für ein Thesenpapier der Initiative für Beschäftigung! die folgende These:

> Das erwerbszentrierte Arbeitsbild muss durch ein umfassenderes Bild ersetzt werden, das Arbeit in den unterschiedlichen Lebensphasen stärker unter dem Aspekt der Sinnhaftigkeit, der sozialen Verantwortung sowie als gesellschaftliche Ressource begreift. Dieser ressourcen- und sinnorientierte Ansatz ist die Basis dafür, dass Erwerbs- und Privatleben gleichberechtigt nebeneinander stehen können. Wenn Erwerbsarbeit nicht mehr als Gegenpol zu anderen Tätigkeiten gesehen wird – sei es Erziehung, Pflege, Qualifizierung, zivilgesellschaftliches bzw. bürgerschaftliches Engagement, unbezahlte Fürsorgetätigkeiten oder Regeneration – wird selbstverständlich akzeptiert, dass Intensität, Flexibilität und Verfügbarkeit für die Erwerbsarbeit in bestimmten Phasen des Lebens unterschiedlich ausgeprägt sind (IfB! 2012, S. 26).

Derzeit ist die Vereinbarkeitsdebatte vielfach noch stark geprägt von den Themen Kinderbetreuung und Angehörigenpflege. Immer stärker rücken jedoch auch weitere außerberufliche Aspekte in den Fokus. Denn Beschäftigte brauchen neben ihrer Erwerbs- und Familientätigkeit auch Freiräume, um sich zu regenerieren und einen Ausgleich zu schaffen (IfB! 2012), und sie fordern diese auch immer stärker ein. Die Lebensphasenorientierte Personalpolitik nimmt die Vereinbarkeit vieler unterschiedlicher Lebens- und Berufsphasen (Abschn. 2.2.2 „Leben- und Berufsphasen“) in den Blick. Dadurch steigt auch die Akzeptanz entsprechender Maßnahmen im Unternehmen, da sie nicht einer kleinen Gruppe vorbehalten bleiben, sondern über das gesamte Erwerbsleben hinweg letztlich jede bzw. jeder Mitarbeitende in irgendeiner Form davon profitieren kann. Im Umkehrschluss erhalten Unternehmen mit einer solchen Personalpolitik, die Zeitkonflikten vorbeugt, die Beschäftigungsfähigkeit ihrer Mitarbeitenden auch über ein verlängertes Erwerbsleben hinweg und tragen damit zur Sicherung ihrer Wettbewerbsfähigkeit bei. Ist die Philosophie der lebensphasenorientierten Personalpolitik in einem Unternehmen verankert, so trägt dies immens zur Gewinnung und Bindung von Fachkräften bei, da Arbeitgeber auf Basis der vorhandenen Maßnahmen und Instrumente in einen Aushandlungsprozess mit Arbeitnehmenden treten können, was die wechselseitigen Zeitbedarfe und -potenziale anbelangt.[5]

---

[5]Bei der Entwicklung des nachfolgend vorgestellten Konzeptes zur Lebensphasenorientierten Personalpolitik wurden die Stärken und Schwächen bereits vorhandener Ansätze aufgegriffen. Zu nennen sind hier insbesondere lebenszyklusorientierte Ansätze (Graf 2002; Flüter-Hoffmann 2008; Rading 2010), lebensereignisorientierte Ansätze (Armutat et al. 2009), gestaltungsfeldorientierte Ansätze (Brinkmann 2009; Döring 2008) sowie lebenslauforientierte Ansätze (Oldenbourg und Ilmarinen 2010; Bertelsmann Stiftung 2007). In der Literatur ebenso wie in der praktischen Personalarbeit in den Betrieben werden diese Begrifflichkeiten nicht immer trennscharf voneinander abgegrenzt.

2.2.2 Lebens- und Berufsphasen

Das Leben eines jeden Menschen ist im privaten Bereich durch Höhen und Tiefen, prägende Ereignisse und auch durch außerberufliches Engagement gekennzeichnet. Beschäftigte geben diese persönlichen Belange nicht „an der Werkspforte" ab, sondern bringen sie auch mit in den beruflichen Bereich. Finden sie keine Berücksichtigung, können sich daraus erhebliche Einschränkungen der Motivation, Gesundheit und Kompetenzen ergeben (Rump et al. 2014). Darüber hinaus ist zu erwarten, dass Arbeitnehmende, denen es an ihrem Arbeitsplatz nicht möglich ist, Lebens- und Berufsphasen miteinander in Einklang zu bringen, ihr zeitliches Engagement für den beruflichen Bereich zugunsten des Privatlebens reduzieren oder gar einen Wechsel zu einem Arbeitgeber in Erwägung ziehen, der ihnen entsprechende Möglichkeiten bietet.

Die **Lebensphasen**, die Mitarbeitende im Verlauf eines Erwerbslebens durchlaufen, sind weitgehend altersunabhängig und können wie folgt charakterisiert werden (Rump et al. 2014):

Elternschaft
Elternpflichten ebenso wie die Übernahme von Verantwortung und Zuwendung für ein Kind ergeben sich sowohl durch Geburt als auch durch Adoption.

Pflege
In zunehmendem Maße übernehmen Beschäftigte parallel zum Beruf die Verantwortung für Pflege und Unterstützung pflegebedürftiger Menschen, was nicht selten zu physischen und psychischen Überlastungssituationen führt.

Lebens- und Arbeitssituation des Partners bzw. der Partnerin
Mit dem Lebenspartner oder einer Lebenspartnerin ergeben sich Abstimmungsbedarfe z. B. im Hinblick auf Arbeitswechsel, Arbeitszeiten, Auslandsaufenthalte, Kinderbetreuung, Überstunden und Karriereplanung.

Soziales Netzwerk
Zu einem sozialen Netzwerk gehören in der Regel Familie, Freundinnen und Freunde sowie Bekannte. Die Zugehörigkeit zu einem solchen Netzwerk wird vielfach auch mit Unterstützung von Social Media gepflegt.

Hobby
Viele Menschen suchen den Ausgleich zwischen Erwerbs- und Privatleben in sportlichen, künstlerischen oder vereinsbezogenen Aktivitäten, die nicht zuletzt auch der Selbstverwirklichung dienen.

Ehrenamt
Ehrenamtliche Verpflichtungen in Projekten, Initiativen oder Hilfsorganisationen bringen in der Regel feste zeitliche Rahmenbedingungen mit sich, zuweilen auch kurzfristige Einsätze, die zu Abwesenheitszeiten im Unternehmen führen können.

Krankheit
Beeinträchtigungen in Bezug auf Art und Umfang der Tätigkeit können sich sowohl durch kürzere Krankheitszeiträume als auch durch chronische Erkrankungen ergeben. Dabei stehen zunehmend auch psychische Krankheitsbilder im Fokus.

Nebentätigkeit
Motive für die Aufnahme einer Nebentätigkeit sind ökonomische Zwänge ebenso wie die Suche nach beruflicher Erfüllung.

Privat initiierte Weiterbildung
Diese Form der Weiterbildung, die der Entfaltung der Persönlichkeit ebenso dient wie dem beruflichen Fortkommen, findet in der Regel außerhalb der Arbeitszeit statt und wird freiwillig wahrgenommen.

Kritisches bzw. traumatisches Ereignis
Zu kritischen Ereignissen zählen solche, die nicht zwangsläufig einen traumatischen Charakter annehmen, jedoch den Betroffenen zeitlich und emotional einen hohen Einsatz abverlangen, wie z. B. Trennungen. Als traumatisch hingegen werden solche Ereignisse charakterisiert, die keinen Raum für vorhersehbare Erfahrungsspielräume bieten und teils ohnmächtig wahrgenommen werden, beispielsweise bei gewalttätigen Angriffen auf die eigene Person oder dem Tod eines nahestehenden Menschen.

Verschuldung
Nicht selten sehen sich Mitarbeitende derart hohen finanziellen Verbindlichkeiten gegenüber, dass sie diese mit dem vorhandenen Einkommen nicht mehr tilgen können. In der Folge können zusätzliche Probleme im privaten Bereich und/oder am Arbeitsplatz entstehen.

Die **Berufsphasen**, die ebenfalls größtenteils altersunabhängig stattfinden, werden nicht zwangsläufig alle durchlaufen und lassen sich folgendermaßen beschreiben:

Einstieg/Orientierung
Während sich der berufliche Einstieg auf die erste Tätigkeitsaufnahme im Unternehmen, z. B. als Auszubildende oder nach Abschluss eines Studiums, bezieht, ist die berufliche Orientierung differenzierter zu betrachten. Dabei wird unterschieden zwischen Personen, die von außen neu in ein Unternehmen eintreten und solchen, die sich innerhalb ihrer Organisation neu orientieren oder nach längerer Abwesenheitszeit (z. B. Elternzeit) zurückkehren.

Reife

Über berufliche Reife verfügen Menschen, die eine gute Leistung erbringen und ein großes Know-how besitzen, das sie im Rahmen von Fach- und Projektaufgaben sammeln konnten. Sie sehen sich jedoch nicht selten einem „Karriereplateau" gegenüber, wenn im Rahmen ihrer Funktion kein wesentliches Entwicklungspotenzial mehr vorhanden ist und ggf. auch keine Karriereentwicklung „nach oben" mehr realisiert werden kann.

Ausland

Mit einem Wechsel ins Ausland ist in der Regel ein einschneidender Wechsel des Lebensumfeldes und ggf. auch eine erhebliche kulturelle Veränderung verbunden, die nicht nur die Beschäftigte oder den Beschäftigten selbst, sondern auch deren Partner, Partnerinnen und/oder Familien betrifft. Zu Vereinbarkeitsproblemen kann es insbesondere dann kommen, wenn der Auslandsaufenthalt einer bestimmten Lebensphase entgegensteht.

Führung

Eine erste Führungsverantwortung zu übernehmen, bedeutet nicht zu unterschätzende Herausforderungen in Bezug auf die Identifikation mit der neuen Rolle und die Abgrenzung gegenüber den Mitarbeitenden. Zu Konflikten mit ihrer Verantwortung kann es für Führungskräfte auch durch bestimmte Lebensereignisse, z. B. den Eintritt eines Pflegefalls in der Familie, kommen.

Ausstieg

Ein Ausscheiden eines Mitarbeitenden kann durch den Abschluss der Ausbildung oder durch das endgültige Verlassen des Arbeitgebers zur beruflichen Neuorientierung oder am Ende des Erwerbslebens erfolgen. Als temporärer Ausstieg ist allerdings auch die Inanspruchnahme der Eltern- oder Pflegezeit oder eines Sabbaticals zu sehen, für die entsprechende Maßnahmen für einen reibungslosen Wiedereinstieg zu ergreifen sind.

Um Mitarbeitenden Lösungswege für ihre individuellen Bedarfssituationen anbieten zu können, wird nach Maßnahmen gesucht, die sowohl für die jeweilige Berufsphase als auch für die entsprechende Lebensphase passend sind und sich gleichzeitig mit den betrieblichen Bedarfen, insbesondere im Hinblick auf die erforderlichen zeitlichen Ressourcen, vereinbaren lassen. So also beispielsweise vollzeitnahe Teilzeitmodelle für Männer oder Frauen, die sich gleichzeitig in der Berufsphase „Führung" und der Lebensphase „Elternschaft" befinden, oder die Möglichkeit, fallweise von zu Hause zu arbeiten, wenn in der beruflichen Reifephase die Lebens- und Arbeitssituation des Partners oder der Partnerin für Mitarbeitende ein häufiges Pendeln zwischen zwei Wohn- und Arbeitsorten erfordert. Diese Passung zwischen Lebens- und Berufsphasen wird als „Matching" bezeichnet, das zu einer Fülle von Einzelmaßnahmen führt, die Beschäftigten in unterschiedlichen Lebens- und Berufsphasen gleichermaßen dienen. Diese Instrumente sind nicht neu, sondern zählen zu den bewährten, mit denen Unternehmen bereits Erfahrungen gesammelt haben. Es geht somit vielmehr darum, bedarfsgenau und individualisiert die betrieblichen Belange in Einklang mit den Bedürfnissen der Beschäftigten zu bringen. Dies bedeutet, dass es nicht mehr mehrerer Einzelstrategien, z. B. zur Vereinbarkeit von Beruf und Familie, Vereinbarkeit von Beruf und Pflege, Demografieorientierung etc., bedarf, sondern unterschiedliche Zielgruppen mit einem Konzept angesprochen werden können. Dadurch steigt die Akzeptanz innerhalb der Belegschaft und bei den Führungskräften.

2.2.3 Das Gesamtkonzept der Lebensphasenorientierten Personalpolitik

Um bei aller Individualisierung den Überblick nicht zu verlieren, bedarf es einer Systematisierung. Dazu liegt es nahe, die Maßnahmen in personalpolitische Handlungsfelder einzuteilen (Rump et al. 2014). Abb. 3 gibt einen Überblick.

Die Werte einer lebensphasenorientierten Personalpolitik müssen im Rahmen der **Unternehmenskultur** wiederholt im Unternehmen thematisiert werden, beispielsweise in der Betriebszeitung, auf Betriebsversammlungen oder im Intranet etc. Es ist von großer Bedeutung, Wertschätzung für alle Mitarbeitergruppen im Unternehmen zu zeigen. Dies ist beispielsweise durch offene Akzeptanz unterschiedlicher Lebensentwürfe, Glückwünsche zur Geburt oder bestandenen Prüfungen etc. möglich. Ein weiterer bedeutender Punkt ist die Umsetzung der Gleichstellung im Sinne einer immer

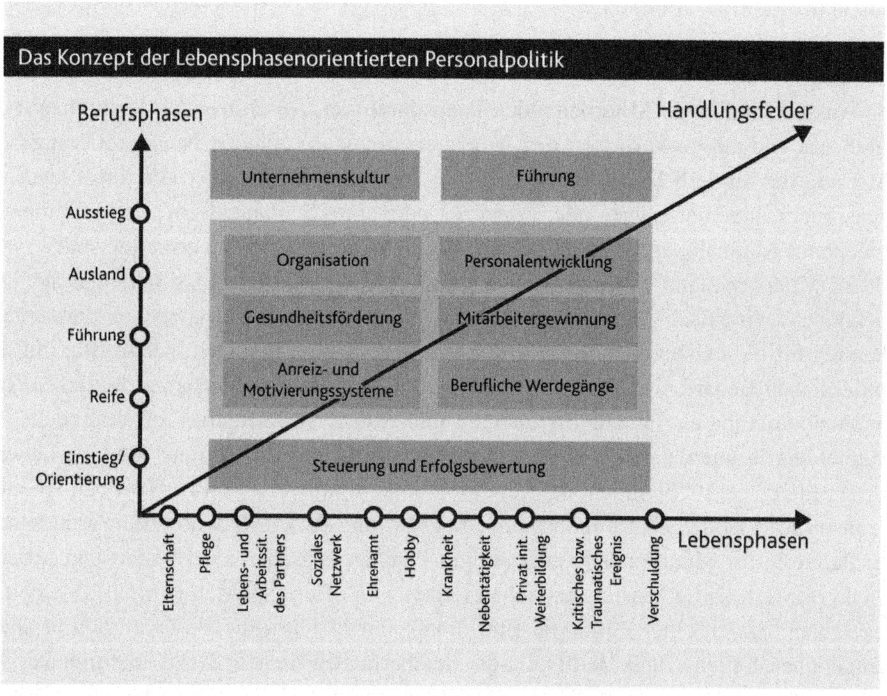

Abb. 3 Das Gesamtkonzept einer lebensphasenorientierten Personalpolitik. (Rump et al. 2011)

vielfältiger werdenden Belegschaft, vor allem in Bezug auf das Gehalt und Neueinstellungen. Zudem muss die Eigenverantwortung der Mitarbeitenden, beispielsweise durch „Hilfe zur Selbsthilfe" im Rahmen von Mitarbeiterinitiativen anstelle von „Rundum-Sorglos-Paketen", gefördert werden. Vertrauen im Unternehmen, vor allem durch das unbedingte Einhalten gegebener Versprechen und Zusagen muss erklärtes Ziel sein. Es sollte den Mitarbeitenden signalisiert werden, dass außerberufliche Belange akzeptiert werden. Dies ist beispielsweise möglich, indem bei Mitarbeiterbefragungen auch nach der Zufriedenheit mit der Vereinbarkeit von Berufs- und Privatleben gefragt wird oder im Unternehmen ein Ansprechpartner bzw. eine Ansprechpartnerin für Hilfestellung in schwierigen Lebenssituationen zur Verfügung steht. Letztendlich ist es auch von Bedeutung, sich in der Öffentlichkeit zu engagieren, beispielsweise durch Veröffentlichung von Berichten über lebensphasenorientierte Maßnahmen in der Presse oder Vorträge.

Es ist unerlässlich, **Führungskräfte** dazu anzuhalten, dass sie ihren Mitarbeitenden gegenüber ein „offenes Ohr" für unterschiedliche Lebenssituationen signalisieren, beispielsweise durch die Sensibilisierung beider Seiten in Team-Workshops. Zudem müssen Führungskräfte ermutigt werden, zu ihrer Vorbildfunktion zu stehen, vor allem indem auch ihnen Job Sharing, vollzeitnahe Teilzeit oder fallweise Telearbeit angeboten wird. Auch private Belange müssen zum Thema in Mitarbeitergesprächen gemacht werden und dementsprechend müssen Führungskräfte dafür geschult werden. Die Bedeutung der Berücksichtigung familiärer Belange bei der Aufgabenverteilung und der Gestaltung der jeweiligen Berufsphase muss hervorgehoben werden. Dies kann beispielsweise dadurch geschehen, dass Sonderaufgaben nicht an Mitarbeitende vergeben werden, die privat gerade eine hohe Belastung zu bewältigen haben. Zudem ist es wichtig, die Flexibilität im Denken von Führungskräften zu fördern, beispielsweise indem ihnen Beispiele einer gelungenen Vereinbarkeit von Lebens- und Berufsphasen vor Augen geführt werden. Des Weiteren müssen die Entscheiderinnen und Entscheider, z. B. bei Führungskräfteseminaren oder Gesprächsrunden, sensibilisiert werden. Führungskräften im Unternehmen sollte Hilfestellung für die Umsetzung geboten werden, indem sie regelmäßig über bestehende Möglichkeiten informiert werden. Es sollte verdeutlicht werden, dass ein „Loslassen" von absoluter Kontrolle hin zu Vertrauen erforderlich ist. Das Vermitteln zwischen den Angehörigen unterschiedlicher Generationen sollte ebenfalls als Führungsaufgabe etabliert werden, beispielsweise durch Informationen über unterschiedliche Werte und Bedürfnisse.

Auf **organisatorischer** Ebene ist es von großer Bedeutung, Beschäftigten flexible Arbeitsmodelle anzubieten, z. B. indem über Möglichkeiten mobilen Arbeitens oder unterschiedliche Teilzeitlösungen informiert und der Bedarf im Unternehmen abgefragt wird. Die Einrichtung von Jahres- oder Lebensarbeitszeitkonten sollte geprüft werden, da diese das Ansparen und Entsparen von Arbeitszeit, z. B. für Familienphasen oder einen früheren Austritt aus dem Erwerbsleben, ermöglichen. Zudem sollten Arbeitsprozesse flexibilisiert werden, indem Mitarbeitenden die Möglichkeit geboten wird, auch andere Tätigkeitsbereiche kennenzulernen oder ihr Aufgabenspektrum zu erweitern, wodurch eine „Spezialisierungsfalle" vermieden wird.

Die **Personalentwicklung** muss für die Notwendigkeit des „lebenslangen Lernens“ sensibilisieren und das Lernen in allen Lebens- und Berufsphasen unterstützen. Dabei sollte auch Offenheit für überfachliche Kompetenzen bestehen, die z. B. in der Familie oder im Ehrenamt erworben wurden. Diese Kompetenzen sollten zudem bei Entscheidungen über einen Tätigkeitswechsel oder eine Beförderung miteinbezogen werden. Die Personalentwicklung sollte alternsgerecht gestalten werden, vor allem durch Berücksichtigung unterschiedlicher Lernmuster und den Einsatz von interdisziplinärer und abteilungsübergreifender Projektarbeit. Die Vereinbarkeit von Lebens- und Berufsphasen muss in der Personalentwicklung berücksichtigt werden, beispielsweise indem für Mitarbeitende mit familiären Verpflichtungen keine Weiterbildungsmaßnahmen an Wochenenden ausgewählt und auf Wohn- bzw. Arbeitsortsnähe geachtet oder auch Beschäftigten in Abwesenheitsphasen Weiterbildung angeboten wird. Es muss an die Eigenverantwortung zur Förderung der Leistungsfähigkeit appelliert werden, beispielsweise indem privat initiierte Weiterbildung unterstützt wird.

Die Stärken im Unternehmen sollten zur **Mitarbeitergewinnung** genutzt werden, z. B. indem die Aktivitäten zur Lebensphasenorientierung in Stellenausschreibungen und Vorstellungsgesprächen offen platziert werden. Unternehmen sollten zudem frühzeitig Kontakt zu potenziellen Auszubildenden bzw. Arbeitnehmenden aufnehmen, beispielsweise indem sie mit Schulen/Hochschulen kooperieren. Es sollen auch gezielt ältere Beschäftigte in Rekrutierungsstrategien mit einbezogen werden. Die Entwicklung von Mitarbeitenden „aus den eigenen Reihen“ muss verstärkt werden, beispielsweise durch Nachwuchsförderprogramme und Schaffung eines Überblicks über vorhandene Kompetenzprofile. Zunehmend wichtig wird es auch, unterschiedliche Lebensentwürfe im Rekrutierungsprozess zu tolerieren.

Beschäftigten müssen alternative **Werdegänge** zur klassischen Führungskarriere angeboten werden, beispielsweise über Fach- und Expertenlaufbahnen. Zudem sollte eine langfristige Karriereentwicklung der Mitarbeitenden angestrebt werden. Dies kann beispielsweise durch gezielte Nachfolgeplanung und berufliche Entwicklungsmöglichkeiten auch ab dem mittleren Lebensalter erfolgen. Des Weiteren sollte die jeweilige Lebensphase der Beschäftigten bei der Gestaltung des beruflichen Werdegangs berücksichtigt werden. Dabei ist es erforderlich zu akzeptieren, dass in bestimmten Lebensphasen keine Karrieresprünge, Auslandseinsätze oder Ähnliches möglich sind. Zudem sollte Karriere auch außerhalb von Führungsverantwortung nach außen hin sichtbar werden, beispielsweise durch die Verwendung von Statussymbolen jenseits materieller Anreize.

Um ein passendes **Anreiz- und Motivierungssystem** zu implementieren, muss zunächst im Unternehmen ermittelt werden, mit welchen Instrumenten Mitarbeitende zielgruppengerecht unterstützt werden können. Dies kann beispielsweise durch eine Mitarbeiterbefragung erfolgen. Der „Mannschaftsgeist“ im Unternehmen sollte gefördert und teamfördernde Aktivitäten unterstützt werden, beispielsweise durch gemeinsame Sportgruppen, um die Identifikation zu erhöhen. Beschäftigten sollte die Möglichkeit geboten werden, bestimmte Dienstleistungen und Services des Unternehmens zu nutzen, beispielsweise den Verleih von Werkzeug für private Zwecke. Informationsvorträge zu den Möglichkeiten der Vereinbarkeit von Berufs- und Lebensphasen im Unternehmen sollten veranstaltet werden.

Im Rahmen der **Gesundheitsförderung** sollte insbesondere an die Eigenverantwortung der Beschäftigten appelliert werden, beispielsweise indem sie darüber informiert werden, wie sie sich an ihrem Arbeitsplatz gesundheitsförderlich verhalten können. Zudem ist es von großer Bedeutung, dass Führungskräfte auf den Zusammenhang zwischen der Vereinbarkeit von Berufs- und Lebensphasen auf der einen Seite sowie der Gesundheit und des Wohlbefindens auf der anderen Seite aufmerksam gemacht werden. Mitarbeitenden sollte ein Angebot an Maßnahmen zur Aufrechterhaltung ihrer physischen und psychischen Leistungsfähigkeit zur Verfügung stehen, beispielsweise durch Entspannungskurse, Sportangebote oder gesunde Ernährung. Zudem müssen Mitarbeitende motiviert werden, sich an den Maßnahmen der Gesundheitsförderung zu beteiligen. Arbeitsplätze sollten nach gesundheitsrelevanten Kriterien überprüft werden. Zudem sollten Krankenrückkehrgespräche und deren Auswertung etabliert werden.

Relevante Kennzahlen und Indikatoren, beispielsweise differenzierte Fehlzeitenstatistiken, Fluktuationsanalysen, Analysen von „soft facts“ wie Familienkompetenz, Organisations- und Kommunikationsfähigkeit, sollten zur **Steuerung und Erfolgsbewertung** identifiziert werden. In regelmäßigen Abständen sollten Mitarbeiterbefragungen durchgeführt werden, in denen Themen wie Motivation, Arbeitszufriedenheit, Betriebsklima etc. analysiert werden. Des Weiteren sollten regelmäßig Mitarbeitergespräche durchgeführt werden, um eine Vertrauenskultur zu etablieren und Entwicklungen zu dokumentieren. Grundsätzlich gilt es, sowohl betriebswirtschaftliche Effekte zu erheben als auch eine Opportunitätskostenbetrachtung vorzunehmen und Konsequenzen aus Altersstrukturanalysen der eigenen Belegschaft zu ziehen (Rump et al. 2014).

2.2.4 Nutzen einer Lebensphasenorientierten Personalpolitik

Auch deutschlandweit wächst inzwischen das Bewusstsein aufseiten des Bundes und der Länder für die Bedeutung der Lebensphasenorientierung. So findet diese Berücksichtigung sowohl im ersten Gleichstellungsbericht der Bundesregierung (Sachverständigenkommission zur Erstellung des Ersten Gleichstellungsberichtes der Bundesregierung/Fraunhofer-Gesellschaft zur Förderung der angewandten Forschung e. V. 2011) als auch im Grünbuch „Arbeiten 4.0“ des Bundesministeriums für Arbeit und Soziales (BMAS 2015) und in dem Thesenpapier „Arbeit der Zukunft gestalten“ der Initiative für Beschäftigung! (IfB! 2012), ebenfalls im Auftrag des Bundesministeriums für Arbeit und Soziales. Zudem bekennt sich auch die Bundesverwaltung in Wahrung ihrer Vorbildfunktion zur der lebensphasenorientierten Personalpolitik. Sie hat einen Leitfaden zur Ausgestaltung einer lebensphasenorientierten Personalpolitik herausgegeben (BMI 2012), in dem gute Beispiele u. a. der Bundesagentur für Arbeit und verschiedener Bundesministerien aufgezeigt sind.

Das Bundesministerium für Wirtschaft und Energie beauftragte im vergangenen Jahr eine Studie, in der es insbesondere darum ging, die Vorzüge einer systematischen, strategisch ausgerichteten lebensphasenorientierten Personalpolitik empirisch zu untermauern.

Diese Studie deutet darauf hin, dass Unternehmen, die eine Lebensphasenorientierte Personalpolitik verfolgen, signifikant häufiger ein positives Jahresergebnis aufweisen, öfter positive Ertragserwartungen haben und innovativer sind als Vergleichsunternehmen und teilweise auch bei personalpolitischen Zielgrößen wie dem Krankenstand besser abschneiden (IW Köln 2014). Das Forschungszentrum Familienbewusste Personalpolitik (FFP) erhob 2013 zum zweiten Mal die betriebswirtschaftlichen Effekte einer familienbewussten Personalpolitik. Da die familienbewusste Personalpolitik gewissermaßen die Vorstufe einer lebensphasenorientierten Personalpolitik darstellt, eignen sich die hierbei erzielten Ergebnisse durchaus für eine Ableitung von Effekten einer lebensphasenorientierten Personalpolitik. Laut Studie geht ein hohes betriebliches Familienbewusstsein u. a. einher mit einer geringeren Fehlzeiten- und Krankheitsquote, selteneren Eigenkündigungen und einer höheren Qualität der Bewerberinnen und Bewerber. In Unternehmen, die sich der Vereinbarkeit von Beruf und Familie verstärkt systematisch widmen, ist die Motivation der Mitarbeitenden im Vergleich zum Durchschnitt aller Unternehmen zudem um 14 % höher, die Produktivität um 13 % (FFP 2013).

3 Ausblick

Selbstverständlich gibt es bereits vielfältige flexible Modelle in Bezug auf Arbeitszeit und Arbeitsort. Zahlreiche Unternehmen sind hier seit Jahren vorbildlich unterwegs. Dennoch wird derzeit der Zielkonflikt in der Zeitpolitik noch nicht ausreichend thematisiert und in den entsprechenden Modellen berücksichtigt. Es gilt, gleichermaßen an der unternehmensorientierten Flexibilisierung als auch an der mitarbeiterorientierten Flexibilisierung zu arbeiten, um die Fachkräftebasis zu sichern. Dazu ist es unerlässlich, auch die Sozialpartner ins Boot zu holen, da es einer Anpassung der bestehenden Gesetze und Vereinbarungen bedarf, die viel stärker als bisher den Grundgedanken der Individualisierung berücksichtigt. Dies kann durch eine Modularisierung geschehen. Denn ebenso wie sich auf betrieblicher Seite die Bedarfe an Zeitressourcen verändern, wandeln sich aufseiten der Beschäftigten je nach Lebenssituation die Bedürfnisse und Möglichkeiten, die Arbeitszeit zu reduzieren, zu flexibilisieren oder aufzustocken. Gerade dem letzten Aspekt gilt es besondere Aufmerksamkeit zu schenken. Es bestehen noch immer umfangreiche Arbeitszeitpotenziale, die brach liegen, weil es Menschen nicht möglich ist, ihre privaten und beruflichen Belange angemessen in Einklang zu bringen. Als förderlich anzusehen sind zum einen vollzeitnahe Teilzeitstellen. Sie stellen eine ideale Form dar, auch in verantwortlichen Positionen eine Vereinbarkeit von Beruf und Privatleben zu erreichen. Zum anderen können Langzeitkonten helfen, Zeit im Lebensverlauf so umzuverteilen, dass betriebliche Notwendigkeiten und lebensphasenbezogene Zeitbedarfe Berücksichtigung finden können. Nicht zuletzt bieten innovative Modelle der Kombination flexibler Arbeitszeiten und Arbeitsorte die Möglichkeit, durch Erhöhung der Zeitsouveränität und Ersparnisse beispielsweise im Hinblick auf Fahrtzeiten, die

Arbeitszeit auszuweiten. Ein ganzheitlicher Ansatz im Sinne einer Lebensphasenorientierten Personalpolitik beugt Zeitkonflikten vor und lässt sie im Idealfall erst gar nicht entstehen.

Wichtig ist, dass sich beide Seiten – Arbeitgeber und Arbeitnehmende – aufeinander zu bewegen und offen das Gespräch suchen, um Lösungen zu finden, die für alle Beteiligten tragbar sind. Dafür sind nicht selten auch Kompromisse erforderlich: Eine Kultur der Aushandlungsprozesse ist hier maßgeblich, da beide Seiten unter einem nicht unerheblichen Druck stehen, den Zwängen und Bedürfnissen, denen sie unterliegen, gerecht zu werden. Die Digitalisierung wird hier viel Unterstützung leisten, doch geht es vor allem auch um einen Bewusstseinswandel: „Zu dem postulierten Wandel des Bewusstseins und der Werte in der Arbeitswelt gehört auch, sich über Bewusstseins- und Werteinhalte (z. B. Zeitsouveränität oder Muße und Ruhe) klar zu werden. Angesichts des enorm gestiegenen Zeit- und Leistungsdrucks und seiner Folgen für die Gesundheit erhalten arbeitsfreie Zeiträume eine zunehmende Bedeutung“ (IfB! 2012, S. 29). In einer Arbeitszeitkultur, die – wie in Kap. 1 dargestellt – gerade im Management eher den „Stress als Statussymbol“ postuliert, ein ehrgeiziges Ziel.

Maitland und Thomson (2011) identifizieren fünf Prinzipien für eine zukunftsorientierte Gestaltung von Arbeit:

Vertraue deinen Beschäftigten
Neue Arbeitsmodelle hin zu mehr Eigenverantwortung und Souveränität über Arbeitsort, Arbeitszeit und Arbeitsweise erfordern ein hohes Maß an Vertrauen zwischen Führungskräften und Mitarbeitenden.

Belohne den Output, nicht den Input
Die Grundannahme muss sein, dass die meisten Menschen den Freiraum, den man ihnen gewährt, angemessen nutzen. Dazu gehört, dass sie ihre Arbeit so verrichten, wie es ihren Fähigkeiten und Bedürfnissen am ehesten entspricht und am produktivsten ist. Ebenso geht es darum, dass sie optimale Ergebnisse bei möglichst geringem Zeitaufwand erzielen möchten, um die so gewonnene Zeit effektiv für sich zu nutzen.

Nimm die Business-Perspektive ein
Es ist entscheidend, sich die unternehmerischen Vorteile einer veränderten Art und Weise des Arbeitens vor Augen zu führen und als Ziel zu definieren. Das kann z. B. die Gewinnung und Bindung qualifizierter Kräfte sein, aber auch eine Verbesserung der Kundenansprache.

Fange ganz oben an
Selbstverständlich ist es nur dann möglich, im Unternehmen neue Arbeitsformen zu etablieren, wenn auch das Topmanagement sich dem Wandel unterzieht und sich beispielsweise von einer Kontroll- zu einer Ergebnisorientierung hin entwickelt, wobei es auch gilt, sich mit Stereotypen wie der Thematik „Anwesenheit = Commitment“ auseinanderzusetzen.

Behandle deine Beschäftigten als Individuen
Angesichts des rasanten Wandels in der Arbeitswelt und der zunehmenden Vielfalt der Belegschaften kann es keine „One-fits-all"-Lösung mehr geben. Vielmehr gilt es, der Individualität der Beschäftigten Rechnung zu tragen, indem ihnen zugestanden wird, an dem Ort und zu der Zeit zu arbeiten, die ihren Stärken am ehesten entsprechen und sie am produktivsten machen. Das bedeutet keineswegs, dass jeder nur noch von zu Hause und außerhalb der üblichen Arbeitszeiten arbeiten möchte! Ebenso liegt es nicht jedem Beschäftigten, sich komplett selbst zu organisieren – vielmehr benötigen einige durchaus feste Fristen und Vorgaben.

Im Englischen handelt es sich um die TRUST-Prinzipien: („**T**rust your people", „**R**eward output", „**U**nderstand the business case", „**S**tart at the top", „**T**reat people as individuals"; Maitland und Thomson 2011).

Literatur

Aktionsbündnis Seelische Gesundheit (2015) Psychische Erkrankungen bei Kindern und Jugendlichen auf dem Vormarsch. Pressemitteilung vom 18.02.2015

Armutat S, Deutsche Gesellschaft für Personalführung e. V. (Hrsg) (2009) Lebensereignisorientiertes Personalmanagement. Eine Antwort auf die demografische Herausforderung. Grundlagen – Handlungshilfen – Praxisbeispiele. Bertelsmann, Bielefeld

Bartz M, Schmutzer T (2015) „New World of Work"-Transformationen – Herausforderungen auf dem Weg zum Unternehmen der nächsten Generation. In: Widuckel W, Molina K de, Ringlstetter MJ, Frey D (Hrsg) Arbeitskultur 2020. Herausforderungen und Best Practices der Arbeitswelt der Zukunft. Springer Gabler, Heidelberg, S 181–197

Bauer W (2015) Arbeitsorganisation in der Fabrik 4.0. Vortrag im Rahmen der Veranstaltung „Future Tracks – Gute Arbeit in der Fabrik 4.0" in Hannover am 14.04.2015

Bellmann L, Ellguth P, Gerner HD (2012) Betriebliche Arbeitszeiten – Auswertungen des IAB-Betriebspanels. In: Becker-Stoll F, Klös HP, Thüsing G (Hrsg) Expertisen zum Achten Familienbericht „Zeit für Familie". ifo Institut, München, S 397–418

Bertelsmann Stiftung (2007) Work-Life-Balance. Meilenstein für eine zukunftsfähige Gesellschaft, Gütersloh. http://www.bertelsmann-stiftung.de/cps/rde/xbcr/SID-76B0B3F6-66CE887D/bst/Broschuere_Work-Life-Balance.pdf. Zugegriffen: 16. Aug. 2011

BiB (2013) Bevölkerungsforschung. Mitteilungen aus dem Bundesinstitut für Bevölkerungsforschung 34(1). http://www.bib-demografie.de/SharedDocs/Publikationen/DE/Bev_Aktuell/2013_1.pdf. Zugegriffen: 17. Mai 2015

BITKOM – Bundesverband Informationswirtschaft, Telekommunikation und neue Medien e. V. (2013) Arbeit 3.0. Arbeiten in einer digitalen Welt. http://www.bitkom.org/files/documents/Studie_Arbeit_3.0.pdf. Zugegriffen: 16. Apr. 2015

bkjpp (Bundesverband für Kinder- und Jugendpsychiatrie, Psychosomatik und Psychotherapie in Deutschland e. V.) (2011) Alleingelassene Kinder, überforderte Eltern, mehr Psychopharmaka: Fachärzte für Kinder-und Jugendpsychiatrie und -psychotherapie schlagen Alarm. Pressemitteilung vom 31.10.2011

BMAS (2015) Grünbuch Arbeiten 4.0. BMAS, Berlin

BMFSFJ (2009) Evaluationsbericht Bundeselterngeld- und -elternzeitgesetz 2009. BMFSFJ, Berlin

BMFSFJ (2010) Initiative Familienbewusste Arbeitszeiten-Broschüre. BMFSFJ, Berlin

BMFSFJ (2011) Familienbewusste Arbeitszeiten. Leitfaden für die praktische Umsetzung von flexiblen, familienfreundlichen Arbeitszeitmodellen. http://www.bmfsfj.de/RedaktionBMFSFJ/Broschuerenstelle/Pdf-Anlagen/Familienbewusste-Arbeitszeiten-Leitfaden,property=pdf,bereich=bmfsfj,sprache=de,rwb=true.pdf. Zugegriffen: 12. März 2016

BMFSFJ (2012) Achter Familienbericht Zeit für Familie. Familienzeitpolitik als Chance einer nachhaltigen Familienpolitik. http://www.bmfsfj.de/RedaktionBMFSFJ/Abteilung2/Pdf-Anlagen/Achter-familienbericht. Zugegriffen: 19. Apr. 2015

BMFSFJ (2013a) FAQ Flexible Arbeitszeitmodelle. http://www.perspektive-wiedereinstieg.de/Inhalte/DE/Wiedereinstieg/Wiedereinstieg_Entscheidungshilfen/Formen_der_Erwerbstaetigkeit/faq_flexible_arbeitszeitmodelle.html?nn=158236. Zugegriffen: 16. Apr. 2015

BMFSFJ (2013b) Unternehmensmonitor Familienfreundlichkeit. http://www.bmfsfj.de/RedaktionBMFSFJ/Broschuerenstelle/Pdf-Anlagen/Unternehmensmonitor-Familienfreundlichkeit-2013,property=pdf,bereich=bmfsfj,sprache=de,rwb=true.pdf. Zugegriffen: 12. März 2016

BMI (Bundesministerium des Innern) (2012) Demografiesensibles Personalmanagement in der Bundesverwaltung. Leitfaden zur Ausgestaltung einer lebensphasenorientierten Personalpolitik. Bundesministerium des Innern, Berlin

BMWi (2013) Fachkräfte sichern. Flexible Arbeitszeitmodelle. http://www.bmwi.de/BMWi/Redaktion/PDF/Publikationen/fachkraefte/fachkraefte-sichern-flexible-arbeitszeitmodelle. Zugegriffen: 19. Apr. 2015

Brinkmann TM (2009) Vereinbarkeit von Erwerbs- und Privatleben aus der betrieblichen Generationenperspektive – Chancen einer lebensphasenorientierten Personalpolitik. In: Richter G (Hrsg) Generationen gemeinsam im Betrieb. Bertelsmann, Bielefeld, S 95–106

Cabrita J (2015) Developments in collectively agreed working time 2014. http://www.eurofound.europa.eu/sites/default/files/ef_files/docs/eiro/tn1305017s/tn1305017s.pdf. Zugegriffen: 16. Dez. 2015

Demary V, Malin L, Seyda S, Werner D (2013) Berufliche Weiterbildung in Deutschland – Ein Vergleich von betrieblicher und individueller Perspektive. IW Medien, Köln

Döring W (2008) Lebensphasenorientierte Unternehmensführung. TrigonThemen 2008(3):2–4. Graz

Dorniok D (2014) Vereinbarkeit von Beruf und Familie. Maßnahmen zur Work-Life-Balance und ihre Auswirkungen auf Unternehmen und Beschäftigte. Igel, Hamburg

Eichhorst W, Thode E (2010) Vereinbarkeit von Familie und Beruf 2010-Benchmarking Deutschland: Steigende Erwerbsbeteiligung, aber schwierige Übergänge. IZA Research Report, 30. http://www.bertelsmann-stiftung.de/fileadmin/files/BSt/Publikationen/GrauePublikationen/GP_Vereinbarkeit_von_Familie_und_Beruf_2010.pdf. Zugegriffen: 12. März 2016

Eichhorst W, Thode E (2014) Flexible Arbeitswelten. Bericht an die Expertenkommission „Arbeits- und Lebensperspektiven in Deutschland". IZA Research Report, 59. http://www.iza.org/en/webcontent/publications/reports/report_pdfs/iza_report_59.pdf. Zugegriffen: 19. Apr. 2015

Ellguth P, Gerner HD, Zapf I (2013) Flexibilität für Betriebe und Beschäftigte. Vielfalt und Dynamik bei den Arbeitszeitkonten. IAB-Kurzbericht 03/2013. http://doku.iab.de/kurzber/2013/kb0313.pdf. Zugegriffen: 10. Mai 2015

Equal Opportunities Commission, Equality and Human Rights Commission (2007) Enter the timelords: transforming work to meet the future. Final report of the EOC's investigation into the transformation of work. http://www.equalityhumanrights.com/sites/default/files/documents/publications/eoc_transformation-work_time_lords.pdf. Zugegriffen: 12. März 2016

Eurofound (2014) Development in collectively agreed working time 2013. https://www.eurofound.europa.eu/sites/default/files/tn1405020s.pdf. Zugegriffen: 12. März 2016

FFP (Forschungszentrum Familienbewusste Personalpolitik) (2013) Kurzfassung: Ergebnisse der repräsentativen Unternehmensbefragung 2012 zur Vereinbarkeit von Beruf und Familie, Münster

Flüter-Hoffmann C (2008) Demografiefeste Unternehmen. In: Personal 2008(3):10–11 (Düsseldorf)

Fraunhofer-Institut für Arbeitswirtschaft und Organisation (IAO) (2013) Arbeit der Zukunft. Wie sie uns verändert. Wie wir sie verändern. Fraunhofer, Stuttgart

Fröhler N, Fehmel T, Klammer U (2013) Flexibel in die Rente. Edition Sigma, Berlin

Godart O, Görg H, Hanley A (2014) Trust-based work-time and product improvements: evidence from firm level data. IFW Kiel. Kiel working papers. https://www.ifw-members.ifw-kiel.de/publications/trust-based-work-time-and-product-improvements-evidence-from-firm-level-data/KWP_1913.pdf. Zugegriffen: 8. Apr. 2015

Graf A (2002) Lebenszyklusorientierte Personalentwicklung. Haupt, Bern

Gratton L (2011) The shift the future of work is already here. Collins, London

Grzech-Sukalo H, Hänecke K (2010) Flexible Schichtsysteme. Hans-Böckler-Stiftung. Betriebs- und Dienstvereinbarungen. Kurzauswertungen. http://www.boeckler.de/pdf/mbf_bvd_flexi_schichtarbeit.pdf. Zugegriffen: 20. Apr. 2015

Haufe-Lexware GmbH & Co. KG (2014) Express-Umfrage zum Thema „Mitarbeiter und Mitentscheider". Studie 2014. http://whitepaper.haufe.de/personal/Studie-Leadership-3-0-Vom-Mitarbeiter-zum-Mitentscheider/,78,387,48. Zugegriffen: 12. März 2016

Hentze J, Graf A (2005) Personalwirtschaftslehre 2. Personalerhaltung und Leistungssimulation, Personalfreistellung und Personalinformationswirtschaft, 7. überarb. Aufl. UTB, Stuttgart

Hildebrandt E, Wotschak P, Kirschbaum A (2009) Zeit auf der hohen Kante. Edition Sigma, Berlin

Hill EJ, Erickson JJ, Holmes EK, Ferris M (2010) Workplace flexibility, work hours, and work-life conflict: finding an extra day or two. J Fam Psychol 24(3):349–358

Hoff A (2007) Warum auf Langzeit- und Lebensarbeitszeitkonten verzichtet werden sollte. WSI Mitteilungen 11/2007. http://www.boeckler.de/cps/rde/xbcr/hbs/wsimit_2007_11_hoff.pdf. Zugegriffen: 7. März 2015

IfD-Allensbach (Institut für Demoskopie Allensbach) (2012a) Monitor Familienleben 2012. Einstellungen und Lebensverhältnisse von Familien. Ergebnisse einer Repräsentativbefragung im Auftrag des Bundesministeriums für Familie – Berichtsband. http://www.ifd-allensbach.de/uploads/tx_studies/Monitor_Familienleben_2012.pdf. Zugegriffen: 20. Apr. 2015

IfD-Allensbach (Institut für Demoskopie Allensbach) (2012b) Chancengerechtigkeit durch Förderung von Kindern – ein deutsch-schwedischer Vergleich. Studie im Auftrag von BILD der FRAU im Rahmen der Studienreihe „BILD der FRAU-Frauenbilder". http://www.axelspringer.de/downloads/21/14565522/BdF_Studie_final_freigegeben.pdf. Zugegriffen: 15. Febr. 2016

IfD-Allensbach (Institut für Demoskopie Allensbach) (2015) Weichenstellungen für die Aufgabenteilung in Familie und Beruf. http://www.ifd-allensbach.de/uploads/tx_studies/Weichenstellungen.pdf. Zugegriffen: 12. Dez. 2015

IG Metall (o. J.) Arbeitszeitkonten, Tarifglossar. https://www.igmetall.de/view_tarifglossar-arbeitszeitkonten-10743.html. Zugegriffen: 8. Jan. 2016

Initiative für Beschäftigung! (IfB!) (2012) Arbeit der Zukunft gestalten: Ergebnisse des Fachdialogs. http://www.der-paritaetische.de/nc/fachinfos/artikel/news/die-arbeit-der-zukunft-gestalten-gemeinsamer-dialogprozess-der-initiative-fuer-beschaeftigung-und/?type=123&cHash=1add7e57300ce8eb0d2a9c5784d8ef0d&filename=dpwv.pdf. Zugegriffen: 12. Dez. 2015

Institut der deutschen Wirtschaft (IW) Köln (2013) Auf dem Weg zu einer familienfreundlichen Arbeitswelt. Sonderauswertung des Unternehmensmonitors Familienfreundlichkeit 2013. http://www.iwkoeln.de/de/studien/gutachten/beitrag/oliver-stettes-auf-dem-weg-zu-einer-familienfreundlichen-arbeitswelt-107422. Zugegriffen: 8. Apr. 2015

Institut der deutschen Wirtschaft (IW) Köln (2014) Lebensphasenorientierte Personalpolitik. Theoretisches Konzept und empirische Evidenz. Institut der deutschen Wirtschaft, Köln

Institut DGB-Index Gute Arbeit (2014a) DGB-Index Gute Arbeit – Der Report 2014. Wie die Beschäftigten die Arbeitsbedingungen in Deutschland beurteilen. Mit dem Themenschwerpunkt: Arbeitszeitgestaltung – Einflussmöglichkeiten der Beschäftigten, die Verlässlichkeit von Verträgen. www.dgb-index-gute-arbeit.de. Zugegriffen: 7. März 2015

Institut DGB-Index Gute Arbeit (2014b) Schrittweise in die Rente. Was die Beschäftigten von einem fließenden Übergang halten – Ergebnisse der Repräsentativumfrage des Instituts DGB-Index Gute Arbeit 2014. www.dgb-index-gute-arbeit.de. Zugegriffen: 7. März 2015

Kissling-Näf I, Meissner J (2013) Mobiles arbeiten. Potenzial und Auswirkungen auf die Infrastruktur. Resultate der Studie „Ressourcenimpact neuer Arbeitsformen". http://2013.ict4s.org/wp-content/uploads/N%C3%A4f_2013_02_16_ict_mobile_office.pdf. Zugegriffen: 10. Mai 2015

Klein-Schneider H (1999) Betriebs- und Dienstvereinbarungen. Flexible Arbeitszeit. Analyse und Handlungsempfehlungen. Hans-Böckler-Stiftung, Düsseldorf

Klös HP, Rump J (2014) Ressource Arbeitszeit – Potenziale und Grenzen. Vortrag anlässlich des INQA-Thementags auf der Messe „Zukunft Personal" in Köln am 15. Okt. 2014

Klös HP, Bellmann L, Bomsdorf E, Ehing D, Eichhorst W, Moog S, Schuster M (2013) Arbeitsmarkt. In: Rump J, Walter N (Hrsg) Arbeitswelt 2030. Trends, Prognosen, Gestaltungsmöglichkeiten. Schäffer-Poeschel, Stuttgart, S 33–55

Langhoff T, Satzer R (2013) Transparenzstudie zur gesundheitsgerechten Gestaltung der Arbeitszeit (Schichtarbeit) in der Produktionswirtschaft (TRAGAP). Aufbereitung aktueller betrieblicher Herausforderungen im Abgleich mit vorhandenen Erkenntnissen, Erkenntnislücken und Forschungsbedarfen im Auftrag der Hans-Böckler-Stiftung. http://www.boeckler.de/pdf_fof/S-2012-597-3-1.pdf. Zugegriffen: 18. Apr. 2015

Leser C, Tisch A, Tophoven S (2013) Beschäftigte an der Schwelle zum höheren Erwerbsalter. Schichtarbeit und Gesundheit. IAB-Kurzbericht, 21/2013. http://doku.iab.de/kurzber/2013/kb2113.pdf. Zugegriffen: 18. Apr. 2015

Leven I, Quenzel G, Hurrelmann K (2015) Familie, Bildung, Beruf, Zukunft: Am liebsten alles. In: Shell Deutschland Holding (Hrsg) Jugend 2015. Eine pragmatische Generation im Aufbruch. 17. Shell Jugendstudie. Fischer, Frankfurt a. M., S 47–110

Liersch A (2014) Arbeitsunfälle und arbeitsbedingte Gesundheitsprobleme. Ergebnisse einer Zusatzerhebung im Rahmen des Mikrozensus 2013. Statistisches Bundesamt. Wirtschaft und Statistik, S 561–575. https://www.destatis.de/DE/Publikationen/WirtschaftStatistik/Arbeitsmarkt/ArbeitsunfaelleGesundheitsprobleme_92014.pdf. Zugegriffen: 18. Apr. 2015

Maitland A, Thomson P (2011) Future work. How businesses can adapt and thrive in the new world of work. Palgrave MacMillan, London

Meissner F, Stockfisch C (2011) Familienbewusste Schichtarbeit. DGB Bundesvorstand. Projekt: „Vereinbarkeit von Familie und Beruf gestalten!" http://www.beruf-und-familie.de/system/cms/data/dl_data/46bb43dfaeb21f718933ce745e628b0f/DGB_Familienbewusste_Schichtarbeit.pdf. Zugegriffen: 6. Mai 2015

Meissner F, Stockfisch C (2014) Teilzeit als Option der Lebenslaufgestaltung. DGB Bundesvorstand. Projekt: „Vereinbarkeit von Familie und Beruf gestalten!" http://www.beruf-und-familie.de/system/cms/data/dl_data/4bc2141170e37ec3d287b6918cdb16bc/Teilzeit_als_Option.pdf. Zugegriffen: 10. Mai 2015

Millard N (2012) Die Extremform des Unternehmens der Zukunft hat keine Mitarbeiter, keine Gebäude und keine Technologie. Pers Manag 05:8–9

Oldenbourg R, Ilmarinen J (2010) Für eine lebenslaufbezogene Arbeitsfähigkeitspolitik. In: Naegele G (Hrsg) Soziale Lebenslaufpolitik. Springer, Wiesbaden, S 429–473

Prognos (2015) Arbeitslandschaft (2040) Studie im Auftrag der vbw (Vereinigung der Bayerischen Wirtschaft e.V.). https://www.vbw-bayern.de/Redaktion/Frei-zugaengliche-Medien/Abteilungen-GS/Sozialpolitik/2015/Downloads/20150521-Studie-AL-2040-final.pdf. Zugegriffen: 12. Dez. 2015

Rading J (2010) Lebenszyklusorientierte Personalentwicklung in Zeiten des demografischen Wandels. Diplomica, Hamburg

Raffelhüschen B, Bomsdorf E, Ehing D (2013) Das Referenzmodell zur demografischen Entwicklung. In: Rump J, Walter N (Hrsg) Arbeitswelt 2030. Trends, Prognosen, Gestaltungsmöglichkeiten. Schäffer-Poeschel, Stuttgart, S 3–11

Roland Berger Strategy Consultants GmbH (2014) Die neue Vereinbarkeit. Warum Deutschland einen Qualitätssprung bei der Vereinbarkeit von Beruf und Familie braucht! http://www.roland-berger.de/media/pdf/Roland_Berger_TAB_Die_neue_Vereinbarkeit_2_0_20141211.pdf. Zugegriffen: 6. Mai 2015

Rump J, Eilers S (2015) Generationen-Mix: Gestalten statt verwalten. Verlag Wissenschaft & Praxis, Sternenfels

Rump J, Eilers S, Wilms G (2011) Strategie für die Zukunft – Lebensphasenorientierte Personalpolitik 2.0. Ein Leitfaden für Unternehmen zur Bindung und Gewinnung von Mitarbeiterinnen und Mitarbeitern. Ministerium für Wirtschaft, Klimaschutz, Energie und Landesplanung Rheinland-Pfalz, Mainz

Rump J, Wilms G, Eilers S (2014) Die Lebensphasenorientierte Personalpolitik. Grundlagen und Gestaltungstipps aus der Praxis für die Praxis. In: Rump J, Eilers S (Hrsg) Lebensphasenorientierte Personalpolitik. Strategien, Konzepte und Praxisbeispiele zur Fachkräftesicherung. Springer, Heidelberg

Sachverständigenkommission zur Erstellung des Ersten Gleichstellungsberichtes der Bundesregierung, Fraunhofer-Gesellschaft zur Förderung der angewandten Forschung e. V. (2011) Neue Wege – Gleiche Chancen. Gleichstellung von Frauen und Männern im Lebensverlauf. Gutachten der Sachverständigenkommission an das Bundesministerium für Familie, Senioren, Frauen und Jugend für den ersten Gleichstellungsbericht der Bundesregierung. Zentrale Ergebnisse und Handlungsempfehlungen. http://www.bmfsfj.de/RedaktionBMFSFJ/Broschuerenstelle/Pdf-Anlagen/Erster-Gleichstellungsbericht-Neue-Wege-Gleiche-Chancen,property=pdf,bereich=bmfsfj,sprache=de,rwb=true.pdf. Zugegriffen: 15. Dez. 2015

Schober PS, Spieß CK (2014) Die Kita-Qualität ist für das Erwerbsverhalten von Müttern mit Kleinkindern relevant – Zusammenhang eindeutiger in Ostdeutschland. DIW Wochenbericht Nr. 21/2014. http://www.diw.de/documents/publikationen/73/diw_01.c.465060.de/14-21-1.pdf. Zugegriffen: 12. März 2016

Schneider N, Limmer R, Ruckdeschel K (2002) Berufsmobilität und Lebensform. Sind berufliche Mobilitätserfordernisse in Zeiten der Globalisierung noch mit Familie vereinbar? BMFSFJ. Schriftenreihe des Bundesministeriums für Familie, Senioren, Frauen und Jugend; Bd 208. http://www.bmfsfj.de/RedaktionBMFSFJ/Broschuerenstelle/Pdf-Anlagen/PRM-23529-SR-Band-208. Zugegriffen: 18. Apr. 2015

Schuh S, Schultes-Jaskolla G, Stitzel M (2001) Alternative Arbeitszeitstrukturen. In: Marr R (Hrsg) Arbeitszeitmanagement: Grundlagen und Perspektiven der Gestaltung flexibler Arbeitszeitsysteme, 3. neu bearb. Aufl. Schmidt, Berlin

Seifert H (2006) Lernzeitkonten für Lebenslanges Lernen. Friedrich-Ebert-Stiftung, Bonn

Seifert H (2014) Renaissance der Arbeitszeitpolitik: selbstbestimmt, variabel und differenziert. Expertise im Auftrag der Abteilung Wirtschafts- und Sozialpolitik der Friedrich-Ebert-Stiftung. WISO Diskurs November 2014. http://library.fes.de/pdf-files/wiso/11049.pdf. Zugegriffen: 12. März 2016

Seifert H, Groß H, Maylandt J (2012) Erwerbsarbeit und Ehrenamt in der Bundesrepublik Deutschland und in Nordrhein-Westfalen. Ministerium für Arbeit, Integration und Soziales des Landes Nordrhein-Westfalen, Düsseldorf

Seifert H, Kümmerling A, Riedmann A (2013) Langzeitkonten – überschätzte Erwartungen einer biografieorientierten Zeitpolitik? Forschung Aktuell. WSI Mitt 2013(2):133–143. http://www.boeckler.de/wsimit_2013_02_seifert.pdf. Zugegriffen: 7. März 2015

Sennet R (2014) „Wir müssen die Arbeit umverteilen". Interview mit Sven Rahner. http://www.zeit.de/karriere/2014-06/interview-richard-sennett-arbeitszeit. Zugegriffen: 15. Dez. 2015

Sicherheit und Gesundheit bei der Arbeit (SUGA) (2012) Unfallverhütungsbericht Arbeit, 1. Aufl. Bundesanstalt für Arbeitsschutz und Arbeitsmedizin, Dortmund

Statistisches Bundesamt (2014) Fernpendeln bleibt die Ausnahme. https://www.demografie-portal.de/SharedDocs/Informieren/DE/ZahlenFakten/Zeitaufwand_Pendeln.html. Zugegriffen: 17. Mai 2015

Stiftung Warentest (2005) Arbeitszeitkonten. Auf Vorrat schaffen. https://www.test.de/arbeitszeitkonten-auf-vorrat-schaffen-1228572-2228572/. Zugegriffen: 20. Jan. 2016

Thomson P (2010) Working at home: the productivity tool of the future: telework association. http://www.wisework.co.uk/sites/default/files/resources/HomeworkerProductivityReport.pdf. Zugegriffen: 12. März 2016

Wittig P, Nöllenheidt C, Brenscheidt S (2013) Grundauswertung der BIBB/BAuA-Erwerbstätigenbefragung 2012 mit dem Schwerpunkt Arbeitsbedingungen, Arbeitsbelastungen und gesundheitliche Beschwerden. Bundesanstalt für Arbeitsschutz und Arbeitsmedizin. http://www.baua.de/de/Publikationen/Fachbeitraege/Gd73.html;jsessionid=73081D9CDE1D057BF965E21107D3B503.1_cid323. Zugegriffen: 15. Apr. 2015

Wotschak P, Hildebrandt E, Scheier F (2008) Langzeitkonten – Neue Chancen für die Gestaltung von Arbeitszeiten und Lebensläufen? WSI Mitt 2008(11+12):619–626. http://www.boeckler.de/cps/rde/xbcr/hbs/wsimit_2008_11_12_wotschack.pdf. Zugegriffen: 7. März 2015

XING AG (2015) Umfrage: Als Vater in Elternzeit? Ja klar, aber… https://spielraum.xing.com/2015/02/elternzeit-vaeter-forsa-umfrage/. Zugegriffen: 17. Mai 2015

Zapf I (2014) Flexibilität am Arbeitsmarkt durch Überstunden und Arbeitszeitkonten. Messkonzepte, Datenquellen und Ergebnisse im Kontext der IAB-Arbeitszeitrechnung. IAB-Forschungsbericht 3/2014

Zeitbuero FOM (o. J.) Instrumente der Arbeitszeitgestaltung. Langzeitkonto/Lebensarbeitszeitkonto. http://www.zeitbuero.fom.de/wissen/instrumente-der-gestaltung.html. Zugegriffen: 16. Apr. 2015

Über die Autoren

Dr. Jutta Rump ist Professorin für Allgemeine Betriebswirtschaftslehre, insbesondere Internationales Personalmanagement und Organisationsentwicklung an der Hochschule Ludwigshafen. Sie hat zudem zahlreiche Mandate auf regionaler und nationaler Ebene inne und ist in Unternehmen als Projekt- und Prozessbegleiterin tätig. Darüber hinaus leitet sie das Institut für Beschäftigung und Employability IBE, das den Schwerpunkt seiner Forschungsarbeit auf personalwirtschaftliche, arbeitsmarktpolitische und beschäftigungsrelevante Fragestellungen legt.

Silke Eilers war während ihres berufsintegrierenden Studiums der Betriebswirtschaftslehre an der Hochschule Ludwigshafen im Vertrieb und im Personalmanagement der Koenig & Bauer AG in Frankenthal tätig. Seit dem Jahr 2003 ist sie wissenschaftliche Mitarbeiterin und Projektleiterin am Institut für Beschäftigung und Employability IBE. Ihre Arbeitsschwerpunkte liegen in den Themenbereichen Demografie, Trends der Arbeitswelt, Employability sowie Lebensphasenorientierte Personalpolitik.

Katharina Scherer Nach dem dualen Studium der Wirtschaftswissenschaften an der DHBW Mannheim und dem Studium der (Berufs-)Pädagogik und Soziologie am Karlsruher Institut für Technologie, arbeitete sie als Personalentwicklerin bei einem stark expandierenden Unternehmen in Ludwigshafen. Seit September 2016 ist sie als Personalreferentin bei der EWR AG in Worms tätig. Von August 2013 bis Dezember 2015 war sie außerdem studien- und berufsbegleitend als Wissenschaftliche Hilfskraft am Institut für Beschäftigung und Employability IBE beschäftigt.

Flexible Arbeitsmodelle bei Globus

Ein Interview mit Petra Kannengießer, Bereichsleiterin Systeme und Projektleiterin berufundfamilie

Petra Kannengießer, Jutta Rump und Silke Eilers

Zusammenfassung

Globus Zell ist seit Jahren als familienfreundliches Unternehmen bekannt und erhielt in diesem Zusammenhang bereits zahlreiche Prämierungen und Zertifizierungen. Im Interview mit Petra Kannengießer, Projektleiterin Beruf und Familie und Bereichsleiterin Systeme, wird deutlich, dass gerade in Bezug auf die Arbeitszeitgestaltung hoher Wert auf Individualisierung und Lebensphasenorientierung gemäß dem „Prinzip der kleinen Schritte" gelegt wird. Die in der Regel als große Herausforderung erachteten langen Öffnungszeiten im Handel werden hier als Chance genutzt, vielschichtige Beschäftigungsvarianten je nach Qualifikation, Neigung und Arbeitszeitmöglichkeiten zu bieten. Motivierte Mitarbeitende, sehr lange Betriebszugehörigkeiten und eine überdurchschnittlich hohe Mitarbeiterzufriedenheit in den regelmäßigen Befragungen spiegeln den Erfolg des ganzheitlichen Ansatzes bei Globus wider.

P. Kannengießer (✉)
Globus Handelshof St. Wendel GmbH & Co. KG,
Saarland, Deutschland
E-Mail: p.kannengiesser@globus.net

J. Rump · S. Eilers
Institut für Beschäftigung und Employability IBE,
Ludwigshafen, Deutschland
E-Mail: jutta.rump@ibe-ludwigshafen.de

S. Eilers
E-Mail: silke.eilers@ibe-ludwigshafen.de

J. Rump und S. Eilers (Hrsg.), *Auf dem Weg zur Arbeit 4.0*, IBE-Reihe,
DOI 10.1007/978-3-662-49746-3_14

1 Das Unternehmen

Das Handelsunternehmen Globus wurde 1828 durch Franz Bruch mit dem Versprechen der „billigsten und reellsten Bedienung“ gegründet. Seitdem richten sich alle Generationen der Familie Bruch und ihre Mitarbeitende an den Grundsätzen von Ehrlichkeit und Fairness aus. Mittlerweile wird die Globus-Gruppe in der fünften Generation durch Thomas Bruch geführt. Heute gibt es 47 SBW[1]-Standorte in Deutschland, in Rheinland Pfalz 12 mit mehr als 5000 Mitarbeitenden.

Einer davon ist Globus Zell, eröffnet im Jahr 1974. Dort sind derzeit ca. 450 Mitarbeitende beschäftigt, davon 400 im SBW-Bereich (inklusive der Mitarbeitenden der Mieter und Mieterinnen in der Shopzone). 101 Mitarbeitende sind in Vollzeit beschäftigt, 211 in Teilzeit (von 15 bis 39,5 h pro Woche). Der Anteil der geringfügig Beschäftigten liegt bei < 5 %. Mehr als zwei Drittel der Mitarbeitenden sind weiblich.

2 Interview mit Petra Kannengießer, Bereichsleiterin Systeme

Herausgeberinnen
Frau Kannengießer, Ihr Unternehmen ist bereits mehrfach als familienfreundlicher Betrieb zertifiziert und prämiert worden. Zudem engagieren Sie sich im Netzwerk „Erfolgsfaktor Familie“. Im Einzelhandel ist dies keine Selbstverständlichkeit. Was zeichnet Globus Zell besonders aus?

Petra Kannengießer
Globus ist ein Familienunternehmen in Konzerngröße mit zwei starken Säulen: Auf der einen Seite die ausgeprägte Mitarbeiterorientierung und auf der anderen Seite die umfassende Kundenorientierung. Wir verfügen bei Globus über eine hohe Kundenzufriedenheit und diese lässt sich nur mit hoch motivierten Mitarbeitenden erreichen, die täglich ihr Bestes für unsere Kundinnen und Kunden geben.

Unsere Mitarbeiterbefragungen zeigen, dass wir eine hohe Zufriedenheit bei unseren Mitarbeitern haben. Dies hängt damit zusammen, dass wir einen offenen und wertschätzenden Umgang in unseren Betrieben und in der Koordination pflegen und Rahmenbedingungen geschaffen haben, in denen unsere Mitarbeitende Beruf und Familie in unterschiedlichen Lebenssituationen gut vereinbaren können. Wir befinden uns dabei in einem ständigen Lernprozess und drehen immer wieder an den „Schräubchen“, um Lösungen anbieten zu können. Jeder Standort prüft individuell, wie der Mitarbeitereinsatz funktionieren kann. Manchmal müssen wir aber auch feststellen, dass etwas nicht oder nicht wie ursprünglich gewünscht machbar ist. Dann müssen wir Kompromisse finden, und wir müssen offen miteinander sprechen.

[1]SBW steht für „Selbstbedienungswarenhaus“.

Diese Arbeitskultur ist eine Stärke von Globus. Daran arbeiten unsere Führungskräfte, unsere Verantwortlichen für Mitarbeitende und unsere Betriebsrätinnen und Betriebsräte. Das erwarten wir aber auch von unseren Mitarbeitenden. Nur so gelingt es uns, viele individuelle Lösungen/Modelle sowohl für den Fall der Kinderbetreuung als auch für das Thema Pflege zu finden und umzusetzen.

Herausgeberinnen
Wie entstand dieses außergewöhnliche Engagement bei Globus Zell?

Petra Kannengießer
Unsere Bemühungen um das Thema Arbeitszeit gehen schon in die frühen 90er Jahre zurück. Frühzeitig haben wir erkannt, dass Flexibilisierung gerade im Handel sehr wichtig ist und nicht als Problem gesehen werden muss. Es ist eine Chance; die Ladenöffnungszeiten ermöglichen den Mitarbeitenden sowie den Unternehmen viele Möglichkeiten der sozialverträglichen Gestaltung der Arbeitszeiten. In unserem Unternehmen ist der eigentliche Hebel in der Vereinbarung von Beruf und Familie in der Arbeitszeitgestaltung zu sehen. Unsere eigens entwickelte Einsatzplanungssoftware bringt den betrieblichen Bedarf mit den zeitlichen Möglichkeiten und den Fähigkeiten unserer Mitarbeitenden gekonnt zusammen. Es ist sogar ein Gerechtigkeitsmodell hinterlegt, damit die Mitarbeiter abwechselnd bei Bedarf vom System verplant werden. So kann es nicht geschehen, dass immer dieselben Mitarbeitenden eingeteilt werden. Die Mitarbeitenden können darüber hinaus auch immer noch ihre Sonderwünsche in einem Wunschbuch oder in einer Wunschliste hinterlegen, sodass die Planenden dies als Restriktion bei der Planung berücksichtigen können.

Zeit ist das Wichtigste für Familien. Auf dieser Basis haben wir uns weiterentwickelt, u. a. auch durch Freistellungsmöglichkeiten bei Pflege, Teilzeit auch für Führungskräfte und vor allem einen offenen und proaktiven Umgang mit der Thematik.

Herausgeberinnen
Welche Angebote gibt es in Bezug auf die Arbeitszeitlage bei Globus?

Petra Kannengießer
Wir bieten flexible Tages- und Wochenarbeitszeiten und sogar Jahressarbeitszeiten an, die individuell vereinbart werden können. In den letzten Jahren haben wir bedingt durch die Auditierung berufundfamilie noch mehr auf die Details geschaut und individuelle Lösungen erarbeitet, die in unserem Einsatzplanungssystem abgebildet wurden. Dazu gehören z. B. auch flexible Arbeitszeitlängen und familiengerechte Teilzeitmodelle. Diese passen wir bei Bedarf an. Das bedeutet, wir haben keine Standardmodelle, sondern richten uns auf die individuellen Bedürfnisse und Fähigkeiten der Mitarbeitenden ein, wir verfolgen eine lebensphasenorientierte Mitarbeiterpolitik und nennen es „die Kontinuität der kleinen Schritte“.

Diese Lösungen müssen mit den betrieblichen Erfordernissen und mit den Belangen der anderen Mitarbeitenden abgestimmt werden. Das ist nicht immer einfach. Wir arbeiten deshalb auch, wenn es möglich ist, mit befristeten Lösungen, die immer wieder überprüft werden. Und wir fordern von unseren Beschäftigten Solidarität untereinander ein, sonst kann das Ganze nicht gelingen.

Eine umfangreiche Bedarfserhebung hat ergeben, dass unsere Mitarbeitenden sich in Bezug auf die Vereinbarkeit von Beruf und privater Lebenssituation vor allem den Freiraum wünschen, sich im Notfall selbst organisieren zu können, evtl. dann auch freigestellt zu werden. Unterstützung bei der Betreuung von Kindern beispielsweise wird nur in geringem Umfang nachgefragt.

Geprägt durch das Alter der Beschäftigten, im Schnitt über 42 Jahre (wobei die Frauen im Alter im Schnitt bei 43 Jahren liegen, die Männer bei 39), ist das Thema „Kümmern um Angehörige bis hin zur Pflege" mittlerweile sehr umfangreich geworden und in den meisten Fällen nicht einfach zu lösen. Hier sind die Personalleitenden in Zusammenarbeit mit den Betriebsrätinnen und Betriebsräten vor Ort die Anlaufstellen für die Mitarbeitenden und unterstützen in der Problemlösung.

Zurzeit ist uns offiziell bekannt, dass ca. 17 % der Mitarbeitenden Verantwortung in der Pflege von nahen Verwandten tragen. Wahrscheinlich ist der Anteil aber noch höher.

Bei Globus gibt es z. B. Auszubildende, die in die Pflege der Großeltern einbezogen sind und so ihre Eltern bei der Pflegeverantwortung unterstützen. Oft beginnt die Pflege schon mit Hilfestellungen im Alltag wie Einkaufen, Putzen etc., was viele nicht als Verantwortung in der Pflege aufführen bzw. auch in den Statistiken keinen Niederschlag findet. Erkenntnisse diesbezüglich weisen hier schon Anteile von nahezu 39 % aus, diese werden als sog. Betreuungsverpflichtungen dargestellt.

Wir haben die Familienpflegezeit als eines der ersten Unternehmen eingeführt, um unseren Mitarbeitenden schnell Hilfe anbieten zu können. Leider mussten wir feststellen, dass viele Betroffene aufgrund der finanziellen Situation dies nicht nutzen konnten.

Es kommt aber aus unserer Sicht nicht nur darauf an, wie viele Mitarbeitende ein Angebot nutzen können, sondern dass wir die Voraussetzungen und Möglichkeiten schaffen, um passgenaue Lösungen anzubieten bzw. entwickeln zu können. Und dazu nutzen wir auch alle gesetzlichen Möglichkeiten.

Hervorheben möchte ich in diesem Zusammenhang nochmals, dass der Handel aufgrund der langen Öffnungszeiten in der Öffentlichkeit immer noch kein gutes Image hat und oftmals als familienunfreundlich angeprangert wird. Es ist jedoch zu beachten, dass sich gerade für Frauen hier vielschichtige Beschäftigungsvarianten je nach Qualifikation, Neigung und Arbeitszeitmöglichkeiten bieten. Das macht diese Branche wiederum besonders interessant.

Durch die langen Ladenöffnungszeiten erhalten viele Frauen mit Familienverantwortung eine Chance, ihren privaten Alltag mit dem betrieblichen zu verknüpfen. Das lässt sich als eine Win-win-Situation für beide Seiten bezeichnen.

Interne Überprüfungen bezüglich Arbeitszeitstrukturen und Vereinbarkeit von Beruf und Familie ergaben immer wieder, dass unsere Stärke die Diversität der Arbeitszeitlösungen von Globus ist und dass wir dies unbedingt so belassen sollen. Einschränkungen wären nicht zielführend. Es wird daher dauerhaft eine Vielzahl an Arbeitszeitmodellen geben. Tendenziell werden sich diese sogar noch erhöhen.

Herausgeberinnen
Wie reagieren die Mitarbeitenden auf Ihre Angebote?

Petra Kannengießer
Die Mitarbeitenden haben eine hohe Loyalität zu Globus, mehr als 50 % sind länger als 12 Jahre im Unternehmen. Das spüren wir auch dadurch, dass Sie in ihrem Lebensumfeld Marketing für Globus betreiben, sprich Globus als Unternehmen im Bekannten- und Verwandtenkreis und bei ehemaligen Kolleginnen und Kollegen als Unternehmen weiterempfehlen.

Darüber hinaus zeigt sich die Reaktion der Mitarbeitenden auch darin, dass sie sich trauen, mit ihren Anliegen zu ihren Führungskräften und den Personalleitenden in den Betrieben zu gehen, dass sie rechtzeitig kommen, sodass wir gute Lösungen finden können, und auch darin, dass wir nicht das Gefühl haben, dass unser Entgegenkommen ausgenutzt wird. Im Gegenteil, die Mitarbeitenden unterstützen sich gegenseitig und wollen auch etwas an die Kolleginnen und Kollegen und das Unternehmen zurückgeben. Im Rahmen unserer letzten Überprüfung zum Audit berufundfamilie hat sich genau diese Einschätzung bestätigt.

Herausgeberinnen
Wie gelingt es Ihnen, die Führungskräfte „ins Boot zu holen“?

Petra Kannengießer
Zunächst einmal gibt es eine klare unternehmerische Ausrichtung zu einer familien- und lebensphasenbewussten Mitarbeiterpolitik und somit ist es auch selbstverständlich, dass die Führungskräfte ihr Verhalten entsprechend ausrichten.

Die Führungskräfte haben wir durch eine kontinuierliche Kommunikation (Information und Dialog) in die Thematik einbezogen. Darüber hinaus sprechen wir die Thematik in Führungstrainings an.

Aber, wie schon erwähnt, haben wir eine lang geübte Praxis im Umgang mit der Arbeitszeitgestaltung und die Führungskräfte spüren ja tagtäglich, mit welchen Anliegen die Mitarbeitenden an uns herantreten.

Darüber hinaus wird in den Zukunftsdialogen auch das Thema Mitarbeitereinsatzplanung zwischen den Führungskräften und den Mitarbeitenden thematisiert, um festzustellen, inwieweit die Mitarbeitereinsatzplanung unter dem Aspekt Vereinbarkeit von Beruf und Familie erfolgt. Führungskräfte und Beschäftigte sehen erfreulicherweise gleichermaßen die Wünsche in hohem Maße berücksichtigt. Um dies vernünftig zu bewältigen, ist es erforderlich, dass die Planenden der Mitarbeiterplanung auch entsprechende Zeit und Priorität gibt.

Außerdem bieten wir auch Maßnahmen für die Führungskräfte selbst an. 67 % unserer Beschäftigten sind Frauen. Der Frauenanteil unter den Führungskräften liegt bei 42 %. Vor allem deshalb haben wir ein Konzept für die Führung in reduzierter Vollzeit erarbeitet. Auch Führungskräfte haben je nach Lebensphase ebenso das Interesse, Ihre Funktion in reduzierter Vollzeit auszuüben (Kinderbetreuung, Pflege von Angehörigen, Planung des eigenen Rückzugs aus dem Arbeitsleben). Hier arbeiten wir mit einer Stellvertretendenregelungen, die wir auch für die Entwicklung von Führungsnachwuchskräften nutzen.

Die Entscheidung hierüber liegt bei der Geschäftsleitung vor Ort. Aktuell erproben wir diese Möglichkeit in einem Pilotprojekt für Teamleitende/Bereichsleitende in folgenden Fällen:

- bei der Geburt eines Kindes
- bei Rückkehr aus der Elternzeit
- bei Rückkehr nach eigener Erkrankung (über Eingliederung hinaus)
- bei Inanspruchnahme Pflegezeit (bereits eingeführt)
- bei besonderen familiären Erfordernissen

Herausgeberinnen
Eine solche Vielfalt an individuellen Lösungen ist doch sehr komplex zu bewältigen? Wie gehen Sie damit um?

Petra Kannengießer
Globus hat eine einzigartige Software mitentwickelt, die uns die Weichen für eine solche sozialverträgliche Personalplanung ermöglicht. Zurzeit befinden wir uns in der Umstellungsphase einer selbst entwickelten Software, um den steigenden Anforderungen auch zukünftig gerecht zu werden.

Wir prüfen auch immer mit den Mitarbeitenden gemeinsam, ob die gewünschten Arbeitszeiten in dem Bereich bei den betrieblichen Anforderungen so umsetzbar sind. Unser Mitarbeitereinsatzplanungssystem ist in der Lage, den betrieblichen Bedarf halbstündig darzustellen und die Mitarbeitenden gemäß ihrer Fähigkeiten, den verfügbaren vertraglich vereinbarten Stunden und den entsprechenden Restriktionen gerecht zu verplanen. Allerdings ist auch hier nur jedes Werkzeug so gut wie der Input. Daher schulen wir die Einsatzplanenden regelmäßig und helfen permanent bei der Pflege des Systems.

Herausgeberinnen
Ist also „alles möglich"? Wo liegen die Grenzen der Machbarkeit?

Petra Kannengießer
Was die Arbeitszeitmodelle anbelangt, kann bei uns eigentlich jeder Arbeitsumfang umgesetzt werden. Es gibt bei Globus nicht die Vorgabe, dass ein Teilzeitmitarbeiter bzw. eine Teilzeitmitarbeiterin 50 % der Vollzeitstunden arbeiten muss, sondern dies ist individuell verhandelbar. Damit haben wir unendlich viele Modelle zwischen 15 und 39,5 h.

Die Anzahl der geringfügig Beschäftigten liegt insgesamt bei 7 % über alle SB-Warenhäuser gesehen – geringer als im restlichen Einzelhandel. Globus forciert den Einsatz von Mitarbeitenden in sozialversicherungspflichtigen Arbeitsverhältnissen, denn nur so sehen wir die Möglichkeit einer hohen emotionalen Bindung. Wir benötigen Mitarbeitende, die unsere Globus-Werte und dialogische Unternehmenskultur umsetzen, was sich dann in umfassender Kundenorientierung zeigt.

Das bedeutet auch, dass immer die erforderlichen Mitarbeitenden in den Märkten vorhanden sein müssen. Hierzu benötigen wir eine gewisse Flexibilität vonseiten der Beschäftigten, mit der wir den Tag und die Woche verplanen können. Die Wünsche der Mitarbeitenden können dabei weitestgehend berücksichtigt werden. Im Einzelfall setzen wir auch feste Schichten um. Schwierig wird es, wenn Mitarbeitende über einen sehr langen Zeitraum oder schon bei der Bewerbung überhaupt nicht flexibel sein können. Dann müssen wir sehr genau prüfen, welche Konsequenzen dies für das jeweilige Team hat und ob dies möglich ist.

Herausgeberinnen
Schlagen sich Ihre Bemühungen bereits in Zahlen nieder?

Petra Kannengießer
Die durchschnittliche Betriebszugehörigkeit eines Globus-Mitarbeiters bzw. einer Globus-Mitarbeiterin betrug im abgelaufenen Geschäftsjahr fast 14 Jahre, über 70 % der Mitarbeitenden sind länger als 3 Jahre bei Globus beschäftigt. In Mitarbeiterbefragungen werden stets sehr hohe Zufriedenheit mit Globus als Unternehmen und mit der Arbeitszeit bestätigt. Ein Fakt, der unüblich im Handel ist.

Herausgeberinnen
Was würden Sie sagen: Was sind die Voraussetzungen für die erfolgreiche Umsetzung Ihrer Mitarbeiterpolitik? Sie bieten ja über die genannten Maßnahmen mit Bezug zur Arbeitszeit auch noch zahlreiche Services für Familien an.

Petra Kannengießer
Ganz entscheidend ist die konstruktive Zusammenarbeit zwischen der Projektleitung und den Umsetzungsverantwortlichen in den Betrieben. Als Projektleiterin erarbeite ich Vorleistungen bzw. setze Schwerpunkte zur Abarbeitung. In den Betrieben kommt es auf die aktive Zusammenarbeit zwischen den Umsetzungsverantwortlichen, den Führungskräften (Geschäftsleitende, Bereichsleitende und Teamleitende) und auch den Betriebsrätinnen und -räten an. Der Erfolg bei Globus wird durch die vernetzte Arbeitsweise zwischen den Betrieben und die Koordination erreicht. Im Wesentlichen liegen unsere Stärken in der Kontinuität der kleinen Schritte, mit denen wir konsequent und nachhaltig inhaltlich an dieser Thematik und an der Kommunikation arbeiten. Ich denke, dass einer unserer wichtigen Erfolgsfaktoren in diesem Thema unsere professionell ausgerichtete Kommunikation ist, die empfängerorientiert ausgerichtet ist und so auch die

Mitarbeitenden erreicht. Die Anstöße werden konsequent wiederholt, denn wir wissen, dass man 20–25 Impulse benötigt, um 80 % der Mitarbeitenden und Führungskräfte zu erreichen.

Herausgeberinnen
Was machen Sie anders als andere?

Petra Kannengießer
Ich kann nicht sagen, was wir anders machen, ich kann sagen, was uns ausmacht:

Wir sind ein Familienunternehmen mit einer langen Tradition, bei dem die Mitarbeitenden schon immer als wichtig angesehen und mit Respekt und Wertschätzung behandelt wurden. Dies haben wir in unseren Globus-Werten festgeschrieben und dies wird von der Unternehmensleitung vorgelebt und eingefordert.

Aus der Entstehung von Globus heraus haben wir eine hohe Selbstständigkeit der Märkte, die zwei wichtige Aspekte mit sich bringt, die auch für unser Thema relevant sind: Jeder Markt und jeder Bereich kann für sich Dinge entwickeln und ausprobieren und dabei werden auch Fehler zugelassen. Und wir arbeiten in einer offenen Unternehmens- und Kommunikationskultur und tauschen Erfahrungen schnell aus, damit wir voneinander lernen und uns so weiterentwickeln können.

Und schließlich akzeptieren wir, dass wir für unsere Mitarbeitenden wichtig, aber nicht (immer) das Wichtigste sind.

Herausgeberinnen
Wie geht es weiter? An welchen neuen Modellen arbeiten Sie zurzeit?

Petra Kannengießer
Aktuell beschäftigen wir uns mit vielen neuen Themen. Die Ausbildung in Teilzeit, die wir seit 2009 anbieten, ist eines davon. Hiermit erreichen wir eine Zielgruppe, die oft vernachlässigt wird, jedoch nicht zu unterschätzen ist. Unsere Teilzeit-Azubis sind hoch motiviert, sehr belastbar und haben das klare Ziel, eine gute Ausbildung zu absolvieren.

Wir beschäftigen uns darüber hinaus mit der weiteren Individualisierung der Personalarbeit, indem wir über die klassischen Themen Kinderbetreuung und Pflege hinaus alle Lebensphasen und auch die unterschiedlichen Lebensstile unserer Mitarbeitenden ernst nehmen. Das bedeutet z. B. auch, Rücksicht auf private Aktivitäten wie Kegelklub, Turnverein, Saunatage usw. zu nehmen. Unsere Beschäftigten möchten zu sozialen Gruppen und Netzwerken dazugehören. Das schafft Verbundenheit, Zufriedenheit und Ausgleich.

Der Anteil erfahrener Mitarbeitender, die uns in den nächsten 10 Jahren aufgrund des Erreichens der Altersgrenze verlassen werden, beträgt ein Viertel der Belegschaft. Unter dem Titel „Kompetenz zählt" entwickeln wir deshalb ein Programm mit Maßnahmen, die einen längeren Verbleib erfahrener Mitarbeiter und Mitarbeiterinnen in den

Globus-Betrieben ermöglichen. Dabei werden unsere vorhandenen Rahmenbedingungen und Angebote so genutzt und weiterentwickelt, dass sie eine Anpassung an die individuellen Bedürfnisse und Fähigkeiten der älteren Mitarbeitenden ermöglichen. Ziel ist es, dass in allen Globus-Betrieben ein Maßnahmenbündel zur Verfügung steht, das individuell und bedarfsbezogen zum Einsatz kommt.

Den wichtigsten Hebel sehen wir dabei in der Arbeitszeitgestaltung durch die bereits angesprochenen flexiblen Tages-, Wochen- und Jahresarbeitszeiten. Wir wollen individuelle Möglichkeiten zum Arbeiten bis zur Rente und darüber hinaus gezielt prüfen und anbieten und nutzen dafür unsere flexiblen Gestaltungsmöglichkeiten. Umsetzungsbeispiele werden zwischen den Betrieben ausgetauscht und in unseren internen Medien bekanntgemacht. Über diese Wege werden aus Ideen und Einzelfalllösungen Wissen und Erfahrung für das gesamte Unternehmen generiert und programmatisch.

Durch die langen Ladenöffnungszeiten können wir auch gezielt für ältere Mitarbeitende viele Beschäftigungsvarianten je nach Qualifikation, Neigung und Arbeitszeitmöglichkeiten anbieten. Das macht diese Branche wiederum besonders interessant, auch für ältere Mitarbeitende, die nicht unbedingt in Vollzeit arbeiten können oder wollen.

Das Potenzial schätzen wir als relativ hoch ein. Schon heute haben wir es erreicht, dass immer mehr Beschäftigte bis zur Regelaltersgrenze im Betrieb verbleiben. Dies war vor einigen Jahren nicht so.

Ein weiterer Baustein des Programms ist ein mitarbeitergerechter Personaleinsatz[2]. Es gibt Tätigkeiten, die auf Dauer nicht mehr von den erfahrenen Mitarbeitenden ausgeübt werden können. Unter anderem sind dies die Arbeitsplätze in der Kühlung, langes Stehen, schwereres Heben etc. Hier versuchen wir gemeinsam mit den Beschäftigten andere Lösungen zu finden. Erste Bespiele liegen vor. Es geht nun darum, diese weiterzuentwickeln und zu kommunizieren:

- junge lernen von älteren Mitarbeitenden: Bereicherung in der Zusammenarbeit aufgrund der unterschiedlichen Ideen und Meinungen;
- Aushilfsjobs/aktive Unterstützung durch Rentner und Rentnerinnen;
- Herabsetzung der vertraglichen Arbeitszeit;
- Umsetzung in Abteilungen mit körperlich leichterer Arbeit;
- Anpassung der Pausenzeiten an eventuelle gesundheitliche Gegebenheiten;
- „Herausschleichen" aus dem Arbeitsleben forcieren: Angebote für Stundenverringerung ab 60, 63, 65, 66 … Jahren;
- Reduzierung der Arbeitszeit in Verbindung mit Verringerung der Arbeitstage;

[2] Weitere Bausteine des Projektes „Kompetenz zählt", auf die an dieser Stelle jedoch nicht näher eingegangen wird, sind eine altersneutrale Einstellungspolitik, Gesundheitsförderung für alle Generationen sowie Qualifizierung und Personalentwicklung.

- verstärkte Kommunikation des Themas Teilrente (1/3, ½, 2/3) im Zusammenhang mit sozialversicherungspflichtiger Teilzeitbeschäftigung;
- Reaktivierung oder Weiterbeschäftigung der „Rentner" und „Rentnerinnen" an den Wochenenden/Feiertagen
- Einsatz fachkompetenter Rentnerinnen und Rentner im Markt auf der Fläche;
- Rentner und Rentnerinnen bei „gläsernem Globus"[3] übernehmen Azubi-Schulungen, trainieren Arbeitssicherung oder machen den Schließdienst.

Es gibt viele „junge" ältere Mitarbeitende, die gerne weiter ihren Beitrag leisten möchten und auf deren Know-how wir eigentlich nicht verzichten können und dürfen. Bisher galt immer die Denkweise, es bis zum Renteneintritt zu schaffen. Wir müssen hier umdenken und gerade dieses Potenzial versuchen zu heben. Wir müssen es anpacken und zwar richtig.

Herausgeberinnen
Herzlichen Dank, Frau Kannengießer, für dieses informative Interview!

Über die Autoren

Petra Kannengießer absolvierte zunächst ein Studium der Betriebswirtschaftslehre und startete ihre berufliche Tätigkeit bei Globus im SBW Zell im August 1986 im Bereich Controlling/EDV. Nach kurzer Zeit übernahm sie zusätzlich den Bereich Mitarbeiter inklusive Mitarbeiterentwicklung. Dort arbeitete sie bei verschiedenen gruppenweiten Projekten mit, seit 2008 betreut sie das Projekt „berufundfamilie" für die SB-Warenhaus-Schiene Deutschland. Hier ist Globus das erste Unternehmen im Handel, das die Zertifizierung bei der Beruf und Familie gGmbH auf der gesamten Fläche erreicht hat. Sie hält zu den unterschiedlichsten Themen rund um berufundfamilie Vorträge und hat mit dem Engagement hierzu bei Globus und den unterschiedlichsten Maßnahmen verschiedene Auszeichnungen erhalten. Der größte Erfolg bisher war der Bundespreis als „familienfreundlichstes Unternehmen Deutschland", bei dem Globus für seine familienbewussten Arbeitszeiten ausgezeichnet wurde. Außerdem ist sie Trainerin für die verschiedensten Themen und betreut neben dem Bereich Mitarbeiter den Bereich Warenwirtschaft und Logistik.

[3]Der „gläserne Globus" bietet Interessierten einen Blick hinter die Kulissen des Marktes, beispielsweise mit Führungen durch den Markt sowie die Produktionen Metzgerei und Bäckerei.

Dr. Jutta Rump ist Professorin für Allgemeine Betriebswirtschaftslehre, insbesondere Internationales Personalmanagement und Organisationsentwicklung an der Hochschule Ludwigshafen. Sie hat zudem zahlreiche Mandate auf regionaler und nationaler Ebene inne und ist in Unternehmen als Projekt- und Prozessbegleiterin tätig. Darüber hinaus leitet sie das Institut für Beschäftigung und Employability IBE, das den Schwerpunkt seiner Forschungsarbeit auf personalwirtschaftliche, arbeitsmarktpolitische und beschäftigungsrelevante Fragestellungen legt.

Silke Eilers war während ihres berufsintegrierenden Studiums der Betriebswirtschaftslehre an der Hochschule Ludwigshafen im Vertrieb und im Personalmanagement der Koenig & Bauer AG in Frankenthal tätig. Seit dem Jahr 2003 ist sie wissenschaftliche Mitarbeiterin und Projektleiterin am Institut für Beschäftigung und Employability IBE. Ihre Arbeitsschwerpunkte liegen in den Themenbereichen Demografie, Trends der Arbeitswelt, Employability sowie lebensphasenorientierte Personalpolitik.

Printed by Printforce, the Netherlands